自然地理学

主编 林爱文

U0249992

WUHAN UNIVERSITY PRESS
武汉大学出版社

图书在版编目(CIP)数据

自然地理学/林爱文主编 . —武汉:武汉大学出版社,2008.1(2022.2 重印)

ISBN 978-7-307-06074-6

Ⅰ.自⋯ Ⅱ.林⋯ Ⅲ.自然地理学 Ⅳ.P9

中国版本图书馆 CIP 数据核字(2008)第 008284 号

责任编辑:王金龙 责任校对:黄添生 版式设计:詹锦玲

出版发行:**武汉大学出版社** (430072 武昌 珞珈山)

(电子邮箱:cbs22@whu.edu.cn 网址:www.wdp.com.cn)

印刷:武汉邮科印务有限公司

开本:787×1092 1/16 印张:21.75 字数:522 千字

版次:2008 年 1 月第 1 版 2022 年 2 月第 4 次印刷

ISBN 978-7-307-06074-6/P·133 定价:48.00 元

内 容 提 要

本书以地球系统科学为指导，构建了以适应现代社会环境与可持续发展为目的，以突出地球表层环境系统整体性为特征的内容体系，并按照"地、气、水、土、生"的次序，分别阐述了地球表层系统及其构成这一系统的岩石圈、大气圈、水圈、土壤圈、生物圈的组成、结构、物质迁移、能量转换、动态演变过程以及相互作用规律。全书既注意保持自然地理学科体系的完整性，又强调环境意识与系统思维，内容新颖、结构合理、资料丰富、图文并茂、实用性强。

全书共分15章，包括绪论、地球系统、地球演化、岩石圈系统、地貌过程、地貌系统、地球大气、气候与环境、水循环与水分运动、地球水环境系统、土壤过程、土壤环境系统、生物圈系统、地球上的生态系统、自然地域系统。

本书可作为地理、资源、环境、农林、土地、生物、测绘等相关专业本科生的教材或参考书，也可供相关专业的科研人员及社会学者参考。

内容提要

目　录

前　言

地理学是以研究地理环境和人地关系为主要内容的科学，以综合性和区域性为其重要特点，并拥有地图学、遥感与地理信息系统等先进的研究方法和手段。它具有跨越自然科学和社会科学的性质，在多学科研究中起着桥梁、融会和贯通的作用，特别是在研究全球变化、环境修复及社会可持续发展等诸多问题上，相对来说处于最有利的学科位置。自然地理学是地理学的两大分支之一，是地理学的重要基石。自然地理学以地球表层即自然地理环境为研究对象，把组成自然环境的各种要素相互联系起来综合研究，以阐明自然环境的整体，各组成要素及其相互间的结构、物质迁移、能量转换、动态演变以及地域分异规律。当今世界面临着人口、资源、环境和发展的一系列重大问题，在我国的现代化建设实践中也有众多问题需要我们去解决，如全球气候变暖，人与自然的和谐，资源的开发利用，农业生产潜力的提高，环境质量评价、预测与保护，产业布局与区域规划，乡村发展与城镇化，自然灾害及其减缓对策，退化土地整治与区域发展等。这些都需要自然地理学基础理论的指导，也是对地理学家提出的新要求，并促进和推动着地理学的发展。

本书是为地理科学、资源环境与城乡规划管理、地理信息系统、计算机地图制图、土地资源管理及测绘工程等专业一、二年级学生设计的专业基础课程教材。通过本教材提供的内容框架，力图使学生比较牢固地掌握自然地理学基础理论知识，系统培养学生熟练运用地理学思维，探索、发现、分析和解决实际问题的能力。

本书是在原讲义基础上修订完成的，全书由林爱文拟订编写大纲并负责整编统稿。各章的执笔人如下：第一章、第二章、第三章、第四章、第十三章、第十四章、第十五章由林爱文执笔；第五章、第六章由张根寿执笔；第七章、第八章、第十一章、第十二章由赵曦执笔；第九章、第十章由李全执笔。书中所用素材，除了我们多年的科研积累和教学心得外，还大量引用了公开出版物及网络电子媒体，主要书目已经列入书后的参考文献中，在这里特向有关作者鞠躬致谢。

在本书的编写过程中，得到了武汉大学教务部的大力支持，武汉大学出版社的领导和编辑为本书的出版付出了辛勤的劳动。在此，一并表示诚挚的感谢！

本书的编写出版，笔者虽勉力而为，但限于自身水平，不足及疵误之处仍在所难免，敬请各界读者、同仁不吝赐教。

编　者

2007.10 于武汉大学

第一章 绪 论

　　人类认识自己居住的星球，经历了漫长的年代。但是，认识的广度和深度与观测技术的进步几乎是加速度进行的，科学的积累几乎也呈几何级数增长。随着科学技术的发展，学科的分异和交叉，也同样是加速度的、多层次的。地理学和天文学很早就分离开了。管子的《地理篇》和托勒密的《地理学》，分别反映了东西方由于文化背景的不同而迥然不同的地理学，但是，以地球表层为研究对象则是殊途同归的。

　　16 世纪自然科学萌芽时期，地理学首先分蘖出自然地理与人文地理；尔后又分蘖出地质学、大地测量学、气象学、海洋学、地图（投影）学，等等。这些分支学科分别对地圈、水圈、生物圈进行比较深入的调查研究。19 世纪末，又由于地理学与其他自然科学相互交叉建立了地球物理学、地球化学，而在人文地理方面又分蘖出了经济地理学、人口地理学、历史地理学，等等，并开始注意对地球各圈层之间界面与相互关系的研究。

　　自 20 世纪 50 年代以来，在深入分析的基础上，又加强了多学科综合的趋势，于是又重振景观学，倡导环境科学和生态学。这些学科立足于化学、生物学理论，而又强调地学规律的重要性。从实质上讲，它们的研究对象与地理学大同小异，强调区域性和综合性的特点，只是研究的层次和重点各有侧重而已。因此，从地理学的本身而言，它过去不仅是这些分支学科的母体，而且现在又成为研究地球表层各个圈层之间相互作用的最高层次的系统科学。

　　地球信息技术的发展，极大地促进了地球科学研究，特别是对地观测技术的发展，使一些重大的地学问题面临着新的突破，新的学科、新的生长点不断出现，地球信息科学（Geo-information Science）或称地理信息科学（Geographical Information Science）正是其中之一，它是地球科学与信息科学技术交叉、渗透和融合的结果，标志着信息时代的地球科学研究的方向。

　　自然地理学是地理学的一个重要分支学科，它是以地球表层系统为对象，研究人类赖以生存和发展的自然环境。地球表层是大气圈、水圈和岩石圈与生物圈相互作用、相互渗透，具有一定厚度的一个特殊圈层。这个表层内存在着人类社会及各种地理要素，具有独特的地理结构和形式。人类出现后，它又成为人类居住和从事各种活动的地理环境。

　　作为人类赖以生存和发展的地理环境系统，它是由自然环境、经济环境和社会文化环境三部分构成的有机整体。

　　自然环境由地球表层中无机和有机的、静态和动态的自然界各种物质和能量组成，具有地理结构特征并受自然规律控制。自然环境根据其受人类社会干扰的程度不同，又可分为两部分：一是天然环境或原生自然环境，即那些只受人类间接或轻微影响，而原有自然面貌未发生明显变化的自然地理环境，如极地、高山、大荒漠、大沼泽、热带雨林、某些自然保护区、人类活动较少的海域等。二是人为环境或次生自然环境，即那些经受人类直接影响和长期作用之后，自然面貌发生重大变化的地区，如农村、工矿、城镇等地区。放牧草场和采育林地，虽然仍保留着草原和森林外貌，但其原有条件和状态已发生较大变化，也应属于人为环境之列。人为环境的成因及其形式的多样性，决定于人类干扰的方式和强度，而其本身的演变和作用过程仍然受制于自然规律。因此，无论是人为环境还是天然环境都属于自然地理环境，它们都属于自然地理学的研究范畴。

经济环境是指自然条件和自然资源经人类利用改造后形成的生产力地域综合体，包括工业、农业、交通、城镇居民点等各种生产力实体的地域配置条件和结构状态。生产力实体具有二重性，从自然属性来评价，这种地域特征属于人为环境；从技术角度考察，这种地域则属于经济环境或经济地理环境。经济环境是经济地理学的主要研究范畴。

社会文化环境包括人口、社会、国家、民族、民俗、语言、文化等地域分布特征和组成结构，还涉及各种人群对周围事物心理感应和相应的社会行为。社会文化环境是人类社会本身所构成的一种地理环境。社会文化环境是社会文化地理学（即狭义的人文地理学）的主要研究范畴。

上述三种地理环境各以某种特定实体为中心，由具有一定地域关系的各种事物的条件和状态构成。三种地理环境在地域上和结构上相互重叠、相互联系，从而构成统一整体的地理环境。

宇宙中的地球在结构上的最大特征是它的分层性，它是由一系列圈层组成的星球体。整个地球表层为一坚硬的固体外壳，称为地壳；地壳以下按物质的属性又可分为地幔和地核。地球最外层被大气圈包围着，大气圈的下层与海洋和陆地上各种水域所构成的水圈相互接触。在地壳的表面、大气圈的下层和整个水圈中还分布着生物，生物分布的范围称为生物圈。以上各圈层按它们的物理状态和化学性质还可以分出次一级的圈层。因此，地球是由许多同心圈层组成的。

这些圈层在分布上大致存在两种状态：一种状态是分布在地球的高空和内部的圈层大致呈平行状，彼此相距甚远，以致不能直接接触、相互影响；另一状态是分布在地球表层附近的圈层，即大气圈的下部、地壳的上部和整个水圈、生物圈，这几个圈层不是截然分开的，它们彼此相互接触，甚至呈交错或重叠分布。后一分布状态反映了自然地理环境独特的结构特征。在这里，水、空气、岩石和有机体互相包容，相互作用，共同形成一个复杂的物质体系，它们之间通过能量流通和物质传输，构成一个统一的有机整体，并以自身特有的矛盾和规律，独立存在于地球体之中，构成了一个在性质上不同于地球所有其他各圈层的特殊圈层，这个圈层就是自然地理环境，也称为自然综合体、景观，或者直接称为地球表层系统。它就是自然地理学所要研究的对象。

地球表层系统是由许多要素组成的。它包括地质、地貌、气候、水文、土壤、植物和动物等，但地球表层不等于这些要素的机械叠加，更不是各要素的凑合，正如糖是由碳水化合物组成的一样，一旦形成了糖，它的性质就不同于其中任一元素，而是形成了一种新的物质。地球表层系统也是一样，它把各要素当做一个统一整体来研究，它强调各要素间相互联系、相互作用、相互制约的整体性。其中每一个要素都影响整个系统，而系统本身也影响组成它的各个要素，只要系统中一个要素发生变化，它就可能影响其他自然要素和整个环境发生变化。例如，青藏高原的抬升是地质地貌要素的变化，它使气候、植被、土壤等要素发生相应的变化，从而形成一个独特的高寒景观区。因此，地理环境任一要素的改变，都会导致整个地理环境的改变，而各要素综合起来就构成为一个不可分割的整体。所以，不同地区由于地球表层系统各要素的组合不同，就在空间上形成了不同的自然地理区域。自然地理学就是把组成自然地理环境的各种要素相互联系起来进行综合研究，阐明地球表层系统的整体及各要素的组成、结构、功能、物质迁移、能量转换、动态演变和地域分异规律，以及各要素之间相互作用的机理的科学。

地球表层自然环境是人类赖以生存和发展的物质基础。自古以来，人类的生活、生产活动、生产力发展所需的物质都直接或间接地取自自然环境。人类对自然资源的开发利用程度，常是衡量某一历史阶段人类社会物质文化发展程度的重要标志之一。自然地理学起源于古人的狩猎、放牧、采集与避免自然灾害等各种各样的迁徙活动及对自然的探索，也是在人类不断向自然的深度和广度进军的过程中得到发展的。它作为一门独立的学科，其任务是把自然环境当做人类社会发展的物质基础，当做人类社会物质生活的、生产的、经常的和必要的条件来加以研究。因此，自然地理学的基本任务是为人类大规模改造和利用自然、创造物质文明、实现人与自然和谐提供科学途径和依据。

自然地理学既要研究地球表层系统本身的综合特征和基本规律，也要研究组成地球表层系统各圈层的具体特征和规律，在充分吸收各部门学科的研究成果的基础上，以综合的观点来探讨地球表层系统与各要素之间的整体规律性，以阐明地理环境的综合特征、形成机制、地域分异及其发展规律。

因此，自然地理学的任务概括起来就是：

（1）研究分析组成地球表层系统各要素的特征，以及各级自然地理综合体的综合特征、形成机制和发展规律。

（2）分析研究地表表层系统各要素的相互关系和彼此之间物质和能量的转化规律，探求进行调节和控制的途径。

（3）研究和揭示地球表层系统的地域分异规律，进行综合自然区划并分析各级区划单位的特征、主要矛盾及其发展趋向。

（4）参与对某一地域的各种自然资源的评价、开发，探寻减轻自然灾害、保护自然环境的途径。

（5）观测分析人类活动对自然环境的影响和作用，研究全球变化与人类活动控制模式，探求实现人与自然和谐的合理方式和有效途径。

现代科学发展的基本特点之一，是从单一运动形态的研究走向多运动形态及其相互渗透、相互联系的综合研究，从各独立学科的个别研究转向相互联系的研究，跨学科、多层次、多兵种、大综合的研究势不可挡，相邻学科之间的横向会合、交叉和渗透成为明显的趋势。系统论、信息论、控制论、协同论、耗散结构和突变论等横断科学的概念、理论和方法与地理学综合性、整体性的认识论和方法论不谋而合。它们为地理综合体的研究，特别是多因素相关、多功能结构模拟、反馈特性分析、综合体系统概括等提供了理论武器，促进了地理学的现代化。

新时期自然地理学需要综合多学科优势，运用系统思想方法，从系统结构、物能流通、系统平衡与调控等方面进行分析和整体综合，研究过去，预测未来，寻求实现人与自然的和谐的途径。

第二章 地球系统

宇宙在时间上是无穷无尽的，在空间上是无边无际的。它是由无数个运动着的形态各异的天体所构成的。地球就是宇宙空间无数多个天体中的一个普通行星。它不断和周围环境进行能量、物质和信息的交换与传输，从而对自然环境产生多方面的影响，推动着各种自然地理过程的演进与变化。

第一节 地球运动系统

"坐地日行八万里，巡天遥看一千河。"地球的运动是地球的本质属性之一。地球的运动形式很多，也很复杂。除地球内部的物质运动外，其中与人类和自然环境关系最为密切也是最主要的，就是地球自转运动和地球公转运动。

一、地球自转运动及其环境效应

地球的自转是指地球以地轴为轴心的绕轴旋转运动。地轴的南北两端分别为南极和北极。地轴的自转方向，在北极上空俯视地球是反时针方向转动，在南极上空俯视地球是顺时针方向转动。根据日出于东方的视运动概念，称为向东运动，即人们常说的地球由西向东旋转。

地球自转速度包括角速度和线速度。除南北两个极点外，地球上任何一地的角速度均相等，但自转的线速度因纬度与高度不同而不同。这是因为纬线圈周长自赤道向两极逐渐减小，至两极为零；高度越大，圆圈周长越长。因此，在同一高度上，自转线速度因纬度不同而不同。在赤道海平面上，自转线速度最大，为464m/s，而赤道以外各纬线圈上自转线速度可用赤道的线速度乘以该纬度的余弦求得。

地球自转产生了昼夜更替。由于地球是一个不发光、也不透光的球体，所以在同一时刻，太阳只能照亮地球表面的一半。向着太阳的半球为白天，背着太阳的半球则是黑夜。而地球自转使昼夜两半球不断地更替，引起地表某些自然过程具有规律性的昼夜更替。正是由于地球自转，而且昼夜更替适中，才使地表能均匀地接受太阳辐射，增温和冷却都不致超过一定限度，从而为有机界提供了良好的温热生存环境，也使其他许多自然过程不朝极端方向发展。

地球自转产生了时间和时刻。由于地球以一日为周期自西向东自转，于是产生了太阳每天东升西落的现象。在同一纬度地区，相对位置偏东的地点，要比位置偏西的地点早一点见到太阳。这样不同经度的时刻就有了迟早之分，因而产生了时间和时刻。时间是表示时的长短；时刻是表示时的位置、时的迟早。人们把太阳在当地仰角最大的时刻称为"中天"，一天就是太阳连续两次通过某地中天的时间长度。中天时刻因经度不同而不同，中天时刻在位置相对较东的地方比位置相对较西的地方要早。所以，经线圈又称为时圈。

世界上表示时刻的方法有三种：地方时、区时（或标准时）和世界时。地方时是指因经度不同的地方，造成时刻（钟点）不同，这种各地不同的时刻，叫地方时。一般把太阳位于某一条经线的正上空（上中天）时，作为中午 12 点，这样，我们可以利用中午 12 点这一时刻在各地出现的相对早晚来确定不同经度的地方有不同的时刻（即地方时）。为了使用上的方便，人们又把全球每隔 15 个经度划分出一个时区，全球共划分出 24 个时区。并且规定每个时区都以本时区的中央经线的地方时，作为全区共同使用的时刻，这就是区时。这样，在一个时区内，虽然有无数个地方时，但区时只有一个，即中央经线的地方时；全球有 24 个区时。世界时是以零时区的中央经线中天时刻（12 时）为标准的，又称格林尼治时间。

由于地球自转，产生了地转偏向力，这使得在地球表面做水平运动的物体的运动方向发生一定的偏转。在北半球向右偏转，在南半球向左偏转。地转偏向力只是在物体相对地面有运动时才产生，而静止的物体不受地转偏向力的影响。

地球自转促进了地球形状的形成。地球自转所产生的惯性离心力，使得地球物质由两极向赤道运动，从而使地球外形呈现出赤道半径大，两极略扁的旋转椭球体的形状。

地球自转产生了地球弹性变形。由于日月的引力，地球体发生弹性变形，在海洋面上则表现为海洋潮汐，而地球的自转又使潮汐变为绕地球传播的潮汐波，其传播方向与地球自转方向相反。

二、地球公转运动及其地理意义

地球沿着近似正圆的椭圆轨道，与地球自转相同的方向绕太阳运动（即自西向东的回转运动），这一运动称为地球的公转运动。

地球的公转导致季节的变化。在地球上看，似乎太阳终年在一个面上运动，这个面就叫做黄道面。实际上黄道面与地球绕太阳公转的轨道面是重合的。黄道面与地球赤道面之间存在着一定的夹角，这个夹角叫做黄赤交角。现在的黄赤交角是 $23°27'$。由于黄赤交角的存在以及地球的公转运动，使得正午太阳直射点在一年中变化于南、北纬 $23°27'$ 之间。从而导致了季节的变化：当太阳光直射北半球时，北半球就处于夏季，南半球处于冬季；当太阳光直射南半球时，北半球就处于冬季，南半球处于夏季。

地球的公转导致昼夜长短的变化。由于黄赤交角的存在以及地球的公转运动，使得正午太阳直射点在一年中变化于南、北纬 $23°27'$ 之间。从而导致昼夜长短随季节的变化而变化。当太阳直射北半球时，北半球的昼长大于夜长；反之，当太阳直射南半球时，北半球的夜长大于昼长。

地球运动对地表温度调节、生命孕育有着十分重要的意义。地球的自转与公转，不仅导致了昼夜的更替、四季的变化、地方时的产生，以及在地表做水平运动的物体的偏移，而且对于地表温度的调节、生命的孕育也具有极其重要的意义。地球绕太阳运转的轨道近似于圆形，从而保证从太阳得到的辐射相对比较稳定，使地面温度的变化不过于激烈。地球自转一周为 24h，自转的速度比较适中，因而使昼夜温差变化较小，有利于生物的生存。

第二节 地球表层系统

一、地球表层与地球表层学

地球表层是指与人类直接有关的一部分地球环境，其范畴大致上始大气对流层顶，下至岩石圈上部，包括大气、水、岩石、生物在内的特殊圈层。由于太阳辐射能在地球表层流通转化成负熵流，使地球表层形成远离热力学平衡态的稳定的耗散结构系统。包括庞大的自然地理系统、自然生态系统和人类生态系统（包括社会经济系统）3个基本层次；它是一个由非生物过程、生物过程和逐渐居于主导地位的人文过程相互叠加有自组织能力的物质体系，具有从混沌到有序的长期演化发展历史。

事实上，人们在很早以前就把地球表层看做一个整体的物质体系来研究。1875年奥地利地质学家休士（E. Suess）称它为生物圈，20世纪20年代苏联矿物学家维尔纳茨基（V. I. Vernadsky）进一步阐明了生物圈的概念。1883年李希霍芬（F. V. Richthofen）首先提出地球表面的概念，认为地理学就是研究地球表面上相互联系的各种现象。1910年苏联地理学家勃罗乌诺夫（P. I. Brounov）提出地球表层概念。此后地理学界将地球表层称为地理壳、景观壳、生物圈、地壳外层、地理环境、最大的生态系统等。名称虽然不同，所划定的范畴也有所差异，但其研究对象均指地球表层这一组独特的圈层。显然，上述任何一种理论，始终未能完整地概括地球表层全部实质性内容。随着科学技术的发展，特别是近数十年来地球物理学的突破，多种学科长足进步，人们可以迅速地获取地球表层运动的各类丰富信息。遥感技术、计算技术和工具的发展，为地球表层学的诞生孕育着直接条件，特别是系统科学和一些横断科学的兴起，为创立多学科、高层次的综合科学奠定了理论基础和方法。中国科学家钱学森于1983年倡议创建"地球表层学"，并认为是门"跨地理学、地质学、气象学、工农业生产技术、技术经济和国土经济的新学科"。1986年11月12日第二届全国天地生相互关系学术讨论会上，钱学森又提出地球表层学是地理科学的基础理论。著名地理学家黄秉维教授赞同有意识地建立研究地球表层这个巨系统的学科。这与国际学术界提出的"地球系统科学"相呼应。

地球表层学是沟通自然科学与社会科学的交叉学科，有广阔的研究领域和丰富的研究内涵，主要研究地球表层各子系统之间能量、物质和信息的流动转化及动态规律，有序与混沌，人和环境之间的相互作用，外部空间环境及其物质能量流对地球表层及人类的影响，地球表层的结构、功能及历史演化。地球表层学是在地理学、地质学、气象学、水文学、人类生态学、资源学、地震学、环境科学等基础之上的更高层次的综合与概括。其研究目的是不断地改造和协调自然地理系统与生态系统，避免错误的策略和盲动导致地球表层的退化，克服熵增，改善其功能和结构，提高自然生产力。

二、地球表层系统的时空特性

（一）整体性

地球表层系统是一个有机整体，其中的各种现象和过程不是孤立的、偶然的堆砌，而是相互联系、相互制约的。地球表层系统一方面与其外部环境建立了复杂的相互关系，另一方面其内部的各组成要素以及各组成部分（即各自然综合体）之间也存在着复杂的相互联系，这种内部的联系是物质运动的必然结果。组成地球表层系统的各种物质成分存在着自身固有的运动，而且任何一个成分的运动都必然地要与其他成分的运动发生联系，并相互制约。因此，地球表层系统既可以划分出不同的组成要素和组成部分，又总是作为一个统一的整体而存在和发展的。

整体性是地球表层系统内部联系的实质，又是综合自然地理学研究的基本出发点。所谓整体性，是指地球表层各组成部分要素以及各组成部分之间内在联系的规律性。地球表层系统各组成要素或各组成部分相互联系、相互作用，构成一个有机整体；其中某一要素会影响其他要素，某一部分会影响其他部分。其整体性如此严密和具有如此的普遍性，以致"牵一发而动全身"，一旦某一环节发生变化，其他所有环节必将随之发生变化。

例如，第四纪冰后期以来，由于气候转暖，冰川退却，从而引起各大洋海面的升高和海岸的变化，在陆地上引起风化方式和成土作用的变化，以及植被带与相应的动物群向极地移动。又例如，地球表面的热能绝大多数来自太阳辐射，辐射能的54%被大气反射和吸收，它对大气对流不起决定作用。而其中46%的辐射能被地面吸收和反射，从而对地面大气进行不均匀加热。太阳辐射使地表水蒸发和升华，又将这些由地表的液态水和固态水转化的气体输送到对流层中；在地球引力的作用下，大气中的液态水和固态水又以降水的方式落向地面。陆地和海洋的不同加热率形成了季风环流，表面洋流的基本动因又是风效应、地球重力和太阳辐射综合作用的结果。地壳的板块运动和造山运动导致了海陆变迁，火山喷发又影响气候变化和生态环境。在岩石圈表面，太阳辐射和地心引力综合作用，太阳对岩石圈表面辐射的时空不均一性，以及由其提供动能的大气和水的各种形式的运动，使岩石失去稳定性而遭到风化、剥蚀，其岩石碎屑和质点因获得动能克服地心引力而随大气和水一起运动；随着动能的丧失，地心引力又重新占据主导地位，使岩屑和质点获得稳定，在地势较低的地方沉积下来。这种岩石圈表面的物质循环就是地质学中的均一作用，等等。所有环节相互联系，相互制约，最终改变了全球的地理结构。

作为一个有机整体，地球表层系统具有各单独组成要素或各单独组成部分所不具备的统一的结构和功能。因此，不能把个别成分各自特征的组合代替整体的特征，把个别成分各自作用的叠加作为整体的作用。按照系统理论，组成系统的各部分（子系统）之间的相互作用是非线性的，即作用与结果之间不成正比数量关系，而是指数关系，具有一种放大（或缩小）效应，使系统整体大于（或小于）部分之和，这就叫系统的整体效应。因此，处在相互作用关系中的自然要素或自然综合体，某些过程可以得到加强而产生突变，或者遭到削弱而衰减，从而产生了只有作为一个整体才具有的某些性质和特点。

我们知道，自然地理环境具有生产有机物和形成土壤的功能，但是任何一个要素的单独作用都不具备这种功能，只有在各组成要素相互作用着的自然机制内，岩石才可能发育出土壤，裸地才可能滋养出生物。这是整体性的一个突出表现。

强调整体不是部分的总和，并不否定部分对整体的作用。事实上，各自然要素的特征在一定程度上是自然环境整体特征的反映。因为各自然要素的性质和作用是隶属于整体的，同类要素在不同性质的整体具有相应不同的性质和作用。例如在不同地带有不同类型的植被，同类型的植被在山脊和谷地不同环境中有不同生物产量；人类是生物圈的组成部分，受生物圈矛盾的支配；同时，人类从生物圈分化出来组成社会，受社会矛盾的支配。

（二）层次性

地球表层系统由 5 个大致成层分布的自然子系统组成，它们形成系统的空间序。按照性质可以分成 3 组，即 3 个无机子系统：大气圈、水圈、岩石圈；1 个类有机子系统：土壤圈；1 个有机子系统：生物圈（见图 2-1）。

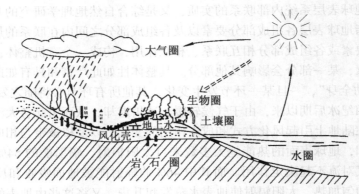

图 2-1　地球表层系统的五大自然圈层

由于这 5 个圈层之间进行着物质、能量和信息的交换，所以，它们都属于开放系统。然而，它们之间的边界不是几何学的线或面，而是逐渐过渡的带或层。在边界附近，各圈层是相互渗透和彼此重叠的。五大圈层之间的联系方式、组织秩序性和空间关系组成了地球表层系统的圈层结构，而每一个圈层内部又有次级的组分和结构，形成一个有层序的整体。这是从空间上认识地球表层系统的结构。

（三）节律性

节律性是自然界一种特殊的循环，它是自然地理过程随时间重复出现的变化。这种变化通常具有不同的周期、振幅、趋势和阶段性。按照变化的周期，可以分为：

1. 昼夜节律（Circadian Rhythm）

由于地球绕地轴自转所形成的白天与黑夜的循环更替，使得自然地理过程和现象呈现出以一天大约 24 小时为周期的响应变化，除了具有极昼和极夜现象的极圈以内的地区之外，地球表层的其余广大地区均具有明显的昼夜节律。

对于昼夜节律反应最为敏感的是大气和生物，主要表现为大气温度、湿度和压力的日周期性变化；绿色植物光合作用和呼吸作用的昼夜交替；动、植物及人体的时辰节律，如植物开花的时钟效应、动物的昼行或夜行习性，以及人体近似 24 小时的生理节律等。此外，海洋的潮汐也具有昼夜节律。

2. 季节节律（Seasonal Rhythm）

由于地球绕太阳公转所形成的地面接受太阳辐射能量多少的季节更替，导致许多自然地理过程和现象出现了以季节（年）为周期的节律变化。对于季节节律的反应最为敏感的是大气、水体和生物，主要表现为大气温度、湿度、降水、气压，以及大气环流等的年周期变化，河湖的冻融和水量随季节的变化，树木的萌芽、展叶、开花、结果、叶变秋色、落叶等植物的物候变化，以及候鸟的往返迁飞、昆虫的休眠和启蛰等动物的物候变化。

3. 超年节律（Interannual Rhythm）

超年节律指以若干年为周期的变化，其成因可能与太阳活动、火山活动、大气环流的长期变化、厄尔尼诺和南方涛动等的影响有关。与昼夜节律和季节节律不同的是，地球表层系统所表现出的超年节律性并不具有一个大致相同的周期，而且各种现象出现周期的不确定性相当大，属于一种统计的规律。例如，赤道平流层有时为东风，有时为西风，具有准两年的周期；厄尔尼诺现象（赤道东太平洋海面温度持续异常增暖）具有 3~7 年的准周期性；英国近 200 年的树木萌芽日期具有 12.2 年平均周期；我国长江中、下游干旱和洪涝的发生具有 5~6 年的周期等。

（四）开放性

系统是一个由相互关联、相互制约的若干要素组成的具有确定结构和功能的有机整体。它具有模糊的或确切的边界，从而与其周围的环境区分开来。系统与外界环境共同构成一个相互包容的体系，任何一个系统都是较高层次的系统的一个组成要素，而系统中任何一个组成要素本身，通常又是较低层次的一个系统，由高低不同、大小不等的系统形成一种层次结构。

在热力学中，根据系统与环境之间的关系将其分为：

①孤立系统——与外界环境没有能量和物质交换。

②封闭系统——可与温度不变的外界环境交换能量而不交换物质，系统温度保持恒定。

③开放系统——可与外界环境交换能量和物质。

孤立系统的边界是完全封闭的，由热力学第二定律可知，函数熵 S 只能单调地增大，直至极大。此时系统由热力学的非平衡态变为平衡态，即 SX（$dSdtSX$）≥0（等于 0 为平衡态），这就是熵增原理。也就是说，在孤立系统中，系统的熵永不减少，对可逆过程，熵不变（$dS=0$）；对不可逆过程，熵总是增加的（$dS>0$）。由于熵愈来愈大，状态只能自发地从非平衡转变为平衡，从有序转变为无序，而不可能逆转。一般来讲，这种系统在自然界是不存在的。

对于封闭系统，其边界在物质交换方面是封闭的，但能量可以在系统与环境之间实现交换。当系统和外界环境同一的绝对温度足够低时，有可能形成低熵的有序平衡结构。在地球上，封闭系统是罕见的，只有在两种特定条件下，方可将它们视为近似的封闭系统。这两个特定条件一是从天体演化的尺度看今天的地球，它目前处在与外界有稳定的能量交换而物质交换可以忽略的状态；二是以短期尺度——日平均的几天和年平均的几年，并且从全球角度讨论能量平衡时，则可将地球接收太阳短波辐射和向太空放射长波辐射视为处于平衡状态。

对于开放系统，系统边界是开放的，在系统和环境之间物质和能量可以自由地交换，系统从环境中输入物质和能量，同时也向环境中输出物质和能量。在这种系统中，物质的传输本身就代表着能量的传输，因为物质通过其组织功效而具有能量。对于开放系统来说，在时间间隔 dt 内，系统熵的改变 dS 应由两部分组成：

$$dS=d_eS+d_iS$$

其中 d_eS 为熵流，由系统与外界环境交换能量和物质所引起；d_iS 为熵产生，由系统内部的不可逆过程所引起。当熵流 $d_eS>0$ 时，系统中从环境中吸熵；当熵流 $d_eS<0$，并达到相当数量时，可以使系统的总熵减少，有序度提高成为远离平衡态，从而可能出现有序的自组织的耗散结构。

地球在一般情况下都是一个呈现出一种耗散结构的典型的开放系统。

第一，从地球表层系统及其各圈层的本质来看，大气流动、海洋运动和生命过程得以存在和维持，主要依靠太阳辐射提供源源不断的能量。理论计算表明，如果失去太阳辐射，地球大气本身的能量仅能维持一个星期左右；洋流的动力主要来自大气环境底层的盛行风和热盐对流，其能源也直接、间接地来自太阳辐射；地球上一切生命过程的存在，更离不开太阳的光和热。也就是说，地球系统由于接收太阳源源不断的能量（负熵流），不断抵消地球表层的熵增加和降低系统的总熵，才能形成和维持气圈、水圈、岩石圈、生物圈自组织的有序结构。

第二，从全球来看，到达地球的太阳辐射常数实际上是变化的。1980 年 2 月至 7 月由 SMM 卫星观测结果表明，半个月内太阳常数可变化 0.15%，全球年平均气温也从 20 世纪 30 年代末到 1970 年降低了 0.45℃，表明全球的年平均温度也是有变化的，这隐含了地球与外界的能量交换存在一定的差别。

第三，从南北半球来看，冬半年的太阳高度角较小，得到的太阳总辐射较少；夏半年的太阳高度角较大，得到的太阳总辐射较多。特别是在中高纬度地区，夏半年的辐射量比冬半年要多得多，如 60° 纬度带和 80° 纬度带夏半年的辐射量分别为冬半年的 4.4 倍和 41.52 倍。显然，对于冬半年和夏半年来说，能量收支是不平衡的。

第四，太阳辐射到地球上的能量有 36% 被地表云层等反射到宇宙空间中，而到达地球表面的这部分能量在放射到太空时，又由于地表云层等作用而被部分返回地球。另外，由于地球内部放射性元素蜕变等作用也形成流向地表和太空的热流的熵，不但决定了地球大气必然属于开放系统，而且说明此时整个地球处于远离平衡态。

第五，除了与外界的热量交换外，在某些时空尺度上，还存在外界对地球的动量输入，如万有引力、力矩、引潮力、电磁力等，以及与外界的物质交换，如地球历史上曾发生过的小行星和彗星撞击地球、陨石和太阳微粒辐射等。所有这些，都说明了地球表层及其内部圈层是一个开放系统。

（五）稳定性

开放系统具有在一定范围内自我调节的能力，以保持和恢复原有的结构、功能和有序状态。如果没有这种自我调节，任何具体系统的稳定形态都不能够存在。

地球表层系统的稳定性是在以下意义上而言的：

一是在天体演化的尺度上，目前的地球正处在太阳系演化和地—月系统演化的相对稳定、平衡的时期，具体表现在：

①太阳辐射到达地球的能量比较稳定。地球位于日地平均距离处时，地球外层大气上界垂直于太阳光的每平方厘米面积上，每分钟内所接收到的太阳辐射量是一个常数，为 8.16J/（cm² · min），称之为太阳常数。

②地球在太阳系中的轨道运动比较稳定。不仅地球轨道参数变化非常规则，可以精确计算，而且地球与其他行星之间的引力作用已达到相当完美的程度。

二是在地球运动过程中，由于其内部活动与稳定，两种对立因素在相互作用中，稳定一方占优势时出现在地球表层系统活动中的相互稳定状态。地球表层系统各圈层的空间结构、成分、质量、能量收支、运动方式和规律等，也都处在相对稳定和平衡的状态。

在地壳的不断运动和发展中，一个地区在不同的发展阶段表现出活动性与稳定性的交替出现，从而形成了所谓活动区和稳定区。在一定时期内保持相对稳定，这不仅为人类和生物的生存、发展提供了基本条件，而且为我们认识它们奠定了基础。

系统的稳定性是一种开放中的稳定性，开放系统通过把熵传输给环境或把负熵引进系统，使无序的增长得到抑制，使系统的有序得以保持。系统的稳定性又是一种动态中的稳定性，这种稳定只有在与环境之间不断进行物质、能量交换的过程中才能保持。所以说，稳定是相对的、有条件的，而变动则是绝对的、无条件的。地球的存在方式和具体组构都是在稳定与变动的对立统一中实现的。

人们已经发现了地球表层系统几种重要的、处于不同层次上的变动特性。

第一，从地球演化的历史过程上看，地球表层系统发展呈普遍的节律性特征。地球运动变化的节律性，也就是地球在其漫长的演化过程中所呈现出的阶段性。节律性包含了不同时间长短和空间范围的多种运动、变化形式，是这些形式的统一。科学研究表明，地球的圈层结构纵向不均一及其各圈层的横向不均一，是地球表层系统具有节律性变动特征的主要原因。

第二，从地球巨系统演变的方式上看，地球的变动性体现为激变和渐变相互交织的特征。地球存在着以相对用时很短的运动、变化，这在地球的发展史和关于地球运动的认识史上早已是公认的事实。地球系统变动的渐变方式，实际上是与激变方式相互补充并构成了地球完整的运动方式。渐变性的运动是较早地在地学认识领域获得科学和哲学支持的学说。

第三，从地球表层系统物质间的组构关系上看，地表系统的变动性还体现在收缩运动和膨胀运动的对立统一之中。收缩与膨胀不仅是自然固有的客观规律，而且也是地球表层形成、演化过程中两种不同的运动形式，是地壳、褶皱、山脉形成的动力。收缩与膨胀的交替作用，使地球表层系统在时间上表现为收缩—膨胀—收缩的节律特征，在空间上则表现为局部的沉陷和挤压的不均匀分布。

第四，从地球表层系统变动的表现上看，地表系统的变动性表现为多样性的特征。地球运动是一种很复杂的运动，其运动形式不仅表现在地球的基本部分，即地核、地幔、地壳之间的统一和相互作用，还表现在地球表层上的大气圈、水圈、生物圈，特别是有机界和无机界的统一和相互作用，既具有力学、物理、化学、生物的运动形式，又具有以此作为基础运动形式并加以综合的高级运动形式，表现为明显的多层次、多样性和整体性。地球运动的形式不仅是非常复杂的，而且有着多种多样的周期，这些对于地球表层系统的各圈层都产生着重要影响。

（六）均一性

地球表层系统在物质组成、结构构造和运动变化等方面表现出均一性与非均一性的统一。此处的均一性即平衡性或守恒性，而非均一性即不平衡性。

地球表层系统在物质组成上的均一性首先表现为地球在形成早期的均一和平衡。随着地球内外的物质、能量逐渐开始有序循环，从而出现了初步的、以有序的层状结构为特征的早期地球非均一的物质分布。地球表层又进一步打破原来的均一状态而逐渐形成了地球表面广泛分布的水体和笼罩整个地球的大气层。最原始的地球生命也是在均一性与非均一性的转变中形成的。

地球表层系统在结构上的均一性主要表现在地球表层系统空间框架的相对定格或固定。如对流层在 0~16km、平流层在 16~60km、电离层在 60~1000km、磁层为 1000km 以上，其质量和体积是相对固定的。然而，相对均一的地球圈层结构中却时时发生着非均一的变化。岩石圈中的各组成部分就表现出纵横方向上的不均一性。地震波速在不同地质体、不同构造交接地区和在断裂带两侧表现出的明显差异，反映了地球结构的横向不均一性。地球系统在运动变化上的均一性与非均一性是指地球演化状态的相对匀速和变速运动，这两种运动由于与地质学史上的著名事件（所谓均变论与激变论之争）、几位重要人物（如赖尔、居维叶等）有关而引人注目。事实上，地球表层系统运动变化的均一性与非均一性是共存的、交织一体的和相互转化的。

第三章 地球演化

第一节 地球的形成与演化

地球形成至今已有46亿年的历史。在这漫长的地质年代里，地球上不断地发生或强烈或缓慢的构造运动、岩浆活动、海陆变迁、剥蚀与沉积等各种地质作用，岩石圈的演变和发展就是由这些地质作用引起的。地史上发生的各种地质作用，人们在今天虽已不能亲眼目睹，但其结果和影响却记载在组成岩石圈的地层中，岩石圈中的各种地层都是按时间先后顺序形成的，因此，地层就是岩石圈历史的"记录簿"。

所谓地层，是岩石圈在长期发展过程中，在一定的地质时间内形成的层状和非层状岩石的总称。它包括各种沉积岩、变质岩和岩浆岩。

岩石圈演化历史的划分和确定，就是依据地层的物质成分、理化性质、厚度及古生物化石等资料来进行的。对一个地区或不同地区地层进行划分和对比，可以确定地层的生成顺序和时代，进而追溯地层形成的环境、古地理环境的变迁、生物演化及地壳运动的发展规律。所以地层就像一部巨厚的地质历史史册，它记载着几十亿年地壳上所发生的各种变化和作用。因此，追溯地层的形成时间，就可以编撰出地壳及岩石圈发展的历史。

地层的地质年代，是指地壳中不同年代的岩石在形成过程中的时间和顺序。划分地质年代的方法有两种：一种叫相对地质年代，它只能确定地层在生成时间上的新老关系，而不能获得地层的具体年龄；另一种是绝对地质年代，又称同位素地质年代，它能具体说明某地层距今较确切的年龄。两者的结合就构成了地质年代的完整概念。

从目前已知的地球岩石同位素测年的结果看，各大洲大陆均已找到了30亿年以上的古老岩石，其中最古老的岩石年龄是西澳大利亚丘陵变质砾岩中碎屑锆石的年龄，达41亿~42亿年。地球的年龄无论如何总要大于地球上任何岩石的年龄，而后者已如前述，是可以通过包括同位地质年代学和相对地质年代学的研究，以地质年代表或地质时代表的方法予以标示的。

一、相对地质年代的确定

（一）地层层序律

地层最重要的特征是具有时间的概念，而"岩层"一般是泛指成层的岩石，不具有时间概念。所以，地层就有新老之分。就沉积岩上下关系来说，地层形成时的原始产状一般是呈水平的或近似水平的，如果一个地区沉积岩层没有受到过扰动，先沉积的是较老地层，后沉积的在上面，是较新的地层。这种上新下老的地层关系，就称为地层层序律，它是确定地层相对年代的基本方法，如图3-1（a）所示。当地层因构造运动而发生倾斜，在倾斜而未倒转时，倾斜面以上的地层较新，倾斜面以下的地层则较老，如图 3-1（b）所示。但组成地壳的地层往往由于构造运动的影响，造成地层残缺不全，或由于构造运动剧烈而使层序颠倒，这就给确定地质年代带来了困难，因而必须根据地层中的生物化石、岩层接触关系及岩性特征，把扰动或颠倒了的地层恢复到正常的层位，以确定其地层的相对地质年代。

(a) 水平地层   (b) 倾斜地层

(1~5 代表地层时代由老到新)

图 3-1　地层相对地质年代的确定

（二）生物地层学法

根据地层中的生物化石确定地层的相对年代是比较可靠的方法。地史上的生物称为古生物，它们绝大部分早已绝灭，但是古生物的遗体或遗迹却可保存在沉积岩中形成化石。

地球上生物界的演化具有一定的阶段性和不可逆性。生物的演化是从简单到复杂、从低级到高级不断进化和发展的。以往出现过的生物类型，在以后的演化过程中绝不会重复出现。因此，随着地壳历史的发展，每一阶段都有其特有的生物组合。同时，生物界的演化历史又是生物不断适应环境的过程。

岩石圈发展演变具有阶段性，是缓慢的量变与急速的质变交替出现的过程，当岩石圈演变由一个阶段向另一个阶段飞跃时，往往都有强烈的构造运动和岩浆活动为标志，这必然会引起自然环境的巨大变化，从而引起某些生物的突然灭绝，另一些适应环境条件比较强的生物就会突发演化，这就显示出生物演化的阶段性。因此，每一个生物种属的化石总是埋藏在一定时代的地层里，而在相同时期相同地理环境下所形成的地层，不论相距多远都含有相同的化石及其组合。

按生物演化的规律，老地层里所含的生物低级简单，较新地层里的生物就较高级复杂，这样，结合地层层序律，就可把地层的新老次序排列起来，用以确定地层的地质年代。图 3-2 就是根据岩性、化石和地层层序律的特征，划分和对比甲、乙、丙三地地层的情况，以及在地层划分和对比的基础上恢复三个地区完整的地层沉积顺序，并建立正常的地层层序关系。但是，并非所有的生物化石对确定地层相对年代都有价值，有的生物对环境变化的适应能力很强，它们在漫长的地质年代里没有变化，它们的化石可以在不同时代的地层中出现，那么，这种化石对确定地层的年代是没有意义的。只有那些延续时间短、分布范围广、数量多、特征显著的化石，才是鉴定地质年代、划分地层最有价值的化石，这种化石叫做标准化石，如中生代的恐龙、古生代的笔石和三叶虫等。

生物和它生存的环境具有密切的关系，海洋里有海生生物，陆地上有陆生生物，自然界各种环境都有一些特殊的生物。有些生物只能生存在一定的环境里，所以，我们可以根据地层中的某些化石，推测当时的古地理环境，这种化石叫指相化石。例如，在地层中找到珊瑚化石，说明当时沉积环境是热带清澈的浅海环境；破碎的贝壳化石，指示出滨海的环境；苏铁化石表示陆上气候湿热，等等。因此，化石是研究地层形成环境和确定相对地质年代的重要标志。

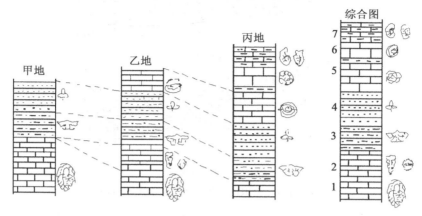

图 3-2 生物地层对比综合柱状图

（三）岩石地层学法

虽然生物地层学法是确定地质年代的一种可靠的方法，但在很多地层中往往很难找到化石，这时就只能依据地层的岩性或岩相变化来对比划分。所谓岩相，就是岩石的面貌，是岩层的岩性特征和生物特征的综合，也是岩层生成环境的反映。一般情况下，相同环境下形成的岩层往往具有相同的岩性（指岩石组成成分、颜色、结构、构造等）。岩性的变化在一定程度上反映了沉积环境的变化，如在某一地层剖面中，下部是砂页岩夹有煤层，上部是火山碎屑岩，它们就代表了两个不同的环境和时代，前者是还原环境和成煤时代，后者则是地壳运动强烈和活动时期，这样，就可以根据岩性把地层划分成两个单元，代表地壳两个不同的发展阶段。当沉积环境发生变化时，岩性也要发生变化，如地壳运动使海水发生海浸和海退，沉积物的颗粒大小也随之变化，因沉积物颗粒粗细与海水深浅或海岸线位置有关，越靠近海岸附近的浅海地区，沉积物颗粒越粗，远离海岸的深水区，沉积物颗粒愈细，在同一垂直剖面上岩相的粗细变化就反映了海水的进退情况（见图 3-3）。

如果在海相地层中发现岩相由粗—细—粗，或相反系列有节奏性的、周期性的变化，这种现象称为一个沉积旋回。一次大的沉积旋回，就地层来说，包括一套海浸地层和海退地层；就地壳运动而言，表明有过大的升降运动，通常，有几次旋回就有几次升降过程，但由于地壳运动常是波动性的，一次大的沉积旋回常常还包括许多小的沉积旋回，这样，划分地层单位也有大小之分。沉积旋回是地壳历史发展阶段性的表现，而沉积旋回的变化必然反映到岩性特征上，所以它也是划分地层的重要依据之一。

（四）构造地层学法

地层之间的接触关系，从另一个侧面记录了地壳运动演化的历史，也是划分地层的重要依据之一。

对沉积岩来说，地层的接触关系可分为整合、假整合和不整合三种类型。

整合接触 在地壳长期处于缓慢下降的地区，沉积物一层层连续沉积，新的地层覆盖

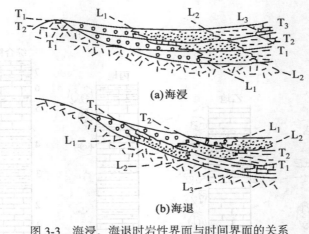

图 3-3　海浸、海退时岩性界面与时间界面的关系

在老的地层之上，层理互相平行，说明沉积时间无间断，沉积物是连续沉积的，这种上下层之间的接触关系，称为整合接触。这时可利用地层层序律确定其相对年龄，如图 3-4（a）中 S。

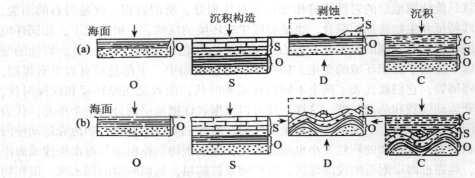

O—奥陶系　S—志留系　D—泥盆系　C—石炭系　→—地壳运动方向

图 3-4　地层整合、假整合、不整合接触的形成过程示意图

　　假整合接触　当地壳运动由长期下降转为上升，而在上升过程中地层没有发生明显的变形，只是垂直上升露出水面，这时沉积发生中断，并遭受剥蚀，形成高低起伏的侵蚀面，如图 3-4（a）D 中 S 地层被剥蚀，而后再次下降接受新的沉积，从而上下两套地层之间缺失了某一时代的地层，但新老地层仍彼此平行，这种接触关系叫假整合接触，又称平行不整合，如图 3-4（a）中 C 所示。

　　不整合接触　地壳在由下降转为上升过程中，原先沉积的地层发生强烈的变形（如褶皱），岩层产状发生倾斜，并逐渐出露水面，经过风化剥蚀后，又再次下降接受新的沉积。这时上下两套地层之间不但有明显的缺失，而且上覆新地层与下伏老地层之间成一定角度相交，地层的这种接触关系称为不整合接触，如图 3-4（b）中 C 所示。

地层划分的对象一般是沉积岩。对岩浆岩的新老顺序，一般用切割律或穿插关系来确定。就侵入岩与围岩关系来说，总是侵入者年代新，被侵入者年代老，这就是岩层切割律。如果有多次侵入现象，则侵入体往往互相穿插，在这种情况下，被穿过的岩体时代较老，穿插其他岩体者较新，图 3-5 是运用切割律确定各种岩体形成顺序的示意图。

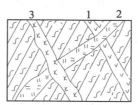

图中 1 早于 2，2 早于 3

图 3-5　多次侵入的岩体时代的确定

二、绝对地质年代的确定

由于组成岩石的矿物中大部分都含有一定数量的放射性元素，因此，利用岩石中存在的微量放射性元素的蜕变规律，可以测出岩石生成的绝对年龄。

放射性元素的原子不稳定，必然衰变为它种原子（如 U^{238} 衰变为 Pb^{206} 等），而且放射性元素的蜕变速度是很稳定的，它不受外界条件的影响，在一定时间内，一定数量的放射性元素，分裂多少量，生成多少新物质，都有确切的数字，即有一个恒定的衰变常数。元素的蜕变速度通常是用半衰期来度量的。所谓半衰期是指母元素的原子数蜕变一半所需要的时间。例如铀铅法中（$Pb^{235}+7He^4$）放射性同位素 U^{235} 经蜕变后，生成 Pb^{207} 和 He^4 两种终结元素。这一过程是非常稳定和缓慢的，U^{235} 的半衰期约七亿年，1 克 U^{235} 在一年中只有 1/74 亿克裂变为 Pb^{207} 和 He^4，其中 Pb 比较稳定，则积累起来，而 He 被散逸掉。因此，只要知道岩石中放射性元素和终结元素的含量，并根据放射性元素的蜕变速率，就可推算出岩石形成的绝对年龄。

通常用来测定地质年代的放射性同位素见表 3-1。

表 3-1　　　　　　　　　　　　常用于测定地质年龄的放射性同位素

同位素母体	蜕变产生的子体	半衰期/年	有效测年范围/年	适用测试物质
C^{14}	N^{14}	5 730	$1\times10^2 \sim 7\times10^4$	木材、骨骼、肉、介壳以及溶于水中的 CO_2
K^{40}	Ar^{40}	13×10^8	$5\times10^4 \sim 46\times10^8$	云母、角闪石、火山岩
U^{238}	Pb^{206}	45×10^8		
U^{235}	Pb^{207}	7.1×10^8	$0.1\times10^8 \sim 46\times10^8$	锆石、沥青铀矿
Th^{232}	Pb^{208}	140×10^8		
Rb^{87}	Sr^{87}	470×10^8	$0.1\times10^8 \sim 46\times10^8$	云母、钾长石、变质岩或岩浆岩

在上述放射性同位素中，钾—氩、铷—锶和铀—铅法等常用来测定较古老岩石的地质

年龄，而 C^{14} 的半衰期很短，因此只能用来测定很新的地质年代和大部分考古材料的年代。

三、地质年代表

（一）地质年代的划分

地质学家根据古生物演化过程中的阶段性以及沉积物质、岩浆活动和地壳运动等情况，仿照人类社会发展的历史规律，把地质历史划分成若干阶段。地质年代的划分，是以地层为基础决定的。人们把组成地壳的全部地层从老到新编排起来，所代表的年代统称为地质年代。再把全部地层分成大小不同的单位，统称为年代地层单位。而各个地层所代表的时间，称为地质年代单位。

在国际地质年代表中，最大一级的地质年代单位为"宙"，全部地质历史可分为太古宙、元古宙和显生宙。太古宙和元古宙很少或没有生物出现，而显生宙则以生物大量出现为标志。宙以下的次一级地质年代单位为"代"，最常用的第三级地质年代单位为"纪"，每个纪的生物界面貌各有特色，第四级单位为"世"，第五级单位为"期"，最小的地质年代单位是"时"。与地质年代单位相对应的年代地层单位为宇、界、系、阶、带，它们是在各级地质年代内形成的地层。此外，还有很多地方性的地质年代单位和地层单位。地质年代单位与年代地层单位的对应关系见表3-2。

表 3-2   **地质年代与地层单位对比表**

地 质 年 代 单 位	年 代 地 层 单 位
宙 代 纪 世 期 时	宇 界 系 统 阶 带

（二）地质年代表

19 世纪以来，世界各国地质工作者，在长期的地质实践中，逐步完成了地层的划分和对比工作，并按年代早晚顺序把地质年代进行编年，列制成表，叫地质年代表。它的内容包括各个地质年代单位、名称、代号，绝对年龄和相对年龄等，同时也反映出相应地质年代里所形成的各种地层及生物的进化顺序、过程和阶段等（见表3-3）。地质年代表的建立为世界地层对比与划分奠定了基础，是地质史上的伟大创举。

地质年代表自古至今把地质历史及地层系统划分为三个最大的阶段。先把整个地质历史分为太古宙、元古宙和显生宙三个最大的地质年代单位，其相应时间内形成的地层为太古宇、元古宇和显生宇。在宙下面又分为若干个代，如显生宙分为古生代、中生代和新生代，代与代之间的生物有显著不同，往往有明显的地壳运动与之分开。与代相对应的地层称为界，如古生界、中生界和新生界。每个代又分为若干个纪，纪与纪之间的生物在纲和科范围内有显著的变化。与纪相对应的地层称为系。每个纪一般又可分为早、中、晚三个

表3-3　　　　　　　　　　　　　　　　地质年代表

地质年代、地层单位及其代号				同位素年龄(百万年)		构造运动	构造阶段	生物界开始繁殖的时代	
宙(宇)	代(界)	纪(系)	世(统)	距今年龄	延续时间			植物	动物
显生宙(宇)	新生代(界)Kz	第四纪(系)Q	全新世(统)O_4 更新世(统)Q_1,Q_2,Q_3	0.01 2.5	2.5	喜马拉雅运动	喜马拉雅阶段	←被子植物	现代人 ←古猿 ←灵长类
		新近纪(系)N	上新世(统)N_2	5	2.5				
			中新世(统)N_1	24	19				
		古近纪(系)E	渐新世(统)E_3	37	13				
			始新世(统)E_2	58	21				
			古新世(统)E_1	65	7				
	中生代(界)Mz	白垩纪(系)K	晚白垩世(上白垩统)K_2 早白垩世(下白垩统)K_1	137	72	燕山运动三幕 燕山运动二幕 燕山运动一幕	燕山阶段		←鸟类
		侏罗纪(系)J	晚侏罗世(上侏罗统)J_3 中侏罗世(中侏罗统)J_2 早侏罗世(下侏罗统)J_1	203	66	印支运动	印支阶段	←	恐龙、哺乳类
		三叠纪(系)T	晚三叠世(上三叠统)T_3 中三叠世(中三叠统)T_2 早三叠世(下三叠统)T_1	251	48	海西运动		←裸子植物	←爬行动物
	古生代(界)Pz	晚古生代(界)Pz_2	二叠纪(系)P 晚二叠世(上二叠统)P_2 早二叠世(下二叠统)P_1	295	44		海西阶段	蕨类植物	
			石炭纪(系)C 晚石炭世(上石炭统)C_3 中石炭世(中石炭统)C_2 早石炭世(下石炭统)C_1	355	60				两栖类鱼类
			泥盆纪(系)D 晚泥盆世(上泥盆统)D_3 中泥盆世(中泥盆统)D_2 早泥盆世(下泥盆统)D_1	408	53	加里东运动		裸蕨植物	
		早古生代(界)Pz_1	志留纪(系)S 晚志留世(上志留统)S_3 中志留世(中志留统)S_2 早志留世(下志留统)S_1	435	27		加里东阶段		←无脊椎动物
			奥陶纪(系)O 晚奥陶世(上奥陶统)O_3 中奥陶世(中奥陶统)O_2 早奥陶世(下奥陶统)O_1	495	60				
			寒武纪(系)∈ 晚寒武世(上寒武统)$∈_3$ 中寒武世(中寒武统)$∈_2$ 早寒武世(下寒武统)$∈_1$	650	55				
元古宙(宇)Pt	元古代(界)pt	晚元古代	震旦纪(系)Z	1000 1800	110 350	蓟县运动 晋宁运动		←海生藻类植物	←无脊椎动物
		中元古代		2500	800				
		早元古代		2800	700	吕梁运动 五台运动		原始菌藻类植物	
太古宙(宇)(Ar)	新太古代			3200	300				
	中太古代			3600	400				
	古太古代			4600	400	阜平运动			
	始太古代				1000				

世，其中二叠纪、白垩纪分为早晚两世，新近纪和第四纪各分为两个世。世的名称除新生代外一般都是在纪的名称前加上早、中、晚，如寒武纪分为早寒武世、中寒武世与晚寒武世。世与世之间的生物在科和属范围内又有显著变化。在相应各世时间内所形成的地层叫统。统的名称在系的名称前冠以下、中、上即可，如寒武系地层可分为下寒武统、中寒武统、上寒武统。一个世又可再分数目不等的期，在期时间内形成的地层叫阶，阶是全国性或大区域性的地层单位。

应该指出，表中显生宙中各级单位的划分及其名称都是国际统一通用的，而太古宙和元古宙的各级单位，由于地层形成时间古老，保存的化石数量也少，开展研究工作的难度较大，故至今世界各国还未取得统一意见。

地质年代表反映地球的历史就是一部不断发展和变化的历史，地球从诞生到现在的46亿年中，始终处于不断发展和阶段发展过程中。由于地球内部物质不断运动，地壳在内外力的作用下，也不断地运动变化，大规模的构造运动使地表大陆与海洋面积及其相对位置有过几度变迁，经历了几个构造阶段才逐渐形成现代地表轮廓和海陆形势。地球上的气候也有过炎热—寒冷—湿润—干旱的交替。生物的出现和不断演化，由海生到陆生，由简单到复杂，由低级到高级。而人类的出现，标志着地球演化到一个崭新的阶段。

四、地球的演化历史

太古宙（Archaean Eon）是地球历史上最早的一个时代，它包括地球形成距今25亿年前的这段地球历史，持续时间约21亿年，太古宙时，地壳处于早期阶段，地壳薄弱，为脆弱的玄武岩圈，地壳运动极频繁，壳下的高热物质经常向地表喷出和侵溢，因而火山活动也极强烈。根据各地沉积岩层的相似性，推测当时地球大部分地区为海洋所覆盖，只有分散和孤立的岛屿式小陆块。原始海洋可能并不深，富含氯化物，缺乏硫酸盐，缺乏自由氧。从化石记录看，太古宙晚期（距今约35亿年）出现有菌类和低等蓝藻。经过多次的强烈构造运动，至太古宙末，形成了最初的较稳定的陆地（称之为陆核），现今每个大陆都有一个或数个这样的陆核。

元古宙（Proterozoic Eon）始于25亿年前，止于5.4亿年前，持续时间约19.6亿年。元古宙可分为早元古、中元古、晚元古三个代，界限分别是距今18亿年和10亿年。元古宙的生物演化包括从无性分裂的原核细胞到有性生殖的真核细胞和从单细胞原生动物到多细胞后生动物的两次飞跃，其中中元古代晚期，大约13亿年前则是动、植物的分异时间。

元古宙时，由于陆核的出现和扩大，地壳稳定性得到加强。到早元古代末，地球上发生了一次较广泛而强烈的地壳运动（我国称吕梁运动），一些洋壳褶皱隆起，并伴有岩浆喷溢和岩层的变质作用，使陆核加大，形成一些较大而稳定的古陆。以后又围绕这些古陆不断焊接增长，至晚元古代时，全球形成了五个巨型的稳定古陆，即北半球的北美古陆、欧洲古陆、西伯利亚古陆、中国古陆和南半球的冈瓦纳联合古陆（包括现在的南极洲、澳大利亚、印度、非洲、南美洲）。围绕这些古陆周围为海槽活动带。也有学者认为，前古生代时期地球上大陆曾经历过多次的分合，至元古代末曾出现一个联合古陆（泛大陆），到寒武纪以后才开始分裂成五块大陆。

早古生代（Early Paleozoic Era）即显生宙古生代的早期，包括寒武纪（∈）、奥陶纪（O）和志留纪（S）三个纪。这段地史始于5亿4千万年前，止于4.1亿年前，持续时间约 1.3 亿年。早古生代是地质和生物演化的一个重要阶段，众多带壳海生无脊椎动物呈爆发性出现，原始脊椎动物、淡水无颌类动物相当繁盛，植物由早期的藻类发展到陆生裸蕨类，这显示出生物演化将发生飞跃，生物雌雄开始分异，并从海洋环境向大陆环境发展。从早寒武世开始，世界各地开始了广泛的海侵，至奥陶纪时海侵规模最大，全球除北半球的东欧地台及南半球的冈瓦纳古陆外，其余地区几乎为海水淹没，形成了广阔浅海及碳酸盐沉积。奥陶纪以后，各地广泛发生海退，尤其是晚志留世末，由于各板块之间的移动靠拢碰撞，发生了一次世界性的强烈的构造运动（称加里东运动），使部分海槽挤压褶皱上升成山脉，如加里东海槽、蒙古海槽、我国的祁连海槽和华南海槽等，从而使全球陆地面积扩大。由于西北欧和北美东北部加里东褶皱带的形成，使北美古陆与欧洲古陆相连，导致了古大西洋的关闭。

晚古生代（Late Paleozoic Era）即古生代晚期，始于 4.1 亿年前，止于 2.5 亿年前，持续时间约 1.6 亿年，包括 3 个纪：泥盆纪（D）、石炭纪（C）和二叠纪（P）。泥盆纪广布有鱼及无颌类动物，两栖类动物则全盛于石炭—二叠纪。植物界从水生发展到陆生，出现了裸蕨植物群，孢子植物达到了繁盛，二叠纪晚期出现了裸子植物。此外，晚古生代还出现了两次（晚泥盆世和晚二叠世）生物集群绝灭事件。由于陆生植物繁茂，造成了大规模的煤和油页岩堆积，是全球第一个且最为重要的造煤时期。晚古生代是大陆漂移的显著活动时期。全球存在四个巨型稳定的古陆：欧美古陆、西伯利亚古陆、中国古陆和冈瓦纳古陆。从泥盆纪晚期开始，这些古陆的内陆或边缘，又遭受不同程度的海侵，形成一些陆表或陆缘浅海。晚古生代后期，全球范围发生强烈的地壳运动（称海西运动），使海槽两侧的大陆板块发生对接碰撞，许多海槽先后关闭，阿帕拉契亚海槽、海西海槽、中亚海槽、蒙古海槽等全部褶皱隆起形成褶皱带，导致欧美古陆、西伯利亚古陆、中国古陆连接一起，到石炭纪时，形成一个巨大的北方古陆（又称劳亚古陆），与南半球的冈瓦纳古陆遥相对应。由于这两大古陆西部十分靠近并联结在一起，故构成了一个统一的联合古陆（泛大陆），从而使全球陆地面积空前扩大。

中生代（Mesozoic Era）始于 2.5 亿年前，止于 0.65 亿年前，持续时间约 1.85 亿年，包括 3 个纪：三叠纪（T）、侏罗纪（J）和白垩纪（K）。中生代是陆生裸子植物、爬行类（恐龙）和海生蕨石类的时代。中生代末出现的著名生物集群绝灭事件，特别是恐龙绝灭事件，除地球自然地理环境急剧改变的因素外，还与地外小天体撞击地球的突变事件有关。中生代的海陆分布是，二叠纪形成的联合古陆延续到三叠纪。自侏罗纪起，特别是白垩纪是联合古陆的快速解体时期，也是新生大洋——大西洋和印度洋的形成和发展时期。古太平洋内部，由于大洋板块向周围大陆板块俯冲、削减，使亚洲东部和美洲西部陆缘区形成了规模宏大的岩浆岩带和地体增生带。

新生代（Cenozoic Era）是自 0.65 亿年以来至今的近代地质时代，包括古近纪（E）、新近纪（N）和第四纪（Q）三个纪，但尚未终结。新生代目前已持续了 0.65 亿年，还在继续。新生代被称为哺乳动物和被子植物的时代。哺乳动物进一步分化，大约在新近纪晚期（300 多万年前），在亚洲或非洲大陆诞生了人类的祖先——早期猿人。这是由于海陆多次变迁、大气圈和水圈多次改造、环境和气候发生适宜人类生存变化的结果。新生代地壳演化的总特点是：地中海—喜马拉雅海槽最后封闭，形成强烈而高耸的褶皱带；大西洋和印度洋继续扩张；环太平洋海槽不断褶皱隆起，洋区日益缩小；各大陆相对漂移或靠拢，逐渐形成东半球大陆和西半球大陆以及现代的全球海陆分布面貌。新生代的海陆分布，即现代的海陆分布，与新生代早期，即古近纪时的海陆分布不尽相同。古近纪时的欧亚大陆比现在小，但地中海比现在大，中国和印度被地中海所隔并不连接，土耳其和古波斯是地中海的岛屿，阿拉伯半岛是非洲的一个边角，红海尚未出现，南美洲和北美洲相距遥远，而北美洲与欧亚大陆比较接近。这种格局一直持续到古近纪晚期。印度与亚洲大陆碰撞大约发生在距今 5000 万年的始新世，但喜马拉雅山、阿尔卑斯山和落基山的耸起则是最近 200 万～300 万年的事件。

地球经历了 46 亿年漫长而复杂的演变发展，至第四纪时形成了现代的地壳构造格局和自然地理面貌，出现了七大洲、四大洋的海陆分布轮廓。

第二节　地　质　构　造

在地壳运动和岩浆活动等内力作用下，引起岩石圈物质成分、内部结构和地表形态发生变化，会使岩层发生变位或变形。岩层这种变位、变形的空间分布状态，称为地质构造。地质构造表现最明显的是在层状岩石（沉积岩）中。地质构造的基本类型主要有水平构造、单斜构造、褶皱构造和断裂构造等。

一、内力作用及其表现形式

（一）内力作用

内力作用是由地球内部的能量引起的。这些能量通常包括地球自转而产生的旋转能、重力作用形成的重力能和地球内部放射性元素蜕变时产生的热能等。

1. 旋转能

已经知道地球是一个近似正球的旋转椭球体，由于赤道处线速度最大，约为 464m/s，地球内部和表面的物质均受到不同程度的离心作用，赤道处最大，因此高纬度的物质有向赤道移动的趋势。据计算，地球自转产生的旋转能约为 $2.137×10^{29}$J，而 8.5 级地震的能量也只有 $3.6×10^{17}$J，这样大的能量必然在地质作用中产生巨大影响。例如，有人认为地球自转速度的变化，其根本原因就是旋转能的影响，而直接原因则是因旋转能的存在导致地内物质的分异（尚有重力作用的参与）的结果。

2. 重力能

重力能也有人称为引力能，严格地说两者并不等同。地球表面的重力是指地面某处所受地心引力和该处的地球自转离心力的合力（见图 3-6）。地球引力与物体质量成正比，与地心距离的平方成反比。因此，地心引力在赤道处最小，两极处最大；而地面某处离心力与该处地球自转线速度的平方成正比。但是，离心力比地心引力小得多，以赤道为最大的离心力，也仅为该处地心引力的 1/289，如果设想地球自转速度比现在快 17 倍，那么赤道处的离心力就增大 17^2=289 倍，便与地心引力相等，该处地表物体也就没有重量了。因此，通常人们把重力与引力视为同一种力。

据估计，地球重力能约为 10^{31}J。在这样巨大的能量作用下，足以使地球内部和外部的物质产生重新分异和位移。

3. 热能

地内热能的存在早已为人们所知。一般认为，地球内部广泛分布着放射性物质，它不断地蜕变并产生热量，是地热的主要来源。例如，一克铀在蜕变过程中产生的热量虽然只有 $1.09×10^{-7}$ J/s，但整个地球放射性元素蜕变产生的热量却有 $5.02×10^{14}$ J/s，其中一部分通过地壳传导而散失，其量看起来很小，但地球内部的热能经过几十亿年的积累，使地内地幔的温度可达 $1000~2000℃$，这样高的温度足以使地球内部的物质融化。目前认为，地球内部的岩浆活动、地幔物质的对流、板块的运动、火山和地震等的动力能，主要来自地球内部的热能。

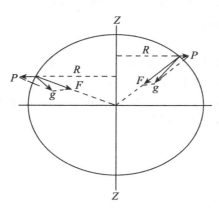

P—离心力 F—地心引力
R—某处至地轴的垂直距离 g—重力
图 3-6 重力示意图

（二）内力作用类型

1. 构造运动

构造运动主要是指由地球内力作用引起的促使岩石圈发生变位和变形以及大洋底增生与消亡的地质作用。产生褶皱、断裂等各种地质构造，控制着海陆的分布，影响着各种地质作用的发生和发展，同时引起地壳的隆起和坳陷变化，导致山脉、高原、盆地、海沟、洋脊、洋盆等地理单元的形成。因此，它是一种使岩石圈不断变化的最重要的地质作用。

根据构造运动的方向又可分为水平运动与垂直运动两种基本形式。

水平运动是指岩石圈物质沿地球表面切线方向的运动。在以水平运动为主的地区，常表现为岩石圈板块的水平移动，并产生巨大的水平挤压或引张力，其最终趋势是使地表产生巨大的起伏，并形成大型的褶皱和断裂等构造，又叫造山运动。

垂直运动是指岩石圈物质沿地球半径方向的运动。这种运动表现为地壳大面积的上升和下降，形成大型的隆起和坳陷，产生海侵和海退现象，故又称为造陆运动。它作用时间长、范围广、运动速度缓慢。

垂直运动的速度、方向和幅度在不同时间和不同地点有不同的表现形式，如我国东部（华北平原等）表现为大面积的沉降，西部（青藏高原）则表现为大面积的隆起，所以这种运动往往是互相联系的，相互补偿的，其运动速度有快有慢，升降幅度也各不相同。

水平运动和垂直运动是构造运动的两个主导方向。从岩石圈发展历史来看，可以是以水平运动为主，也可以是以垂直运动为主，但构造运动总的表现为既有水平运动又有垂直运动的复杂情况。

此外，与水平运动和垂直运动相伴产生的还有褶皱运动和断裂运动。前者是指岩层受水平挤压后产生波伏弯曲的构造运动；后者是岩层受力后产生破裂或产生显著的位移，它常常表现在地势起伏变化突然的地区，如山地、高原与平原、盆地的接壤处。

2. 岩浆活动

岩浆活动是地球内部的物质运动。岩浆在形成、运移和冷凝过程中自身会发生相应的变化，并对周围岩石和地貌造成影响。岩浆沿构造软弱带上升，喷出地表者叫火山作用；岩浆侵入到上覆岩层中的叫侵入作用。

3. 地震活动

地震是地壳和地幔上部任一部分的快速颤动。这种震动常在几秒钟或几分钟即行停止。它是由地震引起的岩石圈物质成分、结构和地表形态发生变化的地质作用。地震往往是和断裂、火山现象相联系的，故全球主要火山带、地震带和断裂带在分布上常表现出一致性，而构造运动是引起地震的主要原因。

二、地质构造形式

（一）水平构造

水平构造是指一个地区出露的地层基本近于水平。它通常出现在地壳运动影响较轻微或升降运动十分均匀的地区，岩层基本上保持着原始的水平状态。

一般说来，水平岩层在地面及地质图上具有以下基本特征：当地表被剥蚀切割轻微时，地面只出露单一最新地层（见图 3-7）；当地表被流水切割时，时代较老的地层出露于河谷、冲沟等低洼处，最新地层则分布在山顶或分水岭上。在沟谷处地层出露界线呈"V"字形，其尖端指向上游。由于岩层水平，岩层面的各点基本上等高，即同一岩层的分布高度大致相同，在地质图上表现为岩层的出露界线（岩层面与地面交线）与地形等高线平行或重合，这是判读水平岩层的重要标志。

（二）单斜构造

若一个地区内的一系列岩层向同一方向倾斜，而岩层的倾角较小（一般在25°左右），则称为单斜构造。这种现象常常出现在褶曲一翼或断层的一盘；或在构造升降运动不等量的地区，使原始岩层的水平产状发生倾斜；也可能是由于接受沉积的原始地形的影响，使其原始状态就是倾斜的。测定倾斜岩层的产状是研究地质构造的基础。

岩层在空间的分布状态称为岩层的产状，通常用岩层的走向、倾向和倾角来测定（见图 3-8）。

倾斜岩层露头界线的分布状态与等高线是斜交的，表现为与地形等高线成交截关系的曲线延伸，情况比水平岩层的出露界线复杂，但却有一定的规律可寻，即当其横过沟谷或山脊时，均呈"V"字形态。根据岩层产状、地面坡度及坡向的不同，"V"字形态也有所不同，这种规律称为"V"字形法则。它们的相互关系有如下三种情况：

当岩层倾向与地形坡向相反时，岩层界线与地形等高线的弯曲方向一致，在沟谷处岩

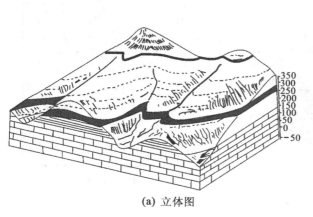
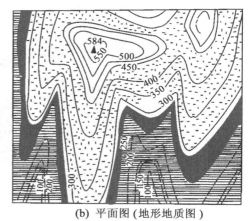

(a) 立体图　　　　　　　　　(b) 平面图 (地形地质图)

图 3-7　水平岩层的出露分布特征

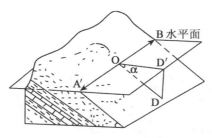

AOB—走向线　　OD—倾斜线

OD′—倾向　　α—岩层倾角

图 3-8　岩层的产状要素

层 "V" 字形尖端指向上游；而穿过山脊时，"V" 字形尖端则指向山脊的下坡，但岩层界线的弯曲度总比等高线弯曲度小，如图 3-9 所示。

当岩层倾向与地形坡向相同，而岩层倾角大于地面坡度时，岩层露头界线与等高线呈相反方向弯曲。在沟谷中，岩层露头界线的 "V" 字形尖端亦指向下游，在山脊处，则指向山脊的上方，如图 3-10 所示。

当岩层倾向与地面坡向相同而岩层倾角小于地面坡度时，岩层露头界线与等高线的弯曲方向也是一致的。在沟谷中，岩层露头界线的 "V" 字形尖端亦指向上游；在山脊上，其 "V" 字形尖端则指向山脊的下坡，见图 3-11。这与第一种情况所表现的形态不同之处，在于其露头界线的 "V" 字形弯曲度大于地形等高线的弯曲度。比较图 3-9 与图 3-11 就可清楚地看出这种差别。

上述三种情况都表明：在地层没有倒转的情况下，在沟谷中岩层界线的 "V" 字形尖端指向新地层，"V" 字形内弧开口处为相对较老时代的地层；在山脊处则相反。

"V" 字形法则有助于阅读分析地质图，特别是大、中比例尺地质图。不过，在应用这个法则时要注意，只有当倾斜岩层的走向与沟谷或山脊的延伸方向呈直交或斜交时，岩

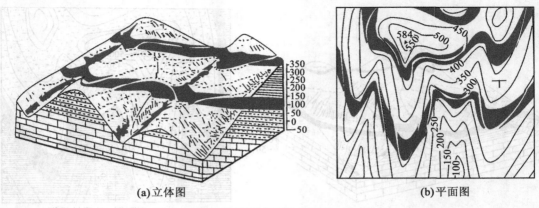

(a)立体图   **(b)平面图**

图 3-9 倾斜岩层露头线形态（一）

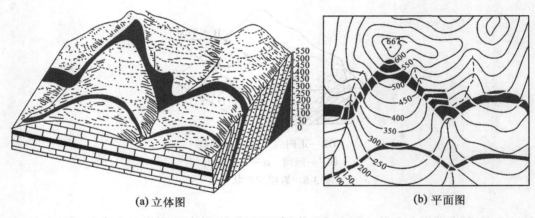

(a)立体图   **(b)平面图**

图 3-10 倾斜岩层露头线形态（二）

层露头线的分布延伸与地形等高线的关系才呈现上述现象。当岩层走向与沟谷或山脊走向平行时，则不呈现上述规律。总之，读图时要注意联系周围的情况，进行全面综合分析，才能得出符合实际的结论。

（三）褶皱构造

层状岩石受到水平方向的挤压力，岩层会产生一系列波状弯曲，但岩层的连续性仍未遭到破坏。岩层的这种波状弯曲状态，称为褶皱。单个弯曲称为褶曲，这是褶皱的基本单元。褶曲的形态可用褶曲要素表示，如图 3-12 所示。

褶皱是地壳中发育最广泛的一种构造形式。褶曲形态复杂多样。按褶曲的外形可分背斜和向斜两种基本形式：背斜中部岩层向上弯曲；向斜中部岩层向下弯曲。当褶曲形态被外力风化剥蚀后，判断背斜向斜主要是根据地层的新老层序来确定的，若核部为相对较老的地层，两翼对称出现相对较新的地层，则为背斜构造；反之，则为向斜构造。

按轴面的空间位置和两翼岩层的产状，可将褶曲分为直立褶曲、歪斜褶曲、倒转褶

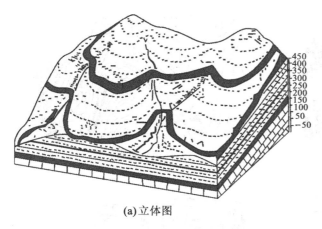

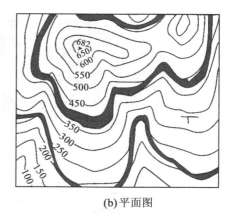

(a)立体图　　　　　　　　　　(b)平面图

图 3-11　倾斜岩层露头线形态（三）

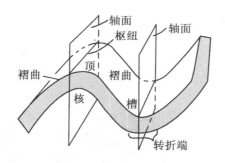

核——泛指褶曲弯曲的核心部位

顶——背斜的最高点

枢纽——褶曲的同一层面上各最大弯曲点的联线

翼——泛指褶核部两侧的部位

槽——向斜的最低点

转折端——褶曲从一翼转到另一翼的转折部分

轴面枢纽面——连接褶曲各层的枢纽构成的面

图 3-12　褶曲要素

曲、平卧褶曲等几种形式，如图 3-13 所示。

　　按枢纽形态，可把褶曲分为长轴褶曲、短轴褶曲和等轴褶曲，如图 3-14 所示。

　　在地质图上判读褶皱构造，主要是根据地层产状和核部及两侧新老地层重复出露的特征。例如，图 3-15 中尖峰处核部的地层较新，向两侧分别对称重复出现愈来愈老的地层，故此处为一向斜构造；而左侧谷地处，核部为较老地层，向两侧分别对称出现较新的地层，则此处为一背斜构造。然后再根据地层产状和同一地层出露的宽度，确定褶曲的类型：如褶曲两翼同一岩层平行对称排列，则为长轴褶曲；若两翼同一岩层呈弧形闭合，则为短轴褶曲。背斜的倾状方向与地层闭合端一致，向斜则相反。对称褶曲的地层向两侧倾

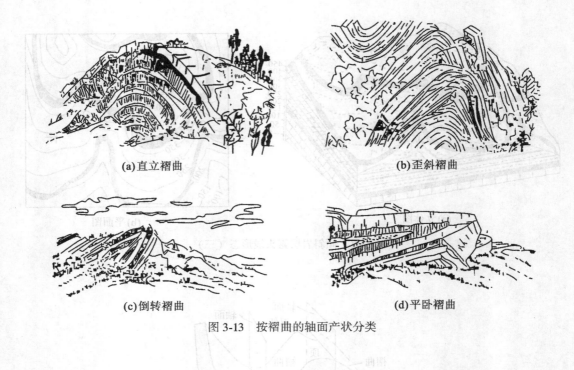

(a)直立褶曲   (b)歪斜褶曲

(c)倒转褶曲   (d)平卧褶曲

图 3-13   按褶曲的轴面产状分类

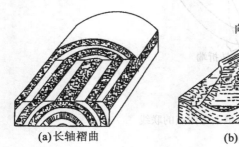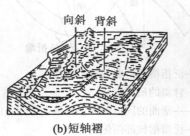

(a)长轴褶曲   (b)短轴褶   (c)等轴褶曲

图 3-14   长轴、短轴、等轴褶曲

斜;背斜或向斜的两翼地层向同一方倾斜者,则为倒转褶曲。褶曲两翼同一地层的倾角大小,可根据地层的出露宽度来判读:地层出露宽者,倾角小;窄者,倾角大。这些产状特征也是航片与卫片上判读褶皱构造的重要依据。

(四) 断裂构造

岩层受内力作用,当应力达到或超过岩石强度极限时,岩层的连续性和完整性发生破坏。岩层破裂后,两侧岩块发生显著位移者,称为断层。无位移或位移不显著者称为节理。

断层各组成部分叫断层要素。断层要素主要有断层面、断层线和断盘等,如图 3-16 所示。

断层按两盘相对位移的关系可分以下几类:正断层 (3-16A) 是上盘相对下降,下盘

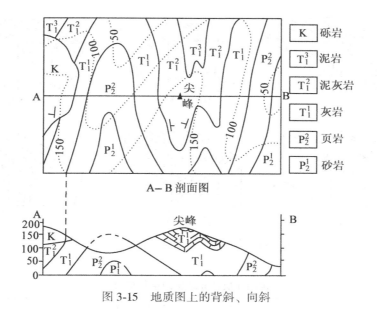

图 3-15　地质图上的背斜、向斜

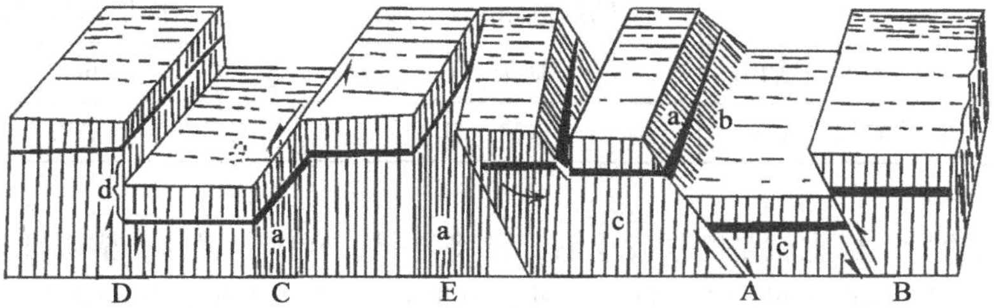

断层要素：a. 断层面——岩层或岩体发生断裂时的破裂面；
　　　　　b. 断层线——断层面与地面的交线；
　　　　　c. 断盘——断层面两侧的岩块，如断层面产状倾斜，则位于断层
　　　　　　面之上的一盘叫上盘，位于断层面之下的一盘叫下盘；
　　　　　d. 断距——断层两盘同一标志层相对错开的距离
图 3-16　断层要素与断层主要类型示意图

相对上升的断层；逆断层（图 3-16B）是上盘相对上升，下盘相对下降的断层；平推断层
（图 3-16C）是断层沿水平方向相对位移的断层。但在自然界，一个地区的断层往往成列
出现，形成各种组合断层，如地垒、地堑和阶梯状断层等。

　　断层在野外和地质图上常见的标志是地层的重复或缺失。重复是指按地层顺序本来只
应出现一次的地层，却不正常地出现了两次或多次，但又不像褶曲构造中地层有规律的对
称重复。缺失是指按地层正常层序中应该出露的地层却缺失了，但又不是不整合所造成的
区域性地层缺失。图 3-17 示出纵断层（断层走向与地层走向一致的断层）造成地层重复
和缺失的几种情况，说明见表 3-4。

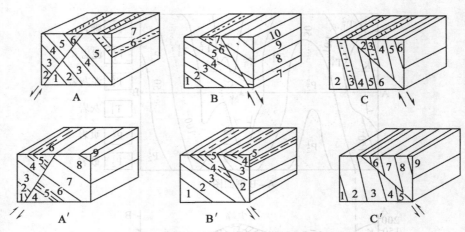

图 3-17 走向断层造成地层的重复与缺失

表 3-4   走向断层造成地层的重复与缺失

断层性质	断层倾向与岩层倾向的关系		
	异　向	同　向	
		断层倾角>岩层倾角	断层倾角<岩层倾角
正断层	重复（A）	缺失（B）	重复（C）
逆断层	缺失（A′）	重复（B′）	缺失（C′）

　　断层常见的另一标志就是断层发生后，常将岩层、岩体、岩脉、褶皱轴和早期断层等在延伸方向上突然中断（见图 3-18）。此外，在断层错动破碎带常见有断层擦痕、角砾岩和断层泥等现象，在野外可作为判断断层的证据。

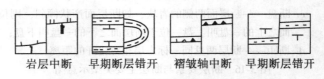

岩层中断　　早期断层错开　　褶皱轴中断　　早期断层错开

图 3-18 断层的构造不连续标志平面示意图

　　以上仅是地质图上和野外常见的几种断层标志，实际上，自然界的断层是很复杂的，识别时常常需要许多标志才能确定。目前，利用遥感手段和卫星影像，对判读断层可获得最佳的效果，断层的线性特征和上述标志都能在卫星像片上得到反映，对一些隐状断层经计算机处理后，也能在卫片上呈现其特征。

第四章 岩石圈系统

根据地球圈层的热力学性质和变形物理环境以及地震波速带，可将地球划分为岩石圈（Lithosphere）、软流圈（As The-nosphere）、中间圈（Mesosphere）和地核。岩石圈是固体地球的表层，它的定义是："地球的刚性外壳层，是由一些能够相互独立运动的离散型板块构成的。概言之，板块的这种组合就成为岩石圈。根据现在模型，岩石圈板块在洋脊上形成，在俯冲带沉入地球内部"（美国地球动力学委员会，1987）。软流圈是易于蠕动变形和缓慢移动的软弱层，是岩石圈之下包括上地幔低速层以下至过渡带上部的统称。正是由于软弱层对刚硬层的控制作用才形成了板块构造。因此，包括地壳和地幔盖层的岩石圈，特别是大陆岩石圈及软流圈是板块构造及大陆动力学研究的重点。由于岩石圈的非均一性十分突出，故通常又将岩石圈区分为大陆（型）岩石圈、大洋（型）岩石圈及过渡型岩石圈三类。大陆岩石圈以大陆地盾和地台为代表，大洋岩石圈以大洋盆地为代表，过渡型岩石圈存在于大陆和大洋地壳之间的大陆边缘或岛弧地区。

第一节 大陆岩石圈

板块构造所揭示的一种根本性认识是，大陆岩石圈与大洋岩石圈有重大差别。大陆岩石圈是在地球漫长的演化过程中，经过长期的热力、重力以及水平力的作用下逐渐分异、改造的产物，是地球演化形成的"垃圾堆"。大陆岩石圈不仅位置高、厚度大、演化时间长、结构复杂，而且由不同物质组成，并在纵向上和横向上也有显著的不均匀性，分层、分块并分层流变，化学边界层和热边界也比大洋边界层要厚得多、老得多。据此，可以把大陆岩石圈自上而下再区分为 6 个次级圈层（见图 4-1）。当然，这种区分仍然是地质尺度的，仅仅是一种近似。

一、地壳盖层

地壳盖层，简称盖层，即覆盖在结晶基底之上，由沉积层加浅变质岩系组成的沉积盖层，厚度变化较大，一般为 0~5km，而某些沉积盆地可厚达 10km，v_p 为 2.0~5.5km/s。在没有沉积盖层分布的地区，则结晶基底可直接出露于地表。由于沉积盖层尚未完全脱水及硬化，所以，层内除存在有不同的松软岩层外，还有不整合面等软弱层存在，加之接近地表应变空间，故整体强度较低，易产生盖层褶皱及逆冲断层等薄皮构造。薄皮构造即盖层在基底上的滑脱变形，亦即盖层的褶皱—冲断带（层）向下终止于一个巨大的滑脱面之上的构造全称。如果重力失稳，上覆岩层还常沿着下伏软弱层滑动，形成重力滑动构造。重力滑动和薄皮构造常常直接露出地表或埋深较浅，因而对人类生存环境最为密切。

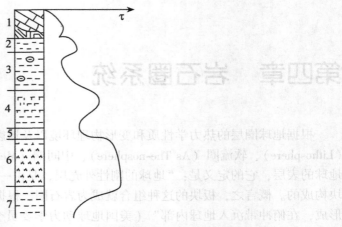

1. 地壳盖层　　　　　　2. 上地壳刚硬层
3. 中地壳塑性层　　　　4. 下地壳刚硬-软弱复合层
5. 莫霍面过渡带　　　　6. 地幔盖层
7. 上地幔软流层

图 4-1　大陆岩石圈次级圈层柱状剖面（据李扬鉴等，1996）

二、上地壳刚硬层

上地壳刚硬层即上地壳结晶基底刚硬层，全球大陆均有分布，它与盖层组合为双层结构。刚硬层主要由花岗岩、花岗片麻岩和结晶片岩等组成，厚度为 3~7km，v_P 为 5.7~6.3km/s。由于该层埋深较浅，温压条件低于绿片岩相，相当于主要组分为石英、长石的脆性变形环境，故整体呈厚板状脆性性质，在上地壳的盆-山系和冲叠造山带等厚皮构造（薄皮构造滑脱面之下的结晶基底与其上的盖层一起卷入变形时称厚皮构造）的形成过程中起着能干层的作用。我国大陆在巨厚盖层之下均有结晶基底存在。

三、中地壳塑性层

中地壳塑性层也称壳内流体层，由相当于花岗闪长岩—闪长岩类的物质组成，厚 8~20km，一般埋深 10~15km，在正常地热增温条件下，其温度为 300~450℃，围压为270~405MPa，相当于石英由脆性转变为塑性的绿片岩相变质环境，故呈现出一定的塑性性质。特别是中新生代等活动造山地带和盆-山系，比如美国西部的盆岭区，更是由于活动挤压，深部热流，以及放射性元素和挥发性组分等的加入，使之密度倒转，v_P 降为5.6~6.0km/s，出现更广泛的选择性重熔，因而流变作用更为强烈，使上地壳的正断层因其重力能大量消耗于中地壳塑性层这一应力消耗空间而无力切入下地壳，故该层实际上控制着上地壳盆-山系的形成。上地壳的结晶基底也因沿不能累积应力的中地壳塑性层而"顺层俯冲"，形成了冲叠造山带。所以，中地壳塑性层发育区往往也是盆-山系和冲叠造山带等厚皮构造的发育区，也是中酸性岩浆、地热及金属元素等成矿物质的发源地，是大陆岩石圈中能量和物质交换最活跃的次级圈层之一，是为上地壳成矿作用提供物质来源的矿源层之一。

四、下地壳刚硬-软弱复合层

该层主要由辉长岩类组成，厚 10~15km，上部 v_P 值为 6.5~6.7km/s，下部 v_P 值为 7.3~7.6km/s，温度为 400~700℃。由于该层自上而下随着埋深增加，因而使其分别处于相当于角闪岩相至麻粒岩相的高温、高压变质环境。由于该层主要由熔点较高的长石组成，并由自上部的偏脆性变形转变为至下部的偏塑性变形层位，故造成该层总体上呈刚硬、软弱复合层性质，并与下伏的莫霍面过渡带一起，对上覆岩层的构造变形起着拆离、调节作用。

五、莫霍面过渡带

莫霍面过渡带是个遍及全球、厚薄不均、埋深不等、软硬层相间的明显间断面。20世纪90年代以来的地震探测表明，它是由一组高速和低速的薄层束所组成的（见图4-2）。薄层厚度为 100~200m，而整个过渡带厚度则可达 1~5km。v_P 自上而下由 7.6km/s 增加到 8.1km/s，在盆-山系分布区壳幔界面附近可出现 v_P 为 7.0~7.8km/s 的低速或低阻的异常地幔塑性层，对地壳张裂、分离、下滑所形成的过渡壳构造起着控制作用。

莫霍面过渡带主要由镁铁质麻粒岩和超镁铁质岩所组成，它的起伏变化一方面反映了地壳厚度的变化，另一方面也是地幔上部构造的表象，年代愈新，起伏愈大，构造活动愈强烈，年轻造山带的起伏幅度可达 10km 以上。

在活动造山带下，挤压往往使莫霍面呈叠瓦状或雁行排列，其断距可大于10km，如喜马拉雅和阿尔卑斯造山带，而古生代造山带则断距较小（小于 3km）。大陆莫霍面具有高、低速相间的互层特征，有学者认为是造山幕次的反映。

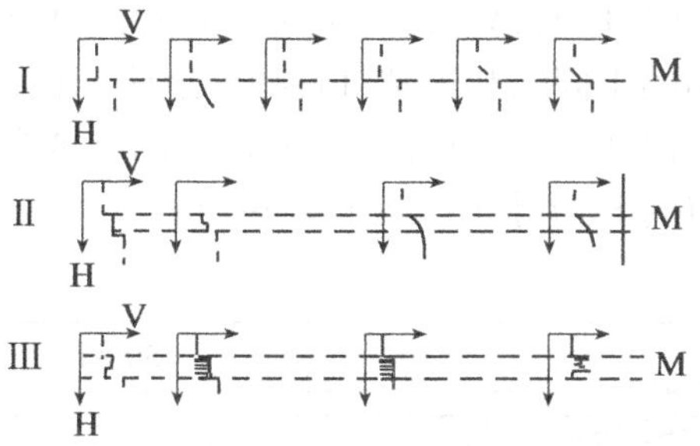

Ⅰ. 明显不连续面　Ⅱ. 连续或不连续过渡带
Ⅲ. 高速和低速薄层交替过渡带
图 4-2　莫霍面（M）性质示意图

我国大陆莫霍面有较大的起伏，东高西低，向西倾斜，从东部平原到青藏高原东部仅 2000多km，但莫霍面埋深就增深了30多km。青藏高原之下是巨大的莫霍面凹陷区，华北平原和渤海等新生代裂谷区则是莫霍面的隆起带。

莫霍面过渡带在时间和空间上都具有动态性质，是地质历史上较年轻的构造形迹。

六、地幔盖层

地幔盖层即莫霍面与上地幔低速层顶面之间的刚硬地幔。主要由橄榄岩、辉石岩和榴辉岩等组成，厚度变化较大（30~150km 不等），v_P 为 8.1~8.5km/s。由于其上述物质组成中以厚度较大、熔融程度较高的难熔组分橄榄石为主，故地幔盖层就整体而言，为一种大密度、高强度的刚硬层。但是据地震观测表明，地幔盖层也是由一系列高速和低速夹层组成的。

第二节　大洋岩石圈

大洋岩石圈的圈层结构及流变学性质与大陆岩石圈不同，它是地球演化到出现软流圈之后，由大量软流圈物质通过巨大扩张带涌出而迅速形成的，不仅圈薄、冷重、致密、刚硬（最刚硬的部分位于地幔之中 20~60km 处），而且缺失陆壳的中间层（花岗质层），形成的地质时代也较新，一般不超过 2 亿年。

由于海水覆盖，大洋岩石圈次级圈层划分所依据的主要是地震波波速值。当然，20世纪60年代以来的深海钻探、海底拖网采样和海底照相也提供了一定的划分依据。从已取得的数据和资料看，大洋岩石圈大体上可划分为 5 层。

一、未固结沉积层（层1）

未固结沉积层是洋壳中厚度变化最大的结构层（见图4-3），平均厚度为 0.50km，密度为 1.9~2.3g/cm³。大洋中脊顶部及其两侧 100~200km 范围内，层1缺失或呈零星分布。随着远离中脊厚度逐渐增大，中脊斜坡上厚 200m 左右，洋盆边缘厚 1000~2000m，局部可达 3000m。一般认为层1（松散沉积物）的 v_P 值为 1.5~3.4km/s，这个数值范围，实际上包括了 v_P 值小于层2的所有物质，即包括了由 1.5~2.0km/s 的松散沉积物和 2.0~4.0km/s 经受不同成岩作用的半固结和固结沉积物。这些沉积物是深海钙质软泥、硅质软泥、红（褐）色黏土以及白垩层和燧石等。在邻近火山岛或岛弧海域，火成碎屑岩占一定比重，在近极地海域，还停积有冰山搬运的某些物质。

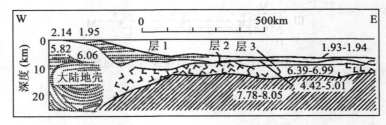

（图中数字为 v_P 值，单位为 km/s；由地震折射波法测得）
图4-3　大西洋南部（阿根廷）大洋地壳结构图

二、火山岩层（层2）

　　层2是层1和层3间的过渡层，美国学者尤因（M. Ewing）称之为基底层。它广泛分布于中脊顶部，露头表面极不平坦，厚度变化较大，自1.2~2.5km不等。v_P变化亦较大，变动于3.4~6.0km/s之间，但大多为4.5~5.5km/s，密度为2.55~2.70g/cm³。深海钻探表明，其上部（2A层）由未固结或已固结的沉积物和玄武岩互层组成，2B层以块状玄武岩代表（见图4-4）。玄武岩是以贫碱为特征的拉斑玄武岩为主，常以枕状和席状熔岩形式出现，化学成分中Al_2O_3含量偏高，K_2O和REE（稀土元素）含量偏低（$K_2O<0.3\%$）。为区别于大陆拉斑玄武岩，特别将层2的低钾玄武岩称为大洋拉斑玄武岩。以块状玄武岩为主的2B层还可出现裂隙填充或沿层面流动铺开的辉绿岩墙或岩床，底部出现席状岩墙群。

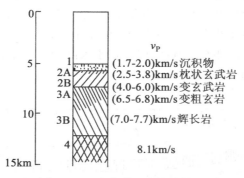

图4-4　正常大洋地壳柱状剖面

三、玄武岩层（层3）

　　玄武岩是SiO_2含量为45%~52%的基性火山岩，是大洋地壳的主体岩石，故玄武岩层也称大洋层。大洋层在不同大洋中的厚度都很稳定，平均厚度为4900m，v_P也较稳定，为6.7~7.0km/s，平均值为（6.69±0.26）km/s，可分为两个波速层，上层（3A）厚度为2~3km，v_P为6.5~6.8km/s，下层（3B）厚度为2~5km，v_P为7.0~7.7km/s。限于目前的钻探深度，关于层3的物质组成颇有争议，一种意见认为它主要是由蛇纹石化橄榄岩或蛇纹岩组成的岩石；另一种意见认为它主要是由辉长岩等铁镁质火山岩及其变质产物所组成。

　　虽然这两种岩石都能解释层3的纵波速度值，但层3的泊松比为0.27，低于蛇纹岩的泊松比0.38，而更接近于铁镁质岩石。所以，层3是由高铁镁、低硅碱的镁铁质岩石，即由辉长岩、角闪石等组成的意见得到了较多的支持。层3的底面是地壳的下界面莫霍面，莫霍面之下便是超镁铁质岩组成的上地幔。

　　上地幔物质部分熔融（形成上地幔岩浆），分异出玄武质岩浆，形成洋壳层3，当喷出海底时，由海水冷凝成枕状或席状玄武岩，这就是层2。层1则是在海底扩张过程中逐渐接受沉积的产物。

四、壳幔过渡层

上述层1、层2和层3是洋盆底部大洋地壳的标准结构，其下便是大洋地壳的下界莫霍面了。

然而，在洋中脊及年轻海岭附近莫霍面往往不甚清晰，存在着一层 v_P 为 $7.2 \sim 7.7$ km/s 的异常波速值的层面，这一 v_P 值大于层3的 v_P 平均值 [$(6.69+0.26)$ km/s]，而小于上地幔的 v_P 平均值 [(8.13 ± 0.24) km/s]，故称之为壳幔过渡层或壳幔（带）混合层，也称之为异常上壳幔（见图4-5）。莫霍面附近沿地幔顶部传播的纵波称 P_n 波，横波称 S_n 波，P_n 值一般为 $7.9 \sim 8.1$ km/s，如果 P_n 值小于 7.7 km/s 或 7.8 km/s，此即异常上地幔（壳幔过渡层）。据观测数据分析，P_n 值有明显的各向异性，在与洋脊或海岭相平行的方向上 P_n 值最小，相垂直的方向 P_n 值较大，而 S_n 则只能通过大洋盆地，却不能通过洋中脊、年轻海岭及岛弧凹侧，这意味着后者地幔盖层的顶部较前者软弱。还需要指出的是，大洋和大陆岩石圈的波速值并不重叠，不存在 v_P 为 $7.2 \sim 7.7$ km/s 的中间层，但大陆边缘则明显不同，v_P 值占有从沉积盖层到地幔盖层的整个变化范围，并随深度的增加而增大，这表明，v_P 为 $7.2 \sim 7.7$ km/s 的壳幔过渡层存在于大陆边缘之下，它的存在是过渡型岩石圈与大陆和大洋岩石圈的重要区别。

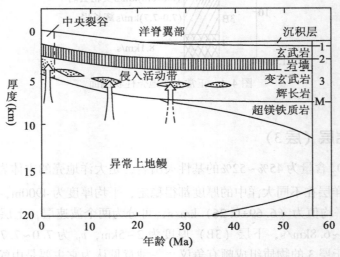

（1，2，3）为层1、层2、层3；M为莫霍面

图4-5 大洋地壳的形成及异常上地幔

五、浅地幔刚硬层

大洋浅地幔刚硬层主要由超镁铁质岩组成，与大陆浅地幔刚硬层不同的是保留了更多的易熔组分，更接近于未分异的原始地幔。林伍德（A. E. Ringwood, 1981）提出的大陆和大洋上地幔的分带模式（见图4-6）即为这一差别的明显反映。林伍德认为地幔上部的超镁铁质岩是地幔分异出玄武岩浆后难熔的残留部分，它的下部是尚未分异出玄武岩组分

的原始地幔岩。实验也表明，当地幔岩熔出约 45% 的熔浆时，其残留岩石相当于纯橄榄岩；熔出 25% 时，相当于斜方辉石橄榄岩；熔出 5% 时，相当于二辉橄榄岩。可见大洋上地幔则是由熔融程度较低、密度较大（平均密度为 $3.3 \sim 3.4 \text{g/cm}^3$）、刚度较高 [$v_p$ 平均值为 (8.13 ± 0.24) km/s] 的地幔刚硬层所组成的。正是这一刚硬层才驮载着大洋岩石圈，沿着下伏软流圈的顶面斜坡（洋脊之下缺失上地幔刚性顶盖）向两侧滑动和漂移。

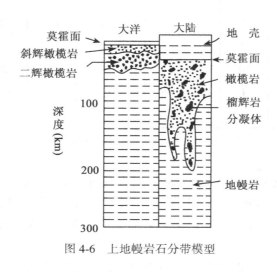

图 4-6　上地幔岩石分带模型

第三节　岩石圈的基本构造单元

前述岩石圈的次级圈层结构划分是从纵向上对岩石圈的解析，如果从横向上对岩石圈进行解析，那就是对岩石圈基本构造单元的划分。按照板块构造理论来划分岩石圈的基本构造单元目前尚无统一方案。常见的是著名地质学家康迪（K. C. Kondie）依据地质-地球物理资料，不分大陆和大洋所划分的 12 个岩石圈基本构造单元（表 4-1）。

表 4-1　　　　　　　　　　　　岩石圈基本构造单元表

序次	构造单元	面积（%）	体积（%）	厚度（km）	构造稳定性	热流（HFU）	布格异常（mGal）	V_{pn}（km/s）
1	地盾	6	12	35	S	1.0	−10~−30	8.1
2	地台	18	35	41	S, I	1.3	−10~−50	8.1
3	古生代造山带	8	14	43	I, S	1.5		8.1
4	中、新生代造山带	6	13	40	U, I	1.8	−200~−300	≥8.2
5	大陆裂谷带	<1	<1	28	U	≥2.5	−200~−300	≤7.8
6	火山岛屿	<1	<1		I, U, S	≥2.5		
6a	夏威夷			14			+250	8.2

续表

序次	构造单元	面积（%）	体积（%）	厚度（km）	构造稳定性	热流（HFU）	布格异常（mGal）	V_{pn}（km/s）
6b	冰岛			12			-30~+40	7.2
7	岛弧	3	3	22	U	≥2.0	50~+100	≤8.0
8	海沟	3	2	8（14）	U	1.2	-100~-150	8.0
9	大洋盆地	41	11	7（11）	S	1.3	+250~+350	8.2
10	大洋中脊	10	5	5（6）	U	75	+200~+250	≤7.5
11	弧后盆地	4	3	（13）	U, I	≥1.5	+50~+100	≤7.9
12	内陆海盆	1	2	22（25）	I, S	1.3	0~+200	8.0

注：S=稳定，I=中等稳定或稳定性有变化，U=不稳定，括号内数字代表海洋面至莫霍面的深度。

我国著名地质学家黄汲清等人（1980）对岩石圈的基本构造单元也进行了综合划分，其中包括克拉通（地盾和地台）、大陆被动（或不活动）边缘、大陆裂谷带、大洋中脊、海沟—岛弧系、安第斯型主动（或活动）大陆边缘、逆冲带缘、板块碰撞带、转换断层和大洋盆地。

克拉通（Craton）是大陆壳最稳定的构造单元，约占陆壳板块面积的70%。克拉通包括地盾（Shield）和地台（Platform）。地盾是克拉通中、前寒武纪结晶基底大面积出露地区，地盾体积占整个地壳的12%，世界上最大的地盾出现在非洲、加拿大和南极。地台也称陆台，是自形成以来不再遭受褶皱变形的稳定地区，地台体积占地壳总体积的35%。大陆裂谷带是大陆上的巨型张性构造单元，大多表现为单一的或复杂的地堑带，但也有仅在一侧为正断层所限的半地堑，裂谷底部通常有深水湖分布，如贝加尔湖（深1740m）即发育于贝加尔裂谷中，世界上最典型的大陆裂谷是东非裂谷带，它南北延伸长达6500km，宽50~60km，裂谷在板块构造学中是大陆崩解、大洋开启的初始阶段，是洋盆的雏形，但并非所有裂谷都能演化成大洋。陆-洋过渡带是大陆和大洋边缘被海水淹没的过渡地带或大陆之间由小洋盆和岛屿及微陆块组成的陆间洋盆带，前者相当于旧称陆缘地槽带，后者相当于旧称陆间地槽带。另外，根据陆-洋接触关系又可区分为大西洋被动大陆边缘和太平洋型活动大陆边缘；造山带是陆-洋或陆间过渡带的正向构造单元，前者（陆-洋）以环太平洋山系为代表，后者（陆-间）以阿尔卑斯—喜马拉雅山系为代表。

陆缘活化带是奠基于稳定的大陆克拉通之上的活化区，是可与造山带并列的正向构造单元。洋盆是洋中脊与海沟之间的大片洋底，其稳定性可与大陆克拉通相类比，故曾称之为深克拉通或低克拉通。大洋中脊是大洋中也是地球上最巨大的张性构造单元，是大洋岩石圈的生长带，是由强大的上涌地幔流所造成的伴有地震和火山活动的巨大洋底山脉，包括大西洋中脊、大西洋-印度洋中脊、东南印度洋中脊、太平洋中脊和北冰洋中脊。它们首尾相连，构成连续的、宏伟的洋底山系，总长约64000km。

转换断层是发育于大洋中脊及俯冲带区域的一系列断面近于直立、属走向滑动性质可切穿整个岩石圈达到上地幔软流层的巨型构造。转换断层也是由海底扩张所引起的。洋脊与洋脊、洋脊与海沟、海沟与海沟之间都可由转换断层相连接，从而将岩石圈分割成大小不一的板块，而转换断层的走向不仅是板块的边界之一，而且还标示了板块旋转运动的方向。当转换断层出现转折时，就意味着其邻接板块之间的相对运动方向，以及旋转极的位置发生过变化。

海沟与岛弧并存于大洋边缘，二者缺一不可。也就是说，没有海沟相伴的岛屿（或线状隆起）不能叫做岛弧，反之也一样。现代海沟-岛弧的含义必须包括现代火山活动，有 70km 以深的中深源地震，有深度大于 6000m 的海沟。

岛弧（Island Arc）是与海沟伴生并平行排布，延伸很长的花边状弧形列岛，它是大洋板块潜没过程中的产物。岛弧向大洋外凸的一侧是海沟，凹入大陆的一侧为边缘盆地（弧后盆地或弧间盆地），它们共同构成沟-弧-盆系（见图4-7）。

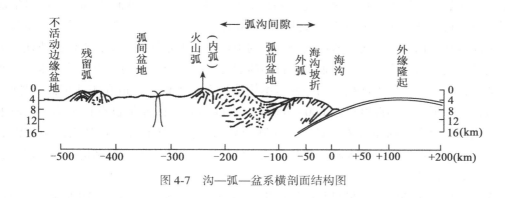

图4-7　沟—弧—盆系横剖面结构图

岛弧地貌形态可分为单弧形、双弧和多弧形。单弧形由一条平行于海沟的火山岛弧组成，如千岛岛弧、日本列岛岛弧；双弧形由平行于海沟的一条外弧（现今无火山活动的沉积岛弧）和一条内弧（现今仍有火山活动）组成，如印度尼西亚岛弧、阿留申岛弧；多弧形在双弧形的陆侧还有一条残留弧的岛弧（没有现代火山活动）。

海沟（trench）与岛弧伴生并平行排布，沿大陆边缘呈断续延伸，壁陡狭长，是绝对水深大于 6000m 的深海槽。全球最深点在太平洋西岸的马里亚纳海沟，深 11034m。海沟常呈弧形或直线形延展，长 500~4500km，宽 40~120km，水深多为 6~11km。横断面呈不对称的"V"字形，近陆侧陡峻，近洋侧略缓。海沟是大洋岩石圈俯冲及返回地幔的场所。板块俯冲带动洋底下倾、陷落，形成了地球表面最低洼的地带——海沟。

第四节　板块构造

板块构造也称新全球构造，是由美国学者摩根（W. J. Morgan）、英国学者麦肯齐（D. P. Mckenzie）和法国学者勒皮雄（X. Lepichon）等人共同提出来的新全球构造理论。这一理论虽创立于 20 世纪 60 年代末，但却经历了长达 60 年（1910~1970）的坎坷历程。它发端于魏格纳的大陆漂移说（1912），奠基于赫斯和迪茨的海底扩张说（1962），以及瓦因-马修斯模型（1963）和威尔逊的转换断层理论（1965）。很明显，板块构造理论即为上述学说和理论的引申和发展。

板块构造学说诞生后，随即风靡全球，极大地增进了我们对各种地质过程的认识，并由此开创了地球科学变革的新时代。

一、板块概念与板块划分

板块（Plate）这个术语是加拿大著名学者 J. T. 威尔逊在创立转换断层时提出来的。他认为连绵不断的活动带网络将地球表层划分为若干个有限的刚性板块，刚性板块即地球表层大小不一的球面盖板，盖板的表面即地球的固体表层。由于地球表面是曲面，因而球面盖板或板块是弯曲的，单个球面盖板的面积较大，多为 $10^7 \sim 10^8 km^2$，但厚度较小，尽管也在几十千米至 200km 之间，但相对于相同板块的横向尺度及 6370km 的地球半径，仍然是一块薄板，故称为板块，全称是岩石圈板块。板块构造（Plate Tectonics）则是地球表层岩石圈板块破裂成若干块体，彼此之间相互作用、相互移动所形成的构造，也就是一般所说的活动论构造。其实，所谓板块构造的板块也并不是整板一块，大洋板块往往为成组断裂带切割。这些成组出现、近于平行的断裂带常把大洋板块切割成几千千米长、几百千米宽的板条。板条是大洋板块的一种基本构造形态。当板条构造在俯冲带插入地幔后，称板舌构造。板舌下插深度可达 600～700km。大陆岩石圈碰撞带也有板舌构造，但下插深度较浅，一般在 200km 左右。此外，大陆板块与大洋板块相比，虽然大陆板块没有大洋板块的板条构造发育，但大陆板块具有比大洋板块复杂得多的多层结构——多层滑脱构造和多层剪切构造。

现代地球板块的轮廓，最早是由勒皮雄勾画的。勒皮雄是法国地球物理学家，他曾于 20 世纪 70 年代乘深潜器潜入大西洋中脊亲眼察看火山景观，发现了含黑色硫化物的流体，沿着一条高达 10m 的烟囱状通气口向上喷出。勒皮雄认为："我们所见的一切都证实我们正处于火山之上，直到最近它还是一座活火山。"

勒皮雄在自己的文章中把全球岩石圈系统地划分为 6 大块（见图 4-8）。它们是太平洋板块、欧亚板块、非洲板块、美洲板块、印澳（印度）板块和南极（洲）板块。随后，学者们又将美洲板块分解为北美板块和南美板块，印澳板块分解为印度（洋）板块和澳洲板块，这样全球又有了 7 大或 8 大板块之分了。8 大板块也还有另外的划法，它们是非洲板块、欧亚板块、北美板块、南美板块、南极洲板块、印度-澳大利亚板块、南太平洋板块和北太平洋板块（M. Mattauer，1980），在 8 大板块之间，还镶嵌着 14 个中小板块（陈运泰，1997），它们是阿拉伯板块、婆罗洲板块、加勒比板块、加罗林板块、科科斯（可可）板块、印度支那板块、戈达板块、华北板块、纳兹卡板块、鄂霍次克板块、菲律宾（海）板块、斯科舍板块、索马里板块和扬子板块。

8 大板块为一级板块，它们既包括陆地也包括海洋。例如，太平洋板块基本上包括太平洋水域，但还包括北美圣安的列斯断层以西的陆地和加利福尼亚半岛；南美洲板块既包括南美洲大陆，也包括大西洋中脊以西半个大西洋南部；北美板块既包括北美大陆也包括大西洋中脊以西半个大西洋北部，以及西伯利亚最东端的楚科奇半岛等。

中小板块是次一级的板块，板块面积约为 $10^5 \sim 10^6 \text{km}^2$ 或更小。中小板块的作用虽不及大板块大，但相对于相邻板块的运动还是相当显著的，它们在全球板块运动中仍具有不可忽视的作用。

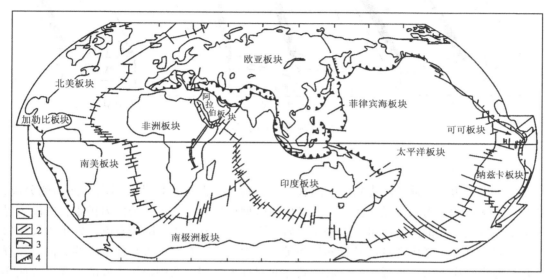

（1. 中脊轴线　2. 转换断层　3. 俯冲边界　4. 碰撞边界）

图 4-8　全球 12 个主要板块的分布

二、板块边界

既然板块是地球表面被活动带网络所分隔的一块一块的球面盖板，那么不言而喻，板块是有边界的。

（一）基本类型

板块边界即两个板块之间的接触带，可区分为三种基本类型（见图 4-9）和 7 种演化形式（见表 4-2）。

表 4-2　　　　　　　　　　　　　　　**板块边界基本类型表**

类型	演化形式	板块地壳性质	岩石圈演化	板块运动方向	应力状态
离散型	大洋裂谷	洋壳-洋壳	大洋岩石圈生成	垂直板块边界的背离运动	拉张
	大陆裂谷	陆壳-陆壳	大陆岩石圈分裂		
汇聚型	洋内弧沟系 陆缘弧沟系 陆间海 地缝合线	洋壳-洋壳 陆壳-洋壳 陆壳-陆壳 陆壳-陆壳	大洋岩石圈消亡，大陆岩石圈生长	垂直板块边界的相向运动	挤压
守恒型	转换断层	陆壳或洋壳	不生长、不消亡	平行板块边界的走滑运动	剪切

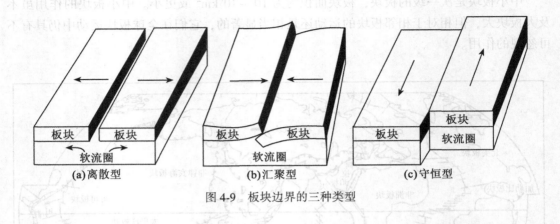

图 4-9　板块边界的三种类型

1. 离散型边界

也称生长边界，伴随洋壳新生和海底扩张，特点是两板块做背离运动，向两侧分离、散开。由于它的应力状态是拉张的，故又称拉张型板块边界。正因为应力扩张，所以边界线常呈锯齿状。离散边界既可发生于大洋岩石圈，也可发生于大陆岩石圈。发生于大洋岩石圈之间者见于大洋中脊轴部及轴间裂谷带，如大西洋中脊、东太平洋中隆等。由于洋脊拉开，地幔物质上涌，形成新的洋底。新洋底对称地添加到两侧板块边界的后缘，致使洋底岩石圈在大洋中脊轴部不断增生。发生于大陆岩石圈之间者称大陆裂谷带，如东非裂谷带。大陆裂谷带使统一的大陆岩石圈板块分离、散开，进而演变为大洋裂谷带。

2. 汇聚型边界

也称消亡边界，指两个相互汇聚板块之间的边界。相当于海沟和活动造山带，所伴随的是洋壳消亡和大陆碰撞。由于汇聚应力是挤压的，故又称挤压型边界。鉴于地球表面积基本不变，因而离散型边界岩石圈的增生必然为某些地方岩石圈的破坏所补偿。岩石圈的破坏或压缩就发生在汇聚型边界。汇聚型边界有两个亚型，俯冲边界和碰撞边界。

俯冲边界——相当于 B 型俯冲。由于大洋板块较之大陆板块往往具有密度大、厚度小、位置低的特点，故大洋板块一般总是俯冲于大陆板块之下的。也有较大大洋板块俯冲于另一较小大洋板块之下的俯冲边界，如沿马里亚纳海沟的俯冲边界。现代俯冲边界主要分布于太平洋周缘，包括东亚型和安第斯型大陆边缘，前者海沟有边缘海与大陆相隔，后者海沟直接濒临大陆。海沟附近通常出现浅源地震，向陆侧依次出现中源、深源地震，构成一条倾斜的震源带，即贝尼奥夫带，它的倾角变化于 15°~90° 之间，太平洋东岸倾角不超过 30°，西岸则平均为 45°，从而表明，岩石圈板块是沿贝尼奥夫带向下俯冲的。在俯冲过程中，大洋板块上覆沉积物可能随板块俯冲潜入地下，部分沉积物也可能被刮落下来添加于海沟陆侧坡，构成增生楔形体。增生的混杂岩体逐渐成长并受挤而隆起，组成非火山弧，这在一定程度上导致大陆增长。当板块俯冲至一二百千米深处时，摩擦增大，温度升高，导致下插板块或上覆地幔物质产生部分熔融，从而有岩浆上升并喷出地表，形成与海沟平行延伸的火山弧，从而构成前述的岛弧-海沟系。

碰撞边界——也称缝合线，是大洋板块俯冲殆尽，两侧大陆相遇汇合开始碰撞时的边界，表现为活动造山带。在汇聚碰撞过程中，原大陆边缘和洋底沉积物遭受紧密褶皱和逆冲推覆，一系列地壳楔沿近水平的层间滑脱面（多为岩石圈内部低速带）拆离开来，相互冲掩叠覆，导致地壳压缩增厚，地面大幅度抬升，形成宏伟的褶皱山系。喜马拉雅山便是始新世以来板块碰撞边界的典型实例。20 世纪 80 年代以来重力测量所表明的均衡正异常（$6 \times 10^{-4} \sim 1.2 \times 10^{-3}$ m/s^2）反映了喜马拉雅碰撞造山带地壳均衡状态遭到破坏，来自印度板块向北的强烈推挤，阻碍了该区地壳的均衡调整，使之目前仍处于隆升之中。

3. 守恒型边界

也称平移剪切型边界，是相互剪切、滑动的两个板块之间的边界，其边界线即转换断层线，所以也有人称转换边界。沿这种边界通常既没有板块的生长，也没有板块的消减，但伴有频繁的浅震活动，可发生构造形变和动力变质作用。

上述板块边界类型是最基本的类型，也是板块运动方向与板块边界垂直时的端元类型，实际上它们之间还有许多过渡类型。此外，板块还常常以渐变式或突变式的形式发生迁移。

（二）三联点

三联点也称三联结合点，是三个板块（A、B、C）或三条板块边界的交会点，或交会的一个小区域。三个板块边界汇聚在一起，形成三联构造。例如，太平洋、可可、纳兹卡三个板块汇聚在 2°11′N，102°10′W；非洲、索马里、阿拉伯板块汇聚于阿法尔三角地区。在地球表面上三联点常见，而"四联点"或四个以上板块的汇聚点却很少，即使出现了"四联点"，也会很快演变成三联点或两个板块的一种边界，因此，可以说三联点是球面上板块边界终止的唯一可能方式。根据组成三联构造的三条板块边界，即生长边界（A）、消亡边界（C）和守恒边界（T）的任意排列组合，其理论组合形式有 10 种，即 AAA，CCC，TTT，AAC，AAT，CCT、CCA，TTA、TTC 和 ACT，其中 7 种较为常见（见图 4-10）。

三联点可以是稳定的，也可以是不稳定的，这取决于它们演化中能否保持着三条板块边界所构建的几何图形的稳定性。从对 A、C、T 所有可能组合形式的作图中得知，只有 AAA 三联点的板块边界的所有取向（各个方位）都是稳定的，其板块间的关系不会改变，图 3-28 中的其余 6 种则是有条件的稳定，而 TTT、AAT 及 CCA 组合则是不稳定的。

三联点很重要，东北太平洋大磁湾（Great Magnetic Bight）的起源就是用 AAA 的三联点概念解释的。裂谷形成初期，通常也采取三联构造的形式，但一般只有其中的两支可以进一步扩展而形成海洋，另一支停止发育或发育缓慢，如红海、亚丁湾与东非裂谷等；但也有三联构造的三支同时发育成为大洋中脊的，如印度洋的三条洋中脊。

三、板块运动的全球图谱及运动速率

板块运动一般是指地球表面一个板块对于另一个板块的相对运动。如欧亚板块相对于北美板块是向东运动，而北美板块相对于欧亚板块则是向西运动。欧亚板块相对于太平洋板块是向西运动，相对于印度洋板块则是向南运动。大西洋四周各大陆间的距离，在过去 2 亿年的时间内，至少移动了数千千米，而利用现代空间技术所观测到的现代板块间的相对运动，则可以达到每年几个厘米的量级（见图 4-11）。

巨大的太平洋板块朝西北、西及北的海沟俯冲推移。太平洋板块与欧亚板块和印度板块的汇聚速率，在日本-汤加海沟一带达到最大，可达 9cm/a 左右。汤加海沟以南，日本

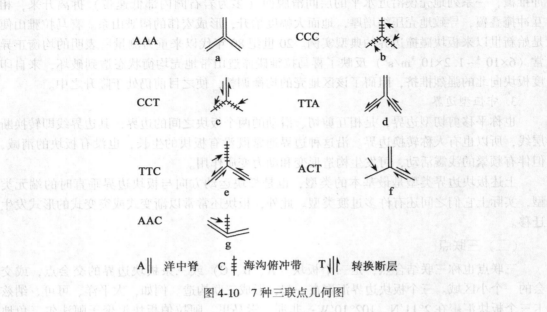

图 4-10   7 种三联点几何图

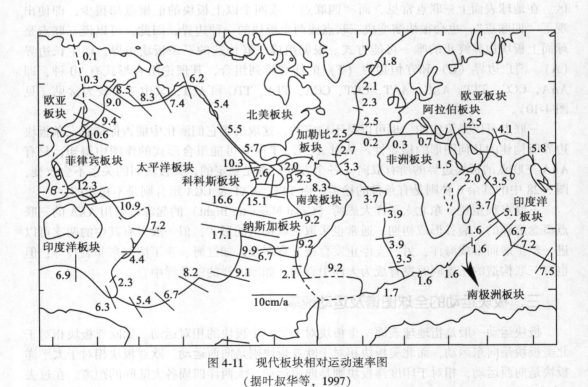

图 4-11   现代板块相对运动速率图
（据叶叔华等，1997）

海沟以北，汇聚速率递减，向南至克马德克海沟，向北至阿留申海沟减至 7cm/a 左右。在马里亚纳和菲律宾海沟附近，海沟出现分叉现象，其间夹着菲律宾海板块，由于间夹板块处于环太平洋汇聚挤压带范围内，故其间并未出现离散型边界。欧亚板块与次级菲律宾海板块之间相对运动的旋转极在日本北海道东北，它们的汇聚速率在日本九州附近为 3～4cm/a，向南逐渐增大，至我国台湾以南增大到 7cm/a 以上。太平洋板块东侧，沿秘鲁-智利海沟，次级可可板块和纳兹卡板块与南美板块相互对冲（俯冲和仰冲），其汇聚速率也在 9cm/a 以上。南、北美板块之间的加勒比板块与菲律宾海板块一样，也处于环太平洋汇聚挤压带内，同样也未见有离散型边界出现。加勒比板块的西界是中美海沟，东界是小安的列斯岛-海沟系，二者均属汇聚型边界，南、北两端均为转换断层，北端左旋，南端右旋。因此，加勒比板块向东仰冲于大西洋洋底之上。

欧亚板块南界西端为大西洋亚速尔三联点，从亚速尔到直布罗陀一线，非洲板块相对于欧洲板块左旋，其相互汇聚速率仅 0.5cm/a。自此向东为阿尔卑斯-喜马拉雅巨型纬向造山带，以北为欧亚板块，以南依次为非洲板块、阿拉伯板块和印度板块，它们相对挤压、汇聚，压缩速率自西而东逐渐增大，至印度板块西面的帕米尔楔，其汇聚速率为 4.3cm/a，向北偏西插入欧亚板块，至东面的阿萨姆楔，则以 6.4cm/a 的汇聚速率向北东突入欧亚板块。由于两端向北推进的速率不一致、不对称，故在印度板块向北运动的同时兼有左旋动势。印度板块的这种运动性质是形成青藏高原构造形变的最重要因素。再往东过渡为印度洋东北缘的俯冲边界，沿爪哇海沟其汇聚速率为 7cm/a 左右，至东南边缘则被新西兰转换断层所替代。阿拉伯板块与印度板块之间，在阿拉伯板块的西北缘和东南缘均为北北东向左旋转换断层，并以此与印度板块相分隔。

上述全球主要板块的相互协调和彼此关联，以及增生扩张和消亡压缩现象，集中体现为全球的三大巨型构造系，一是环太平洋深消减带板舌构造系，所环绕的太平洋面积占全球面积的 1/4；二是太平洋增生带洋脊构造系，相当于环绕地球赤道两周的总长度；三是大陆碰撞造山带构造系，主要分布在北半球北纬 20°～50° 之间，是一个包括阿尔卑斯-喜马拉雅造山带在内，宽达 2000～3000km 的环带。

四、板块运动的观测方法

板块运动的观测方法主要有地质学（海洋地质学）、地球物理学（海洋地球物理学）空间大地测量学以及常规大地测量学等方法。这些方法各有特点，但在板块运动的时空尺度上则属于不同的频段范围，分别应用于不同大小板块间的板块运动及板内变形研究。

地质学的方法是一种古老而传统的方法，由于板块运动在地质地貌上留下了许多运动的痕迹，所以，可以通过地表及海底地质调查、地下钻探、超深钻探以及同位素测年等方法，查明迄今的板块运动及其演化过程。但限于地质学的观测特点，它所给出的时间标尺是大尺度的，是一种平均状态，因此，它所描绘的板块运动是一种基本认识。

地球物理学方法包括地震、重力、磁力（古地磁）、地电，以及放射性、遥感等多种实用技术。这些技术在地球科学中被认为是探查地球内部及认识岩石圈板块运动的高科技，具有先导作用。但限于地球物理对地质体的探测都是以某一岩石物理性质为依据的，其反演（解释）具有多解性，所以，它所提供的板块运动记录是一种间接认识，然而这种间接认识的综合，特别是与地质学的紧密结合，则可对全球板块运动做出更高层次的理论探索，使解译逼近于真实。

空间大地测量学的方法是 20 世纪 80 年代以来发展起来的一种大地测量方法，它包括全球定位系统（GPS）、卫星激光测距（SLR）、甚长基线干涉测量（VLBI）、卫星测高、双向无线电卫星定位及卫星重力梯度测量等 6 类，其中 GPS, SLR 和 VLBI 已进入实用化阶段，是当代观测板块运动最精密、最直观和最有说服力的实测手段。

VLBI（Very Long Baseline Interferometry）（甚长基线干涉测量）——在地面上设相距甚远的两个的固定测站，它们可以同时接收到可视为位于无穷远处的同一颗类星体（河外射电源）发来的射电信号，并可以将信号和一个高质量本机标准频率的参考信号相混频，被记录下来的这一混频信号，通过相关处理就可推算出河外射电源同一波前到达两个测站的走时差，它等价于信号到达两个测站的走时差加上两测站的时间（时钟）同步差。当来自 4 个或更多射电源信号被观测到以后就可计算出基线矢量的各观测量，换算到同一基本参考架内，就可得到该基线矢量沿长度、切向和垂向的变化率。这种技术的测量精度在数千千米的基线长度上可达到 10^{-8} 量级或更高。由于 VLBI 的测量精度与基线长度无关，因此，它特别适用于全球尺度板块间的相对运动，以及地球自转和极移变化的监测。目前全球共有 80 多个 VLBI 站，其中 50 个测站组成了近 200 条基线。我国的网站由上海、乌鲁木齐和昆明三个 VLBI 站组成。上海、乌鲁木齐的 VLBI 站已投入观测。这种技术的主要缺点是装备笨重，投资巨大。

SLR（Satellite Laser Ranging）（卫星激光测距）——地面上的固定站通过望远镜向卫星上设置的后向反射镜发射激光脉冲，同时记录发射激光脉冲和从卫星返回激光脉冲之间的时间间隔，由此确定出测站至卫星的距离。SLR 系统测距精度（第三代）已达厘米级，标准点（一段时间内若干个测距点的拟合平均点）精度已达 1~3mm，相对精度约为 10^{-8} 量级。目前全球共有 100 多个 SLR 站，其中有 40 多个站参加了全球 SLR 网的常规观测。我国第三代 SLR 网站由上海、武汉、长春和北京组成，已参加国际常规联测。

GPS（Global Positioning System）（全球定位系统）——是一个以人造卫星为基础来确定地球上某点的精确位置的定位系统，整个系统由分布在 6 个轨道面上的 24 颗人造卫星组成，每个轨道面上均匀地分布着 4 颗卫星。轨道面倾角为 55°，偏心率为 0，卫星高度（长半轴）为 20186.8km，每 718min（分钟）绕地球一周。卫星连续发射调制有 P 码（精码）和 C/A 码（粗码）两个波段的载波信号和卫星导航电文。按照这样配置可以保证地球上任何一点在任一时刻都能至少同时观测到 4 颗卫星，并由此保证 GPS 能在全球范围内向任意多的用户提供全天候、高精度、连续、实时（准实时）的三维定位、三维测速和授时。为适用这一系统在具有精密星历的情况下最新研制的接收机，可在相距几百千米的地面点距间测距，精度可达到 10^{-8} 量级。

我国的 GPS 应用发展很快，在全国的广大地区内布设了各由几十个站点组成的 GPS 监测网，GPS 接收机的拥有量在几十万台以上。对涉及全球地质科学的青藏高原及珠峰地区，GPS 已重复多次布网，并进行了第一期地壳运动监测。上海、武汉、乌鲁木齐、拉萨的 GPS 站已成为国际 GPS 地球动力学服务 IGS（International GPS Geodynamic Service）全球永久性跟踪站。IGS 主要为地球动力学研究提供 GPS 卫星精密星历、地球参考系、地球自转和定向参数、全球和局部地壳运动信息等，预期达到的精度是几个 ppb（即 10^{-9}）量级。目前 IGS 的三项计划是全球海平面变化、冰后地壳回跳及大地构造运动和地壳形变。

　　由于 GPS 技术能全天候作业，站间不需要通视，测程范围大、精度高、仪器小巧轻便、投资少、成本低，所以对于板块运动的观测较其他空间技术更具有现实意义和发展前景。

　　除上述空间大地测量外，常规大地测量，即通常所说的短基线、短水准和小三角测量，对板块主要活动构造带（特别是对板块内局部变形）的监测也是重要的观测方法。

第五章 地貌过程

地貌也称地形，指地球表面高低起伏的空间形体，是地球表层系统的组成要素之一。地貌学研究地球表面地貌的物质组成、形体特征、空间结构及其发生发展的变化和规律。人类对所见山、水地貌的记载和描述可以追溯到几千年以前，现代则表现为用信息技术对地貌形体进行测度、对其变化进行监测、对其过程进行动态模拟。

第一节 经典地貌发育理论

经典地貌学理论以侵蚀轮回理论和山坡平行后退理论为代表。美国学者台维斯（W. M. Davis，1850~1934）依据对美国西部地区大规模调查和资料研究的基础上，提出了"解释性的地貌语言描述"与"侵蚀轮回"理论。该理论认为一个地区的地貌发育是构造、动力（建造地貌的动力）和时间的函数。某一地区在构造抬升转而稳定的基础上，经外动力侵蚀剥蚀作用，其地貌发育过程（时间序列）可以分为幼年期、壮年期与老年期等几个地貌发育阶段（图5-1），一个旋回大约需要几百万年至几千万年时间。直至现在，该理论在分析和解释地表现存地貌形体及其类型中仍具有重要参考价值。

彭克（W. Penk，1888~1923）认为，地貌演化实质上是地壳运动的性质和过程的反映，地貌学不以解释地球表面的起伏形态为最终目的，是为了解地球内力作用的性质与过程提供线索和论证。他提出了山坡平行后退理论，主要观点是坡面在侵蚀后退过程中，其坡度保持不变，由单一岩性组成的直线坡及由不同岩性组成的、陡缓交替的复式坡均是如此。陡坡的后退是由于重力的剥蚀（崩塌、滑坡）和坡面水流的面状侵蚀，缓坡的夷平则主要依靠坡面水流的片状冲刷。他认为在构造长期稳定条件下，原来高大的山地会缩小其范围，取而代之的是宽阔的向山外缓斜的山麓平原。若山地主要由坚硬的岩石组成，则残存山地与山麓平原之间会有一个明显坡折，若山体主要由软岩组成，则山坡主要受水流侵蚀后退，残留山地与山麓平原之间是逐渐过渡的。

地貌的地理科学意义在于"地貌"实质上是地球表层系统中气-地、海-地与生-地之间的界面，该界面发生着地球表层各圈层之间的物质与能量的交换，其中有部分直接表现为组成地貌形体的物质的运动及其变化。另外，"地貌"界面是各圈层之间相互作用的基面，所称的相互作用是通过组成地貌形体的物质的运动及其变化而表现。与此同时，"地貌"还作为自然因素之一，直接地或间接地影响着各圈层之间物质与能量的变换。

地貌研究的实际意义在于"地貌"乃人类生存的依托及一切活动的基地。对地貌及地貌发育的正确认识有助于使人类社会实践获得预期的效益，人类社会进步的重要标志之一就在于地貌开发利用率的不断提高。

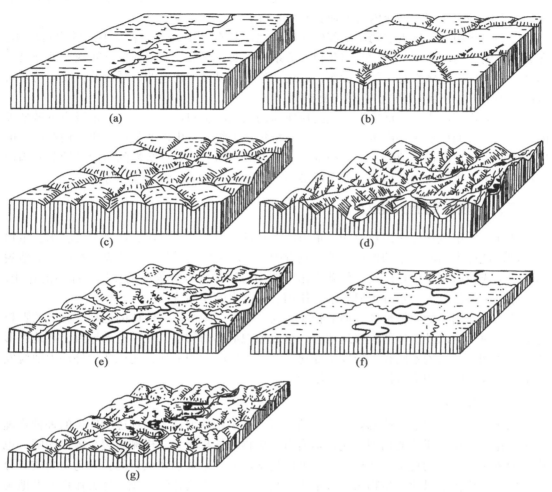

（a）最初，地形起伏和缓，排水不畅　　　　（b）幼年早期，沟谷狭窄，高地宽阔平坦

（c）幼年晚期，谷坡为主，仍有沟间平坦高地　（d）壮年期，尽是谷坡与狭窄的分水岭

（e）壮年晚期，地形起伏较缓，谷底宽展　　　（f）老年期，成为具残山的准平原

（g）再次构造抬升，进入第二轮回，重现幼年早期地貌

图 5-1　台维斯提出的"侵蚀轮回"示意图（R. J. Chorly et al，1984）

第二节　地貌发育系统

地貌发育是固体地球表面组成地貌（形体）的物质，在内动力作用、外动力作用以及两者共同作用下的位移运动以及地貌（形体）本身发生的各种变化。

一、地貌发育的内动力

地球内动力作用泛指源于地球内部的热能、化学能、重力能及地球旋转运动所产生的作用。发育地貌的内动力作用主要是指由上述能量产生的构造运动，使地球表层物质的变位和变形的动力作用，构成内动力地貌发育系统。

内动力作用使地球表层物质全部处在构造运动状态之中。地球表层不同的岩石块体，在运动方向、运动速度、持续时间及相互关系等方面存在重大差别。按空间规模可分出全球性、海陆性、地域性几个等级层次；按运动速度可以分为快速的、缓慢的；按运动方向可以分为上升、下沉（降）、平移、旋扭等。

内动力作用产生的地球表层物质的快速运动如地震瞬间可产生每秒厘米级或每秒米级的位移；缓慢的构造运动产生每年厘米级或每年毫米级甚至更慢的位移。快速构造运动可以直接产生小规模构造地貌，如火山锥、地壳裂缝、断层崖等；缓慢的然而是持久的构造运动可产生大规模的构造地貌，如全球第一等级的深海盆地、青藏高原等。

二、地貌发育的外动力

外动力作用概指以太阳辐射能、重力能、日月引力能等为能源，通过大气、水、生物等在固体地球表面所产生的作用。地貌发育中的外动力作用是指它使地表已经形成的地貌形体的组成物质发生位移运动。外动力作用按动力特征可以分为风的作用、冰雪的作用、水的作用……甚至进一步分为河流水的作用、海洋水的作用等。

外动力作用下的固体地球表面的物质运动，可以分为溶解于流体的运动、分散的颗粒运动、集块运动以及整体的位移运动等。组成地貌形体的物质的位移运动导致已有地貌形体从形体到物质组构不同程度地发生变化，并产生新的地貌形体，构成新的外动力地貌发育系统以及不同地貌类型体系的时空组合。

（一）风化作用

风化是指接近地表的或暴露于地面的岩石，处于新的地球表面环境所发生的种种物理变化和化学变化。所述的物理变化包括岩石与矿物的体积增大、机械破裂与疏松崩解，也称物理风化。所述的化学变化包括一系列的化学反应，某些物质成分的丢失与新物质成分的产生，也称化学风化。生物风化包括生物物理风化与生物化学风化。外力作用下的地貌发育原本始于暴露地面的岩石的风化，即岩石在原地的破坏过程。

在自然状况下，裸露岩石的物理风化、化学风化甚至生物风化几乎是同时进行的、密不可分的。理论上，由于物理风化使岩石破碎，从而增大了可与空气和水等接触的表面积，并增强了化学风化。图5-2显示了与岩屑覆盖层厚度有关的物理风化与化学风化相对强度的变化。在两种不同的风化环境条件下观测风化速度，其一是该地的表层物质被剥离的过程快于表层物质的风化过程，地表很少或几乎没有遗存风化物质，地貌形体主要受岩性和地质构造控制；其二是该地表层物质风化过程快于表面物质被剥离过程，发育碎屑物质覆盖层和土壤，地貌形体主要取决于碎屑体物质移动。

显然，有许多因素影响着裸露岩石的风化速度。首先是水-热环境条件，即一般所说的气候条件；其次是岩石本身的成分和结构构造特点。这些因素既影响风化速度，也影响风化产物的性质类型以及该地的风化剥蚀的速率与岩块、碎屑、溶解物质的供给数量，等等。

近地面基岩（或堆积物）经受风化残存于原地的产物称风化壳。风化壳与下伏新鲜基岩之间的接触关系，可以分为四种类型，即过渡、突变、规则与不规则。过渡关系通常

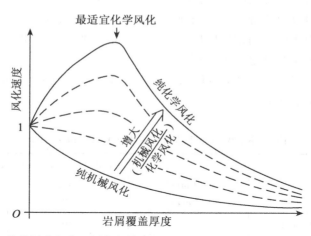

图 5-2　化学风化与物理风化相结合的相对风化速度（据 F. Ahnert，1976）

与化学风化有关，风化-未风化基岩在破裂程度方面分不开。突变关系为上、下之间有清晰分界，即使在风化层中也有基岩块。规则关系是指基岩风化破碎的程度向下减弱而向上增强。不规则关系是指上述三种接触关系不规则地交互。

　　风化壳的厚度取决于均衡风化剖面深度与剥离速度之间的平衡量，其中均衡风化剖面深度又取决于岩石抗蚀强度、节理发育程度、渗透率以及气候条件，等等。剥离速度又取决于坡度角大小、地面径流强度、蠕动速度、滑坡速度、干湿交替频率和冻胀作用，等等。一般来说，只有在地形起伏和缓或坡斜平缓、植被覆盖良好、地表径流作用较弱、地下水埋藏较深而水、气往下层渗透以及表层基岩又较容易风化的地段，才发育较厚或很厚的风化壳。从北极区很薄的土层到温带地区 1~3m 厚、湿润热带有时可产生大于 100m 厚的风化壳。不过有些温带地区可能有残存的深厚的第三纪时期形成的风化壳。

　　（二）剥蚀作用

　　剥蚀或剥蚀作用泛指地表岩石矿物碎屑物质受外动力作用而移离原地。被剥蚀的多是地表岩石风化的产物，地表岩石风化产物被剥蚀之后，原来处于其下的岩石又遭风化……风化—剥蚀—风化的连续过程概称风化剥蚀。剥蚀作用的实质是外动力对地表物质的作用，即促使这些物质移离原地以及由此而产生的结果。按外动力的性质特征分为：风的剥蚀作用称风蚀；流水的剥蚀作用称侵蚀，或者冲蚀、掏蚀；波浪的侵蚀作用称浪蚀；冰川的侵蚀作用称冰蚀，或者刨蚀、刮蚀等。此外，还有发生在地面以下的潜蚀、使可溶物质溶解的溶蚀以及海蚀、湖蚀、雪蚀，等等，形成了剥蚀面、剥蚀台地等地貌形体。

　　人类如果要使某部分地表物质移离原地，一是增大外动力剥蚀力度即剥蚀作用强度，其次是增大该部分物质的可动性。如果想阻止某部分地表物质移离原地，除了设法削弱外动力剥蚀力度之外，还需设法削弱该部分物质的可动性。干旱半干旱地区甚至半湿润地区的一些草地，由于过度放牧或开辟为农田，导致细粒物质被风吹蚀、土壤颗粒增粗"沙化"和生产力下降，这在本质上就是人为诱发了该地地表细颗粒物质的可动性。

　　某地区短时间内的平均剥蚀速率，多数是据该流域单位时间内输出的泥沙与溶解物质总量来估算的，有的定义为侵蚀模数、侵蚀率、侵蚀厚度或剥蚀厚度等，常用单位为 t／($km^2 \cdot a$)（每年每平方千米输出多少吨泥沙物质）。剥蚀速率通常换算为该范围平均单位时间内，由剥蚀作用所产生的物质厚度损失量（mm/1000 a），一般以平均每千年或者每年剥蚀损失多少毫米厚的风化（土）层测度。

流域平均剥蚀速率与该地区的气候条件、水文特征、地势起伏、植被覆盖、风化强度等许多因素有关（见表 5-1）。

表 5-1　　　　　　　　剥蚀速率受坡地坡度影响的估计（A. Goudie，1995）

地形特征	平均剥蚀速率（mm/1000a）		
	J. Corbel（1964）	A Yong（1974）	S. A. Schumm（1977）
"一般"起伏地形（坡度小于25°）	22	46	72
"陡峭"起伏地形（坡度大于25°）	206	500	915

（三）沉积作用

剥蚀物质在各种动力——输移介质（如水、重力、风力、动物等）中发生位移，当输移动力受到各种因素的影响减弱时，输移物质与介质分离发生重聚集而停在底质上，建造出新的地貌形体或改变原地貌形体。据沉积地区的不同，有海洋沉积和陆地沉积。前者又可分为滨海、浅海和深海沉积，后者又可分为山麓（坡麓）沉积、盆地（洼地）沉积、谷地沉积、湖泊（水库）沉积。从沉积的方式，可分为机械沉积、化学沉积和生物沉积。机械沉积的碎屑物质，具有明显分选性和规律性，即粗大的先沉积而细小的后沉积，但冰川堆积沉积物例外，没有分选性和规律性，大小泥砾混杂。巨厚沉积物固结成为沉积岩。化学沉积是指介质运移的可溶物质和胶体物质在低洼的水盆地中浓度达到过饱和状态时的沉积析出。生物沉积是指海洋尤其浅海和陆地上生物大量死亡后，它们的骨骼及贝壳、肢体直接堆积下来，形成生物沉积，经过复杂的物理和化学作用，可形成石油、天然气和煤。

外力作用进行地表物质的剥蚀和沉积形成雕刻（侵蚀）地貌形体及沉积地貌形体。在一个地方被剥蚀的物质将在另一个地方沉积下来，物质的剥蚀和堆积在时间和空间上经常相互交替，陆地上的剥蚀地貌形体比堆积地貌形体有更广泛的发育和分布。

三、内外力相互作用

内力作用被视为源自地球内部且通过地壳的作用动力使固体地球表面的地貌发生变化；外力作用视为源自地球外部环境且通过大气、水、生物等多个圈层物质运动作用于固体地球表面使之地貌发育发生变化。实际上，对于地貌发育来说，内力作用与外力作用只有作用方式与作用强度的差别，在作用对象与作用时间方面两者是不可分离的。但是，对于地貌发育来说，内动力作用与外动力作用又都归于"外因"范畴，仅属影响地貌发育的因素，地貌发育的"内因"或其本质仍然是组成地貌形体的物质自身的种种运动。地貌学研究的深度与难度，就在于不断应用新技术测量和科学分析固体地球表面的物质运动。

内力和外力共同不停地作用于地表，地表物质和能量的转换使地表形体不断发生变化。但是，内力和外力在地貌发育过程中既统一又对立。内力作用的总趋势是加大地表起伏形成地球表面基本起伏形体、地貌分布和组合的基本格局。外力则同时对地表形体进行剥蚀塑造、削高填低以减小地表的起伏。地壳上升，引起外力剥蚀作用加强，剥蚀速度加快，地球内力作用下微弱上升的地区，其剥蚀量每千年为 $1 \sim 3cm$，而强烈上升的地区，其剥蚀量每千年可达 $20 \sim 90cm$。内力作用改变外力作用方式，如青藏高原在第四纪以前是亚热带森林和森林草原，以流水作用为主，新构造运动促使地壳强烈上升，外力作用转变为以冰川和寒冻（物理）风化作用为主导。实质上，内外力具体就某一时期、某一地区而言，往往表现为某一种作用处于优势地位。

地貌形体并非瞬间形成，也不可能立刻消失，在内力或外力作用发生变化后，原生地貌形体会保留相当长的时间，后来的动力作用形成的新地貌形体"叠加"在旧的地貌形体之上，在一个地貌体上，共存不同动力时期形成的地貌形体遗迹，这就是地貌的多代性。

第三节　地貌形体类型

一、地貌形体

地貌形体是指地球表面各种各样的高低起伏的各个局部的（长、宽、高、地面坡度等形体要素组合构成的）空间存在状态，相当于俗称的地形。

（一）地貌形体单元

地貌形体在规模（范围面积）上有非常显著的差异。依据其范围大小，一般分为 5 个实体（层次）单元。

1. 星体地貌形体

占据数十至数百万平方千米的面积。地球的总面积为 51000 万 km^2，因此星体地貌形体单元只有大陆、大陆边缘、大洋底 3 个单元。

2. 巨地貌形体

占有数万至数十万平方千米的面积。例如，阿尔卑斯山系、喜马拉雅山系、青藏高原等。

3. 大地貌形体

占有数百至数千平方千米或数万平方千米，例如，任一山地的单独的山脉和盆地，如塔里木盆地、秦岭山脉等。

4. 中地貌形体

通常有几平方千米至数十平方千米，例如大冲沟、小河谷、单独山岭、新月形沙丘链等。

5. 小地貌形体

使中地貌形体表面复杂化的地貌实体单元，洼地、冲沟、岗堤、孤立山峰（体）等是典型代表。

　　小地貌形体可称为单体（或单一）形体，相应地，其它的可称为复合形体，它是由单体形体构成的。

　　地貌形体可分为正向或负向的地貌形体。正向地貌形体是相对于某一近似水平面或周围邻近的另一地貌形体为凸起的形体。负向地貌形体则是相对于该水平面或周围邻近的地貌面为凹下的形体。负向地貌形体可以是封闭的（例如洼地）或开放的（例如谷地）。按外动力的活动，一般区分为由物质的积累而形成的堆积形体和通过物质的搬运而形成的剥蚀形体。

　　（二）地貌形体要素

　　地表形体虽复杂多样，但每个形体都是由最基本地貌要素构成的。从几何关系而言，地貌要素包括面或表面、棱（面面相交转折）、面角（面面或多面之间相交角）。

　　地貌面是一曲面。自然面不是几何面，只是借用几何术语，地貌面有平面（0°~2°）、斜面（>2°）、平坦面（起伏微小）、凸形面、凹形面的区分。

　　棱用以表述两地貌面相交的状况，常表现为线性特征，故又称棱线。

　　面角从几何上理解为二面角，地貌实体中是两地貌面之间的夹角。

　　单一地貌形体通常面积不大，或多或少具有比较规则的空间几何轮廓，由地貌要素的简单组合构成。复合形体是若干单一形体的组合，从这个意义上讲，单一形体是基本单元，地貌要素是构件。

　　地貌形体描述和形体指标有很大的实用意义，例如应用于建造房屋、构筑建筑物、修筑铁路和公路、制定各种土壤改良措施等方面。

二、地貌类型

　　构成地貌的最基本的形体数量指标，一是高度，即绝对（海拔）高度与相对高度；二是底平面形状与底平面面积；三是地表面的倾斜方位与倾斜程度（坡向与坡度）。高度是山地、丘陵、高原、盆地、平原等地貌形体分类及其等级划分的基本要素（见表5-2）。地貌形体的平面形体及其面积（规模）是地貌分区及区划的基本依据。

表5-2　　　　　　　　　我国地（貌）形（体）分类基本指标

名称	绝对高度/m	相对高度/m	地面特征
极高山	>5000	>1000	位于现代冰川和雪线以上
高山	3500~5000	深切割>1000 中等深切割500~1000 浅切割100~500	峰尖、坡陡、谷深、山高
中山	1000~3500	500~1000	山岭山峰形体突出，但分割明显
低山	500~1000	200~500	山岭山峰形体完整
丘陵	—	<200	低峰矮岭宽谷，或聚或散
高原	>1000	比紧邻低地高500m以上	大部分地面起伏平缓

名称	绝对高度/m	相对高度/m	地面特征
平原	多数<200	—	地面平坦，偶有残丘孤山
盆地	—	盆底至盆周山丘高差500m以上	内流盆地多地面平坦，外流盆地有的分切为丘陵

地表面的倾斜程度是坡地分等分级的主要指标，构成地貌的最基本定性形体要素，一是点，包括山顶点、谷底点、河湖床底点、盆底点等；二是线，包括山脊线、谷底线、底面轮廓线、坡向坡度转换线、河湖岸线、山麓线等；三是面，诸如平面和斜面、等倾斜面、曲面（凸面和凹面）及其组合。

地貌类型比较强调地貌形体的物质组成及其成因。按地貌形体的物质组成，首先可以分为岩石质地貌形体、蚀空的（以围壁表示的）地貌形体与松散堆积物组成的地貌形体三大类。按地貌形体的生成过程与生成动力，又可以分为由其物质组成决定地貌形体特征的地貌类型与由其生成动力决定地貌形体特征的地貌类型两大类。

德梅克（1984）代表国际地理学联合会地貌调查与地貌制图委员会，主编《详细地貌制图手册》，在讨论"地貌详图图例"一章中曾述：对于一定的成因一种特定的地貌的组合，首先应考虑的是其地貌过程的性质，因为它控制了原始地貌的形成以及与其后期的剥蚀和塑造作用有关的现代地貌的一般地貌特征。也就是说，有受控于原始地貌形成的地貌特征和受控于后期剥蚀和塑造作用的地貌特征，实际上是解释或强调了现代地表形体的多成因和多代性特点。

甲：内动力地貌

A——新构造地貌（断块地貌）：从构造产生地貌这个意义上说，包括直接由地壳的构造运动所造成的全部地貌形体

B——火山地貌：包括火山喷发形成的全部（正的和负的）地貌形体

C——热液活动（温泉堆积）地貌

乙：外动力地貌

A——剥蚀地貌：主要包括由风化物质的片状移动而形成的所有破坏地形和建设地形

B——河流地貌：由流水作用所造成的地貌

C——侵蚀-剥蚀地貌：包括剥蚀的块体运动和（或）片蚀造成的所有谷坡

D——冰水地貌：包括冰水河流或从冰川流出来的水所形成的所有破坏和堆积形体

E——岩溶地貌

F——管道侵蚀造成的地貌

G——冰川地貌：由现代和更新世的山地和大陆冰川的活动而产生的

H——雪蚀和霜冻作用的地貌

J——热岩溶地貌：由于多年冻土的退化而造成的形体

K——风沙地貌

L——海洋与湖泊地貌

M——生物地貌

N——人为地貌

地貌类型划分或地貌分类不仅是地貌研究的理论总结，而且是地貌制图和地貌资源应用的关键。地貌是内外动力相互作用的结果，由于分类问题的复杂性，目前尚无地貌分类的统一标准和通用的完整系统，但在地貌研究和制图实践中已总结出地貌分类应遵循的基本原则。把地貌成因与形体有机结合起来，为划分地貌类型、研究地貌组合和进行地貌区域划分提供了客观的标准，即所谓的形体-成因原则。地貌类型的等级是根据各个地貌的形体成因特点，规模大小及发生顺序和相互关系区分出不同的地貌等级顺序，参照具体的形体、成因、物质组成、构造因素、发育阶段等指标建立地貌分类系统，即等级系统原则，一般从高一级向低一级（从大到小）逐级分类，高一级包括低一级的类型单元，各级之间有明确的相互关系。应用地貌特征单一数量指标和综合数量指标，明确界定类型归属，增强科学依据性，即数量指标原则。经国内外地貌及地理学家长期研究，提供了为大家所认同的较统一指标，并且得到应用。但是，另有一些学者认为，至今的地貌分类在分类系统方面仍要做进一步的研究。最低级的地貌形体和地貌类型，按形体特征及其成因属性归类，再按其在不同空间尺度的图面上的图斑面积，进行地貌形体的合并归类，建立相应的类型系统。例如，许多地方的热液活动地貌与霜冻作用的地貌，实际上在中小比例尺的地貌图上是表示不出来的，就不必要单列，应将其归入冻土地貌中。

第六章　地貌系统

地貌系统是动力作用下地表物质的运动系统及其所产生的地貌类型系统。地球表面的地貌形态、特征除了受岩石性质的影响外，主要受内动力和外动力作用的控制，由于这些要素的影响程度不同，因此，可按其主导作用把地貌分为岩石地貌系统和动力地貌系统两大类。当然，一个区域的地貌景观是多种因素相互作用、相互影响的结果，它们的整体则构成了地貌系统。

第一节　岩石地貌系统

岩石是构成地貌形体的物质，岩石的成分、结构构造、破碎程度、物理化学稳定性和岩层的产状等对风化剥蚀作用、地貌的形体特征及其发展变化的速度、区域地貌类型、地貌结构等有重要的影响。

一、砂质岩石地貌

砂质岩石是地表出露较广的一种沉积岩。它的颗粒粒径为 2~0.05mm，物质成分大致分为三类：各种岩石碎屑，主要为石英、长石、云母等常见矿物；各种重矿物和黏土矿物；钙、铁、硅等胶结物质。常见的砂岩有石英砂岩（含石英颗粒 90% 以上）、长石砂岩（含石英颗粒 <75%，长石颗粒占 25%~70%，主要来源于花岗岩类岩石）和岩屑杂砂岩（也叫硬砂岩，含石英颗粒 <75%，长石颗粒 <10%）。砂岩的化学成分取决于所含碎屑成分与其胶结物成分，一般情况下砂岩的 SiO_2 含量可达 78% 左右，纯净石英砂岩的 SiO_2 含量可达 95%~99.5%。

砂岩的特性是硬且脆，它的抗压强度比抗剪强度大 10 倍左右，比抗张强度大 30 倍左右。在砂岩受挤压变形的时候，经常最先沿弯曲的部位出现张裂隙，随后沿与作用力大致成 45° 相交的最大剪切面形成剪切裂隙。

对于地貌形体的影响最重要是砂岩的矿物成分及其胶结成分、层理构造、破裂（节理和断层）构造的密集程度以及砂岩的渗（透）水性等。

硅质胶结的砂岩，由于抗化学风化强和节理稀疏成为最坚硬的抗蚀岩石，这种岩石出露区地表切割密度比较低（沟谷数量少），常在 1.9~3.1km/km^2、5.3km/km^2 左右（相应的最大降水强度分别为 44~75mm/d、122mm/d）。这种岩石常构成高峻山岭、山丘及其外表为赭色的悬崖地貌。南京紫金山就是由硅质胶结的石英砂岩、砂砾岩构成的单面山山丘，武汉龟山和蛇山等一系列东西向延伸的山丘，高度在 60~120m，也是由硅质胶结的石英砂岩构成的。湖南张家界几百平方千米范围内，近水平的厚层石英砂岩被强烈侵蚀切割，形成岩柱、岩塔林立的奇特地貌景观（见图 6-1（a））。

铁质胶结的红色砾岩、砂砾岩、砂岩、粉沙岩、砂质页岩和泥质页岩出露区，遭受强烈的侵蚀和溶蚀作用后，形成由桌状山、岩峰、龙脊、赤壁、岩洞、巨石和峡谷、曲流深潭等组成的又一种独特的山水景观。在热带与亚热带高温多雨的气候条件下，经过特定的风化与冲刷作用，形成丹崖峭壁石峰林立的地貌——赤壁奇峰。这类岩石地貌比较典型，而且被研究较早，所以在我国特称这类岩石地貌为丹霞地貌。例如，在我国广东北部仁化盆地丹霞山地区、湖南天子山、福建武夷山均分布有典型的丹霞地貌（图6-1（b））。

钙质胶结的砂岩有比较高的渗透率和一定的溶解率，顺节理有比较快的化学风化和流水深切，因而厚层钙质胶结砂岩出露区常发育陡峭的悬崖与深邃的谷地。

(a)中国湖南张家界的石英砂岩峰林　　　(b)福建武夷山丹霞地貌岩峰

图 6-1

二、喷出岩地貌

喷出岩地貌取决于岩浆喷出的理化性质和产状。最突出的喷出岩地貌是火山锥、熔岩台地、熔岩丘陵、熔岩高原和熔岩盆地、熔岩岛礁和熔岩岛礁链等，有时候还伴有熔岩堰塞湖，有的地方还发现了熔岩隧道等。

火山锥是多次岩浆喷发产生的，由火山碎屑物和熔岩堆积起来的形似锥体的地貌。按其物质组成可以分为火山碎屑锥、熔岩锥、火山混合锥（见图6-2）。

1. 火山碎屑锥

火山碎屑组成的火山碎屑锥，表面倾斜坡接近火山碎屑物质堆积的自然休止角，坡度可达30°~35°。形成于大型火山锥体上的小火山锥称为寄生火山锥，通常是岩浆沿大火山锥体的裂隙喷发形成的产物。

2. 熔岩锥

由喷出岩浆冷凝的熔岩构成的熔岩堆积体。

3. 火山混合锥

内部由熔岩层与火山碎屑堆积层相互交织，如果主要由熔岩组成则坡面较缓，若主要由火山碎屑组成则坡面较陡。

火山锥按其形体特征可以分为锥形火山、低平火山、钟形火山（熔岩滴丘）。

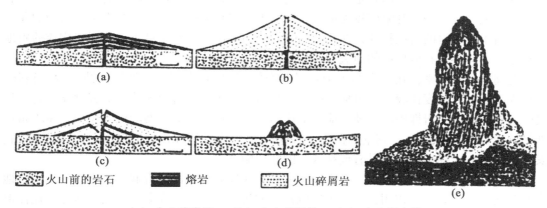

（a）火山熔岩锥　（b）火山碎屑锥　（c）火山混合锥
（d）火山熔岩滴丘　（e）培雷火山（1902）的"方尖锥"
图6-2　火山锥类型（杨景春，1985）

　　火山锥由一层层火山渣、火山灰和熔岩相叠而成，在火山喷发休眠时期发生崩塌，形成较平的火山底座，再喷发时在宽展的火山口内又出现新的火山锥，成为外围环形山、环形洼地包裹的火山锥。

　　火山口是岩浆喷出地面的出口。通常位于火山锥顶部，外形似倒立圆锥体。只有火山口而没有火山锥的一种火山类型是火山爆炸把本在火山口部位的岩块碎屑等抛离原地，但没有熔岩溢流与火山灰喷出，在地面向下留下一个漏斗状洼地，甚至积水为湖。中国山西大同的破火山口为侵蚀性破火山口，火山口局部被侵蚀切开成为马蹄形。

　　泥火山由地下涌出大量浆状泥沙物质堆积形成。巴库的一座泥火山高达300m，锥底周长17km，锥顶泥火山口直径达400m。与地震有关的液化泥沙涌出地表，有的堆积形成小泥沙堆，有的形成小洼坑。

　　熔岩锥群组成熔岩山地或熔岩丘陵、熔岩岛链等。通常酸性岩浆黏性大而形成熔岩丘、熔岩锥等，基性岩浆流动性大而形成熔岩流被、熔岩台地、熔岩高原等。熔岩湖是指熔岩覆盖的地面洼地中水汇集形成的湖泊。熔岩瀑布是指岩浆流经陡坎时类似流水瀑布倾泻而下所形成的景观。熔岩隧道是熔岩体内的一种狭长的空通道，它是岩浆表层冷凝成岩后内部岩浆继续流动而形成的。熔岩隧道顶部塌落后则形成独特的凹陷沟谷。墨西哥一个熔岩流内的崩塌凹陷长达1km多，宽达90m。熔岩堰塞湖是熔岩流阻塞沟谷并积水成湖，并非上述的火山口湖和熔岩湖。牡丹江上游的镜泊湖，面积约95km^2，最深处达60m，是全新世岩浆喷发的玄武岩流阻塞牡丹江河谷而形成的。

　　熔岩流被是岩浆喷出大面积覆盖地表的结果。熔岩台地和熔岩高原是岩浆覆盖原已存在的阶梯状或者高原的地貌，侵蚀分割之后常成为平顶（桌状）、山丘（群）或熔岩垄等。

三、花岗岩地貌

　　岩浆侵入地下因上覆岩层被剥蚀而显露地面，地貌上表现为高度、规模、形体不同的山地和丘陵及其谷地。花岗岩是陆地基础的构成物质，在各个地质时代的造山运动中都有花岗岩形成。在地壳上升幅度较大地区，只要上覆沉积岩被剥去，就会露出大面积的花岗岩体。由于花岗岩的岩性特殊，在我国南方高温、多雨的气候条件下，花岗岩构成的山地与丘陵，与其他岩石所形成的地貌有明显差异。

花岗岩坚硬致密，孔隙率约为1%，因而透水性比页岩还差，抵抗侵蚀的能力很强，抗压强度及抗剪强度比较高。组成花岗岩的长石、石英、云母等矿物结晶程度比较高，呈良好的镶嵌结构，岩性固结坚硬，能够形成高峻的山地。例如，秦岭的太白山（3637m）、浙江的天目山（1057m）、湖南的衡山（1290m）、广东的罗浮山（1282m）、山东的崂山、安徽的黄山、天柱山等，都具有或高或低的陡崖峭壁。

花岗岩岩体有丰富的节理，多方向的节理对花岗岩地貌的发育起着决定性的作用，地表水与地下水沿着节理作用，发育了比较密集的沟谷与河谷，在断裂交错的地方，往往形成盆地。例如，江西兴国的杨村盆地、福建的官桥盆地等。盆地中，冲积沙土层较厚，水源充足，成为高产的耕地。花岗岩的节理，对山坡发育的影响很大，节理的多少和形式常常决定山坡的形体。在节理或断裂集中的地方，往往出现崖壁。花岗岩体出露部分因变温层所引起的层状节理，使节理面往往与坡面平行，从而支配了坡面坡度的大小。

花岗岩中的各种矿物浅色颗粒与暗色颗粒相间，膨胀系数不同（石英和长石可相差1倍），含易溶或较易溶淋失的元素和化合物，在热胀冷缩的过程中，花岗岩表层容易产生层状裂隙，有利于层状分化和层状剥蚀的进行。在高温多雨气候条件下，花岗岩组成的山丘，大多起伏和缓，少见尖锐的岩脊，成为馒头形山丘。花岗岩丘陵地貌区的冲沟密度和规模，比其他岩石组成的丘陵地貌地区要大。

花岗岩出露区多形成棱柱状山丘、象形奇峰怪石、深邃谷地、飞瀑跌水以及巨块堆砌等奇特山岳景观，如花岗岩峰林高山——陕西华山和安徽黄山，花岗岩石蛋——福建鼓浪屿等。

四、岩溶地貌

（一）岩溶地貌分布与发育

可溶性岩石指可以被溶蚀的岩石。其中硝酸盐、硫酸岩和硅酸盐类（例如石膏、岩盐）可溶性岩石及其形成的地貌，因分布面积小、形体规模小、发育变化特别快，地表少见地貌形体。在中国，碳酸盐类岩石出露面积达$125×10^4km^2$左右，占全国面积的1/7左右，主要分布于广西、贵州和云南东部，其中在广西壮族自治区的碳酸盐类岩石出露面积约占全区总面积的41%左右。明代地理学家徐霞客（1586~1641）曾大范围探险考察，并详细记述了中国石灰岩区独特的地貌特征。19世纪末，南斯拉夫学者司威治（J. Cvijic）曾在喀斯特（Karst）高原研究这类岩石地貌，自那以后国际上把这类岩石地貌称为"喀斯特"。1966年，中国学者在一次岩石地貌的学术会议上决定称这类地貌为"岩溶地貌"，也称"石灰岩地貌"。

岩溶地貌的发育首先在于该类岩石的可溶。可溶性岩石的溶蚀速率，一方面取决于岩石本身的化学成分、岩石结构和岩石裂隙发育的程度，如石灰岩比白云岩易受溶蚀，白云岩（白云石，$CaMg(CO_3)_2$）又比硅质石灰岩易受溶蚀，背斜轴部或破碎带中的石灰岩因张性破裂构造密集，利于地下水运动而易被溶蚀，而发育典型的岩溶地貌。另一方面取决于水的溶蚀能力。水的溶蚀能力既与水中的 CO_2 含量有关，还与水的流通量有关。水中的 CO_2 来自于大气及土壤。水的流通量则与降水量、渗透量以及岩石的裂隙程度有关。

石灰岩出露区的溶蚀速率变化很大（见表6-1、表6-2）。暖湿地区出露石灰岩的溶蚀剥蚀速率是冷湿地区的10倍左右。实际情况是，一个地区的年降水量即水的流通量对该地区出露石灰岩的溶蚀速率有比较大的影响。

表 6-1 　　　　中国两个气候带石灰岩溶蚀速率（任美锷等，1983）

地区	年平均温度	年降水量	石灰岩的溶蚀速率
河北西北部暖温带半干旱地区	7℃左右	400~600mm	20~30mm/1000a
广西中部亚热带湿润地区	18.5~19℃	1500~2000mm	120~300mm/1000a

表 6-2 　　　　中国不同地区的溶蚀量（卢耀如等，1973）

地区	年降水量/mm	年平均气温/℃	年溶蚀率/（mm/a）
广西中部	1500~2000	20~22	0.12~0.3
湖北三峡	1000~1200	12~15	0.06
四川西部	1160~1350	9	0.04~0.05
河北西北部	400~600	6~8	0.02~0.03

饱和溶液混合溶蚀作用是指两种或两种以上已失去溶蚀能力的饱和水溶液，在碳酸盐岩体内某一点相遇，并发生混合，混合后的溶液由原先的饱和状态又变成不饱和状态，从而产生新的溶蚀作用。

（二）岩溶地貌形体

地表水与地下水在可溶性岩石区的溶蚀、侵蚀作用发育岩溶地貌形体。其中，在地表有石芽、溶沟、漏斗、落水洞、岩溶洼地、岩溶盆地（坡立谷）、干谷、盲谷、峰丛、峰林、孤峰以及岩溶山地、岩溶高原、岩溶丘陵、岩溶平原、岩溶海岸等，隐蔽在地面以下的有岩溶管道、地下河（湖）、溶洞等地下水溶蚀侵蚀等蚀空形体以及其中的化学堆积物组成的各种形体如石钟乳、石笋、石柱、石灰华，等等。

1. 石芽与溶沟

它是溶蚀侵蚀遗留在可溶性岩石表面的沟壑凹槽与沟槽间的岩凸。单个石芽的长度、宽度与相对高度自几十厘米到20~30m不等。云南路南石林即为连片展布的高大的石芽（见图6-3）。基于土壤层下与岩石接触的界面部位的地下水的 CO_2 含量较高而溶蚀力强，所以许多地方目前裸露的石芽、溶沟本是处于土壤层下发育的。因此，按石芽、溶沟的生成环境和目前保存状态，可以分为全裸露的、半裸露的和埋藏的三种状态，并顺坡向下连续地过渡分布。

2. 漏斗

漏斗是起伏和缓的石灰岩分布区的大致呈圆形的洼地，直径数十米。特点是漏斗底部

图 6-3　路南石（芽）林

与地下管道相沟通并将地表汇水转入地下，若它被堵塞则成为较深的积水潭——岩溶湖泊。按漏斗的成因，可分为溶蚀漏斗、潜蚀漏斗和塌陷漏斗等。多数漏斗位于节理裂隙的交叉部位，或者顺主要的断裂构造线成串分布。

3. 落水洞

落水洞是岩溶区地表河水注入地下河或地下溶洞的通道。洞口高、宽数米至十数米，洞深几米至百米不等。

4. 溶蚀（岩溶）洼地

它是四周由低丘包围的封闭洼地，空间规模远大于溶蚀漏斗，直径可达几百米到千米，深几十米到百米，且底部比较平坦，被溶蚀残余的堆积物填塞，这也是与漏斗的差别。洼地往往是由漏斗扩大而来的。

5. 岩溶盆地

岩溶盆地的规模宽自数百米至数千米，长可达几十千米。它的形体特点是：因溶蚀残留黏土的覆盖而底部平坦，其内有间断不连续且蜿蜒的河流（也称为岩溶河），有的盆地中还有孤耸的孤峰残丘；盆地边坡为陡坡，有时其一侧坡为非可溶性岩石组成的缓坡。岩溶盆地多数是顺断裂构造破碎带或可溶性岩区与非可溶性岩区相交接地带发育的，有的是在向斜谷地的基础上发育的。破裂构造的交织又常使岩溶盆地的外廓边界极不规则。徐霞客曾把岩溶盆地称为"坞"，中国西南地区常叫"坝"或"坝子"，如贵州安顺周围的坝子、重庆的沙坪坝等。

6. 干谷与盲谷

干谷中常有漏斗、落水洞。盲谷为岩溶区似没有出口的地表河谷，水流消失在该河谷末端的落水洞中，并转为地下暗河，如清江之源流经利川之后注入腾龙洞。

— 62 —

7. 峰丛、峰林

峰丛是指连座的石灰岩山（丘）峰，即三五个山峰耸立在一个共同的石灰岩基座上。峰林则是成群分散分布的孤立的石灰岩（丘）峰。石灰岩山峰相对高度一般在 100～200m，山坡倾角大于 45°。中国桂林、阳朔、贵阳、柳州、肇庆、云浮等地有典型的峰林，国外学者称为塔状岩溶、中国式岩溶等。古巴和牙买加的一些峰林，岩丘高 100～160m，坡陡 60°～90°，直径 0.75～1km，围绕星形的封闭洼地（周坡倾角 30°～40°）。

8. 孤峰

孤峰是岩溶区广阔平原上孤立的岩峰，相对高度数十米至百余米不等，外形则千姿百态，如桂林的独秀峰。孤峰的岩块崩塌或被进一步蚀低则成为蚀余残丘。

9. 岩溶丘陵

岩溶丘陵的特点是岩丘的坡地倾斜一般小于 45°，岩丘的相对高度多小于 100m。岩溶高原海拔 500m 以上，顶面为波状起伏的峰林或岩溶丘陵，四周为陡崖深谷，如鄂西南鹤峰与恩施间有地名叫"高原"的岩溶高原。

任美锷教授等（1983）把流水强烈深切留下的高数十米的石灰岩丘称岩溶石柱，水冲蚀形成的洞穴特称岩溶或岩屋，地下暗河顶塌留下的小段顶板称天生桥，小块顶塌称岩溶天窗，顶塌后的箱形谷称岩溶嶂谷或岩溶箱状谷，等等。

10. 地下河

即流动于地表以下的河流，也称暗河或伏流。利川腾龙洞从落水洞口到地下河出口的直线距离约 12km，希腊的斯提姆法布斯河伏流段长 30km 以上。地下水流经的管道是溶蚀侵蚀的产物，常有天窗、深潭与岩坎飞瀑相连接。

11. 溶洞（洞穴）

溶洞（洞穴）是地下水顺可溶性岩石的层面、节理裂隙或断裂破碎部位进行溶蚀侵蚀而形成的地下洞（穴）道，通常是地下岩溶管道或地下河的蚀空产物。溶洞的空间形体复杂多变并构成十分复杂的网络。广西桂林七星岩为地下廊道式的溶洞，由窄道连通宽敞的"厅"，最大的宽 70m，高约 15m。在洞顶与洞壁常见地下河水流冲蚀溶蚀形成的圆弧型的穴或槽。大部分近水平溶洞形成于当地地下水面高度，有的则因地下水位下降或构造运动的抬升，使溶洞成为高悬的干洞。美国肯塔基州马莫士（Mammoth）洞已勘察的长度为 72km，最大的单厅是卡尔斯巴德（Carlsbad）洞窟的大室（Big Room），500m 长，90m 高，面积约 0.84km²。已知最深的洞穴在法国格勒诺布尔附近，在地面以下 1130m。地下深部洞穴也是溶蚀形成的，理论上，它可能是埋藏的地质历史时期形成的古溶洞。

洞穴堆积物分为化学堆积、机械堆积与生物堆积三类。溶解 Ca(HCO₃)₂ 的地下水进入洞穴，因二氧化碳分压降低和温度升高，水中 CO₂ 逸出而产生 CaCO₃ 的析出和淀积，形成自上向下顶挂式的堆积体称为石钟乳，从地面往上增长的堆积体称为石笋，石笋与石钟乳的连接体称为石柱，CaCO₃ 在洞壁连片成层聚积形成帷幕状堆积体称石幕（幔、帘、屏、裙）等。机械堆积包括崩塌堆积、地下河湖堆积和溶蚀残余的黏土堆积以及混杂堆积，这些堆积物常被钙质胶结成岩。生物堆积中常见鸟粪、蝙蝠粪和生物遗体（化石）。许多溶洞曾是古人类生息的场所，因此在洞穴堆积中有时能发掘到灰烬、石器、骨器、壁画以及古人类化石。北京周口店猿人化石、湖北长阳人化石、广西柳江人化石等均出自岩溶洞穴堆积。

（三）岩溶地貌形体组合

各种岩溶个体形体，在特定的地域有不同的组合形式（见图6-4）。

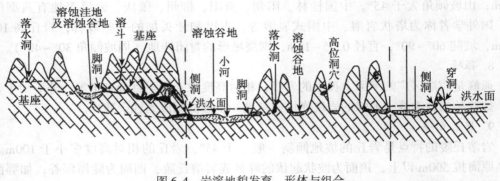

图 6-4 岩溶地貌发育、形体与组合

1. 峰丛-漏斗

数个岩溶山峰丛拥在一起，其间为漏斗，组成丛峰与漏斗的组合。

2. 峰丛-洼地

峰丛与其间的岩溶洼地组合而成。这两种组合主要分布在中国云贵高原的边缘地带，海拔 1000m 左右，峰丛相对高度可达 600m，以红水河上游最为典型，当地称其为"麻窝地"。

3. 峰林-盆地

峰林与其间的负向地貌组合而成。负向地貌在相对封闭的圆洼地、盆地都有。主要分布在中国广西盆地四周，此外，广东、云贵高原上也有分布。

4. 残丘与岩溶平原

低矮零星的岩溶山丘孤立分散在岩溶平原之上，相对高度在 100m 以下，以中国广西黎塘、宾阳一带较为典型。

以上几种组合类型都是在热带气候条件下形成的。

5. 岩溶丘陵洼地

石灰岩丘陵和岩溶洼地及干谷组成的一种地形。这种组合形体是亚热带地区岩溶地貌的特征，常分布在河谷地带和分水岭地带，例如长江三峡与清江的分水岭地带，鄂西高原与黔北高原。

（四）岩溶类型

岩溶类型可以按照可溶性岩石的出露状况、气候带、岩石标志和水文标志划分类型。热带岩溶有规模较大的溶蚀盆地和洼地、锥状峰体或塔状峰体、高大的石芽、大量的漏斗、落水洞和地下溶蚀形体等，同时常见由溶蚀残余红土堆积的平坦地面或台地。

亚热带以丘陵洼地为主要特征。

温带湿润气候区的岩溶发育以地下溶洞为特色，并多岩溶泉，如济南被称为泉城。

干旱地区以发育地下岩溶为主。

在西藏高原海拔 4800～5000m 的遮普惹山和昂章山上，有低矮的峰林（高 30～40m）

以及近垂直的管道、落水洞等，有的学者认为"它们显然是第三纪的古热带岩溶形体"。其实在高寒条件下依然会有岩溶发育。

岩溶发育受到岩性、构造、构造活动、气候和水文等多因素的影响。在垂直方向上，以最大降水高度与接近地下水面高度为相对溶蚀速率和溶蚀量最大的高度，理论上溶蚀作用下限应是非可溶性岩石的顶面。

五、黄土地貌

（一）黄土的分布与特性

黄土是一种灰黄色质地均一的土质"岩体"。它主要分布于比较干燥的大陆中纬地带，在中国主要分布在北纬 $34°\sim45°$，东经 $102°\sim114°$ 之间的地带，约占国土面积的 6.6%。在黄河中游地区太行山以西、青海湖以东、秦岭以北、长城以南，组成有名的黄土高原（海拔 800~2000m）。黄土向东延布到辽东半岛滨海地带，向南扩展到长江以南，并被称为下蜀（黄）土。黄土的厚度一般为 20~30m，最厚可达 175~400m，总面积约 $63.5×10^4 km^2$。欧洲中部的黄土一般不超过10m厚，北美和南美的黄土厚度一般约数米至十数米。所以，我国的黄土高原是世界上黄土和黄土地貌最典型、规模最大的地区。

黄土的化学成分主要是 SiO_2（占50%左右）、Al_2O_3（占 8%~15%）、CaO（占3%~10%以上），其次还有 Fe_2O_3（占 4%~5%）、MgO（占 2%~3%）和 K_2O（占2%）。黄土的矿物成分高度混杂，多达数十种矿物，以石英、长石和碳酸盐矿物为主，并有比较多的易风化不稳定矿物。在粒度成分方面高度集中在 0.05~0.01mm 粒级，并且其平均粒径有向黄土分布区南缘外围变细的趋势（见表6-3）。黄土中所含生物化石方面以耐旱草本植物花粉和耐干旱动物化石为主。

表6-3　　　　**晚更新世马兰黄土的粒度结构**　（刘东生等，1985）

地区	粒级含量/%		
	>0.05mm	0.05~0.005mm	<0.005mm
山东	8.95	64.7	25.7
山西	27.2	53.56	19.09
陕西	30.59	52.61	17.00
甘肃	25.05	56.36	18.59
青海柴达木	41.93	41.25	16.81

黄土结构松散多孔隙，孔隙度一般达 45%~50%，且有较大孔洞，没有层理。多孔性是黄土区别于其他土状堆积物的主要物理特征之一。黄土遇水浸湿后，在地表以下会发生可溶性盐类矿物溶解和部分黏土及其他细颗粒物质的流失，造成地面沉陷，称为黄土潜蚀作用。国内外许多学者认为大面积黄土分布是第四纪风扬尘沙落积的结果，可与现代的"尘暴"、"土雨"相比拟，这称为"风沙说"；少数学者认为中国黄土是第四纪以来几个多水期的洪积冲积，又称为"水成说"；局部地点确有粉砂岩风化残积的"黄土"，如长

江三峡楚王台的黄土,这称为"风化残积说"。

（二）黄土地貌形体

黄土地貌是一种形体独特的地貌。黄土经侵蚀剥蚀后形成黄土区特有的地貌类型,正向地貌借用当地的名称叫"塬"、"墚"、"峁"、"坪",黄土区的谷地地貌发育尤其特殊。

黄土塬是大面积的黄土（高原）平台,单个塬的面积可达 $2000\sim3000km^2$,塬面即为黄土高原地面,地面倾斜一般不到1°,边缘部分向外倾斜可增至5°,四周有短小沟谷切入,平面上呈现花瓣状形体。如果两支沟谷源头十分接近,它们之间的狭窄分水脊称"嶂险",往往是当地的交通要道。最典型的黄土塬是中国甘肃的"董志塬"和陕西的"洛川塬"。

黄土墚是长条形的黄土山丘。黄土墚的顶面,有平坦和凸形（圆弧形）两种。前者称为平顶墚,宽几百米,长数千米,中间分水部位的纵向坡度为1°~3°,横向两侧向外倾斜可达5°~10°,向下转为较陡（10°以上）的墚坡;后者称为凸（圆）顶墚,横向两侧向外倾斜可达15°~35°,据顶部纵向形体分为起伏墚和斜墚两种类型。

黄土峁是孤立圆穹状的黄土丘——黄土山峰。据顶部形体,可分为平顶峁和凸（圆）顶峁两种形体。平顶峁分布于黄土塬的边缘地区,是黄土塬被流水侵蚀切割的残留体,顶面形体标志类似于黄土塬。黄土凸顶峁顶部的峁坡向外倾斜可达15°~35°,若干黄土凸（圆）顶峁纵向相互连接排列为和缓起伏的墚峁,众多黄土峁群聚排列概称为黄土丘陵。

黄土坪是黄土区沟谷底部黄土组成的阶地或平台。

塬面上和墚峁坡及坪边缘有时出现碟形和漏斗形凹地,直径10~20m,深数米,是地表水下渗、地面沉陷形成的,称黄土碟。有时,由于地表水下渗在岩面以上发生潜蚀作用,并导致黄土塌陷,形成深10~20m的竖井状陷穴和漏斗状陷穴,甚至陈列为串珠状陷穴,陷穴之间的残留体为黄土（天生）桥。塬边墚侧的沟谷中有时还有高十数米的黄土柱。

黄土塬、墚、峁的结构体系是流水侵蚀分割厚层堆积黄土的产物,也与黄土堆积前基岩古地貌的控制密切相关,黄土的覆盖只是缓和了原来地面的起伏。

黄土较易被流水侵蚀而发育沟谷,导致黄土区千沟万壑,地面支离破碎。降雨在平缓的黄土地面聚成许多细小股流冲刷,形成大致互相平行的细沟,深0.1~0.4m,宽不足0.5m,长可达数十米,横剖面呈宽浅的V字形,谷缘无明显坡折,谷底纵剖面恰与斜坡坡形一致。细沟的进一步发展成为切沟,它的宽度与深度达1~2m,横剖面有明显的谷缘坡折,谷底纵剖面不但多陡坎,而且其坡度与坡面坡度也不再一致。顺切沟的再下切侵蚀便发展为冲沟,显著特点是冲沟谷底纵剖面线呈现下凹曲线,与凸形斜坡构成逆反;沟头与沟壁均较陡,长可达数十千米,深可达百米。另外,黄土区冲沟沟头上方或沟床中常有一些深深的陷穴。冲沟的再发展,或者转变为谷缘不清、沟底平缓并有较厚堆积的坳沟（有的学者称其为干沟）,或者转变为受地下水补给的河沟。黄土高原地区原始地面平缓,黄土层深厚且质地均一,因此,黄土区河流沟谷水系多呈树枝状水系,而且该地河流各级支流的累计条数有着十分接近的比例关系。

黄土谷地的地貌发育表现为较多的崩塌、滑坡和泻溜。崩塌、滑坡与黄土中的垂直节理、易溶盐的溶解流失、下垫基岩或老黄土的质地以及其覆盖黄土、暴雨、地震等因素有关。

黄土区的地貌发育有黄土堆积前的古地貌体系、黄土堆积过程中以及黄土堆积之后发育的地貌体系，而且互相之间有着密切的关系。

六、生物岩地貌

生物岩的种类比较多，有的是生物机体堆积成为类似的岩石，如珊瑚礁、礁石灰岩；有的是生物遗体相继累积成为特定种类的岩石，如生物介壳石灰岩、硅藻土、放射虫土、泥炭、煤等；还有的是生物岩的岩块碎屑再聚积成为岩石，如珊瑚砂砾岩等。能直接构成可观的地貌类型的生物岩种类，比较常见的是珊瑚礁。

珊瑚是一种形体很小的海洋动物。现代造礁珊瑚生长的主要生态条件是水深一般不超过 20m，水温 20℃左右，含盐度 27‰~40‰，光照条件好，海水清净，为珊瑚虫提供浮游生物食饵的丰富养料、可以附着的稳定基底等。大量珊瑚聚成群体，并在生长时分泌碳酸钙将自己与下面的死珊瑚碳酸盐残体胶结在一起，有的造礁珊瑚由红藻联结成为坚固的骨架。

达尔文于 1831~1836 年间考察太平洋珊瑚礁（岛）之后，据珊瑚礁的位置和结构特征分为岸礁、堡礁和环礁。岸礁分布在大陆或岛屿的周边。堡礁呈长条状大致与海岸平行分布，本身宽几百米，与海岸相距几千米到几十千米，堡礁与海岸之间为泻湖或带状海。澳大利亚东部海域的大堡礁，绵延 2000km 以上，距岸 13~180km 不等。环礁者中央为很浅的泻湖，外缘则陡峭深邃。达尔文认为岸礁—堡礁—环礁的演化，与珊瑚固着的火山岛随洋底沉降或沉没有关（见图 6-5）。中国南海诸岛多属环礁类型，礁体厚度达 1000m 以上。

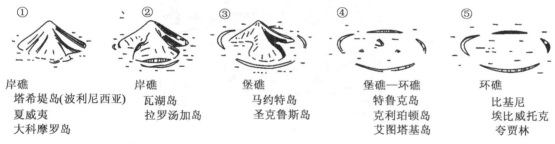

| ① | ② | ③ | ④ | ⑤ |

岸礁 　　　　岸礁 　　　　堡礁 　　　　堡礁—环礁 　　　环礁
塔希堤岛(波利尼西亚) 瓦湖岛 马约特岛 特鲁克岛 比基尼
夏威夷 　　　拉罗汤加岛 　圣克鲁斯岛 　克利珀顿岛 　埃比威托克
大科摩罗岛 　　　　　　　　　　　　艾图塔基岛 　夸贾林

图 6-5　与火山岛沉降有关的珊瑚礁地貌类型的演化示意图

第二节　动力地貌系统

动力地貌系统划分为内动力地貌子系统和外动力地貌子系统。

内动力地貌概指来自地球内部的能量促使地壳组成物质发生的变形和变位在地表的外在形体表现，可以分为 3 个等级：第一级叫做星体地貌，如大陆和大洋；第二级叫做大地构造地貌，如山地、平原、盆地、高原等；第三级叫做地质构造地貌，它们是由不同地质构造和不同岩石的差别抗蚀力而表现出来的地貌。地球表面大中型地貌的基本格局，均受地质构造的控制，而地貌的分布与形体特征除受各种构造控制外，还与岩性及外力不同程度的作用有关。有的是原始的构造形体直接出露在地表；有的则受到外力强烈的刻蚀，使其原始形体不易辨认；有的是形成已久的地质构造，受外力侵蚀剥蚀后而显现出来。它们的规模有大有小，形态也各异。

外动力地貌概指由太阳辐射能、重力能以及生物活动等所驱动的地球表面的物质运动及其所营造的各种特征性的地形。地球表面外动力作用下的物质运动可分为：空气的运动——风，水体的运动——流水，冰体的运动——冰川，岩块碎屑的运动——岩块体运动和碎屑流动等，进一步可细分为冻融作用下的物质运动，海岸水体运动、地下水的运动和多种外动力混合作用下的物质运动。各类物质运动启动特定地段岩石风化碎屑物质，促使物质进入位移运动，最后又陆续停积，形成各不相同的侵蚀-堆积地貌（类型）系统，分别列为坡地重力地貌、河流地貌、冰川地貌、冻土地貌、风沙地貌、海岸地貌等。

一、构造地貌

1. 方山地貌

在水平岩层地区，如果地壳大面积上升，可形成构造高原或构造台地，经流水长期侵蚀切割后，可形成面积大小不一彼此孤立的高地，称为方山（见图6-6）。其顶部常由坚硬岩层组成，地貌面与岩层面一致，故在地形图上（见图6-7）顶面等高线稀疏，但其顶部常因覆盖的软弱岩层被侵蚀后的残余物质而导致凹凸不平，使顶部等高线呈微小的波状起伏。方山坡折线十分明显，山坡坡度变化受岩性控制。在软硬岩层相间的地区，山坡经外力差别侵蚀后，坚硬岩层形成陡坡，软弱岩层形成缓坡，故山坡常呈阶梯状。

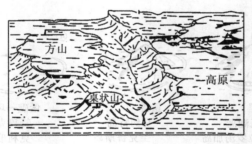

图6-6　方山

在地形图上，陡坡用一组密集的等高线或陡崖符号显示，且陡崖的延伸方向与等高线的弯曲基本一致。我国方山以四川中部发育最为典型，岩层倾角很小，一般只有7°~8°。此外，在广东、福建、江西、湖南等小型红色盆地中，由老第三系的厚层红色砂岩组成的水平岩层或单斜构造地区，经流水沿垂直节理强烈侵蚀后，造成陡崖和峡谷。峡谷与峡谷之间常形成孤立的石峰、石柱或城堡状的地貌形体，这种地貌以广东仁化的丹霞山最为典型，故名丹霞地貌。

2. 单斜构造地貌

在单斜构造地区，当岩层倾角小于35°时，形成两坡明显不对称的单面山地貌，其山体走向顺岩层走向延伸，和岩层倾向坡一致的坡面长而缓，称为顺向坡（又称后坡），与岩层倾向相反的一坡短而陡，称为逆向坡（又称前坡），在地形图上（见图6-8）单面山

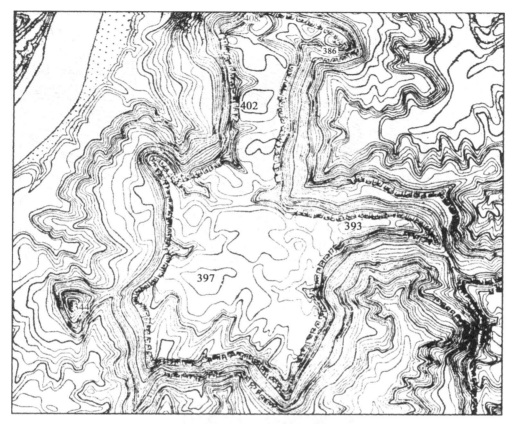

图 6-7 方山的等高线图形

两侧的等高线水平距离疏密变化呈明显不对称。

在软硬岩层相间分布的地区，经外力差别侵蚀后，常形成一系列单面山和特殊的格状水系（见图 6-9）。坚硬岩层经流水等外力切割后，形成岩层三角面或岩层梯形面。它们的倾斜方向就是岩层的倾向。这一特征常是航摄、卫星相片上判读岩层产状的重要标志之一。

当单斜岩层倾角大于 35°时，山体两坡基本对称，岭顶形如猪背，称为猪背岭或猪背脊山。

3. 褶皱山地地貌

褶皱山地地貌形态与褶皱构造、岩性、外力作用的强度和地貌演化的阶段等因素有关。在年轻的褶皱构造上由于侵蚀时间短，原始的褶皱构造未遭明显侵蚀破坏，地表起伏与褶皱构造一致即背斜成山，向斜成谷。但在时代较老的褶皱构造上，随着侵蚀作用的长期进行和发展，构造地貌就会发生演变。因为岩层在褶皱过程中，背斜顶部受张力作用，形成许多张节理，因而侵蚀破坏较快而成为谷地，称为背斜谷。相反，向斜核部因受压应力作用，相对破坏较慢，久而久之，向斜反而高起形成山地，即向斜成山，这种内部构造与外部起伏完全相反的现象，在地貌学上称为地形倒置现象（见图 6-10）。

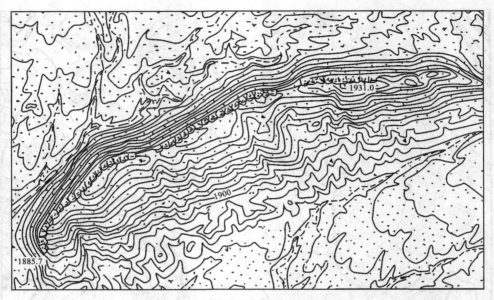

图 6-8　单面山地貌的等高线图形

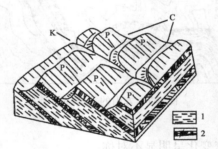

1—软弱岩层　2—坚硬岩层
K—倾向谷　C—次成谷　P—再倾向河
图 6-9　单面山地貌立体图

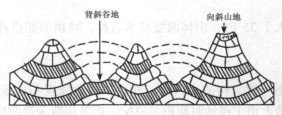

图 6-10　倒置山地示意图

　　在自然界褶皱山地的平面形态多种多样，但地貌体的主要特征，仍受褶皱构造与岩性的控制。

　　长轴褶曲由多个褶曲相互平行排列组合而成，在地貌上表现为岭谷平行相间排列，这种地貌以重庆东部平行岭谷最为典型。当长轴褶曲中软硬岩层相间分布,软岩层被外力破坏后,硬岩层突起可出现一山两岭或一山多岭,但岭谷的延伸方向始终与褶皱轴向一致。

由短轴背斜和短轴向斜交替组成的倾状褶皱,当褶皱未遭明显破坏时,地貌体与构造一致,山岭受倾伏褶曲控制,向两端倾覆。当背斜顶部遭强烈侵蚀后,在地貌上往往表现为"S"形的岭谷。背斜谷的两翼山岭向倾伏端辐合,山岭转折端坡度内陡外缓。倾覆向斜山地中心地势低平,外围山坡陡峭,其山岭转折端坡度内缓外陡,头部翘起,形似"船",故有"船形山"之称。

等轴褶曲又叫穹窿构造。规模巨大的穹窿构造主要是由岩浆侵入上覆岩层使之拱起造成的。山体核部由结晶岩体组成,外部为沉积岩盖层,当盖层被剥开以后,中心则出露复杂的结晶岩丛,周围形成各种单斜地貌,河流沿着山地外围的软弱岩层发育呈环状水系。

4. 断层地貌

由断层作用形成的地貌主要有以下几类:

断层崖——由于岩层断裂位移造成的陡崖称为断层崖。在地貌上表现较明显的断层崖,常常是那些发生时间距今较近、断层面倾角较大、移动距离较明显的断层。断层崖形成后,因受垂直于断层面的流水等外力的侵蚀,而形成"V"形谷,谷与谷之间最初出现断层梯形面(见图6-11A),随着沟谷不断展宽,侵蚀后的崖面呈三角形,称为断层三角面(见图6-11B)。沟口洪积扇呈线状展布。洪积扇的产生是由于断层一侧上升,加强了沟谷的侵蚀作用,水流一出沟口坡度骤减,于是以沟口为顶部向外产生堆积,形成扇形地地貌。后期,断层崖随侵蚀的继续进行,三角面消失,断层崖的形态特征也不复存在(见图6-11C)。

断块山——由断层抬升作用所形成的山地称为断块山。这种山地山坡陡峻,四周常有断层崖分布,崖脚平直,山体与平原或盆地接壤突起突落。如江西庐山平地拔起在长江和鄱阳湖之滨。

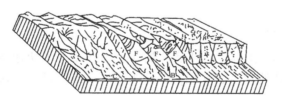

A—微受切割的断层崖

B—深受切割的断层崖(F)

C—经强侵蚀切割破坏后状况

图 6-11 断层崖的切割破坏示意图

断层谷——断层所在的部位是岩层错动的破碎带,因此顺断层经外力作用后常形成断层谷,其中的洼地可积水形成断层湖,如云南滇池、洱海,俄罗斯的贝加尔湖等。这种湖泊形状狭长、深度较大、岸坡十分陡峭。地堑谷也是常见的断层谷之一,这种谷地平直(受断层控制),两侧由断层崖形成陡峭的谷壁,山西省的汾河谷地和陕西省的渭河谷地就是有名的地堑谷。此外,发生在褶皱山地中的平移断层常使山岭中断或产生明显的扭曲。

二、坡地重力地貌

坡地重力地貌是指坡面上的风化碎屑、不稳定岩体、土体主要在重力并常有一定水分参与作用下，以单个石块、碎屑流或者规模不等的整块土体、岩体沿坡向下的运动所建造的一系列独特的地貌。

坡地（倾角 θ）上的物质受到自身重力（Mg）与坡面平行的分力（$F_1 = Mg \cdot \sin\theta$）的作用，而具有克服摩擦阻力（$F_2 = Mg \cdot \cos\theta \cdot \mu$，$\mu$ 为摩擦系数）顺坡向下位移运动的趋势。随坡地倾角 θ 的增大，F_1 增大，F_2 减少，当 $F_1 = F_2$，或 $\mu = \tan\theta$ 时，该坡地上的物质便开始顺坡向下位移运动，这时候的 θ 即为坡地上该物质的自然休止角。一般情况下，沙粒的自然休止角为 30°～32°。但大的、扁平的，特别是棱角状碎块的自然休止角比较偏大（见图 6-12）。如果有雨水冲刷或有水起润滑作用降低摩擦系数，那么同样物质的自然休止角也较偏小一些。

根据坡地物质运动的具体特点及其所塑造的地貌特征，坡地的地貌发育可以分为崩塌、滑坡、蠕动（见表 6-4）等类型。

表 6-4 　　　　　　　　　**块体运动与块体坡移现象分类**（R. J. Chorlet, 1984）

运动方向	垂直的		侧向的		斜向的			
运动方式	坠落	沉陷	滑移	扩张	蠕动	滑移	流动（溜）	
块体运动类型	岩崩 土崩 碎屑崩 倒塌	塌陷 沉陷	块体滑移	隆起扩张 深部蠕动	土蠕动 岩蠕动 碎屑蠕动	岩滑 碎屑滑 土滑 滑塌	土流 碎屑流	泥流 巨岩块流 石川

（一）崩塌与倒石堆

陡峻斜坡上的岩体、土体、石块和碎屑在重力作用下的快速运动，常称为山崩。河岸、湖岸和海岸的陡坡处发生的崩塌，又称为塌岸。崩塌是一种快速的岩、土块体运动（见图 6-12）。

崩塌形成的条件有多种。一是崩塌只发生在极陡斜坡上，一般认为地形坡度大于 45° 时，即可能出现崩塌。斜坡的相对高度大于 50m 时，可能发生大型崩塌。二是地质条件，断裂发育的、岩体破碎的高而陡的斜坡，最易发生岩块的崩落。节理、层理的倾向和斜坡坡向一致时，也易发生崩塌。陡坡下部为软弱层，其上覆有巨厚岩体，亦容易发生崩落。陡坡上的岩体有明显的或隐伏的裂隙，风化作用使裂隙扩大，最后与基岩分离，随着支撑的破坏而失去平衡，岩块就发生崩落。大岩块顺断裂、节理、减荷破裂甚至层面等破裂面发生张裂，通常，将这些张裂大岩块称为危岩。三是气候条件，暴雨和强烈的融冰化雪能破坏岩体、土体结构，软化软弱层，常常促进崩塌过程。四是地震、人工开挖坡脚、爆破等因素能促进或触发岩体或土体失去平衡而形成崩塌。1993 年 8 月 25 日四川叠溪 7.5 级地震诱发了几百处山崩，崩塌堆积阻断深谷。

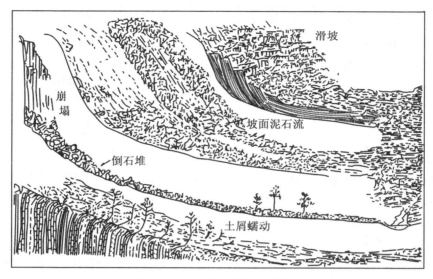

图 6-12　垂向侧向块体运动类型

　　崩塌的大量岩块、碎屑物或土体堆积在陡坡的坡脚或坡麓部位构成的堆积体称倒石堆地貌，又称为重力堆积或崩积物地貌。倒石堆的形体和规模视崩塌陡崖的高度、陡度、坡麓基坡坡度的大小与倒石堆的发育程度而不同。基坡陡，在崩塌陡崖下方多堆积成半锥状堆积体，倒石堆的底面形状多为半圆形。在大断层崖下或深切峡谷区，常有多个倒石堆彼此连接，傍依陡崖坡麓构成带状。若基坡倾斜较缓，坡度接近于组成物质的自然休止角，崩落物质构成的倒石堆的外坡也常较缓。

（二）滑坡与滑坡地貌

　　斜坡上的岩体、土体沿着一定深度的滑动面整体向下、向前滑移，称为滑坡（见图6-12G）。它的滑动速度很缓慢。一天只有几厘米或更慢。滑坡多发生在山地的较陡斜坡上。河岸、湖岸和海岸斜坡上也有滑坡出现。产生滑坡的斜坡坡度，一般为 20°~40°，过陡的斜坡，其重力作用主要表现为崩落。滑坡最易发生在坡脚被掏蚀或挖掘后使斜坡形体发生改变的地方。长江流域 1200 多处滑坡绝大部分分布在深切河谷的两侧。有许多因素促使坡地表层蠕动变形转变为滑动（见表6-5）。

　　滑坡地貌表现多样。滑动的土体或者岩体称为滑坡体，体积从数十到数亿立方米不等。由于是整体下滑，滑动体基本保持着原有结构。滑动面是滑坡体与其坡地之间的界面，空间状态呈近圆弧形，它的上端出露部分呈围椅状陡壁，称后壁。由于滑坡体各部分的滑移速度及滑移距离不一，所以在滑坡体中常见次滑动面以及由它分隔的滑坡台阶、滑坡体中部与两侧的近于平行的剪切裂隙、两侧边部位的放射状裂隙等。向前冲的滑坡舌遇到阻力而发生变形，在前部形成鼓起来的鼓丘及其与滑坡体前边界弧线近于一致的张裂隙，在滑坡体前缘发育挤压裂隙与逆掩破裂构造等。滑坡体顺滑动面滑移，常具有翻转变形，表现为滑坡台阶面向内倾斜，内侧出现月牙形的洼坑，甚至雨后积水成塘。

表 6-5   **引起滑坡的主要因素**   (A. Goudie, 1981)

导致滑动面附近剪切力增加的因素	导致滑动面附近摩擦阻力减小的因素
1. 去除了四周与坡脚的支撑 ①水流（河水、波浪）冲刷，挖空了坡脚 ②冰块流挖蚀了坡脚 ③底部比较软弱岩层的风化 ④人为挖掘掏空了坡脚	1. 渗漏水的作用 ①沿滑动面充水 ②渗漏水冲蚀颗粒物质 ③渗漏水溶解可溶盐类 ④滑动面物质的液化
2. 荷重的增加 ①岩块碎屑、水、雪的自然积累 ②人为增加地面荷载（建筑物、垃圾、矿渣、机械、设备等）	2. 植物根系的腐烂 有机物质的数量增减
3. 暂时的应力 ①地震、爆破、气浪、雷击 ②车辆持续频繁地通过	3. 对暂时应力的反弹 裂隙水流动的减压

4. 内部压力的增加
   孔隙内水压力的逐渐增大
	4. 滑动面附近碎屑物质的细化
	   土石块体的破裂

    滑坡类型据滑坡物质分为土体滑坡、碎屑滑坡、基岩滑坡。碎屑滑坡中包括重力堆积物滑坡、残积物滑坡、冰碛物滑坡等；据滑动面与岩层产状、构造面的关系分为顺层（面）滑坡、构造面滑坡、顺覆盖堆积层底面的滑坡等；据滑坡厚度或滑动面切深可分为浅层滑坡（数米）、中层滑坡（数米到20m）和厚层（深层）滑坡（数十米以上）；按滑坡体体积分为超大型（>3×10^{4}m^3）、大型（5×10^5~3×10^{6}m^3）、中型（3×10^4~5×10^{5}m^3）和小型滑坡（<3×10^{4}m^3）等。除此之外，还有多种滑坡类型名称，在许多情况下把崩塌与滑坡联系起来，有的则把坡地物质的变形与滑坡联系起来。

    滑坡是分布很广、频繁发生和损失又比较严重的灾害性事件。1974年9月14日四川南江白梅垭在连续大量降水后发生滑坡泥石流，总体积为700×10^{4}m^3，估计最大运动速度为60m/s，运动距离为5km，造成195人丧生。

    滑坡活动的预测预报，首先要查明该地是否有古滑坡和老滑坡；其二是分析滑坡与地层岩性、产状、构造类型与构造活动、地形和工程活动等的关系，查明滑坡事件发生的自然背景；其三是查明该地滑坡活动的诱发因素；其四是对不稳定变形坡实施监测，确定滑坡活动发展的阶段以及提出滑坡活动预报与临界预报。如1985年1月就开始对长江三峡新滩滑坡实施监测，到6月12日发生滑坡之前已有精确的预报，所以，虽然新滩镇被滑坡彻底摧毁了，但无一人在滑坡中死亡。

    （三）蠕动和土溜

    蠕动是指坡地上的岩屑、土体在重力作用下顺坡向下的缓慢运动和时停时续运动，又称为坡地物质蠕动。蠕动速度为每年几毫米到几十毫米，上部比较快，而下部比较慢，它使坡地上的电线杆、树身与树根、草皮等发生变形，或顺坡倾斜，或顺坡下移。

    蠕动体和不动体之间不存在明显的滑动面或界面，两者间的形变量和蠕动量是渐变过渡的。蠕动主要出现在15°~35°的坡地上，坡度较大的坡地，难以保存黏土和水分，而小于15°的坡地，重力作用不明显。蠕动的发生主要决定于重力和岩性等内在因素，地下水则起了润滑剂的作用，促使斜坡表面岩土体的蠕移。蠕动过程十分缓慢，短时间内无法察觉，经过长期监测，其变形是很可观的，小则使电线杆倾倒、围墙扭裂；大则使厂房破裂，地下管道扭断。

根据蠕动的规模和性质，可以将蠕动划分为两大类型，即松散层蠕动与岩层蠕动。松散层蠕动是斜坡上的松散碎屑或表层土粒，由于冷热、干湿变化而引起体积胀缩，并在重力作用下顺坡向下发生极其缓慢移动的现象。松散层蠕动坡的特点是表面相当平坦，略呈微波状或小阶梯状，这是它的微地貌特征。岩层蠕动是斜坡上的岩体在自重的长期作用下，发生岩层向临空面十分缓慢的由松弛、张裂、弯曲至倒转的变形现象。岩层蠕动在湿热地区主要是由干湿和温差变化造成，在寒冷地区是由冻融作用所致。

在山地地区，坡面物质的块体运动常有发生。在发生快速的、大规模式的块体运动时，可以摧毁道路、桥梁及其他工程设施，甚至破坏或者掩埋农田或村庄，给人民的生命财产带来很大的危害。

土溜是坡地上碎屑物质为水浸湿后顺坡向下的缓慢流动。高寒地区夏季坡地表层融化而流水，但下部仍为冻结层，于是其上层在重力作用下沿斜坡产生流动，这叫融冻土溜。在热带地区，降水使坡地上的泥土饱水成泥浆并顺坡呈舌状倾泻下去，这叫热带土溜。

（四）坡地的发育模式

坡地的演化是指坡地地面的空间位置及其坡面形态的变化。坡地物质不仅受到物质之间粘聚力与重力作用，还受到雨滴冲击、片流冲刷及小股线流侵蚀的作用。以雨水冲刷为主的外动力侵蚀作用是自上段向中段增加的。侵蚀或堆积作用的强度对比有如下三种情况：

①侵蚀作用超过堆积作用，就出现坡下段的增陡与不断后退，坡地发育趋向于凸型坡与上缓下陡的直线型坡。

②侵蚀作用与堆积作用相当，那么坡下段位置就特别稳定。

③堆积作用超过侵蚀作用，就出现坡麓地面的填高和坡下段的变缓，坡地发育趋向于上凸中凹下缓的复合坡。

坡地形式与组成坡地的岩石性质及产状有较大的关系。岩层倾角10°～30°左右的单面山，其顺向坡多数是坡面平行后退的直线型坡，而逆向坡多数是凹凸多变的复合型坡。猪背岭两侧上部多为凸型坡，整个坡地多为凹型坡。

由坡地片流与小股线流的作用在坡地平缓段与坡麓地带形成的堆积物称坡积物。坡积物的物质组成与坡地的物质组成相同，坡积物颗粒比较细，分选性和磨圆程度也比较差。坡积物的剖面通常具有粗颗粒层与细颗粒层相间的韵律性，它代表气候变化以及坡地冲刷强度的变化，有时在坡积物中还可见到暴雨冲蚀下来的岩块。坡地的表面坡度一般在7°～10°，向上增陡，逐渐过渡为残积物组成的坡地，向下更缓，可以铺展到邻近的河湖海滨。围绕在山麓地带的坡积体合称为坡积裙。干旱半干旱地区的山麓地带，常为坡积体与洪积扇形堆积体，甚至完全被洪积扇堆积所占据。

干旱半干旱地区易风化剥蚀的页岩或其他细粒岩山丘，山坡的平行后退则留下向外平缓倾斜的山麓剥蚀面，若与河流的侧向侵蚀及河道变迁有关则称山麓侵蚀面。在山体抬升沟谷深切的情况下，原山麓剥蚀面或山麓侵蚀面的残遗部分有可能在山坡上构成阶梯状平台。

三、流水地貌

地表流水是一种普遍的自然现象。按照水流的动态特征分为面状流水和线状流水，按照流水的时间特征分为常年流水和非常年（短时间）流水。水在流动过程中，对地表岩土及其松散堆积物进行冲刷和破坏，并且运移泥沙物质，又在适当的时间、空间和动力条件下堆积下来。流水的这种剥蚀、运移、沉积运动在地表发育剥蚀残留地貌和堆积体地貌。

（一）沟谷流水地貌

沟谷是地表短暂流动的水形成的一种负向地貌。沟谷中平时少水或无水，大气降水时斜坡水汇集沟谷，出现一定时段的流水。沟谷在干旱、半干旱地区分布尤为广泛，如我国黄土高原某些地区，植被稀疏，短暂线状水流形成的沟谷迅速发展，地面遭受强烈切割，沟槽纵横交错，水土流失严重。按照侵蚀沟谷的纵横剖面形体特征和演变过程，可把沟谷分为切沟、冲沟和坳沟三个发育阶段。短暂的大量湍急水流称为洪流，它的特点是水头高、流速快，具有强烈的冲蚀能力，并携带大量的岩块碎屑物质到山前沟谷口门外形成扇形堆积体。

1. 沟谷发育及形体

切沟通常发育在裸露的坡地上，水流顺坡流动，往往聚成多条股流，侵蚀后形成大致平行的细沟。细沟的深度为 3~100cm，宽度等于或略大于深度。侵蚀细沟的横剖面呈 V 形或凹字形。细沟不断侵蚀扩大，发展成切沟。切沟宽深 1~2m，横剖面呈 V 形，沟缘较明显，沟底纵剖面与沟身所在的坡面大致平行（见图 6-13）。

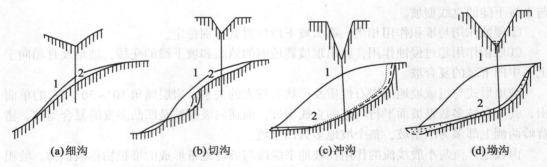

(a)细沟　　　　(b)切沟　　　　(c)冲沟　　　　(d)坳沟

1—沟缘以上坡面坡度的变化　　2—沟底侵蚀堆积的变化（沟底纵向地形线）

图 6-13　沟谷纵、横剖面地貌形体

在水量丰富的条件下，一部分切沟在发育过程中加深、加宽、发展成为冲沟。冲沟的深度、宽度为数米至数十米，长度可达数千米至数十千米。由于侧蚀作用加强，横剖面呈宽底 V 形，有的冲沟的沟坡很陡，常常产生垂直沟壁。冲沟与切沟的区别不仅在于大小不同，而且在于纵剖面。冲沟是活动性侵蚀形体，最活跃的是沟头，在水流的向源侵蚀作用下，沟头不断向地势高处发展，增长着的沟头可以有各种各样的形式。集水洼地（盆）在平面图上呈椭圆形、圆形或（常常是）齿轮形。

随着冲沟的增长和纵剖面的塑造，向源和下切侵蚀减弱，纵剖面坡度相当平缓，不再有明显的沟缘，沟坡后退而冲沟展宽，冲沟转变为坳沟。坳沟沟底开垦为农田。

应当指出，由于气候、地形、岩石、构造和植被等因素及其组合特征的不同，各地侵蚀沟谷的发展程度和演化阶段颇有差异。在同一区域内，各条冲沟可能处于不同发育阶段，对于同一冲沟系统，不同地段的冲沟所处发育阶段也可能有异。

2. 泥石流地貌

沟谷水中含多量泥、沙、岩块混合的流动体称为泥石流。泥石流是一种自然灾害，1981 年 8 月宝成铁路沿线发生的泥石流掩埋车站 5 处，堵塞桥涵和淤埋线路 50 多处，摧毁桥梁 8 座，漫灌隧道 4 座，并有人员伤亡，修复费用合计达 4 亿元之多。

泥石流的形成条件：一是有丰富的碎屑物质来源，如坡地上的残积物或崩滑堆积物，沟谷上源的冰碛物、冰水堆积物，地震造成的崩裂岩块碎屑物质，人工采矿抛弃的矿渣或废弃物。1975 年以来，辽东地区陡然增多泥石流活动就与该地 1975 年的 7.3 级地震有关。长江三峡地区泥石流的岩块碎屑物质主要来自崩塌滑坡。二是暴雨和洪水，洪水具有强大的侵蚀和携运动力。三是陡峻的沟谷坡度，陡峻的沟坡和比降较大的沟床底，促进快速形成泥石流，并迅猛下泄。据西藏自治区 150 条泥石流沟的统计，沟谷比降大多为 10%～30%。云南蒋家沟泥石流沟谷上段比降大于 35%。

泥石流的岩块碎屑物质源区在暴发泥石流后通常形成向下游方向倾斜的碟形低地和侵蚀深沟，岩块碎屑物质占泥石流体积的 10%～40%。在顺沟谷的泥石流通道中，泥石流运移速度可达数米到数十米每秒。多次泥石流作用的沟谷可被泥石流侵蚀为峡谷，谷壁上有磨刻或撞击的痕迹。在泥石流沟口外展宽段或出口段，从泥石流中停落下来的岩块碎屑堆积、黏性泥石流堆积形成一道道与主流方向平行的垄岗，巨大的岩块集中在堆积体的顶部、前端或两侧，有的为粗大岩块组成的泥石流堆积扇。堆积体的结构构造特征为大小石块混杂，层次不清，石块磨圆度差，小的岩块碎屑常充填在大岩块构成的格架之中，有时出现岩块团（俗称"泥包砾"）或黏土团（称"泥球"或"碎屑球"）。稀性泥石流堆积扇扇面比较平整，倾斜和缓，较少巨大岩块，并有向外围平均粒度变细小的趋势。

3. 扇形地地貌

干旱半干旱地区，洪流在流出沟谷口处形成的扇形堆积体称为洪积扇（见图 6-14），在湿润地区谷口外的称冲积扇，支流谷口的小型堆积体则称冲积锥。在湿润地区的扇形堆积体比干旱地区洪积扇的平均粒度要细一些，表面坡度也缓和一些。

洪积扇与山地沟谷相衔接的地方为头部，呈扇形向外铺展。头部多由粗大岩砾或块石构成，表面坡度可达 10°～20°。它向外围过渡到主要是粗沙堆积，其中多夹沙砾质透镜体，再外围为边缘带细颗粒堆积，表面坡度降为 5°～3°，内部也夹有沙质透镜体。洪积扇从头部向边缘的粒度变细，与洪流出口之后的分散及多量水的下渗有关。干旱地区于扇顶入渗的水到扇缘以泉水涌出，并蒸发消耗，因此在洪积扇外围有粘泥沉积带及盐碱化带。

山前地带新老洪积扇的相互关系是研究气候变化或构造运动的重要依据（见图 6-15）。如气候变为暖湿，或融冰化雪水量增多，则洪积扇的堆积范围将有所扩展，顶部（上部）的粗粒堆积超覆老洪积扇的较细颗粒堆积，新洪积扇边缘的表面坡度则较和缓；反之，若气候变冷变干，新形成的扇形堆积范围则明显缩小，它叠置在老的洪积扇上。

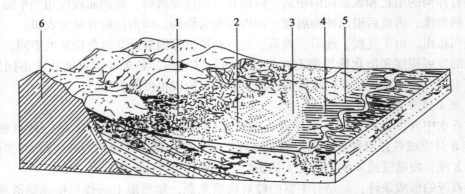

1—洪积扇头部砾质堆积　2—洪积扇过渡带沙砾堆积　3—洪积扇边缘带细沙黏土堆积
4—河漫滩堆积或冲积平原沙黏土堆积　5—河床与河床沉积　6—基岩

图 6-14　典型洪积扇及其内部结构

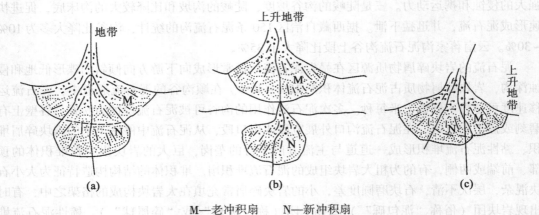

M—老冲积扇　　N—新冲积扇

图 6-15　构造运动与洪积扇的变形　（杨景春，1985）

(二) 河流地貌

流动于地表线形低凹部分的经常性或常年性水流称河流。线形低凹部分称为河谷，河谷由谷底、谷坡两要素组成，谷底被水流占据的线形部分称为河床。由河流水的作用所塑造的地貌称河流地貌。流动水体对河床有冲蚀作用，流水携带固体颗粒对河床有撞击和磨蚀作用，流水的流速能启动床底泥沙随水流动，流水对可溶性物质还具有溶蚀作用，流水的这些作用合称侵蚀作用。流水的侵蚀作用迫使许多粗、细颗粒物质相继离开原来的位置，包括使床底不断加深的深切侵蚀，不断向上游方向发展的沿程侵蚀或溯源侵蚀，使河岸不断后退或沟谷不断展宽的侧向侵蚀或旁蚀，以及流水在陡坎下形成深潭的掏蚀，等等。

流水启动与携运颗粒物质的能力称为搬运作用，它与水流速度有关，理论上水流速度增大 1 倍，可携运的颗粒物质增重 64 倍。被携运的颗粒物质，有的沿床底滚动或滑动称推移质，有的呈跳跃式向下游移动称跃移质，有的悬在水体中随水运动称悬移质。在水流速度变慢时，流水携带的部分泥沙颗粒又会从水中沉落下来并不断堆积成为冲积物。由于流水的流速与水量、水深、水面宽度、过水断面的形状以及水面坡度和惯性流的作用等有非常密切的关系，因此，各项要素的变化均对流水的侵蚀、携运以及沉积作用有深刻的影响，它们之间的相互关系也称自调节作用。凹岸涌水使凹岸水面高度高于河对岸凸岸水面，于是又产生河水的横向环流，底流携带的泥沙在凸岸边沉落堆积。凹岸侵蚀后退，凸岸堆积推进，导致弯道向凹岸方向发生横向迁移，整个弯道的河段长度增加，水面比降减少，又使水流速度放慢。河流水动力与流水侵蚀——携运——堆积的自调节作用，导致河流地貌的发育具有复杂多变和因时因地而异的特点。最主要的河流地貌是河床、河漫滩、河流阶地、谷坡与谷坡上的侵蚀平台。

河床也叫河槽。河床地貌包括河床形体、河床结构以及河床演变。河床一直在经受水流动力的作用而不断地变化（见图6-16）。

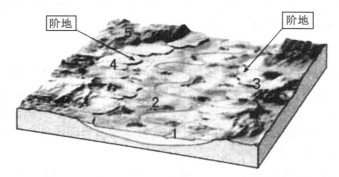

河谷横剖面：1—河床 2—河漫滩 3—谷坡 4—河流阶地 5—谷缘（谷肩）

图6-16 河谷与河床的地貌类型

河床类型按平面形体分为顺直微弯、弯曲与自由河曲、分汊与多汊辫状等多种类型。河床类型按其断面形体可分为由流水深切形成的深切河床与由冲积物填充的宽浅河床。山地丘陵区的河曲深切又称嵌入河曲，被曲流围绕的高地称为离堆山。河床地貌与河床类型的稳定程度取决于流速、流量、含沙量、沉积粒度等许多因素。

深槽是河床中水深超过平均水深的床底上的更低凹部分。在从河源到河口的河床最低点连线即河床纵剖面上，深槽表现为一个个彼此隔离的弧形低凹段。山地河流的深槽（深潭）多位于床底岩性软弱或构造破碎部位或凹岸，是急流的冲蚀或掏蚀作用所造成的。长江三峡下段有的深槽槽底已达海拔-11～-44m。平原河流的深槽多偏向凹岸一侧，这是由于横向环流在凹岸部位的下沉底流对槽底的侵蚀而造成的，凹岸多为侵蚀陡岸。

浅滩是深槽与深槽之间河床底较浅部分的沙质堆积体，一般被水淹没，只有枯水期或者水位很低时才出露水面。它是由于两弯道之间的过渡河段横向环流的交替而削弱了流水的侵蚀与携运能力，产生沙质堆积。边滩是凸岸的堆积，心滩是展宽段河床中央的堆积。边滩与心滩的共同特点是洪水期被淹没并有泥沙的堆积，整个心滩或边滩都可能存在平面现状与平面位置的变化，尤其是平面位置向下游方向的迁移，在边缘部位发育自然堤或称滨河床沙堤（沙坝），它高于滩面数十厘米到数米，向河心一面坡陡而向岸一面坡缓，它是洪水漫上滩面的时候最高的沉积。

（三）河漫滩地貌

河漫滩是河床两侧被洪水淹没的地貌单元，是边滩心滩被多次洪水淹没、细颗粒物质沉积淤高扩展发育的河床堆积地貌类型，通常将面积大于 $1km^2$ 的称为泛滥平原或洪水平原（见图 6-16）。从地貌形体上看，河漫滩可以明显地分为两部分。当洪水泛滥时，河水溢出河床，流速骤减，首先堆积了较粗大的物质，随着离河床距离的增加，堆积物质越来越细小，因此，除滨临河床部分外，其余地段堆积的多是壤土或黏壤土，地势十分平坦没有明显起伏，其上分布有湖泊或沼泽。特别在近谷坡（或阶坡地）处地势更为低洼，河漫滩上及其谷坡的地表水和地下水多汇聚于此，成为比较稳定的湖沼地带，或形成与谷坡平行的小河漫滩河；或因谷坡（或阶地）部分的沟谷水流带来较多的物质在这里堆积，也可形成一系列的小型扇形地。河漫滩的滨临河床部分主要表现为沙堤（或称沙坝），高度一米至数米，通常为自然堤（或称天然堤），这种地貌只出现在较大的河流。河漫滩上湿生生物繁盛，多已开辟为农田，成为富饶的水乡。

（四）河流阶地地貌

河流阶地是河谷两侧谷坡中沿河分布的、由河流的侵蚀和堆积作用形成的、不再被洪水淹没的阶梯状台地（见图 6-16）。除河谷中的阶梯式台地外，还有构造台地、滑坡台地、崩积台地、洪积台地、支流出口锥状堆积台地、冰碛与冰水堆积台地、以及工程或路基台地等。它们与河流阶地的根本区别在于构成台地的基岩面或堆积物非该河流侵蚀作用形成，也非该河流的冲积物。

河流阶地的形体要素分阶地面、阶地前坡、阶地前缘、阶地后缘与阶地的基座等。阶地面的特点是具有向河心方向与向下游方向的平缓倾斜，阶地的宽度是阶地前缘与阶地后缘之间的水平距离，阶地的高度是指阶地面与当地一般洪水位之间的相对高差，指示了自阶地顶层河漫滩相沉积形成以来该地地面相对上升而河床相对下切的累计幅度。河流阶地的级序通常是从当地河面向上起算的，最低的称第一级阶地，往上依次为第二、第三级阶地等。低一级阶地的生成时代晚于高一级阶地。

河流阶地的发育，首先是该河段河床受侧向侵蚀堆积而横向迁移，形成宽平的谷底，其次河床深切，直到其旁侧谷底不再遭受洪水的淹没而成为阶地面。河床相对深切的原因可能是：

1. 流域气候的变化

气候寒冷偏干时期，河流来水量少，河谷底部被大量岩块碎屑物质充填；气候转为温暖多雨时期，大量来水的侵蚀，在充填堆积中切出陡峭的阶地前坡。在多雨时期，洪水泛滥形成广阔的河漫滩，而干燥少雨时期，河床束缚在深槽之中，两侧或一侧的河漫滩便成了阶地。

2. 构造运动

构造上升运动，相伴河床深切并形成阶地；构造沉降运动，相伴沉积超覆并形成埋藏阶地。

3. 河口侵蚀基准的变化

海面下降，引起河口段河床深切，并溯源发展，原河漫滩或谷底相对升高形成阶地，高度向上游方向变小。如海面上升，河口段水位上升，发生广泛的泛滥沉积超覆，从而产生埋藏阶地。

4. 河流袭夺

袭夺裂点上溯，沿河两岸将形成一级阶地。

（五）河谷地貌发育

谷地往往与软弱岩层出露带或各种线性构造相吻合。不管在河流流水作用塑造该谷地之前是什么性质类型的岩性、构造的谷地，在经受了河流流水作用塑造之后，虽然仍有原先岩性、构造或谷地类型的遗迹，但占主导地位的已是经流水塑造的多种河谷地貌形体。

河流的上游多发育有或长或短或宽或窄的狭谷，它是在构造运动不断上升的基础上由流水深切而形成的。流水顺断裂线、节理缝、破裂带等有利环境出现强烈深切，因而峡谷壁面常是构造破裂面。长江三峡的瞿塘峡的特点是峡壁似墙，有近四百多米高的垂直峡壁对峙；巫峡的特点不仅在于壁高水深，还在于直立石壁多已被支沟切成三角形；西陵峡的特点是在宽谷的基础上再强烈深切。

重力作用与块体运动，以及片流和小股线流的作用与坡面的发育，在谷坡地貌的进一步发展变化过程中起着主要的作用。河谷谷坡侵蚀面是河流的侧向侵蚀与河道变迁而形成的，如果某地段构造运动间歇性抬升、河流不断深切与旁向侵蚀，那么不同时期形成的山麓侵蚀面的残余部分就会在谷坡上按生成时代顺序排布，形成梯级平台。构造上升速率快于流水侵蚀速率，山体高度就上升；反之，山体高度就下降。

（六）流域地貌

流域是区域地貌发育的基本单元。流域地貌发育的基本特性有河网密度（切割密度）与水系形式、溯源深切与切割深度、河流袭夺与分水岭迁移、流域的侵蚀剥蚀速率与流域地貌发育演变的基本规律等。

河网是通过地表水顺地面的汇流而建立起来的。

河网密度是单位面积内的河流长度或者河流条数。河网密度的高低与降水量、地貌、岩性有关，它是地貌发展阶段的特征值。图 6-17 表明河网密度与下垫面岩性有着非常密切的关系，岩石的渗透速度快、产沙量少，则河网密度低；反之，则河网密度高，在页岩上可达 $10.0 km/km^2$。就全球而言，河网密度最高值在半干旱地区，最小值在沙漠地区和湿润带地区，热带地区河网密度又有所增加，常年河流的密度多是随着年平均雨量的增加而增加。

溯源侵蚀也称向源侵蚀，是指河谷纵剖面线上的坡折点（裂点）不断地向上游方向推进。河谷纵剖面上的裂点，有的与断层构造、节理、层面以及岩性有关，称构造裂点；有的与河口基准面的变化有关，称轮回裂点。因此，溯源侵蚀可以分为三种情况：其一是河口基准面下降，引起河口的深切与裂点的上移，裂点位置以下比其上游应多一级河流阶地。第四纪末次冰期鼎盛时期，世界海面比当今低约 120m，当时曾有裂点的上溯；其二是在河谷中，通常表现为瀑布岩槛的不断上溯；其三是河源沟头的不断伸远与增长。

切割深度又称垂直切割深度，是河流动力深向侵蚀而加深谷地的深度，具体指横断面上从谷缘到谷底（河床底）最深点之间在垂直方向上的高差。许多山区河谷切割累计深度达千米以上。河流深切的速度与幅度取决于以下四方面的因素：

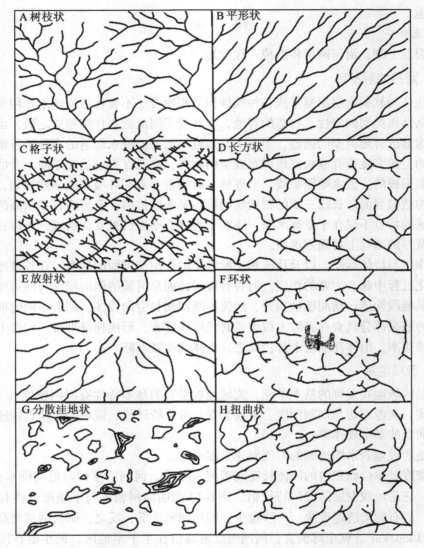

图 6-17　不同地区不同岩性与河网密度的差异　（R. J. Chorley et al, 1984）

①地壳运动的速度与幅度。
②地貌高度与距河口的水平距离。
③岩石抗侵蚀作用的强度。
④水流的流速与流量等。各地深切所能达到的最大深度则与侵蚀基准面有关。

　　流水的深切与向源侵蚀均与水面比降、水流速度和水量有关，因而相邻的两条河流，如果水面比降与流速、流量有明显差别，那么其中一条河的深切与向源侵蚀就会明显强于另一条河，久而久之就会切开两河之间的分水脊，使另一条河的上游水流转入那条向源侵蚀明显较强的河流，这就叫河流袭夺（见图 6-18）。其中强烈溯源侵蚀并从其他河获得流水的称袭夺河；失去上游河段的河称被袭夺河；失去上游河段后的剩余河段称断头河；在袭夺的地方水流流向突然转弯，称为袭夺弯；由于袭夺河比降大，故袭夺之后的河谷纵剖面在袭夺弯处出现由缓转陡的转折，称袭夺裂点，并继续向上游方向推进；在断头河与袭夺弯之间的一段河谷成为分水垭口称风口；风口与袭夺弯之间，细小水流已转而流向袭夺弯流入袭夺河，称反向河。

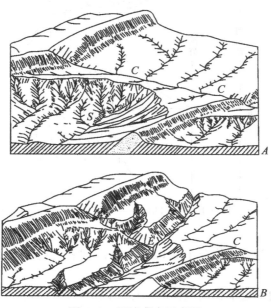

图 6-18　河流袭夺示意图

　　谷地溯源侵蚀比较强的一侧迫使分水脊向其比较弱的一侧迁移，从而改变了流域面积。河流袭夺则不仅改变了流域面积，而且改变了水系形式和流域形状。许多大河都是通过河流袭夺而增加河长和扩大流域面积的。

　　流域侵蚀剥蚀速率是通过总输沙率来计算的。流域面积小者平均剥蚀速率高。流水的侵蚀，不仅使谷地加深、纵比降减小，而且使谷坡也不断后退或者倾角变小。

　　（七）河口地貌

　　支流注入主流以及河流注入湖海的地段称河口。在海洋动力作用下，潮流上溯抵达的地方，也就是顺行的河水流速与逆行的潮流速在水流中正好相抵的地方称潮流界；往上河水位受潮流顶托影响最远的地方称潮区界。自潮区界到潮流界称近河口段，潮流界到河口口门称河口段，口门以外到水下三角洲前缘坡折处称口外海滨（见图 6-19）。长江口的潮区界在距口门 680km 的大通以上，洪水期它下移到距口门 500km 左右的芜湖附近，潮流界则相应地从距河口 370km 的镇江以上而下移到距口门约 250km 的江阴附近。

　　河口口门向陆地的水动力主要是河流的水流、涨潮流、落潮流、水下径流与盐水楔流。河水水下径流对河口段深槽的发育、洲滩的演变以及崩岸和航道迁移等有深刻的影响。盐水楔是海洋水沿河底的入侵。据统计研究，凡是河口的河流来水与潮水的比值小于0.02，河口多为喇叭形强潮河口，都存在口内沙坎，如钱塘江和泰晤士河等；两者比值大于 0.10 者，一般在口外或口门附近形成拦门沙坎，为中等潮汐河口或弱潮河口，如长江、

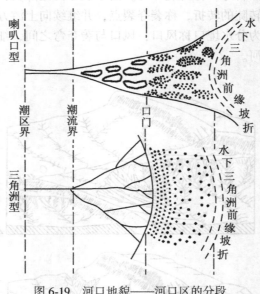

图 6-19　河口地貌——河口区的分段

黄河、密西西比河等；两者比值介于 0.02～0.10 之间者为过渡状态，河口没有明显突起的堆积体。

　　拦门沙是河口口门附近堆积地貌体的总称，包括河口沙岛和浅滩、口内的沙坎与河口沙坝等。

　　三角洲是在拦门沙的基础上发展起来的。三角洲发育的基本特点：一是向海方向伸展，形成心滩沙岛与河口沙咀，心滩沙岛导致河槽分汊，并在分汊口再发育拦门沙，并相继发展下去；二是洪水泛滥泥沙形成，其中有被洪水泛滥沉积掩埋的沙滩、沙洲、岸滩和被淤塞的分支河槽等。

　　三角洲的形体类型按外形特征分为：鸟足形三角洲，如美国密西西比河三角洲；尖嘴形（鸟嘴形）三角洲，如意大利台伯河三角洲和中国钱塘江三角洲；弧形（盾状）三角洲，如非洲尼日尔河三角洲；岛屿形三角洲，如印度恒河三角洲和中国长江三角洲；扇形三角洲，如中国黄河三角洲与埃及尼罗河三角洲等（见图 6-20）。

　　影响三角洲发育的主要因素有河流泄水量及其物理化学性质、河流的输沙量及其粒度结构、河口段及口外海滨的水下地貌、特别是水下地貌的坡度与水深的变化，海（湖）水体的运动，三角洲地区的构造运动与海（湖）平面变化，气候与植被类型，还有人为活动的影响，等等。

四、冰川地貌

　　在极地和中低纬度高山地区，年平均温度在 0℃ 以下，大气降水多为固态，地表被长年不化的冰雪覆盖。冰雪覆盖地区的主要外力作用是寒冻融化和冰川作用。由冰川作用形成的地貌称为冰川地貌。现代冰川是一种宝贵的自然财富，集中了全球 85% 的淡水资源。现代冰川主要分布在高纬和中低纬高山地区，分布面积 1630 万 km²，占陆地面积的 11%

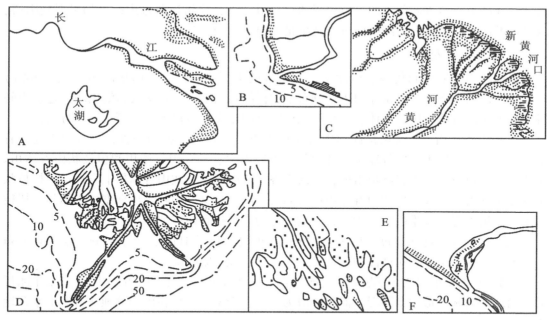

A—长江三角洲（岛屿形）　　B—台伯河三角洲（鸟嘴形）　　C—黄河三角洲（扇形）

D—密西西比河三角洲（鸟足形）　　E—湄公河三角洲（岛屿形）　　F—奥伦治河三角洲（袋形）

图 6-20　全球几种典型的三角洲形体类型

左右。在第四纪时期，世界上曾经历过几次冰期。冰川面积最大时约占陆地面积的 1/3。冰川作用在第四纪时期，具有重要地位，对陆地地貌形体及其发展变化有着深刻的影响。

（一）冰川的形成与运动

雪线是年降雪量等于年消融量的平衡线。冰川必须在雪线以上方能形成。雪线以上，年降雪量大于年消融量，形成终年积雪区，也称冰雪积累区。雪线以下，年降雪量小于年消融量，称季节性积雪区，亦称消融区。雪线以高度表示，因各地的温度、降水量和地形不同，对应的雪线高度也各异。雪线以上的终年积雪，经过一系列的变化而形成冰川冰。冰川冰积累到一定厚度，地面具有一定坡度，冰川冰就发生运动。这种顺坡运动的冰川冰就是冰川。导致冰川运动的因素主要是重力和压力。由冰体坡度引起的流动叫重力流，由冰体重力引起的流动叫压力流。

冰川运动的速度取决于冰川的厚度、地形坡度或冰面坡度。冰川的厚度越大，其静压力也越大，冰川运动速度越大。地面坡度越大，或冰面坡度越大，冰川运动速度也越大。冰川运动速度是非常缓慢的。例如中国天山冰川流动每年 10～20m，珠穆朗玛峰北坡的绒布冰川，中游最大流速每年也只有 117m。但是，冰川运动也有暴发式快速前进的情况，例如 1953 年喀喇昆仑山南坡的库西亚冰川，平均每天前进 113m。冰川运动的速度在冰川各个部分是不同的。从冰川的纵剖面来看，中游流速大于下游。从横面来看，冰川中央流速大于两侧。从垂直剖面来看，冰川下层塑性流速大于上部冰层。但在山岳冰川中，有时因冰面坡度较大，冰川上层在重力影响下，其流速反而大于下部冰层。由于冰川各部位的运动速度不一致，使冰川表面及冰层内产生一系列的冰川裂隙和冰层褶皱。冰川运动是顺着地面或冰面倾斜方向前进的，但由于冰具有可塑性，冰川在前进道路上如果遇到阻碍，也可迎坡而上，越过阻碍继续前进，这也是冰川运动的一个特点。

（二）冰川类型

根据冰川的形体和规模、运动特点和所处的地形条件，分为山岳冰川（见图 6-21）和大陆冰川两大类型。山岳冰川主要分布于中低纬高山地区。它呈线状沿山坡洼地、山间谷地向下缓慢流动。按其形体、发育和地形特点的差别，山岳冰川又可进一步分为：

（1）山谷冰川，它是山岳冰川中规模最大也是发育最完善的一种，具有粒雪盆，有沿山谷下伸的冰川舌。山谷冰川可分为单式山谷冰川、复式山谷冰川和树枝状山谷冰川。单式山谷冰川由一条山谷冰川组成；复式山谷冰川由两条单式山谷冰川汇合而成；树枝状山谷冰川则由三条以上单式山谷冰川汇合而成。前两种又称为阿尔卑斯型山谷冰川，树枝状山谷冰川以喜马拉雅山区最为发育，故又称为喜马拉雅山谷冰川。

（2）悬冰川，冰川厚度一般为 1~2m，面积很少超过 1km^2，分布十分广泛。它分布在山坡上比较平缓或相对低洼的地方，呈斑点状悬挂依附在陡坡上。

（3）冰斗冰川，它的特点是没有冰川舌，或者仅有一条不明显的冰川舌。冰斗冰川的平面形状为椭圆形或半圆形，面积一般为几平方千米，发育在山涧盆地或谷源汇水盆地中。

（4）平顶冰川，它发育在高山顶部比较平坦的山顶夷平面上，又称为冰帽，四周有短小的冰川舌下伸。

（5）山麓冰川，它是山谷冰川流出谷地在山前平原上漫流的一种冰川，又称山麓冰泛，可视为山谷冰川向大陆冰川转化的过渡形体。

大陆冰川是面积和冰层厚度最大的一种大型冰川。大陆冰川中央为积雪区，边缘为消融区，冰川自中心向四周运动。另一种是表面起伏较大，规模也更大的冰川，冰盖的面积可达几百万平方千米，厚度可达千米以上，又称为大陆冰盖，如南极冰层最厚达 4267m。在第四纪冰期时，冰川曾广泛覆盖北美及欧洲大陆。现代大陆冰川主要分布在两极地区，如南极、格陵兰、冰岛等地。

（三）冰川侵蚀与堆积地貌

冰川固体流运动的实质是冰在冰床上滑动，再加上冰的冻结作用于冰体中所夹坚硬岩块，致使冰川对冰盆壁和冰盆底、对冰川谷壁与谷底及对冰盖下的地面，有强烈的挖蚀和磨（刨）蚀、刻蚀作用，并挟带或推挤岩块碎屑最终形成特殊的冰碛体。因此，冰川地貌可以分为三种类型：一是冰蚀残留地貌，如角峰、刃脊、冰蚀三角面、羊背石和冰擦痕等；二是冰蚀地形，如冰斗、U 形谷、冰盆和冰蚀峡湾、冰蚀湖盆等；三是冰碛地貌，如侧碛堤、中碛堤、终（尾）碛堤、鼓丘和冰碛丘陵等。此外，还有多种冰（融）水堆积地貌类型。

角峰为几个冰斗或冰斗冰川或积雪盆之间的角锥体尖峭山峰。刃脊为两条山谷冰川之间或两冰斗冰川之间或两冰斗之间或积雪盆之间或冰川谷之间的鱼鳍状山脊，也称锯脊。冰蚀三角面是山谷冰川截切山嘴山足而留下的三角形冰蚀壁面。岩槛是冰斗口以及冰川谷底上冰蚀残余的横向岩凸与陡坎。羊背石是冰床（如冰川谷底）上冰蚀残余的椭圆形岩

1—冰斗冰川 2—悬冰川 3、4—山谷冰川（3—粒雪盆，4—冰川舌）
5—角峰 6—刃脊 7—冰蚀三角面 8—尾碛垄
图 6-21 山地冰川地貌形体

凸，常成群分布。羊背石的长轴方向与冰流方向一致，迎冰面被强烈磨蚀而较平缓，磨蚀面上多细小的刻蚀槽沟，背冰面则被冰川挖蚀而坎坷不平，坡度也较陡。冰斗为冰川谷源头围椅状的洼地，位于雪线以上。由于冰斗冰的挖掘，致使底面低于冰斗出口的岩槛，冰体消融后积水成为冰斗湖或沼泽湿地。冰川冰侵蚀形成的谷地多为两壁陡直、谷底宽平的U字形谷地，它与冰川截切山嘴和刨蚀谷底有关。主U形谷的另一大特点是横剖面上的谷缘谷肩特别明显，并常有出口高悬在主谷壁上的支冰川悬谷。冰盆是冰川谷中岩槛之上或岩槛之下的冰蚀洼地，冰盆中的冰川为压性流，在冰床上旋磨滑移越挖越深。冰蚀峡湾是冰川冰流刻蚀的深槽谷，冰融之后海水顺深槽入侵成为峡湾。北欧挪威西北侧有多条冰蚀峡湾，有的长达200km以上。冰蚀湖是冰川冰流刻蚀洼地冰融后积水所致。

冰碛物多为大小岩块与泥、沙的混杂堆积物。其中的泥、沙颗粒，或为原岩风化的碎屑颗粒，或为由冰川研磨产生的细粒。侧碛堤是位于冰川两侧的堤状冰碛体。中碛堤是位于冰川冰面中间的堤状冰碛体。终（尾）碛堤是位于冰川舌尾端的弧形堤状冰碛体。它是冰川冰推移冰床物质与冰川融出物质（即冰碛）在其尾端堆叠起来而形成的。在冰川形体退缩过程中的多次短暂堆叠,可以形成多道弧形尾碛堤,多道尾碛堤间洼地可能积水成湖。冰碛丘陵是冰川冰体融化后,由冰川挟运或驮运的岩块碎屑全部落积在地面,或堆在冰川底碛之上而形成的。冰川能挟运或驮运非常粗大的岩块,冰川运移的粗大岩块称漂砾,喜马拉雅山山岳冰川能运移直径28m重达万吨的岩块。冰川固体流迎坡而上还能把冰碛推举到几百米高的高地上。冰川底部冰融水携出碎屑物质在终碛堤外堆积形成的扇形体称冰水扇,几个冰水扇联合成为冰水冲积平原。

冰蚀地貌类型与多种冰碛地貌类型常混杂分布在有限的范围内。以山地为例,在山体上部以各种冰蚀地貌为主,下部或谷底以多种冰碛地貌为主。古冰川地貌就其形体特征而言则具有多解性,故古冰川地貌的研究,往往要依赖冰川地貌类型组合的判别。

五、冻土地貌

全球多年冻土面积为3500万km²,占地表总面积的24%。在极地及其附近地带和中低纬高山、高原地区,如果处于较强的大陆性气候条件下,地温常是零度或零度以下,地面无冰雪覆盖,土层上部常发生周期性的融冻,土层下部形成多年不化的冻结层,这样的土称为永冻土。冻土地区的主要外力作用是融冻作用,以融冻作用为主形成的地貌称为冻土地貌。我国冻土分布集中在48°N以北的黑龙江省北部地区、我国西部海拔4300~4500m以上的高山与高原区,面积共约250万km²,占全国面积的1/4左右。

(一)冻土和融冻作用

冻土是指温度保持在0℃以下含有冰的土层或岩层及温度很低而不含冰的土层。根据冻结时间的长短,冻土可分为季节性冻土(冬冻夏融的土)和多年冻土(长期冻结的土层,又称永冻土)。

多年冻土一般可以分为上下两层,上层为冬冻夏融的活动层,下层是常年(多年)不化的永冻层。活动层有两种状态,即夏季融化后为季融层,冬季再冻结则为季冻层。如果某年的冬季气温较高,地温也随之较高,冻结深度小于夏季融化厚度时,在季冻层的下面就会出现一个未冻结的融区。相反,如果某年的冬季较上年为冷,而夏季又较上年为凉,这样,夏季的融化深度可能小于冬季的冻结厚度,便在季融层的下面保留一层没融化的隔年冻结层。所以,各年因温度变化的差别,在活动层和永冻层之间往往会出现隔年融化和隔年冻结层。

冻土在地球上的分布,具有明显的纬度水平地带性和垂直地带性。在水平方向上,自高纬到中纬,多年冻土的埋藏深度逐渐增加,其厚度则不断减小,由连续多年冻土带过渡为不连续多年冻土带乃至季节冻土带(见图6-22)。例如,极地地区多年冻土层顶面与地表一致,其厚度可达千米以上,年平均地温低到-20℃;至连续多年冻土带南部(60°附近),冻土的厚度百米左右,地温增高到-3~5℃;至冻土分布的南边界限附近(北纬48°左右),冻土层的厚度仅1~2m,地温接近0℃。我国东北北部,属于北半球多年冻土带南部边缘地带范围,冻土层厚度20~30m。冻土在垂直方向上的分布,即在高山、高原地区的分布,主要是受海拔高度的控制。海拔越高,冻土埋藏越浅,厚度越大。例如我国西部高山地区,海拔每升高100m,冻土埋藏深度一般减少0.2m,厚度一般增加30m左右。冻土分布还受海陆分布、岩性特点、地形条件和植被等许多非地带因素的影响。所以,冻土的分布具有区域性特点。

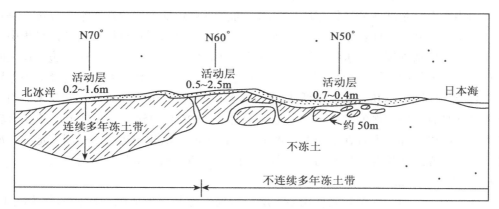

图 6-22　冻土的纬度分布性

土层和岩层中的水反复冻结和融化而引起土体和岩体的破坏、扰动、变形甚至移动的作用，称冻融作用。冻融作用有冰冻风化、冰冻扰动和冻融泥流等三种主要表现形式。所谓冻融风化则指土层或岩层裂隙中的水，在冬季或夜晚温度下降发生冻结时把岩石胀裂，并因冻结膨胀产生压力而把裂隙附近的岩石压碎成块石和更细的物质，它是冻土区一种最普遍的冻融作用形式。融冻扰动是指在多年冻土活动层内发生的，因受冻胀挤压而引起的一种土层结构的塑性变形现象。冻融泥流是指冻土层上部解冻时，融化的水使松散土层达到饱和状态，这种饱含水的土层因具有可塑性，在重力作用下发生沿斜坡蠕动的现象。冻融作用是冻土区一种主要的营力，通过冰冻风化、冰冻扰动和冻融泥流等形式，造成多种多样的冻土地貌形体。

（二）冻土地貌形体

1. 石海

在较平坦的、排水较好的缓山坡上，冻融风化作用形成的石块，直接覆盖在基岩面上，这种布满块石的地面称为石海。石海的块石层，由粗大的石块组成。因块石层的透水性好，不易保存水分，块石被冻融分解缓慢；即使有少量细粒物质也多被融化带走，所以块石层很少有碎屑物质。

2. 石河（石川）

大量冻融风化块石汇聚在凹坡或谷地中，在重力作用下，沿着下伏的细碎屑层或湿润面顺谷地整体徐徐向下滑动，呈线状的块石群体，称为石河。石河运动多发生在春季以后的升温时期，因在这时其下伏的土层开始解冻，变成湿润的土体，湿润的土层面便成为块石运动的滑动面。石河运动速度缓慢，如我国昆仑山石河运动的年平均速度不超过 20~30cm。

3. 多边形构造土

它是冻土区地表因冻胀而发生多边形破裂并被沙土充填的产物，又称几何形土或冰冻结构土，它是冻土层表面物质在冻融作用和冻融胀力推挤的影响下，运移、分选而成的一定几何形体的构造和微地貌现象，也是多年冻土的地貌标志之一，有石质多边形土和石环等多种形式。石质多边形土是一种以细土或碎石为中心、边缘为砾石圈围的具有不规则几何形体的构造土，是冻融分选作用所形成的。冻融分选包括垂直分选和水平分选。垂直分选的结果是粗砾升到表面；水平分选的结果是把到达地面的砾石再挤移动到边缘集中，它是由于土层物质精细度与含水量不同而引发的。在石质地面上，如果石质多边形体之间互不接触，多边形体的石链就会加宽，最后形成趋近于圆形的石环。石环的直径大小差别很大，在高纬度地区可达几十米，中低纬度的高山高原地区一般为几十厘米到几米。由于形成石环必须具有一定比例的细粒土（一般为总体积的25%～35%），并且土层还要有较充足的水分，所以石环多发育在平坦湿润地带，如河漫滩、洪积扇边缘。在斜坡地上，冻融分选在重力和冻融泥流等作用参与下，则形成椭圆形的石圆及窄长带状的石带。

4. 冻胀丘和冰丘

在冻土地区，由于冻结膨胀作用使土层产生局部隆起而形成的丘状地形称为冻胀丘。冻胀丘的形成是由土层中所含水分不均匀所致。冻胀丘的大小不等，一年生冻胀丘分布在活动层里，高几十厘米至几米，夏季消融，地面下沉，出现洼地，常引起地面变形，使道路翻浆等；多年生冻胀丘，深入到多年冻结层里，规模很大，高达10～20m，底部长150～200m，它们可存在几十年或几百年。冰丘是在寒冻季节溢出冻结地表的地下水和冒出冰面的河湖水经冻结后形成的丘状冰体。冰冻的成因与冻胀丘相似，它主要是由冻结后产生的承压水，从薄弱地方或从裂隙冒出地表和冰面，再冻结而形成的，到春末冰丘停止发展，并转向消融，直到融解消失。冰丘的形成与消失，可以影响交通道路和工程建筑的稳固性。

5. 热融地形

热融地形是指冰冻层上部局部融化而产生的各种负向地形。在冻土地区，由于气候转暖或人为作用，如砍伐森林、开垦荒地、修库蓄水、开挖水沟，铲除草皮进行工程建筑等，破坏了地面原有的保温层，使土层中温度升高，引起活动深度加大，永冻层上部的地上冰发生融化，融水沿着土粒间的空隙排出，土体体积缩小，冰冻层以上的土层因重力压缩而产生沉陷，从而形成各种热融地貌。如沉陷漏斗、浅洼地、沉陷盆地等，它们积水后，形成热融湖，分布于多年冻土发育的平原或高原区。热融现象可引起路基沉陷，路面松软，水渠垮塌等不良现象发生。在山坡上，由于热融土体沿冻融面滑动，产生热融滑坡，也常对生产造成危害。

六、风沙地貌

风对地表松散碎屑物（沙质土）的吹蚀、运移和堆积过程所形成的地貌，称为风成地貌或风沙地貌。风沙作用及其所形成的风沙地貌，虽然可出现在大陆性冰川外缘（冰缘区）、湿润区植被稀少的沙质海岸、湖岸和河岸，但主要还是分布在干旱和半干旱区，特别是沙漠地带。那里日照强烈、昼夜气温剧变，物理风化盛行；降水少、变率大而又集中，蒸发强，年蒸发量常数倍、数十倍于降水量；地表径流贫乏，流水作用微弱；植被稀疏缺水，疏松的沙质地表裸露；特别是风大而频繁，成了塑造地貌的主要营力。所以，在这类地区风成地貌特别发育。

1. 风力作用

风是地球上最广泛、最有效的运移营力之一。但是，风的能力主要限于搬移小于2mm的细小而松散的碎屑物质，如细沙、粉沙、土粒等。当地表的细小物质被吹走以后，留下的就是些粗颗粒的砾石和碎石屑，成为地面的保护层。只有在强大的风力作用下，碎石屑或砾石才会被吹成定向排列的波纹。如在吐鲁番盆地内，由于通过达板城谷地的风力特别强，因此，把直径达4cm的砾石堆成30cm厚的砾石坡。

风对地表沙质土的作用有风蚀、风运和风积三种。

风蚀作用分为吹蚀和磨蚀两种方式。风吹经沙质地表时，由于气流的紊动作用和风力对地面沙土的直接冲击力，把沙土扬起吹走，称为吹蚀。据观测，风速一般达到4~5m/s，就能启动0.1mm（半径）的土沙粒，造成吹蚀，风速增大时，大的沙粒亦能启动。风携带着沙粒前进，与地表岩石发生碰撞和摩擦而破坏岩石，沙粒之间也互相摩擦，这种过程称为磨蚀。一般磨蚀作用以距地面0.5~1.5m的高度范围内最为强烈，向上逐渐减弱，这是因为风所携带的沙主要集中在近地表处的缘故。

在沙漠或沙质地表地区，风吹地面时，由于气流的紊动作用，能把地表的松散沙粒或基岩表面的风化产物吹扬起来，进行运移。这种挟沙气流秒为风沙流。风挟带沙粒的运动方式主要有三种（见图6-23）：

①悬移。在风力作用下，小于0.2mm的细小沙粒，能够长期悬浮在空气中移动，这是因为风的紊动向上分速大于细小沙粒的沉降速度，沙粒就在气流的向上分力支撑下而呈飘浮状态。

②跃移。沙粒降落时，与地面碰撞，或反弹回空中，再在风的推动下被加速，沿一定的轨迹前进，在重力作用下再下落到地表，称为跃移。沙粒的弹性跳跃高度可达1.5~2.5m。跃移沙粒的粒径多在0.2~0.5mm间。

③蠕移，又叫推移。一些跃移的沙粒在降落时对地面不断冲击，使地表较大沙粒（粒径多在0.5~2m间）在受到冲击后，获得能量，缓缓向前蠕动。低风速时，这些沙粒时行时止，每次只移动几毫米，而到高风速时，整个地表沙粒好像都在缓缓蠕移。据研究，高速跃移的沙粒，它的冲击力可以推动6倍于它的直径的沙粒，或200倍于它的重量的地表沙粒。

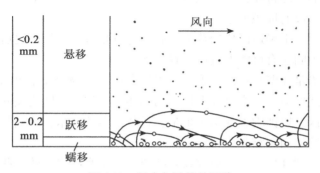

图6-23 风力与沙粒的运移

风的运移作用主要表现为风沙流的活动，其主要特点是：

①绝大部分沙粒集中在近地面 30cm 以下的气流层中，顺着地面前进，离地表越高，含沙量越少。

②气流中沙粒的大小，随高度的增加而减小。

③气流中含沙量的多少，随风速而变化，风速越大，气流所运移的沙量也越多。

④沙粒移动的速度和距离，是悬移大于跃移，跃移大于蠕移。

⑤风沙流中含沙量的多少，直接影响沙粒移动的速度，含沙量多时，能增加风沙流的负载量，增大沙粒间的内摩擦，使沙粒移动变慢；反之，则沙粒移动增快。风沙流的速度小于风速。

当含沙气流通过地面时，因遇到障碍物或气候状况改变，无力携带沙粒前进，发生物质的堆积过程，称为风积作用。植物、山体、建筑物和地形的起伏等，都是风沙流运动中的障碍物，能使风速降低和沙粒堆积。当风沙流在运行中遇到较冷的空气层时，它就会向上抬升，这时一部分沙子由于惯性而不能随气流上升，就沉降下来。如果两个流动速度和含沙浓度不同的气流相汇时，则形成另一种气流状况不同于汇合前的风沙流，这时含沙气流之一便会减弱运移原有沙量的能力，多余部分的沙粒就会发生堆积。

风蚀、风运和风积是互相联系的统一过程。吹扬和运移是紧密相连的运动过程（见表 6-6），吹扬起来的沙粒和尘埃，随之就被运移走了，它们之间没有一个明显的界线。磨蚀作用是在运移过程中进行的，没有运移作用，磨蚀就不会发生。没有风蚀就不会有风沙流出现，也就没有风积。自然界中，这三种作用往往是同时或交替出现的，在风的活动范围内，常表现出三个动态不同的地带：风蚀为主的地带、风蚀和风积大致相等的地带、风积为主的地带，反映出风力作用的地带性规律。

表 6-6 　　　　　　　新疆莎车沙粒粒径与起动风速 　（吴正，1987）

沙粒粒径/mm	0.10~0.25	0.25~0.50	0.50~1.0	>1.0
启动风速/m/s（距地面 2m）	4.0	5.6	6.7	7.1

2. 风沙地貌形体类型

按照地表物质的动态特征，风沙地貌分为风启动沙土和风沙流磨蚀形成的风蚀地貌，以及风运沙土沉落形成的堆积地貌。

风蚀洼地在干旱半干旱地区比较普遍，它的特点是宽浅，暴雨之后暂时积水成为间歇性内流浅水湖，在山间还有可能形成风蚀谷洼地。

雅丹的维吾尔语是陡壁小丘的意思。浅水湖萎缩或干涸之后，出露的湖滩地面干裂，风顺裂隙吹蚀形成陡壁沟谷，有时其上口比沟底还窄，沟谷之间为突起的陡壁岗丘。塔里木盆地的罗布泊地区，风蚀沟谷深达十余米，长数十至数百米，走向与主风向一致，当地人称这种支离破碎的地面叫雅丹。

沙化地是指不合理开垦或过度放牧或者断掉了灌溉水源之后的一些草地或耕地，经风吹蚀之后土壤表层粒度明显增粗，甚至成为荒芜的沙地。

风蚀蘑菇、风蚀柱是风沙流磨蚀残留的产物。因为气流下部含沙量高，所以常将孤立岩体磨蚀成上部展宽如帽、下部仅留支柱的"蘑菇"，蚀去支柱后该"蘑菇"样的岩块成了风动摇摆石。石窝（风蚀壁龛）指陡峭岩壁由风的钻磨形成的凹坑，外观呈蜂窝状。有些海滨岩壁上也有这样的小凹坑，如果具有口小内大的特点，就是风携沙粒钻磨形成的。

风蚀残丘是风蚀谷扩展之后残留的岩丘，高度不等，迎风一端高而宽，呈流线形，桌状平顶居多，也有呈尖塔状的。

风城是水平岩层组成的风蚀残丘与岩块垒叠等，远远望去好似废弃的古城堡。不过，也确有废弃的古城堡遭受强烈的风蚀作用。

沙丘的成因与含沙气流结构有非常密切的关系，因而，可按含沙气流结构、形体与组合特征进行详细分类（见图6-24）。

新月形沙丘是由沙堆演化形成的，特别是由于沙堆背风坡产生涡流和发展马蹄形的小洼地，导致沙丘的平面形体呈新月形，而丘脊呈弧形。新月形沙丘的形成，一是由于主风向稳定，二是有稳定的沙源。新月形沙丘最高可达30m，宽100~300m，迎风坡10°~20°，坡长而微凸。背风坡接近沙粒自然休止角，为28°~30°，有的可达36°。新月形沙丘形成之后，迎风坡沙粒被风启动运动到背风坡落积，与此同时出现沙丘的顺主风向的迁移。沙丘移动速度与沙丘的高度成反比，而与输沙量成正比。新月形沙丘的翼角彼此相连而成新月形沙丘链。沙丘迎风坡上由次要风向形成小一些的沙丘，这种沙丘称其为复合型沙丘。巨型的复合新月形沙丘链称横向沙垄，长可达10~20km，高100m左右。横向沙垄表面常叠加许多次级的沙丘链。

大致顺着主要风向延伸的长垄状沙丘，称为纵向沙垄或沙垄。它的高度不等，由10~20m到100多米，长几百米到几千米。沙垄的纵剖面具有波状起伏形状，横剖面的两侧斜坡比较对称或略呈不对称。纵向沙垄可能是新月形沙丘的一翼顺主要风向延伸发展而成的，也可能是多个草丛沙堆顺主风向相互衔接而形成的。

梁窝状沙地是在主风向与相反次风向的共同作用下由横向新月形沙丘链的摆动推移而形成的圆形凹地与环形沙垄组合而成的沙窝地。

当主要气流向前运动，遇到山地阻碍而发生折射，引起气流干扰时形成的风积地貌，称为干扰型风积地貌，其中主要是金字塔沙丘，或称角锥状沙丘。金字塔沙丘的特点是丘体呈角锥状，具有尖锐的角顶，狭窄的棱脊和三角形斜面，斜坡坡度一般为25°~30°，金字塔沙丘的棱面至少有三个以上，每个棱面即代表一种受干扰的局部的风向。沙丘的高度很大，小于100m称金字塔沙丘，大于100m叫金字塔沙山。

龙卷风形成的对流型风积地貌有蜂窝状沙地，它是一些龙卷风蚀圆形碟状洼地及其间丘状沙积高地的总称，是一种半固定型风积地貌。

3. 荒漠类型

干旱地区的松散地表和基岩地面，由于降水稀少，地面植被极其稀疏或没有植物，在受到风力强烈作用后，则容易形成荒漠现象。根据物质组成的不同，荒漠类型有四种。

（1）岩漠。在干旱地区，遭受强烈风化和风蚀的裸露基岩地表，称为岩漠或石质荒漠。岩漠大多分布在干旱区的山地边缘或山前地带，表现为宽广的石质荒漠平原，其上有一些坚硬岩层构成的残丘——岛山。裸露的基岩，久经风化破坏和风沙袭击，形成各种风蚀地貌形体，如石蘑菇、摇摆石等。在石漠边缘地带，原来的沟谷经风化和吹蚀，使其加深扩大，成为风蚀谷。山地边缘或盆地四周，分布有洪积扇或坡积裙。这种洪积物不仅覆

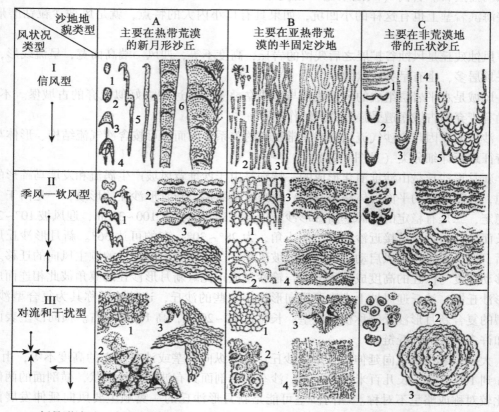

A—新月形沙丘（主要在热带区）

    I 信风型：1. 沙饼；2. 雏形新月形沙丘；3. 对称新月形沙丘；4. 不对称新月形沙丘；

    5. 纵向新月形沙丘；6. 复合纵向新月形沙丘

    II 季风-软风型：1. 成组的新月形沙丘；2. 单个新月形沙丘链；3. 复合新月形沙丘链

    III 对流型和干扰型：1. 圆凹斗状新月形沙丘；2. 金字塔形新月形沙丘；3. 交错的复合

新月形沙丘

B—半固定沙地（主要在亚热带荒漠区）

    I 信风型：1. 草丛沙堆和灌丛堆；2. 小沙垄；3. 纵向沙垄；4. 大小相间的沙垄

    II 季风-软风型：1. 沙地；2. 梁窝状沙地；3. 草耙形横向沙垄；4. 不对称横向沙垄

    III 对流型和干扰型：1. 蜂窝状沙地；2. 大型蜂窝状沙地；3. 金字塔沙丘；4. 格状沙

地

C—丘状沙丘（非荒漠地带）

    I 信风型：1. 海滨沙堤；2. 抛物线沙丘；3. 发针形沙丘；4. 双生纵向沙垄；5. 复合

抛物线沙丘

    II 季风-软风型：1. 半圆形小沙丘；2. 半圆形大沙丘；3. 半圆形复合沙丘

    III 对流型和干扰型：1. 单个小环状沙丘；2. 成组的环状沙丘；3. 复合同心圆状沙丘

图 6-24 　风积地貌的类型（杨景春，1985）

盖了山麓地带，甚至有一部分山岭也因洪积物堆积而几乎被掩埋，仅残留基岩组成的山顶。岩漠地貌的形成，不单纯是风力作用，风化作用和水的作用（特别是暂时性洪流和片流）也起了重要作用。

（2）砾漠。砾漠的重要特征是：地面无细粒物质，主要是砾石碎石。这是在强烈的风力作用下，吹走了细沙和尘土，留下了粗大砾石覆盖着整个地表而成的一片广大的砾石荒漠，蒙语称为戈壁。砾漠上的砾石来源，有的是早期各种沉积物（洪积、冲积、冰积等），有的是基岩风化崩解的残积物。在风沙流的磨蚀作用下，砾石被改造成带棱角的风棱石、风磨石。这类荒漠分布在蒙古大戈壁，我国的塔里木、准噶尔和柴达木盆地边缘地带。

（3）沙漠。沙漠是荒漠中最常见的、面积最大的一种类型。它的最重要特征是沙粒覆盖着整个地表面，在长期的强烈的风力作用下，形成不同形式和规模的风沙地貌，主要是风积地貌，亦有残留的风蚀地貌。我国沙漠面积约有 63.7 万 km^2。新疆南部塔克拉玛干沙漠是我国最大的沙漠，面积 32.7 万 km^2，约占全国沙漠面积和的一半。非洲最著名的沙漠是撒哈拉大沙漠。中亚、澳大利亚中部、南美等地都分布有沙漠。沙漠的沙粒来源可能是当地松散沉积物或基岩（砂岩）风化物，也可能是风从附近地区运移而来，或者两者兼有。我国准噶尔和塔克拉玛干沙漠，沙粒主要来自古河床冲积物；腾格里东部和阿拉善北部的沙粒，主要来自砂岩风化物。沙漠的形成条件，一是干燥的气候。世界上许多沙漠位于南、北纬 15°～35°之间的副热带高压控制下的干旱地区。中国的沙漠主要位于北纬 35°～50°、东经 75°～125°之间，远离海洋，并有像青藏高原那样的地形屏障，对大气环流有深刻的影响。二是丰富的沙漠沙来源。有的沙漠沙来源于强烈的物理风化，如毛乌素沙地的北部、腾格里沙漠的东北部等；有的沙漠原本是厚层河湖相沉积分布区，如塔里木盆地近地表有几十米厚的冲积沙层，楼兰附近一块面积 $775km^2$ 的地区，每年风蚀供沙量可达 $2000 \times 10^4 m^3$。

（4）泥漠。泥漠常形成于干旱地区的低洼地带或封闭盆地中部，是由流向洼地的暂时性洪流所携带的黏土质淤积而成的。由于强烈蒸发而干涸，变成泥漠。有的泥漠黏土质土固结如砖，地势十分平坦，甚至可作机场使用；有的发育成干缩网状（如龟壳）裂隙，称为龟裂地。一般泥漠表面平坦，植物极稀少，面积不大，是一种附属于沙漠或砾漠中的荒漠。有的泥漠洼地中常有大量盐分，如氯化物、硫酸盐和碳酸盐等，由于盐分吸水而膨胀，经常处于潮湿状态中，有盐渍化现象，称为盐沼泥漠。

中亚泥漠常分布在沙漠边缘，或近山麓或近岗丘边缘。柴达木盆地的泥漠，也有类似的分布特征。

世界上荒漠的形成，主要取决于干燥的气候。副热带干燥和温带大陆内部干燥区是荒漠的主要分布地区。荒漠可以分为两类荒漠带：①副热带荒漠带。它的形成主要与南北纬15°～35°副热带高压控制区的干燥气候有关。在这个高压带内，对流层气流下沉，空气绝热增温，相对湿度减小，空气非常干燥，降水很少；风主要是吹向低纬的干燥的信风，气候干热。因此，这一地带内分布着世界上著名的荒漠，如非洲的撒哈拉荒漠、亚洲的卡拉哈里荒漠、墨西哥荒漠和澳大利亚中部沙漠及南美阿德卡马沙漠等副热带荒漠，故称做气候荒漠和信风沙漠。②温带荒漠的形成主要是由于它们处在温带大陆内部，距海很远，或受山脉阻隔、地形闭塞，来自海洋的潮湿温暖气流达不到，并受北方高压冷气团的影响，因而这些地区终年处在极其干燥的气候条件下，夏季炎热，冬季严寒，形成温带荒漠。由于地貌条件在温带荒漠的形成中有着重要作用，因此常称它为地貌荒漠或内陆荒漠。如中亚荒漠、蒙古的大戈壁、我国西北部荒漠和美国西部大荒漠等。

"沙漠化"是非沙漠地区出现类似沙漠的地貌景观，也可理解为是干旱地区的土壤和植被，向着生物生产力衰减的方向发生不可逆变化的自然或人为过程，在极端情况下，这种过程可能导致生物生产潜力的完全破坏，并使干旱土地转变为沙漠。全世界已经受到或预计即将受到沙漠化影响地区的总面积约为 $38.4×10^6 km^2$。若任其发展下去，全世界将因此而损失约 1/3 的可耕地。沙漠化的原因是气候变化和不合理土地利用的直接结果。干旱半干旱地区不合理土地利用直接导致土地沙化。另外，水资源开发或调度使用的不合理，也在加速许多地方土地沙化趋势。全球性大范围的沙漠化趋势，也许在气候周期性自然变化的限度内是不可阻挡的，但许多局部的沙漠化是可以得以治理或改善的，例如植被恢复和部分地段的工程固沙等。

七、海岸地貌

海岸是水、陆的相互作用地带。受潮汐、波浪、海流、地面径流甚至气压变化等多种因素的影响，海面高度波动不定，因而实际上海岸也处于不断的变化之中。海岸是具有一定宽度的一个带，地图上的海岸线是当地大潮时的高潮面与陆地的交线——高潮位岸线。

1. 海岸结构与地貌动力

现代海岸带由海滨、潮间带与水下岸坡三部分组成（见图6-25）。海滨包括海蚀崖、海岸沙丘、泻湖洼地、港湾、沿岸堤等，这一部分亦称为"海岸"、潮上带、后滨等，它的上界是特大高潮或风暴潮波浪能作用到的地方，下界是高潮位岸线。潮间带又称海滩、前滨等，是介于高潮位岸线与低潮位岸线之间的沙泥滩或岩滩。水下岸坡亦被称为潮下带、滨外带等，它的下界是水深等于 1/3~1/2 波长的地方。也就是说，在目前正常情况下，该水深的泥沙已基本上不受波浪干扰作用了。在水下岸坡范围内有堆积物形成的倾斜平台、水下沙坝等。通常海洋上的波浪，波长大约为 70~130m，波高常在 2m 左右，超过 6m 的不多见。由此，水下岸坡的水深下界在 35~70m 之间。

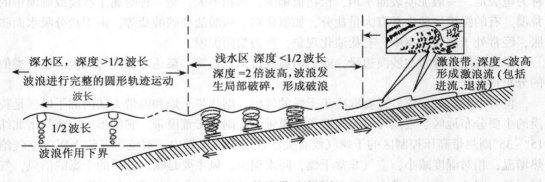

图6-25　海岸带地貌动力

海蚀作用包括波浪、潮流及其挟带的沙砾岩块对海岸的冲蚀撞击作用、磨蚀作用与溶蚀作用。磨蚀是波浪、潮流挟带的岩块、沙粒对岸坡与障碍物的作用。溶蚀是海洋水对岸边的可溶性岩石或岩石中某些易溶的矿物和盐类的溶解侵蚀。如玄武岩、正长岩、黑曜岩等所含有的一些矿物，在海水中的溶解速度要比在淡水中快 3~14 倍。海水携运作用是指波浪、潮流携运陆地河流入海和海蚀作用物质的过程，在携运动力减弱时的沉积即为沉积作用。

2. 海岸地貌形体类型

海蚀作用使岩石海岸发育海蚀崖、海蚀洞穴、海蚀平台（或称岩滩）等基本地貌类型，以及一些如海蚀拱桥、海蚀柱等微型的地貌形体。

海蚀洞穴是顺破裂构造与软弱夹层发育的，与高潮面相适应，多数宽大于高。山东石岛，沿花岗岩节理发育的巷道式海蚀洞穴长达 20~30m，高 16m。海蚀洞穴主要是由波浪拍击、冲蚀、磨蚀和穴顶崩塌而形成的。

海蚀崖是海蚀作用下岩石海岸后退所形成的岩石陡崖。海岸后退是由基部被掏蚀或溶蚀形成蚀空状海蚀洞穴或者堆积物被海洋动力剥蚀搬离造成的。因此，海蚀崖的形体类型与海岸岩石性质及其破裂构造的发育、海蚀崖后退的速度等有非常密切的关系（见图 6-26）。海蚀崖的后退速度则与海蚀崖岩性、海蚀崖块体运动的方式、基部物质被蚀移的速度等许多因素有关。组成海崖的岩石中的裂隙受海浪拍击与压缩空气的挤张而扩展，有的成为海蚀洞穴，海蚀洞穴上残留石块称海蚀拱桥，海蚀崖前残留的岩柱称海蚀柱。

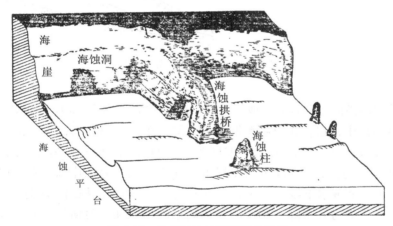

图 6-26　海岸侵蚀地貌的形体类型

岩滩又称海蚀平台，是岩石海岸海蚀崖后退留下的、坡面微微上凸、向海洋倾斜的岩石平台。海蚀崖的长期后退，海蚀平台不断展宽，趋于与海蚀能量的消耗相平衡，最终形成海蚀均衡剖面。

在波浪潮流作用下的海岸带的泥沙颗粒运动，可分为垂直于岸线的横向运动和与岸线基本平行的纵向运动。图 6-27 揭示了泥沙颗粒横向运动的原理和结果。向岸的进流自破浪之后加速，所以能扰动越来越多、越来越粗粒的泥沙向岸上推。进流能把岸坡上段的粗颗粒泥沙推上岸去，而退流只能带回细颗粒泥沙，将泥沙携到水下岸坡沉积。

海蚀平台形成后，若地壳不断上升或海面相对下降，原来的海蚀平台被抬升到高处而不受波浪作用，形成海岸阶地。海岸阶地如同河流阶地一样，是阶梯状地面。阶地陡坎即为原来海蚀崖，阶地面就是原生的海蚀平台。如果该区地壳间歇上升，在海滨地带可能出现高度不等的数级阶地，地面由陡、缓相间的坡面组成。在地形图上，等高线相应地有密集和稀疏的明显变化（有的海岸阶地陡坡以岩壁符号表示）。海岸阶地由基岩构成，阶地面上没有或仅有厚度不大的堆积物，称海岸侵蚀阶地。由堆积物组成的阶地，称为海岸堆积阶地。

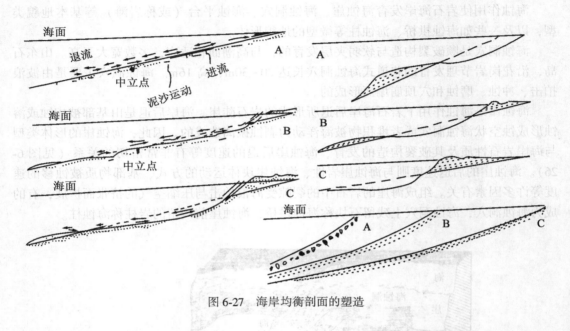

图 6-27　海岸均衡剖面的塑造

　　与海岸带泥沙横向运动有关的地貌类型，有沿岸堤、泻湖、海岸沙丘等。沿岸堤的特点是组成物质颗粒比较粗，颗粒越粗坡度也越陡。粗砾多形成又高、又陡、又窄的沿岸堤。沙质沿岸堤较宽缓，向海的一面坡度为 2°～11°，个别可达 20°，向陆的一面倾斜 1°～3°。如果海岸高陡，那么海滩的沿岸堤匍匐在斜坡上或海蚀崖前。水下岸坡上相对高起部位的沙粒堆积而成水下沙坝。水下沙坝向岸迁移并增加沉积到低潮时出露水面，甚至成为堆积岛，或成为与海岸隔水相望的长形离岸的岛状坝。泻湖是被海岸沙坝隔离的海域。有些泻湖与海洋仍有狭窄的通道。海岸沙丘是风扬海滩沙再堆积而成的、分布于沿岸的陆地沙丘。

　　海岸带泥沙的纵向迁移是海水携运泥沙沿海岸延伸方向的一种运动。与海岸带泥沙的纵向迁移有关的地貌类型有凹岸海滩、沙嘴、湾堤、泻湖、连岛堤等（见图 6-28）。海岸向海转折，导致波射线与海岸的交角增大，因而泥沙的纵向迁移受阻，在凹岸范围内堆积充填形成凹岸海滩。沙嘴是泥沙纵向迁移在凸海岸部分的前方海区所形成的堆积体，它一端连陆而另一端在海洋中自由伸展，有多种形体，如鱼钩状、三角状、剑状等。湾堤分为湾口堤与湾中堤，实际上也就是湾口的沙嘴与湾中的沙嘴。泻湖是沙嘴围封海岸港湾或其他水域形成的。有的泻湖与海留尚有狭窄通道，有的泻湖在特大潮或风暴潮时受到海水的补充，有的泻湖则得到河水的补给。最后，有些泻湖或因水体蒸发而干涸，或被淤塞；有些泻湖则转变成沿海的淡水湖，如无锡太湖、杭州西湖。连岛堤是连接陆地与岛屿的沙堤，是纵向迁移的泥沙在大陆与岛之间的波浪折射波影区的堆积。

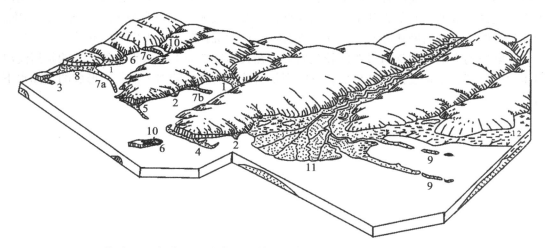

1. 海滩；2. 角滩；3. 沙嘴；4. 翼状沙嘴；5. 剑状沙嘴；6. 弧状沙嘴；
7. 拦湾坝（7a 湾口坝，7b 湾中坝，7c 湾内坝）；
8. 连岛坝；9. 离岸堤；10. 泻湖；11. 三角洲；12. 泥滩
图 6-28　与海岸带泥沙纵向迁移有关的地貌类型

　　无潮与弱潮（潮差<2m）沙质海岸，波浪作用的强度比较稳定，适于形成稳定的海岸沙堤和海岸沙堤–泻湖海岸类型；而强潮（潮差>4m）海岸，大潮与风暴潮波浪作用强度大，冲越或冲开海岸沙堤，形成潮汐通道，并在潮汐通道进入泻湖的地方形成潮汐三角洲。潮滩不断淤高，逐渐地成为湿地和海积平原。

　　海岸类型是按海岸带的物质组成划分的，分为基岩海岸或岩石海岸、沙质海岸、粉沙淤泥质海岸，此外还有生物或生物岩海岸如红树林海岸、珊瑚礁海岸等。岩石海岸又因破裂构造易被海蚀成凹岸或港湾，所以按地貌体与海岸线的方位关系分为两相平行的纵向海岸——达尔马提亚（Dalmatian）型（港湾）海岸与两相垂直或斜交的横向海岸——里亚斯（Rias）型（港湾）海岸；或者按岩性分出如火山岩海岸、花岗岩海岸、石灰岩海岸，等等。有的按地质构造类型化分为褶皱构造海岸、断层构造海岸、水平构造海岸，等等。海岸泥沙补给特别丰富的地区如三角洲地区，则明显地表现出海岸位置向海推进。海水淹没高低起伏的沿海陆地，海岸线总是比较曲折，形成所谓的基岩港湾海岸，或者河口湾、泻湖、湿地交错的低地平原海岸。

　　大陆架是海岸带向海延伸到水深 120~200m 的浅海海底，平均坡度为 0°07′，不超过 1°~2°，平均宽度约 70km。中国黄海陆架宽 750km，东海陆架宽 130~560km，南海南部陆架宽 1000km。大陆架为大陆型地壳结构，向外渐向海洋型地壳结构过渡。黄海陆架和东海陆架地壳厚度为 25~34km。大陆架上有厚厚的碎屑物质沉积层，主要的物质来源是大陆。黄海与东海陆源碎屑物质沉积厚达几千米，它们是大陆架地壳新构造运动沉降的主要证据，陆架上有多条与大陆外缘近于平行的古海岸带，它是末次冰期低海面以来，海平面上升与海岸带向陆地迁移过程中，阶段性海岸动力作用的产物。与此同时，在大陆架上出现古海岸带之间的较平坦海底。大陆架上还普遍有水下河谷，有的为水下峡谷。它是冰期低海面时期入海河流的侵蚀谷地，有的是入海河流口外的密度流侵蚀形成的，有的是浅海潮流侵蚀形成的。有的大陆架上有大陆型地壳基岩岛礁、珊瑚岛礁和沙质堆积的岛礁。大陆架外缘，有基岩断块隆起、海洋生物沉积与化学沉积隆起、火山岩隆起等。

　　大陆坡为大陆架向深海过渡的较陡斜坡。在大陆坡斜面上的水下峡谷，有的是河流出口水道的延续，系密度流侵蚀形成，有的则是斜坡上的物质陡然下滑侵蚀形成的，如水下滑坡。

第七章 地 球 大 气

大气圈是包围在地球最外面的一个连续气体圈层，是地理环境的重要组成部分。大气圈底部的所谓下垫面（地球表面）是人类和生物的生存空间。大气、水体（海洋）、陆地、冰雪、生物共同组成气候系统。大气是气候系统中最活跃的成分，它蕴含着最终来自太阳的热能，它的物理过程既支配着地表的热量平衡，也支配着海陆间的水分循环，影响着陆地水文网的分布，进而影响着生物的分布及动态。同时，大气本身的运动、大气中物质和能量的传输，还直接导致了气象要素（气温、降水等）的不同组合和时空变化，直接影响了地球气候的形成和分异。

第一节 大气成分与结构

一、大气成分

大气圈与地球上的一切生命都息息相关。大气成分在地气辐射收支中起着重要作用，大气成分的变化是引起地球系统全球变化的重要因素。低层大气由多种气体和悬浮着的固态、液态粒子混合组成。

1. 干洁空气

不包含水汽和固态、液态粒子的混合气体，称"干洁空气"。它的主要成分是氮（N_2）、氧（O_2）、氩（Ar）。其中，氮气和氧气约占整个大气总体积的99%以上，加上氩（Ar），三者约占99.96%。

此外，干洁空气中还含有少量的二氧化碳、臭氧和氢、氖、氦、氪、氙等稀有气体，含量极少，仅占0.04%，是干洁空气的微量成分。由于大气中存在着垂直运动、水平运动、湍流运动和分子扩散，使不同高度、不同地区的空气得以交换和混合，因而从地面到90km高处，干洁空气主要成分的比例基本上保持不变。故可以把它当成分子量为28.97的"单一成分"气体来处理。其密度在标准状况下为$1.293\times10^{-3}g/cm^3$。但从80km往上由于太阳紫外线的照射，N_2和O_2已有不同程度的离解，在100km以上氧分子几乎全部离解为氧原子，250km以上N_2也基本上离解了。干洁空气中各组成成分的变化主要与它们在大气中平均滞留期的长短有关（见表7-1）。

干洁空气中以氮、氧、二氧化碳和臭氧为最重要。

（1）氮气。氮气主要来自地球形成过程中的火山喷发。氮具有化学惰性，在水中的溶解度很低，因此，大部分保留在大气中。大气中的氮能冲淡氧，使氧不致太浓，氧化作用不致过于激烈。氮是生命体的基础。闪电能把大气中氮和氧结合成一氧化氮，然后被雨水冲洗进入土壤。氮还可以作为化肥原料被地表豆科植物的根瘤菌所吸收，固定到土壤中，被直接改造为植物易吸收的化合物，是植物体内不可缺少的养料。小部分氮进入地壳的硝酸盐中。

表 7-1 干洁空气的主要成分及含量

主要气体成分	空气中的含量/按体积%	平均滞留期/年	相对分子质量
氮（N_2）	78.08	10^6	28.02
氧（O_2）	20.95	10^4	32.00
氩（Ar）	0.93	10^9	39.94
二氧化碳（CO_2）	0.03（可变）	15	44.00
臭氧（O_3）	0.000 001（可变）	?	48.00
甲烷（CH_4）	0.000 000 165	7	16.04
水汽（H_2O）	可变	10 天	18

（2）氧气。氧气来自水的离解和光化学反应，以及植物的呼吸作用。大气中的氧，是地表一切生命所必须的气体。这是因为动、植物都要进行呼吸作用，都要在氧化作用中得到维持生命的热能。此外，一切有机物的燃烧、腐败和分解都依赖于氧，故氧被称为"有生命的气体"。

（3）二氧化碳。二氧化碳是无色、无臭、有酸味，密度约为空气 1.5 倍的气体。主要来源于大气底层的火山喷发、燃料燃烧、动植物呼吸及人类的活动等，它集中分布于大气底部 20km 的薄层。二氧化碳在大气中含量极少，仅占空气容积的 0.02% 到 0.05%，其含量不定，随时间、空间而变化。一般是底层多高层少，冬季多夏季少，夜间多白天少，阴天多晴天少，城市多乡村少。CO_2 含量的变化主要是燃烧煤、石油、天然气等燃料引起的，火山爆发及从碳酸盐矿物、浅地层里释放 CO_2 是次要原因。因此，随着工业的发展及世界人口的增长，全球大气中 CO_2 含量也逐年增加。

大气中的二氧化碳是植物光合作用不可缺少的原料，同时也是红外辐射的吸收剂，能透过太阳短波辐射而强烈吸收和放射地面与大气间的长波辐射，对大气和地表有一定的增温保温作用，形成温室效应，这种温室效应在 CO_2 浓度不断增加时，可能会改变大气中的热平衡，导致大气低层和地面的平均温度上升，从而引起气候变化。当 CO_2 含量达到 0.2%~0.5% 时，则对生物体有害。近几十年来，二氧化碳的温室效应及其对当代气候的影响，已引起人们的高度重视。

（4）臭氧。臭氧（O_3）是大气重要的可变成分和微量成分之一，为无色但有特殊臭味的气体。它主要是由于氧分子在太阳辐射下，通过光化学作用，分解为氧原子后再与另外的氧分子结合而形成的。臭氧主要来源于低层大气有机物的氧化和雷电作用，以及高层大气太阳紫外线作用。臭氧在低层大气中含量极低，随高度增加，太阳紫外线逐渐加强使高层大气臭氧含量明显增多，并在 20~25km 达极大值后又逐渐减少，在 55~60km 附近臭氧含量已趋于零，因此通常将集中了地球上约 90% 臭氧的 10~50km 大气层称为臭氧层。臭氧能强烈地吸收太阳紫外辐射（几乎能吸收 0.2~0.3μm 波段的全部太阳紫外辐射），使大气温度升高，成为加热大气温度的热源，影响大气层中温度的垂直分布规律，保护地球上的生物免遭过多紫外线的伤害。而少量穿透臭氧层的紫外线对人类和大部分地表生物则是有益的，故平流层臭氧常被称为地面生物的"保护神"。

臭氧具有极强的氧化能力，在对流层大气化学过程中起着重要作用，当其浓度增高时，会诱发人类许多疾病，如皮肤癌、白内障、抑制人体免疫系统等。有研究指出，从1765年起对流层臭氧一直在增加，平流层臭氧一直在减少，而且这种趋势将一直持续下去。自20世纪80年代初期以后，平流层中臭氧量的减少更加急剧。其中，南极减少得最为突出，在南极中心附近形成了"南极臭氧空洞"。随着人类活动的加剧，进入平流层的一些污染物，如喷气式飞机排放的废气和用做冷冻剂和除臭剂的氟利昂等，都能与臭氧结合，有可能使臭氧浓度降低，导致较多的紫外辐射到达地面而危害地球上的生物。

南极臭氧空洞指的是南极春天（每年10月），南极大陆上空气柱臭氧总量急剧下降，形成一个面积与极地涡漩相当的气柱臭氧总量很低的地区。臭氧洞有两层含义：一是从空间分布的角度来看，随着纬度增加气柱臭氧总量逐渐增加，在南极环极涡漩外围形成臭氧含量极大值，进入环极涡漩后，气柱臭氧总量突然大幅度下降，形成低值区；二是从时间角度看，9月到10月南极地区气柱臭氧总量突然大幅度下降，形成季节变化中的谷。10月份南极的臭氧均值已从1979年的290减少到1985年的170左右，南极上空的臭氧层已极其稀薄，与周围大气相比，好像形成了一个"洞"。美国宇航局和国家海洋与大气管理局于1998年10月发表的报告说，1998年南极洲上空臭氧洞的面积已达$2.72 \times 10^7 \text{km}^2$，比整个北美洲面积还要大，臭氧空洞异常之深，已切入平流层几乎达到24km，其中心部分已无臭氧可言。

南极臭氧空洞的形成及变化的原因，是一个十分有争议的课题，至少在目前还无法完全弄清楚。比较有影响的推测有四种：与太阳活动周期有关，与当地天气动力学过程有关，与火山活动有关以及与人类活动产生的氯化物进入大气层有关。

2. 水汽

大气中的水汽主要来自江、河、湖、海及潮湿物体表面、动植物表面水分的蒸发（蒸腾），并借助空气的垂直运动向上输送。大气中水汽的含量极少，只占全球淡水总量的0.035%，且时空分布极不均匀，随地理纬度、海拔高度以及海陆分布的不同而异。一般随高度增加而减少，据实测，1.5~2km高度的水汽含量仅为地表一半，5km高度的水汽为地表的1/10，再往上更少。但特殊（地形）状态下水汽会随高度而增加。因此，大气中50%的水汽集中在2km以下，90%的水汽集中在5km以下的低层大气中，以夏季和低纬地区（热带沙漠地区除外）为最多。冬季北极地区一定体积的干冷空气中，水汽含量几乎为零，而湿润的赤道地区的空气中，水汽含量可达4%~5%。

大气中的水汽含量虽然不多，但它是唯一能发生相变的大气成分，在自然界具有三相变化，能产生云、雾、雨、雪、霜、霰等常见的天气现象，对天气和气候的形成与演变起着非常重要的作用。并通过水循环、以及伴随水相变化的潜热转换，把大气圈、生物圈和整个地球表面紧密地联系起来。此外，水汽及其凝结物能反射太阳辐射，吸收地面辐射并同时向周围大气和地面放出长波辐射，对地面和大气温度有一定影响。

3. 气溶胶

大气中悬浮着的固态、液态微粒统称为气溶胶粒子，气溶胶粒子与气体介质一起称为气溶胶。其中的固体微粒有烟粒、盐粒、尘埃、花粉、细菌等，液体微粒有水滴、过冷水滴（指气温低于零度仍未结成冰的水）、冰晶等。它们常聚集成云、雾使大气能见度变低。气溶胶的产生，除了火山爆发、流星燃烧、森林火灾、海浪飞沫、风尘、植物花粉传播等自然原因外，更重要的是由于人类活动，如工业生产、生活燃烧以及各种交通工具排放的烟雾粉尘等。

大气中的气溶胶含量不稳定，随时间、空间和天气条件而变化，通常集中于大气的底层。集中于大气底层的固体微粒以海浪、风沙、植物贡献最大，且随海拔高度的增加而减少，一般陆地多于海洋，低空多于高空，城市多于乡村，冬季多于夏季，夜间多于白天。被空气的垂直运动和水平运动输送，成为水汽的凝结核，对云、雨、雾的形成起重要作用，对天气和气候的形成产生影响，最直接的结果是降低了大气透明度，削弱了到达地表的太阳辐射，降低大气温度；同时，也削弱了地面的长波辐射，对地面产生一定的保温作用。

4. 污染气体

大气中对人和动植物产生危害的有毒、有害物质统称为大气污染物。污染气体主要来源于工业、农业、生活废弃物燃烧、交通运输业、火山爆发等废气直接向大气的排放。目前引起人们注意的污染气体已不下百余种，其中对人类危害最大的是煤粉尘、硫氧化物、氟化物、碳氧化物、氮氧化物、碳氢化合物和放射性物质等。污染气体不仅直接危及人类健康和农、林作物的正常生长，影响环境和生态，而且对天气、气候的影响也日益加剧。如粉尘烟雾可直接进入肺组织内部，通过血液传遍全身甚至致癌；二氧化硫和一氧化碳等可转化成为酸雨。在城市，特别是大城市，其污染气体的含量远远超过了天然空气中污染气体的含量。

二、大气圈的垂直结构

由于地球引力的作用，大气密度随高度的增加逐渐减小。大气总质量的55%都集中在离下垫面5.5km以下的最低层，离地30~1000km左右的大气层质量只占大气总质量的1%。大气圈从地面到大气上界，其密度和压力迅速减少，并逐步过渡到宇宙空间，和弥漫在星际空间密度极小的"星际气体"联结起来，因此很难以界面划定大气圈的上界。过去大气物理学家根据某些物理现象（如极光）出现的最大高度（极光可出现在1200km高度）来确定大气的物理上界。现代利用人造地球卫星探测资料分析，2000~3000km高度间的大气密度已接近于行星空际间的气体密度，故定义大气上界在2000~3000km之间。

观测表明，不同高度上的地球大气具有明显不同的物理特性。世界气象组织（WMO）根据温度、成分、电荷等物理性质的差异，同时考虑到大气的垂直运动特性，将整个大气圈分成对流层、平流层以及高空的中间层、暖层和散逸层五个圈层（见图7-1）。

1. 对流层（Troposphere）

对流层是大气圈的最底层，其上界随纬度和季节而不同。在低纬度地带为17~18km，中纬度地带为10~12km，高纬度地带为8~9km。同一纬度尤其是中纬度对流层厚度夏季明显大于冬季，如南京对流层厚度夏季约15km，冬季约11km。虽然对流层厚度最薄，不及大气层总厚度的1/10，但受地球引力作用却集中了整个大气3/4的质量和几乎全部的

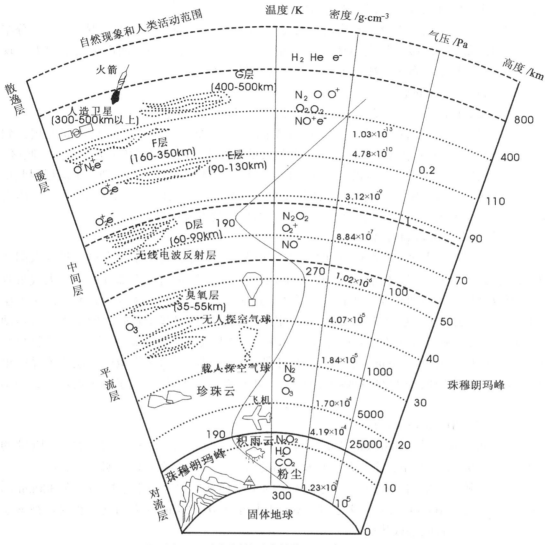

图 7-1 大气圈的垂直结构（王建，2001）

水汽。主要的天气现象都发生在这一层，对人类和生物的影响最大，与自然地理环境的关系最为密切，也是大气科学研究的重点层次。对流层有三个最主要的特点：

（1）气温随高度增加而降低。对流层大气主要依靠地面长波辐射增热，一般情况下，越靠近地面，空气吸收地面长波辐射热越多，气温就越高，离地面越远，气温就越低，许多高山在夏季也有积雪现象便是这一特征的明显表现。据观测，平均每上升 100m 高度，气温约下降 0.6℃，该值称为气温直减率或气温垂直梯度，通常以 r 表示：

$$r = -dt/dz = 0.6℃/100m$$

对流层内气温随高度增加而降低的量值因所在地区、高度、季节等因素而异。

（2）空气的对流运动显著。由于地表加热不均产生空气的垂直对流运动，使高层与低层大气间得以交换和混和。近地表的热量、水汽和气溶胶粒子等通过空气的对流运动向上输送，形成云峰高耸现象，促进雨、雪的生成。

（3）温度、湿度水平分布不均匀。地表性质的差异使对流层中温度与湿度的水平分布很不均匀，尤其在冷暖空气交界地区可因温度、湿度的分布不均匀而产生复杂的天气现象，如寒潮、梅雨、台风、冰雹等，对人类的生存环境影响较大。

2. 平流层（Stratosphere）

自对流层顶向上至 50~55km 高度为平流层。平流层有两个特点：

①该层气温受地面影响很小，下层气温随高度增加变化极小，故又称同温层，到25km 高度以上由于臭氧含量明显增多，吸收大量紫外线，使气温很快上升形成高空暖区。

②平流层水汽、尘埃含量极少，气流相当平稳，基本上只有水平运动，平流层因此得名。无普通云、雨现象，天气晴朗，能见度好，有利于飞机飞行。该层气温、密度、压力的变化，是宇宙飞船和卫星载入大气时计算表面加热的重要资料。

3. 中间层（Mesosphere）

自平流层顶向上至 80~85km 高度，为中间层。由于此层内几乎没有臭氧吸收太阳紫外辐射，而 N_2、O_2 等气体所能直接吸收的波长更短的太阳辐射又大部分被上层大气吸收了，所以该层的气温随高度增加而迅速下降，其顶部气温可降到 $-83~-113℃$。由于下层（平流层）气温高于上层（中间层），不稳定的大气层虽然引起了较强烈的垂直对流运动（故中间层又被称为高空对流层），但由于中间层内水汽含量极少而几乎没有云层出现。仅在高纬度地区的 75~90km 处，黄昏前后才偶尔能看到可能由极细微的尘埃或冰晶所组成的夜光云。在中间层的 60~90km 高度上，还存在一个只有白天才出现的电离层（D层）。

4. 暖层（Thermosphere）

自中间层顶向上至 800km 高空为暖层。这里空气密度很小，只有大气总质量的0.5%。在 300km 的高空，空气密度只及地面的 10^{-11}。暖层存在着两个明显特点：

①气温随高度增加迅速升高，具有较大的温度梯度。据人造卫星探测，在 300km 的高空，温度已达 1000℃ 以上。这是因为所有波长小于 $0.175\mu m$ 的太阳紫外辐射都被该层气体所吸收，故称暖层或热层。

②空气处于高度电离状态。这是由于太阳辐射和宇宙射线的作用，使十分稀少的大气质量处于高度电离状态，故又称电离层。它能反射无线电波，能使无线电波绕地球曲面进行远距离传播。这里还有极光现象出现。

5. 散逸层（Exosphere）

暖层以上的大气与星际空间的过渡带统称为散逸层，又称外层或大气上界。该层内温度极高，空气极稀薄，地球对空气粒子的引力很小，高速运动着的空气粒子可克服地心引力和空气阻力而散逸到星际空间去。据宇宙探测资料，由电离气体组成的非常广阔而又极其稀薄的大气层——地冕一直可延伸至 22000km，可见大气圈是逐步过渡到星际空间的，很难以界面划定其上界。大气密度随高度增高而减小，但无论在哪个高度，其密度也不等于零，所以大气与星际空间无绝对的界限，但可以分析出一个相对的上界。此界以下大气密度不同于星际空间的气态物质。

第二节 大 气 能 量

一、大气辐射平衡

气候的冷暖变化，是大气热力状况的表现，实质上是空气中热量收支状况的反映。空气中热量的多少和变化，又是太阳辐射、地面辐射、大气辐射热量交换、转化的结果。

（一）太阳辐射

太阳以电磁波的形式向外传递能量，称为太阳辐射。太阳辐射所传递的能量，称为太阳辐射能。太阳辐射是地球表层能量的主要来源。太阳辐射能按波长的分布称太阳辐射光谱（见图 7-2）。太阳辐射的波长范围很广，但其能量的绝大部分集中在 $0.15 \sim 4.0 \mu m$ 之间，其中波长在 $0.4 \sim 0.76 \mu m$ 之间的为可见光区，其能量占太阳辐射总量的 50%，波长在 $0.77 \mu m$ 以上的为红外区，其能量占 43%，紫外区波长小于 $0.4 \mu m$，其能量约占 7%。可见光光谱区又分红、橙、黄、绿、青、蓝、紫七色光。太阳表面的温度约为 6000K，按维恩位移定律，其最大放射能力所对应的波长为 $0.457 \mu m$，相当于可见光谱的青光部分。地面和大气的温度（$250 \sim 300K$）比太阳低得多，其辐射的波长主要在 $3 \sim 120 \mu m$。故称太阳辐射为短波辐射，地面辐射和大气辐射为长波辐射。

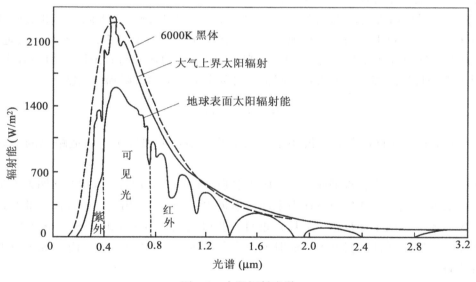

图 7-2 太阳辐射光谱

1. 大气上界的太阳辐射

太阳辐射是地球大气最主要的能量来源。到达大气上界的太阳辐射取决于太阳高度、日地距离和可照时数的变化。

（1）太阳高度的影响。大气上界水平面上的太阳辐射，随太阳高度而变化。太阳高度越大，等量的太阳辐射散布的面积越小，单位面积获得的辐射能越多，太阳辐射强度就越大；反之，太阳辐射强度就越小（见图7-3），即太阳辐射强度与太阳高度的正弦成正比。这就是朗伯定律，其表达式为：

$$I = I_o \cdot \sin h_\odot$$

式中：I 为大气上界水平面上的太阳辐射；I_o 为太阳常数；$h_\odot$ 为太阳高度。当 $h_\odot = 0°$（日出、日没）时，$\sin h_\odot = 0$，$I = 0$，水平面上的太阳辐射为零；当 $h_\odot = 90°$ 时，$\sin h_\odot = 1$，$I = I_o$，表示太阳高度90°时，太阳辐射强度最大，等于太阳常数。

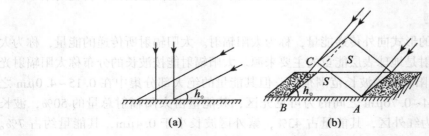

图7-3 太阳高度与辐射强度的关系

由于地球是球体以及在公转轨道上位置的变化，使地球在同一时刻的不同纬度和同一纬度不同时刻的太阳高度不同，太阳高度的时空变化，必然使得地球获得太阳能量的时空分布不同，从而产生各地不同的天气和气候。

（2）日地距离的影响。地球绕太阳公转的轨道面为椭圆形，太阳位于此椭圆轨道两个焦点中的一个焦点上。因此，日地距离时刻在变化。每年1月2日至5日经过近日点，7月3日至4日经过远日点。地球上接受到的太阳辐射的强弱与日地距离的平方成反比。即如果考虑到日地距离变化的影响，则某一时刻水平面上的太阳辐射强度为

$$I = \frac{1}{b^2} I_o \cdot \sin h_\odot$$

式中：b 为某时刻的日地距离，说明水平面上的太阳辐射强度 I 与日地距离的平方成反比。

根据上式计算得到，水平面上的太阳辐射强度近日点比远日点多7%。如果不考虑其他因素的影响，则北半球冬季应比南半球冬季暖4℃，而夏季相反。所以南、北半球，冬夏季的温差不同。南半球夏季（1月）近日，获得太阳辐射多于北半球夏季（7月）；南半球冬季（7月）远日，获得太阳辐射少于北半球冬季（1月）。因而南半球冬夏的温差大于北半球。

（3）可照时数的影响。太阳照射时间越长，地球得到的太阳辐射能越多。地球上可照时间的长短（即昼长）随纬度和季节而有变化。

大气上界太阳辐射日总量与可照时数成正比。北半球夏季，昼长夜短，可照时间长，太阳辐射到达量大；冬季，昼短夜长，可照时间短，太阳辐射到达量少。南半球相反。

2. 太阳辐射在大气中的减弱过程

太阳辐射进入大气圈后，由于大气中各种气体分子和悬浮粒子与电磁波的相互作用，产生了对太阳辐射的吸收、散射和反射等过程，使到达地面的辐射能量不仅在数量上比在

大气上界要少得多，而且在质量上如光谱成分等方面也发生了显著的改变。

（1）大气对太阳辐射的吸收作用。大气中能吸收太阳辐射的物质主要有臭氧、氧气、水汽、二氧化碳、云、雨滴及气溶胶粒子等，它们对太阳辐射的吸收具有选择性。

氧主要吸收小于 $0.26\mu m$ 的紫外辐射，使 100km 以上的高层大气增温，故出现暖层。臭氧在 $0.22\sim0.32\mu m$ 的紫外区，有强的吸收带，使臭氧层增温，故平流层气温逆增。水汽是大气中最重要的吸收体，主要吸收带在 $0.93\sim2.95\mu m$ 之间的红外区，而此波段的太阳辐射能较小，因此水汽吸收的太阳辐射能并不多，占 4%～15%，水汽吸收主要影响对流层大气。二氧化碳主要吸收 $4.3\mu m$ 的远红外区，而这一区域能量很弱，所以二氧化碳的吸收作用不大。水汽和二氧化碳的吸收，使对流层增温。尘埃、水滴吸收甚微。由此可见，透过大气的太阳辐射，被大气吸收之后，辐射能减弱，但主要吸收带位于太阳辐射光谱两端能量较小的区域，故大气对太阳辐射的吸收并不多。因此，太阳辐射不是对流层大气的直接热源。大气吸收使到达地面的太阳辐射光光谱变得不规则。

（2）大气对太阳辐射的散射作用。太阳辐射通过大气圈时，受到大气中的多种气体分子、尘埃、水滴等悬浮质点的影响，使之向四面八方弥散，这种现象称为大气的散射（Scattering）。散射可以改变太阳辐射的方向，使得一部分太阳辐射不能到达地面。

散射作用的强弱与入射光的波长以及散射质点的大小、成分及性质有关。散射质点直径小于入射光波长的，如空气分子，其散射能力与散射光波长的四次方成反比，这种散射，又称分子散射。散射光具有选择性，选短波散射；当散射质点直径大于入射光波长的，如云滴、尘埃等，此时，分子散射规律不起作用，散射能力与入射光波长无关，且无选择性，各种波长的光都能同样地散射，这种散射称为漫射或粗粒散射。

大气散射的波长范围集中于辐射最强的可见光区，所以散射是太阳辐射减弱的重要原因。太阳辐射通过大气层散射减弱 6%～8% 的能量，大气对短波光线的散射作用较大，而对长波光线的散射作用很小，所以散射使到达地面的太阳辐射光谱成分改变，青、蓝光辐射能量比例减少，红橙光辐射能量比例增加。雨后天晴，大气中的尘埃、水滴等粗粒质点减少，大气较干洁，以分子散射为主，对青蓝光散射能力最强，所以天空呈蔚蓝色。大气中的水汽、尘埃较多时，各种波长的光都被散射，天空呈灰白色。晨昏时，太阳光斜射穿过大气层，低层大气水滴、灰尘等大质点多，红、橙光散射多，出现"霞光"。由于散射光的作用，室内无直射阳光也觉明亮。

（3）大气对太阳辐射的反射作用。大气中的云层和颗粒较大的尘埃、水滴等气溶胶粒子，能将太阳辐射的一部分反射回宇宙空间，其中，大气中的云层是太阳辐射的强烈反射体。一般来说，稀薄云层的反射率大约为 30%，厚层云的反射率在 60%～70% 间。在厚度和形状大体相同的条件下，云的高度越高，反射能力越强，因为高度大的云层中含有大量冰晶，它们具有强烈的反射性能。所以，阴天时地面得到的太阳辐射能很少。

上述三种方式中，反射作用最主要，散射次之，吸收损失最小。经过大气削弱之后到达地面的太阳直接辐射量，就全球平均而言，只占到大气上界太阳辐射总量的 45%。太阳总辐射量随纬度升高而减少，随高度升高而增大。一天内中午前后最大，夜间为零；一年内夏大冬小。

3. 到达地面的太阳辐射

到达地面的太阳辐射包括两部分：一部分以平行光线形式直接投射到地面，称太阳直接辐射（S）；另一部分经过大气散射后，从天空投射到地面，称散射辐射（D）；两者之和称为总辐射（S+D）。总辐射被地面反射的部分称反射辐射[(S+D)r]，r 为地面反射率。阴天时，散射辐射即为总辐射。

（1）直接辐射。水平面上的太阳直接辐射强弱按朗伯定律和质量削减规律而变化，即受太阳高度和大气透明度的影响。太阳高度的大小，决定于一天中的时刻、季节和纬度，故直接辐射量有日变化、年变化和纬度变化。图 7-4 是晴天直接辐射的日变化，与太阳高度变化一致。大气中云滴、灰尘、烟雾越多，大气透明度越小，直接辐射被削减越多；太阳高度越小，太阳辐射穿过的大气层越厚，被大气削弱越多，到达地面的直接辐射就越小，反之则越多。

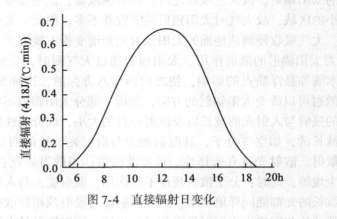

图 7-4　直接辐射日变化

直接辐射的年变化主要受云量及大气透明度的影响。在气候干燥的地区，即使纬度较高的地方直接辐射也并不少，而云量较多的地区，即使纬度较低、直接辐射也不多。例如，呼和浩特市（40°49′N）直接辐射年总量达 $367 \times 10^4 kJ/cm^2$。重庆（29°34′N）只有 $165 \times 10^4 kJ/cm^2$，不及呼市的一半。

（2）散射辐射。太阳散射辐射的强弱和太阳高度、大气透明度、云量状况、海拔高度等因素有关。太阳高度大时，入射的辐射量多，散射辐射也相应增强，一日内正午前后最强。大气透明度较差时，参与散射作用的质点较多，散射辐射强，反之则弱。云对散射辐射的影响，由云状、云量而定。海拔愈高，大气中散射质点愈少，散射辐射愈小（见图 7-5）。

（3）总辐射。影响直接辐射和散射辐射的因素，也是影响总辐射的因素。直接辐射和散射辐射量大小的变化，主要取决于太阳高度角（太阳光线与地平面之间的夹角）及大气透明度（大气允许电磁波透过的百分率）。当中午太阳高度角最大时，太阳辐射穿透的大气层最薄，地表单位面积上单位时间内收入的直接辐射、散射太阳辐射能最多，即太阳辐射强度最大。由于太阳高度和昼长随时间、季节、纬度而变化，因此总辐射也有明显的日变化、年变化和随纬度的变化。一般一天内，早晚总辐射量小，中午大；一年中，总辐射量是夏季大，冬季小；纬度愈低，总辐射量愈大；反之，总辐射量愈小。

当大气中云量、尘埃物质明显增多，大气透明程度差时，直接辐射减弱快于散射辐射，使大气的散射辐射反而有所增大，甚至到达地表的太阳总辐射最大值因云量增多也可

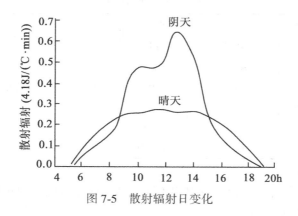

图 7-5 散射辐射日变化

能出现在正午之前或之后，从而使得这种变化规律受到破坏（见表 7-2）。

表 7-2		北半球年总辐射（W/m²）随纬度的分布				
纬度（N）	64°	50°	40°	30°	20°	0°
可能总辐射[①]	139.3	169.9	196.4	216.3	228.2	248.1
有效总辐射[②]	54.4	71.7	98.2	120.8	132.7	108.8

①考虑了受大气减弱之后到达地面的太阳辐射；②考虑了受大气和云的减弱之后到达地面的太阳辐射。

赤道附近为全球多云带，故全球全年累计的太阳总辐射量最大值出现在北纬 10° 附近，该区域常被称作"热赤道"。

受地形、天气等因素影响，我国年总辐射量最高的地区在西藏，为 212.3～252.1 W/m²，因其海拔高度大，太阳直接辐射量也大。最高值在高原上的北纬 32° 左右、东经 80° 附近的昆萨（沙）。新疆、青海、内蒙古和黄河流域次之，为 159.2～212.3 W/m²，因其干旱、云少。长江流域和大部分华南地区，因云、雨较多，年总辐射量反而少，为 119.4～159.2 W/m²。年总辐射量最低值区在四川盆地，最小值在北纬 29°30′、东经 103° 24′ 的峨眉。

（4）地面对太阳辐射的反射。到达地面的总辐射只有一部分被地面吸收，另一部分被地面反射，地面反射的这部分太阳总辐射，称地面反射辐射。地面对入射太阳辐射反射的能力，用地面反射率 r 来表示，

$$r（反射率）= 反射辐射/太阳总辐射 \times 100\%$$

r 的大小取决于地面的性质（水面、陆面）和状态（颜色深浅、粗滑、干湿）。陆地表面的反射率为 10%～30%，随太阳高度的减小而增大，其中深色土比浅色土小，粗糙土比平滑土小，潮湿土比干燥土小，雪面反射率最大，平均约 60%，洁白的新雪反射率可达 90%～95%。水面反射率随水的平静程度和太阳高度而变，太阳高度愈小，其反射率愈大。对于波浪起伏的水面，其平均反射率为 10%，比陆地稍小（见表 7-3）。

表 7-3 不同性质地面的反射率

地面	反射率%	地面	反射率%	地面	反射率%
砂土	29~35	耕地	14	阔叶林	20
粘土	20	绿草地	26	针叶林	6~19
浅色土	22~32	干草地	29	水面,太阳高度角90°	2
深色土	10~15	小麦地	10~25	45°	5
黑钙土（干）	14	新雪	84~95	15°	20
黑钙土（湿）	8	陈雪	46~60	2°	78

在同样太阳辐射条件下，由于反射率不同，地面所获得的太阳辐射有很大差异，这就是地面温度分布不均匀的原因。

由空气质点的逆散射、反射、云的反射，以及地面反射所组成的整个地球反射率，称地球行星反射率，据计算，全球平均反射率约为31%。

（二）地面辐射和大气辐射

地面和大气在吸收太阳辐射的同时，又按其本身温度昼夜不断地向外辐射热能。地面温度约300K，对流层大气的平均温度约250K。在此温度下，它们的辐射能主要集中在3~120μm的红外光波长范围内，与太阳辐射相比，地面辐射和大气辐射均属长波辐射。

1. 地面辐射

地面以电磁波的方式向上辐射能量，称地面辐射。地面辐射的大小主要取决于地面温度，随地面温度升高而增大，其辐射波长在3~80μm之间，属于红外热辐射，最大辐射能量的波长在9.6μm。白天，地面吸收的太阳辐射多于放射的辐射，因而地面在增温，夜间没有太阳辐射，地面因辐射而降温。

地面辐射绝大部分被大气中的云、雾、水汽和二氧化碳等吸收，只有波长为8.4~12μm的部分，可穿过大气层进入宇宙空间，故称此波段为"大气窗"。

2. 大气辐射

大气直接吸收太阳短波辐射增温甚微，它主要吸收地面长波辐射增温。据估计，有75%~95%的地面长波辐射被贴近地表40~50m厚的大气层吸收。低层大气吸收的热能又以辐射等形式传递到更高层加热大气温度。这是对流层大气温度随高度增加而降低的重要原因。大气吸收地面辐射后，也按其本身温度，以电磁波的方式昼夜不停地向四面八方发射长波辐射，称大气辐射。大气辐射的大小，取决于大气温度、湿度和云量状况。气温愈高，水汽和液态水的含量愈多，大气辐射能力愈强。大气的平均温度比地面低，它的辐射波长为7~120μm，最大辐射能对应的波长为15μm，与地面辐射一样也属红外热辐射。

3. 大气的温室效应

大气中的水汽和二氧化碳等成分，可以透过太阳辐射，又能强烈地吸收地面辐射，使绝大部分地面辐射的能量保存在大气层中，并通过大气辐射向上传递。大气辐射向下指向地面的部分，方向与地面辐射相反，称大气逆辐射。大气逆辐射也几乎全部为地面所吸收，这就使得地面因辐射所损耗的能量得到了一定的补偿，因而大气对地面有保温作用。

可见，大气对太阳短波辐射吸收很少，能让大量太阳短波辐射通过大气层到达地面，但大气能强烈吸收地面长波辐射而增热，并又以长波逆辐射的形式返回给地面一部分能量，使地面不致因辐射失热过多，大气的这种对地面的保温作用，称大气的温室效应（Greenhouse Effect）（又称花房效应）。据计算，如果没有大气对地表补偿热能的保温作用和调节作用，近地面平均温度要由15℃降到-23℃。也就是说，大气逆辐射的存在，使地表平均温度实际提高了38℃。

实践证明，通常有云的夜晚要比晴朗无云的夜晚温暖一些。唐代诗人李商隐在一首诗中写到"夜吟应觉月光寒"，生动地描绘了这种自然现象。在深秋或冬季，人造烟幕之所以能防御霜冻，正是为了减弱晚间地面的有效辐射，起到保温作用。

（三）辐射平衡

1. 地面有效辐射

地面辐射与地面吸收的大气逆辐射之差，称地面有效辐射（Effective Radiation of The Earth's Surface）。公式为：

$$F_0 = E_g - \delta E_A$$

式中：F_0 为地面有效辐射；E_g 为地面辐射；E_A 为大气逆辐射；δ 为地面的相对吸收率。

地面有效辐射是地-气系统通过长波辐射交换后地面实际损失的能量。由于大气温度通常低于地面温度，因而地面辐射要比大气逆辐射强，地面有效辐射 F_0 为正值，表示通过地面和大气之间的长波辐射交换，地面净损失热量；反之，若有效辐射 F_0 为负，表示地面净获得热量。

地面有效辐射的大小主要决定于地面温度、大气温度、湿度以及云量状况。通常，在其他条件相同时，地面温度越高，地面辐射越强，地面有效辐射也越大；气温越低，空气湿度越小，云量越少时，大气逆辐射越弱，有效辐射越强，地面损失热量越多。

潮湿空气中的水汽及其凝结物放射长波辐射能力较强，它们多时就增强了大气逆辐射，使有效辐射减弱；有云（特别是浓密的低云）时，逆辐射更强，有效辐射减弱得更多，所以有云的夜晚通常要比无云的夜晚要温暖一些。农业生产上常用人工熏烟方法，制造烟幕，减少地面有效辐射，预防霜冻，冬季"月夜苦寒"也是有效辐射增大所致。

2. 地面净辐射

地面由于吸收太阳短波辐射获得能量，地-气系统又依据本身的温度不断向外放射长波辐射进行能量交换。在一定时期内，地面吸收太阳总辐射与地面有效辐射之差值，称地面辐射差额，又称地面净辐射或地面辐射平衡。其表达式为

$$R_g = (S + D)(1 - r) - F_0$$

式中：R_g 为地面净辐射，其他符号同前。地面净辐射为正，表示净得热量，地面增温；反之，地面降温。

地面净辐射的大小和时空变化，由短波辐射收入和长波辐射支出两部分决定，因而也有日变化和年变化。白天，净辐射随太阳高度的增大而增加，地面净得热量；夜间，净辐射为负值，地面净失热量。年变化随纬度而异，纬度愈低，净辐射保持正值的时间愈长，甚至全年为正，净得热量也愈多；纬度愈高，净辐射保持正值的时间愈短，净得热量也愈少。如圣彼得堡只有7个月是正值，而我国宜昌全年都为正值。

3. 地-气系统净辐射

把地面和对流层大气视为一个统一体，称地-气系统。其在一定时间内辐射能收入与支出的差，称地气系统净辐射。其表达方式为：

$$R_s = (S+D)(1-r) + q_\alpha - F_\infty$$

式中：R_s 为地气系统净辐射；q_α 为大气吸收的太阳辐射；F_∞ 为地气系统长波辐射。

地气系统净辐射随纬度而变化，低纬 R_s 为正，有热量盈余。随纬度增高，R_s 由正转负，热量由盈余转亏损，高纬 R_s 为负。地-气系统的辐射差额为零的纬度在南北纬35°附近。

净辐射能量的这种在高低纬度之间的不均衡分布，驱动着全球能量从赤道向两极的输送，以补偿高纬度地区的能量亏损，这是形成经向的大气环流、洋流、天气系统移动（如台风和飓风等现象）的基本成因，使得高低纬之间进行热量和水分的水平输送，影响各地的气温和降水，从而使全球能量常年平均，近于平衡。

4. 地面热量平衡及其方程式

地面净辐射只表示地面以辐射形式获得或损失能量。净辐射为正值时，表示有能量盈余，一方面地面温度升高，另一方面盈余的热量以湍流显热或蒸发潜热的形式向空气输送，以调节空气温度并供给空气水分，使地面和大气在垂直方向进行显热和潜热交换。通过大气环流和洋流进行水平方向的显热和潜热输送，还有同地表（或海面）以下的土层（或水层）间进行热量交换，改变土壤（或海水）温度的分布。当地面净辐射为负时，地面温度降低，所亏损的热量通过湍流显热或水汽凝结潜热从空气中获得，使空气降温，或由土壤（或海水）下层向上输送。这种地面净辐射与其转换成其他形式的热量收入与支出的守恒，称地面热量平衡。其表达式为：

$$R_g + LE + P + A = 0$$

式中：LE 为地面与大气间的潜热交换（L 为蒸发潜热，E 为蒸发量或凝结量）；P 为地面与大气间的显热交换；A 为地面与下层间的热量传输与平流输送之和，对年平均而言，$A=0$。在此方程式中，"+"表示地面得到热量，"–"表示地面失去热量。不同地区，方程式各项的量值不同，干燥沙漠地区，LE 趋于0，R_g 几乎全部通过湍流显热交换传给大气；潮湿地区，LE 较大，R_g 主要消耗于蒸发，乱流显热交换弱，大气增温不明显。

地面热量平衡决定着活动层以及贴地气层的增温和冷却，影响着蒸发和凝结的水相变化过程，是气候形成的重要因素。

5. 地球表层系统辐射平衡

从某一时刻或某一地区来看，地表各种能量交换的结果可能是不平衡的，会出现盈亏，温度会有升降，但从全球长期平均来看，地球表层系统的能量收支是平衡的。如图7-6所示。

假定入射的太阳辐射有100个单位，则其中有16个单位被平流层臭氧、对流层水汽和气溶胶吸收，4个单位被云吸收，50个单位被地球表面吸收。剩余的30个单位中，6个单位被空气向上散射回宇宙空间，20个单位被云反射回去，4个单位被地面反射回去。这30个单位的反射部分构成了地球的行星反射率，它们不参与地表系统的加热。

对于地面而言，吸收的50个单位的太阳辐射中，20个单位又以长波辐射的形式进入大气层，30个单位则通过湍流、对流、蒸发过程以感热（6个单位）和潜热（24个单

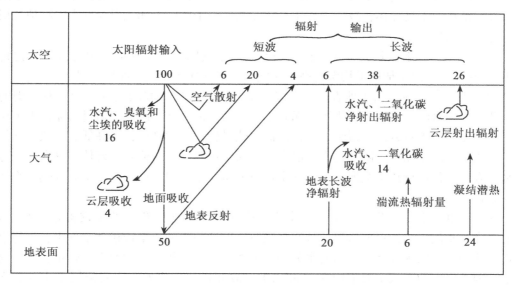

图 7-6　地球表层系统辐射平衡的图解模型

位）的形式传输进入大气层，地面辐射达到平衡。在 20 个单位的地球表面向外长波辐射中，14 个单位被大气（主要是水汽和二氧化碳）吸收，6 个单位直接进入宇宙空间。

对于大气而言，它吸收了 20 个单位的太阳辐射（平流层臭氧、对流层水汽和气溶胶吸收 16 个单位，云吸收 4 个单位）和 44 个单位的来自地面的长波辐射及其他形式的热量（地球表面向外长波辐射被大气吸收 14 个单位，感热 6 个单位，潜热 24 个单位），这些能量主要被水汽和二氧化碳等向宇宙空间发射的红外辐射（38 个单位）、云向宇宙空间发射的红外辐射（26 个单位）抵消，因此，大气辐射达到平衡。

对于地-气系统而言，进入系统的太阳辐射共 70 个单位，其中 20 个单位被大气吸收，50 个单位被地表吸收。大气圈顶部进入宇宙空间的长波辐射也是 70 个单位，其中直接透过大气的地面长波辐射 6 个单位，被水汽和二氧化碳等发射的红外辐射 38 个单位，被云发射的红外辐射 26 个单位。因此，整个地-气系统能量收支相等，辐射达到平衡。

二、大气热力均衡

（一）大气的增热和冷却

空气增热时，分子运动加剧，内能增加，温度升高；空气冷却时，分子运动速度减慢，内能减少，温度下降。因此，空气内能的变化是引起气温变化的根本原因。

空气内能变化有两种情况：一是由于空气块与外界有热量交换，引起气温的升或降，称非绝热变化；二是空气块与外界没有热量交换，只是由于外界压力的变化，引起气温的降低或升高，称为绝热变化。

1. 大气的非绝热过程

空气与外界互相交换热量，引起气温变化，其方式有：

（1）传导。传导是依靠分子的热运动，将热量从一个分子传递给另一个分子。空气与地面之间、气团之间，空气层之间，当有温度差异时，就会有热传导作用。但由于地面和大气都是热的不良导体，故传导作用只有在空气分子密度大和气温梯度大的贴地气层中表现得较为明显。

（2）辐射。辐射以长波方式进行，是地面与空气间热量交换的重要方式，它比传导作用大4000倍。由于地面平均温度高于大气，辐射交换将使大气净增热量。

（3）对流与湍流。由于地表性质差异、受热不均等所引起的空气大规模有规则的升降运动，称为对流。小规模不规则的涡旋运动称为乱流，又称湍流。通过对流，上下层空气混合。热量在垂直方向上得到交换，使低层热量较快传到高层，是高低层间热量交换的重要方式。湍流使相邻气团之间发生混合，从而交换热量。对流和乱流使空气在垂直方向和水平方向经常进行热量交换，使空气中热量分布趋于均匀，这是近地层大气热量交换的重要方式。

（4）水相变化。蒸发时，水变成水汽，吸收热量。地面蒸发的水汽被带到高空后，温度下降，水汽凝结，释放潜热，被空气吸收，即把地面的热量输送到空气中，进行潜热转移。地面蒸发的水分远比凝结的水分多，因而通过水分相变，地面失去热量，大气获得热量。因大气中的水汽主要集中在5km以下，故此作用主要发生在对流层下半部。水相变化对热带地区热量交换具有重要作用。

大气的增热和冷却，是以上几种热量交换形式共同作用的结果。只是在某种情况下，以某种方式为主。一般来说，地面和空气之间的热量交换，以辐射为主要，气层之间则以对流、乱流为主要，传导作用仅限于近地气层，当发生大量水相变化时，潜热交换则是不可忽视的。

2. 大气的绝热过程

在气块与外界无热量交换的情况下，由于外界压力变化，使气块胀缩做功，引起内部能量转换所产生的温度变化，称为气温的绝热变化。这种气块在升降运动中与周围空气没有热量交换的状态变化的过程，称绝热过程。

（1）干绝热过程。干空气或未饱和的湿空气块，进行垂直运动时，与外界没有热量交换，只因体积膨胀（或收缩）做功引起内能增减和温度变化的过程，称为干绝热过程。在干绝热过程中，气块对外做功所消耗的能量，等于气块内能的减少量，也就等于温度的变化量。这个规律可用以下方程式表示：

$$\frac{T}{T_0}=\left(\frac{p}{p_0}\right)^{0.286}$$

此式称为干绝热方程，又称泊松（poisson）方程。式中 T_0，p_0 为干绝热过程初态的温度和气压，T，p 为其终态的温度和气压。利用此方程可求得干空气在上升到任何高度处的温度值。此式表明，干空气在绝热上升过程中，温度随气压的降低而呈指数规律递减。

气块绝热上升单位距离时的温度降低值，称为绝热垂直减温率，简称绝热直减率。干空气或未饱和的湿空气，绝热上升单位距离时的温度降低值，称为干绝热直减率，用 r_d 表示。据计算：$r_d=0.985℃/100m≈1℃/100m$。

（2）湿绝热过程。饱和湿空气做垂直运动时的绝热变化过程，称为湿绝热过程。饱和湿空气绝热上升单位距离时的温度降低值，称为湿绝热直减率，用 r_m 表示。由于气块已经饱和，在绝热上升过程中，随着温度的降低，水汽会发生凝结，便会有潜热释放，使气块增温，补偿了一部分因气块上升膨胀做功消耗的内能。因此，湿绝热直减率显然要小于1℃/100m，即$r_m<r_d$。同理，饱和湿空气绝热下降时，由于气块中的水滴蒸发或冰晶升华要消耗内能，故每下降100m的增温也小于1℃。可见r_m是一个变量，它随气温升高和气压降低而减小。

3. 大气静力稳定度

大气中温度的垂直分布，称为大气温度层结。每上升单位距离气温的降低值，称为气温直减率，也称气温垂直梯度，用r表示，单位为℃/100m。r值的大小因时、因地、因高度而异，对流层大气平均值$r=0.65$℃/100m。

大气温度层结，有使在其中做垂直运动的气块返回或远离起始位置的趋势，称为大气层结稳定度，简称大气稳定度。因为气块运动是相对于静止大气而言的，故又称为大气静力稳定度。它有三种情况：稳定、不稳定和中性。

（1）大气温度层结有使在其中做垂直运动的气块返回起始位置的，称大气稳定；

（2）大气温度层结有使在其中做垂直运动的气块远离起始位置的，称大气不稳定；

（3）大气温度层结有使在其中做垂直运动的气块随移而安的，称大气为中性。

当$r>r_d$时，大气层结无论对干绝热过程或湿绝热过程都是不稳定的，故称绝对不稳定。

当$r<r_m$时，大气层结无论对干绝热过程或湿绝热过程都是稳定的，故称绝对稳定。

当$r_m<r<r_d$时，大气层结对湿绝热过程来说是不稳定的，而对干绝热过程来说是稳定的，故称条件性不稳定。

绝对不稳定的大气，r很大，此状况多发生在炎热夏季的白天，因热雷雨多而产生。绝对稳定的大气，r很小，$r=0$甚至$r<0$，出现逆温，垂直运动受到抑制，容易产生大气污染。条件性不稳定，是自然界中常见的现象。

（二）大气温度的时空变化

1. 大气温度的时间变化

大气温度的时间变化，主要是由地球的自转运动和公转运动引起的气温的周期性变化（日变化、季变化与年变化），和由大气运动引起的气温的非周期性变化。

（1）气温的日变化。气温日变化是指气温在一天内的变化，以24小时为周期有一个最高值和最低值。白天气温高，夜晚气温低，日最高气温出现在午后14～15时，比中午太阳高度角最大、太阳辐射最强的时间落后2小时左右。这是因为大气主要因吸收地面长波辐射而增温，而地面吸收太阳辐射增温并将热能传给大气有个时间过程。日最低气温出现在日出前后，这是由于夜晚地面在无太阳辐射热能补充情况下不断放出长波辐射能，日出前地表储存热能达到最少，随之气温也达最低值。气温日变化过程线是一条正弦曲线，如图7-7所示。最高气温和最低气温出现的时间称相时。

一天中气温的最高值与最低值之差称为气温日较差。日较差的大小和地理纬度、季节、地表性质、天气状况等有密切关系。低纬太阳高度角大，太阳辐射强度日变化也较大，因此气温日较差较大。平均气温日较差在低纬地带为12℃，中纬地带为8～9℃，高纬地带为2～4℃。夏季气温日较差大于冬季，此现象在中纬度地区尤其明显。如重庆7月为9.6℃，1月只有5.1℃。地表性质对气温日较差的影响，海上比同纬度陆上要小。一

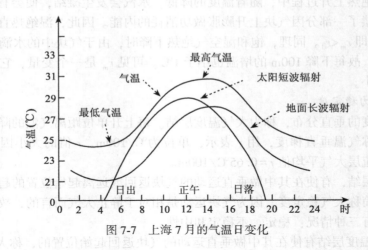

图7-7 上海7月的气温日变化

般海上气温日较差只有1~2℃，而内陆可达15℃以上，有些地方甚至可高达20~30℃。如香港4月份平均日较差为4.2℃，新疆乌鲁木齐市7月份最大日较差可达26.2℃。阴天的白天最高气温比晴天低，阴天的晚上有效辐射小，最低气温又比晴天晚上高，因此阴天日较差小于晴天。山地上部气温日较差比同纬度平地小，如山东泰安（海拔129m）的气温日较差为11.8℃，泰山顶（海拔1524m）只有6.4℃。高原上因空气稀薄、水汽和二氧化碳含量少，白天太阳辐射强而夜间大气保温作用弱，造成气温日较差比高原周围大。谷地或盆地上空，白天不易散热，晚上冷空气沿山坡下滑聚集在谷地或盆地底部，因此它们的气温日较差比同纬度平原大、极易遭霜冻的危害。此外，沙土、深色土和干松土壤上的气温日较差分别比黏土、浅色土和潮湿土壤上的气温日较差大。雪地上的气温日较差也较非雪地大，裸露地面较植被覆盖地面的气温日较差大。

（2）气温的年变化。以一年为周期的气温变化，称气温的年变化。年最高与年最低气温出现的时间分别比太阳辐射最强（北半球的夏至）和最弱（北半球的冬至）的时间要落后1~2个月。大陆上年最高气温出现在7月份（海洋上为8月份），年最低气温出现1月份（海洋上为2月份）。

一年中月平均温度的最高值与最低值的差值称为气温年较差。气温年较差的大小随纬度、地表性质、形态、海拔高度而异。一般地说，随纬度增高，气温年较差增大。赤道地区，一年之中，太阳高度变化小，昼夜长短几乎相等，最热月和最冷月热量收支相差不大，气温年较差仅1~3℃。随着纬度的增高，冬夏热量收支差异增大，气温年较差也随之增大。中纬度地区，气温年较差为20~30℃，高纬度地区则可达40~50℃。如西沙群岛（16°50′N）为6℃，南京（32°N）为26℃，海拉尔（49°13′N）达46.7℃。

同一纬度，海洋上的年较差较陆地小，沿海地区比内陆小，植被覆盖地区比裸露地区小，云雨多的地区年较差小。年较差还随海拔高度的增加而减小，尤其是低纬度高原上气温年变化特别小，形成四季如春的景色，如我国昆明（25°N，1893m）年较差为10.9℃，比同纬度桂林小9.3℃。世界上气温年较差最小的是赤道高原上的厄瓜多尔首都基多，仅0.5℃；最大的是西伯利亚东北部的维尔霍扬斯克和奥伊米亚康，为102℃。

根据气温年较差的大小和最高最低温出现的月份，可将气温年变化划分为四种类型（见图7-8）：

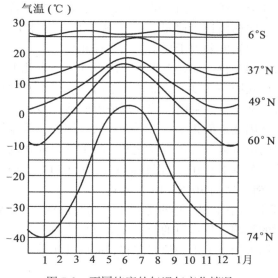

图7-8 不同纬度的气温年变化情况

① 赤道型。一年中有2个最高值，分别出现在春、秋分前后，2个最低值，分别出现在冬、夏至前后。年较差很小，如雅加达。

② 热带型。一年中有一个最高值，一个最低值，分别出现在夏至和冬至以后。年较差不大但大于赤道型，广州属此类型。

③ 温带型。一年中有一个最高值，一个最低值，分别出现在夏至和冬至以后1~2个月（大陆落后1个月，海洋落后2个月），且随纬度增高而增大。我国北方一些地区属此类型。

④ 极地型：冬长而冷，夏短而凉，年较差一般很大，极圈附近达到最大。极地最低温度出现在冬季末，最高温度出现在8月初。

气温日变化、年变化是气温的周期性变化，但这种变化常因大气的不规则运动而遭到破坏。例如3月以后，我国江南正值春暖花开的时节，常常因为冷空气的活动有突然转冷的现象。寒潮冷空气南下使所经地区气温骤降，导致下午2点左右的最高气温不明显。秋季，正是秋高气爽的时候，也往往会因为暖空气的来临而气温突然回暖。这种变化的时间和辐度视气流的冷暖性质和运动状况而不同，它没有一定的周期，称非周期性变化。实际上，一个地方的气温变化，是周期性变化和非周期性变化共同作用的结果。

2. 大气温度的空间分布

（1）气温的水平分布。气温的水平分布通常用等温线图表示。等温线是指同一水平面上气温相等的各点的连线。等温线间距和排列不同，反映出不同的水平气温分布特点。等温线稀疏表示各地气温相差不大；等温线密集表示各地气温差异悬殊。封闭的等温线表示存在冷中心或暖中心。等温线平直，表示影响气温的因素少；等温线弯曲，表示影响气温分布的因素较多。等温线沿东西向平行排列，表示气温主要受纬度影响；等温线与海岸平行，表示气温主要受距海远近的影响。

单位距离内气温的变化值称气温水平梯度。气温的水平分布，主要受地理纬度、海陆分布、地形起伏、大气环流、洋流等因素的影响，并表现出如下特点：

①赤道地区气温高，向两极逐渐降低。北半球1月（冬季）等温线比7月（夏季）密集，说明北半球冬季南北温度差大于夏季，南半球相反。

②等温线并不与纬度圈平行，而是发生很大的弯曲。冬季北半球等温线在大陆凸向赤道，在海洋凸向极地。反映同一纬度上，陆地冷于海洋，夏季时则相反。北半球海陆分布复杂，等温线走向曲折，甚至变为封闭曲线，形成温暖或寒冷中心，亚欧大陆和北太平洋上表现得最清楚。南半球因陆地面积小，海洋面积大，因此，等温线相对比较平直。反映了地表性质不同对气温的影响以及大规模洋流和气块的热量输送的显著影响。如北大西洋受墨西哥湾暖洋流影响，冬季1月0℃等温线向北延伸到70°N，但大陆受西伯利亚寒流冷气团影响，0℃等温线向南伸展到30°N~40°N附近。

③全球最高温度带并不是出现在地理赤道上，而是出现在10°N附近的热赤道上，显示了云量对太阳总辐射的影响。热赤道的位置在1月份大部分位于南半球，7月份则移至北半球。是因为这一时期太阳直射点的位置北移，同时北半球有广大的陆地，使大气强烈受热的缘故。

④南半球不论冬夏最低气温都出现在南极，测得为-90℃（南纬72°东方科学站）。北半球夏季最低气温出现在极地，冬季最低气温出现在高纬度俄罗斯西伯利亚的东北部和格陵兰岛（-48℃以下）。那里处于高纬度，太阳辐射收入少；天空以晴空、干燥、静风为主，净辐射少，以及深入大陆内部，受海洋调节作用小。西伯利亚的维尔霍扬斯克出现过绝对最低气温-69.8℃的记录，奥伊米亚康测得-73℃。暖中心出现在北半球夏季低纬大陆内部的热带沙漠地区（索马里测得63℃的最高记录）。

南半球最热的地区在南回归线附近的澳大利亚中西部沙漠区，那里晴空少云、降水稀少、地面缺少植被和水体，蒸发等调节作用弱，空气干燥，使地面增温强烈，白天气温很高。

我国绝对最低气温-53℃，出现在黑龙江省的漠河；绝对最高气温出现在新疆的吐鲁番地区（48.9℃）。

⑤大陆中纬度西岸气温比同纬度的东岸高。太平洋和大西洋北部，冬季大陆沿岸，等温线急剧向北极凸出，反映了黑潮暖流、阿留申暖流、墨西哥湾暖流的巨大增温作用。它使1月份0℃等温线，在大西洋北部伸展到北纬70°的北极圈附近。夏季北半球等温线沿非洲和北美西岸向南凸出，反映了加那利寒流和加利福尼亚寒流的影响，南半球也有类似的特点，南半球因受秘鲁寒流和本格拉寒流的影响，等温线凸向赤道方向。

（2）对流层中气温的垂直分布。对流层中气温在垂直方向上变化的总趋势是随高度的增加而降低，气温直减率（r）平均为0.65℃/100m。由于受地面性质、季节、昼夜和天气条件变化的影响，在一定条件下出现上层气温比下层高的逆温现象。具有逆温的大气层称为逆温层，它将阻碍大气气流的向上发展，对天气有一定的影响。形成逆温的过程主要有以下几种：

① 辐射逆温。由于地面强烈辐射冷却而形成的逆温称为辐射逆温。在晴朗无云无风或微风（风速 2~3m/s）的夜晚，地表辐射冷却，使近地表气温下降，逐渐使近地表气层温度下降快于上层，凌晨形成自地面开始的逆温层。辐射逆温厚度从数十米到数百米，在大陆上常年可见，冬季最强、夏季最弱。中纬度冬季辐射逆温厚度可达 200~300m，有时更厚；高纬度冬季有时可形成 2~3km 厚度的逆温，白天也不消散。

② 平流逆温。由于暖空气平流到冷地表上形成的逆温称为平流逆温。当暖空气移到冷地表之上时，暖空气底层空气受冷地表影响，降温多于上层而形成逆温。上下温差愈大，逆温愈强。冬季海上暖空气平流到大陆上时常会形成这种逆温。

③ 下沉逆温。由于整层空气下沉、压缩、增温而形成的逆温称为下沉逆温。在山区，常因冷空气顺坡下沉至谷底，将原来谷底暖空气抬挤到上空而形成的逆温是下沉逆温，又常称为地形逆温。

④ 锋面逆温。它是指在锋面附近产生的逆温现象。锋面是冷、暖空气（团）之间的交界面（或过渡区）。在对流层中冷暖空气相遇时，密度小的暖空气被密度大的冷空气排挤在冷空气上方，因此锋面自地面倾斜于冷空气一侧，当冷暖空气的温差较大时就可形成锋面逆温。

实际上，大气中出现的逆温常是几种过程同时发生，因此应注意当时具体条件的分析。逆温层中暖而轻的空气在上面，使气层变得比较稳定。它可以阻碍空气垂直运动的发展，大气扩散能力弱，大量水汽、烟、尘埃等聚集在逆温层下，使能见度变坏，污染物质不易扩散，易造成空气污染。

第三节　大气运动

大气时刻不停地运动着，不同规模的大气运动，统称为大气环流（Atmospheric Circulation）。大气运动最直接的结果是使地球上的热量和水分得以传输和交换。

一、大气运动的驱动力

大气环流形成与维持的基本能源是太阳辐射能。因太阳辐射能在地表的不均匀分布而导致气压的时空分布和变化，尤其是水平气压梯度力的存在和变化是大气运动最根本和最直接的原因。

大气的水平运动是在力的作用下产生的。这些力主要有将大气吸引、浓缩在近地面层，使得大气的密度和压力随高度的增加而减小的重力；由于气压分布不均匀而产生的水平气压梯度力；有空气运动时因地球自转而产生的地转偏向力；有空气作曲线运动时产生的惯性离心力；还有空气层之间，空气与地面之间相对运动时产生的摩擦力。在水平方向上，自由大气中的主要作用力是气压梯度力和地转偏向力。当大气沿曲线运动时，会受到惯性离心力的影响；在地面边界层中，大气还会受到摩擦力的削弱。

1. 水平气压梯度力

由于地表受热不均，引起气压的空间分布不均。气压分布的不均匀程度常用气压梯度（G_N）表示。气压梯度是一个向量，它的方向垂直于等压面，由高压指向低压；它的大小等于两等压面间的气压差（Δp）除以其间的垂直距离（ΔN），即

$$G_N = -\Delta p/\Delta N$$

式中：G_N 为气压梯度，它有水平梯度和垂直梯度之分，故 $\Delta p/\Delta N$ 前加负号。由于 ΔN 是从高压指向低压，故 Δp 为负值。

存在着气压梯度的地方，空气分子受到力的作用，驱使空气沿着和气压梯度相同的方向移动，这种力被称为气压梯度力。气压梯度力可分为垂直气压梯度力和水平气压梯度力两部分。垂直气压梯度力有重力与它相平衡。而水平气压梯度力促使空气从高压区流向低压区，它是促使大气从静止到运动的原动力。习惯上，将大气在水平方向上的运动称为风。风向是指风吹来的方向，风速多以 km/h 或 m/s 为单位。

2. 地转偏向力（科里奥利力）

由于地球的自转，地球表面运动的物体都会发生运动方向的偏转。在北半球运动的物体向右偏转，在南半球运动的物体则向左偏转。导致地球表面运动物体方向发生偏转的力，叫做地转偏向力，又叫做科里奥利力。地转偏向力具有以下几个特点：

①这个力只改变运动物体的方向，不改变运动物体的速度。

②这个力的大小与物体运动的线速度成正比。

③这个力的大小与运动物体所在的地理纬度的正弦成正比，在赤道处为零，向两极地区逐步增大。地转偏向力只在空气相对于地表有运动时才产生，并且地转偏向力只改变空气运动方向（风向），而不改变空气运动速率（风速）。只要大气有运动，就会受到地转偏向力的作用（赤道地区例外）。

地转偏向力对于地球表层环境的形成起到了非常重要的作用。由于地转偏向力的作用，导致了大气运动方向的改变，从而形成了地转风、气旋、反气旋；导致了河流、洋流、潮流等运动轨迹的偏转，从而形成了北半球河流多向右岸侵蚀，洋流、潮流多向右偏转。

3. 惯性离心力

离心力是指空气做曲线运动时，受到一个离开曲率中心而沿曲率半径向外的作用力（见图 7-9）。

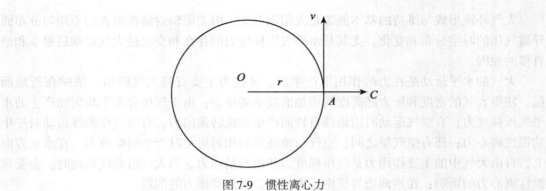

图 7-9　惯性离心力

这是空气为了保持惯性方向运动而产生的，因而也叫惯性离心力。离心力的方向与空气运动方向相垂直。对于单位质量空气来说，它的大小可用下式表示：

$$C = \frac{v^2}{r}$$

式中：C 为惯性离心力；v 为空气运动速度；r 为曲率半径。

实际上在多数情况下，空气运动路径的曲率半径很大，一般从几十千米到上千千米，因此惯性离心力通常很小，比地转偏向力小得多。但在低纬度地区或空气运动速度很大而曲率半径很小时（如龙卷风、台风），离心力也可达到很大的数值，甚至超过地转偏向力。惯性离心力和地转偏向力一样，只改变空气运动的方向，而不能改变空气运动的速度。

4. 摩擦力

地面与空气之间，以及不同运动状况的空气层之间互相作用而产生的阻力，称为摩擦力。运动速度不同的两气层（团）之间产生的摩擦力称为内摩擦力。地面对空气运动的阻力，称外摩擦力（R）。它的方向与空气运动方向相反，大小与空气运动的速度和摩擦系数成正比。

$$R = -K \cdot v$$

式中：K 为摩擦系数；v 为风速；负号表示地面摩擦力的方向与风的方向相反。

一般陆地表面对于空气运动的摩擦力总是大于海洋表面的摩擦力，所以江河湖海区域的风力总是大于同地区的陆地区域。摩擦力随高度升高而减少，因而离开地面愈远，风速愈大。在摩擦力的作用下，空气运动的速度减少，并引起地转偏向力相应减少。摩擦力对运动空气的影响以近地面最为显著，随着高度的增加而逐渐减少，到 1~2km 高度摩擦力的影响已小到可忽略不计，因此把此高度以下称为摩擦层或行星边界层，以上称为自由大气。

上述四种力，对于空气运动的影响不同。气压梯度力是使空气产生运动的直接动力，其他三种力，只存在于运动着的空气中，使空气运动方向或速度发生改变。

二、大气环流和风系

在太阳辐射、地球自转、地表性质以及地面摩擦力的共同作用下，大气圈内的空气产生了不同规模的三维运动，总称为大气环流（Atmospheric Circulation）。大气环流的原动力是太阳辐射能。大气环流把热量和水分从一个地区输送到另一个地区，从而使高低纬度之间，海陆之间的热量和水分得到交换，调整了全球的热量和水分的分布，是各地天气、气候形成和变化的重要因素。地表系统内大气环流的规模大致可以分为三个层次，即因全球性气温和气压差异形成的行星风系（行星尺度），由巨大的海陆差异形成的季风环流等大型环流（海陆尺度），也有由于局地的水陆、地形差异形成的小型环流，又称地方性风系（局地尺度）。

（一）全球大气环流

1. 行星风系和三圈环流模式

太阳系中的任何行星只要它的周围包围着大气，都有环流现象发生，发生在行星上的总的大气环流现象称为行星风系。

大气运动所需要的能量几乎都来源于太阳的辐射能。辐射差额在 35°N~35°S 之间为正值区，35°S 向南和 35°N 向北是负值区。在太阳辐射的直接加热下，地球高低纬度之间形成了从赤道向两极的温度梯度，结果使低纬赤道地区的大气不断增温而膨胀上升，形成赤道低压；而极地大气因不断冷却而收缩下沉，使地面气压升高形成极地高压。于是水平气压梯度力使地面气流自极地流向赤道，补偿赤道地表流走的空气质量。假设地球表面性质均一且地球不自转，那么，在赤道和极地之间就会形成一个单一闭合的直接热力环流圈。因此太阳辐射是产生和维持大气环流的最直接的原动力。

地转偏向力的作用使理想环流复杂化。由于地球自转，从赤道上空向极地方向流动的气流，在地转偏向力的作用下，方向发生偏转，到纬度20°~30°附近，气流完全偏转成纬向西风，阻挡来自赤道上空的气流继续向高纬流动，加上气流移行过程中温度降低，纬圈缩小，发生空气质量的辐合下沉，形成高压带，称副热带高压（简称副高）。而赤道因空气流出形成地面低气压——赤道低压。副高出现后在低层分成向南向北的两支气流。向北的这支气流与极地高压向南流的空气在纬度60°处辐合上升形成地面的副极地低气压带。这样便形成了全球性的7个纬向气压带。由于气压带的存在，产生气压梯度力，高压带的空气便向低压带流动。副高向南流的空气，在地转偏力作用下在北半球向右偏转成为东北风，在南半球向左偏转成为东南风，由于风向常年稳定被分别称做东北信风和东南信风。副高向北流的空气，在地转偏向力作用下，在中纬度形成偏西风称为盛行西风（北半球为西南风，南半球为西北风）。由极地流向副极地低压区的空气在高纬度较大地转偏向力的作用下形成极地东风（见图7-10）。

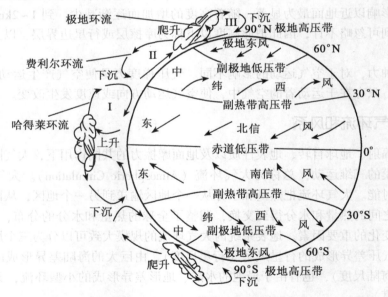

图7-10　行星气压带和三圈环流模式图

随着冬夏太阳位置的南北移动，极地东风带、盛行西风带以及信风带的位置也随之南北移动，强度发生变化。其中，在60°~90°高纬度地区的极地东风和在30°~60°中纬度地区的盛行西风是冬强夏弱，而在0°~30°的低纬度地区的信风带，其强度则是夏强冬弱。

东北信风与东南信风两支气流在赤道地区汇合上升，补偿赤道上空流走的空气并在低纬度形成一个完整环流圈，称做信风环流圈，又称低纬度环流圈或哈德莱（Hadley）环流圈如图7-10Ⅰ所示，它是一个直接热力环流圈。在纬度60°附近辐合上升的气流在高空分成南北两支。一支向北流向极地，补偿极地表面流走的空气，所形成的闭合环流圈称为高纬环流圈，又称极地环流圈（见图7-10Ⅲ），也是一个直接热力环流圈；另一支向南流去，与低纬北流空气在副热带地区相遇下沉，构成中纬度环流圈，又称费利尔环流圈（见图7-10Ⅱ）是一个间接热力环流圈。

由上所述，在地表性质均一的情况下，赤道和极地之间存在六个大气环流圈，称平均经圈环流或三圈环流。近地面层的七个气压带和六个风带，它们就是通常所说的行星风带，又称纬圈环流。

2. 海平面气压分布

地球表面，海陆相间分布。由于海陆热力性质的差异，使纬向气压带发生断裂，形成若干个闭合的高压和低压中心。冬季（1月），北半球大陆是冷源，有利于高压的形成，如亚欧大陆的西伯利亚高压和北美大陆的北美高压；海洋相对是热源，有利于低压的形成，如北太平洋的阿留申低压，北大西洋的冰岛低压。

夏季（7月）相反，北半球大陆是热源，形成低压，如亚欧大陆的印度低压（又称亚洲低压）和北美大陆上的北美低压。副热带高压带在海洋上出现两个明显的高压中心，即夏威夷高压和亚速尔高压。

南半球季节与北半球相反，冬、夏季气压性质发生与北半球相反的变化。而且因南半球陆地面积小，纬向气压带比北半球明显，尤其在40°S以南，无论冬夏，等压线基本上呈纬向带状分布。

上述冬夏季海平面气压图上出现的大型高压、低压系统，称为大气活动中心。其中北半球海洋上的太平洋高压（夏威夷高压）和大西洋高压（亚速尔高压）、阿留申低压、冰岛低压常年存在，只是强度、范围随季节有变化，称为常年活动中心。而陆地上的印度低压、北美低压、西伯利亚高压、北美高压等只是季节性存在，称为季节性活动中心。活动中心的位置和强弱，反映了广大地区大气环流运行的特点，其活动和变化对附近甚至全球的大气环流，以及高低纬度间、海陆间的水分与热量的交换起着十分重要的作用。

（二）区域大气环流

区域大气环流是由地表海陆热力性质差异造成气压场随季节发生变化，以及行星风带的季节位移和如青藏高原那样高大地形影响所产生的一种区域性、季节性的气流运动，常被称做季风环流或季风（Monsoon）。

1. 季风及其形成

以一年为周期，大范围地区的盛行风随季节而有显著改变的现象，称为季风。季风不仅是指风向上有明显的季节转换，北半球1月与7月盛行风向的改变方位可达120°~180°，而且两种季风各有不同源地，气团属性有本质差异。伴随着风向的转换，天气和气候也发生相应的变化。

季风的形成与多种因素有关，主要是由于海陆间的热力差异以及这种差异的季节性变化引起的，行星风系的季节性移动和大地形的影响起加强作用。海陆热力差异导致大陆地表夏季为低压控制，海洋为高压控制，在气压梯度力的作用下，夏季气流由海洋吹向大陆。但受地转偏向力和摩擦力作用，使气流按反时针方向吹向大陆，将海上大量水汽带至大陆，形成大陆降水的湿季，并形成夏季风。冬季情况相反，北半球气流呈顺时针方向从大陆吹向海洋，形成寒冷且干燥的冬季风，在亚洲东部表现尤为明显。

亚洲南部的季风主要是由行星风系的季节移动引起的。在两个行星风系相接的地方，会发生风向随季节而改变的现象，但只有在赤道和热带地区才最为明显。例如，夏季太阳直射北半球，赤道低压带北移，南半球的东南信风受低压带的吸引而跨过赤道，转变为北半球的西南季风；冬季，太阳直射南半球，赤道低压带南移，北半球的东北信风越过赤道后，转变成为南半球的西北季风。由于它多见于赤道和热带地区，所以又称为赤道季风或热带季风。受这种季风影响的地区，一年中有明显的干季和湿季。

2. 季风区的分布及分类

世界季风区分布很广，大致在30°W～170°E，20°S～35°N的范围。其中，东亚和南亚的季风最显著。东亚季风与南亚季风成因不同，天气气候特点也有差别。

（1）东亚季风。东亚是世界上最著名的季风区，季风范围广，强度大。因为这里位于世界上最大的欧亚大陆东部，面临世界上最大的太平洋，海陆的气温与气压对比和季节变化比其他任何地区都显著，加上青藏高原大地形的影响，冬季加强偏北季风，夏季加强偏南季风，季风现象最突出。而且，夏季东亚大陆的气压梯度比冬季弱，形成的夏季风比冬季风弱，降水的年季变化也比较大。东亚季风的范围大致包括我国东部、朝鲜、日本及俄罗斯太平洋沿岸地区。当冬季风很强时可影响东南亚、菲律宾群岛甚至更偏南的地方。

（2）南亚季风。在印度半岛、东南亚以及我国云南等低纬度地区，每年4～10月间盛行西南气流，通常称为西南季风，其中以印度半岛最为典型，因此又称印度季风。它主要由行星风带的季节性移动引起，也含有海陆热力差异和青藏高原的大地形作用，导致低纬度上两个行星风带相交接的地带，风向随季节而改变。冬季，当太阳直射在南回归线附近，赤道低压带移至南半球时，北半球低纬度受大陆高压的影响，盛行东北信风，带来干燥少雨的旱季。夏季，当太阳直射移至北回归线附近时，赤道低压带移至赤道与北纬10°之间的区域，南半球的东南信风越过赤道并受地转偏向力作用转变为西南气流，带来暖湿气流形成雨季，且降水具有定时的爆发性。因此，西南季风区的最高温出现在雨季前的4月中、下旬。而青藏高原等地形的屏障和南半球澳大利亚高压加强北上，形成南亚地区夏季气压梯度大于冬季，使得夏季风强于冬季风。因为冬季，它远离大陆冷高压，东北季风长途跋涉，并受青藏高原的阻挡，加上半岛面积小，海陆间的气压梯度小，所以冬季风不强。而夏季，半岛气温特高，气压特低，与南半球高压之间形成较大的气压梯度，加上青藏高原的热源作用，使南亚季风不但强度大而且深厚。

（3）高原季风。高耸挺拔的大高原，由于它与周围自由大气的热力差异所形成的冬夏相反的盛行风系，称为高原季风，以青藏高原季风最为典型。夏季，在28°N～36°N之间，海拔4000m以上的青藏高原，地表强烈吸收太阳辐射，成为高耸在大气层中的一个热源，它直接加热中高层大气，从而形成一个高温低压区，出现与哈得莱环流相反的经向环流圈。冬季，高原地表是个冷源，为低温高压区，出现与哈得莱环流相似的经向环流圈。它使高原许多地方冬夏季节出现与平原近地表近乎相反的盛行风，称为高原季风。

高原季风破坏了对流层中层的行星风带和行星环流，对环流和气候的影响很大，尤其在东亚和南亚季风区。在冬夏不同的季节，高原季风环流的方向与东亚地区因海陆热力性质差异所形成的季风的方向完全一致，两者叠加起来，使得东亚地区的季风（尤其冬季风）势力特别强盛，厚度特别大。

（三）局地环流

由于受局部环境的影响，如地表受热不均、地形起伏以及人类活动等引起的小范围气流运动，称为局地环流或地方性风系。局部环流主要有海陆风、山谷风、焚风、高原季风及城市热岛环流等。局地环流虽然不能改变大范围气流运行的总趋势，但对小范围地区的气候却有着不可忽视的影响。

1. 海陆风

海陆风是指发生在沿海地区的白天吹海风、夜间吹陆风、以一日为周期的地方性风系（见图7-11）。

海风　　　　　　　　　　　　陆风

图 7-11　海陆风环流

海陆风也是由于海陆的热力性质的差异引起的，但影响的范围仅限于沿海地区。在沿海地区，白天，陆地增温快，陆面气温高于海面，近地面空气上升形成低压，气流从海洋流向陆地，形成海风；夜间相反，陆地降温快，陆面气温低于海面，形成陆风。

海陆风对沿海地区的天气和气候有着明显的影响：白天，海风携带着海洋水汽输向大陆沿岸，使沿海地区多雾、多低云，降水量增多，同时还调节了沿海地区的温度，使夏季不致过于炎热，冬季不致过于寒冷。

海风和陆风转换的时间因地区和天气条件而不同。一般说来，海风开始于9~11时，13~15时最强，之后逐渐转弱，日落后转为陆风。阴天海风要推迟到中午前后才出现。大范围气压场的气压梯度较大时，相应于气压场的风可以掩盖海陆风。海陆风的水平尺度通常为数十千米到上百千米，垂直尺度可达1~2km。

海陆风与东亚季风形成原理基本相同，但季风是以一年为一周期，由海陆间气压的季节变化而产生的。海陆风只是滨海地带海陆间气压日变化产生的一日之内风向转变现象。海陆风多出现在日照强烈、气压梯度较小的地区与季节，所以低纬度区夏季最为显著。但在内陆较大水域的沿岸，同样会产生类似于海陆风的湖风与岸风。

2. 山谷风

在山区，白天从谷地吹向山坡、夜间从山坡吹向谷地，以一日为周期的地方性风系，称为山谷风（见图7-12）。白天，因为山坡上的空气比同高度的自由大气增温强烈，空气从谷地沿坡向上爬升，形成谷风；夜间由于山坡辐射冷却，冷空气沿坡下滑，从山坡流入谷地，形成山风。

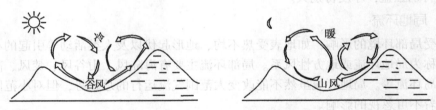

图 7-12　谷风和山风

　　山谷风是山区经常出现的现象，只要周围大范围气压场比较弱，就能出现山谷风。如我国乌鲁木齐南倚天山，北临准噶尔盆地，山风和谷风的交替很明显。一般山风在日出后 2~3 小时转为谷风，午后达最大，日落前 1~1.5 小时转为山风。夏季谷风比山风强，冬季山风比谷风强。谷风出现时，将水汽带到山上，减少谷中湿度而加大山上湿度，甚至形成云雾或降水，山风情况则相反。

　　3. 焚风

　　当流经山地的湿润气流受到山地阻挡时，被迫沿坡绝热爬升，这时按照干绝热递减率降温。当达到水汽凝结高度时，形成云，此后按照湿绝热递减率降温，逐渐形成降水。空气继续沿坡上升，降水也不断发生。当越过山顶以后，空气沿坡下沉增温，水汽含量大为减少，按照干绝热递减率下沉压缩升温。由于干绝热递减率比湿绝热递减率大，过山后的空气温度比山前同高度上空气的温度要高得多，湿度也小得多，形成了沿着背风坡向下吹的既热且干的风，称为焚风（见图 7-13）。焚风无论隆冬还是酷暑，白昼还是夜间，均可在山区出现。我国的太行山、武夷山、西南峡谷等地区以及欧洲的阿尔卑斯山、北美的落基山等山麓地带都是著名的焚风区。

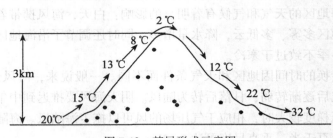

图 7-13　焚风形成示意图

　　焚风效应对山地自然环境的局部差异有重要意义，对植被类型的形成及生态特征、土壤的类型和形成过程都有一定的影响。如我国西南峡谷区的云南怒江谷地呈现出热带和亚热带稀树草原特征的自然环境，与焚风带来的效应是分不开的。

　　4. "城市热岛"和"城市风"

　　城市人口集中，工业发达，居民生活、工业生产及交通工具每天释放出大量的人为热，导致城市热力过程的总效应为：城市的温度一般高于周围的郊区和农村，城市犹如一个温暖的岛屿，称为"城市热岛"。这主要是城市上空通过乱流扩散从暖的建筑物得到显

— 128 —

热，并且吸收城市表面和污染层放出的长波辐射的结果。R. G. 巴里认为，热岛效应对最低温度的影响最为明显，可以使城市的最低温度比周围的郊区和农村高 5~6℃，有些大城市，在适当的条件下（夜间天空少云、清晨几小时无风时），这个差别可大到 6~8℃。城市热岛效应在降水性质上有非常直接的表现，如在同一时间，城市周围的农村正在降雪，但对应着的城市内部降落的却是雨夹雪或雨。随着城市化的快速发展，热岛效应将越来越明显。

由于城市热岛的存在，当大气环流较微弱时，常常引起空气在城市地区上升、郊区下沉，使得城市和郊区之间形成了一个小型的热力环流，称为"城市风"。

5. 布拉风

从比较大的高原或山地向邻近平原倾泻下来的寒冷暴风称为布拉风。它风速大、温度低，又被称为冷的"空气瀑布"。布拉风在俄罗斯的黑海和新地岛等地较显著。冬季在我国的某些山地、高原地区也会有类似布拉风的地方性风系出现。

6. 峡谷风

当空气由开阔地区进入峡谷时，气流加速前进成强风称为峡谷风。在我国的台湾海峡、松辽平原等地，两侧的山岭地形像喇叭管口，从而出现所谓的峡管效应，即峡谷风。

三、气旋和反气旋

大气在气压梯度力的作用下，由高压区流向低压区。在高压中心附近，大气向周围流动，也就是大气的辐散；在低压中心附近，大气由周围向中心集中，也就是大气的辐合。由于地转偏向力的作用，大气的辐合与辐散演变成图 7-14 所示的形式，即形成了气旋、反气旋。

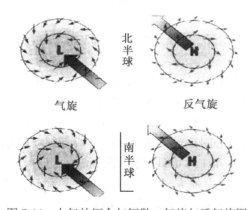

图 7-14　大气的辐合与辐散，气旋与反气旋图

（一）气旋

气旋是中心气压值比四周低的大型水平空气涡旋，又称低压。北半球气旋区域内的空气作逆时针旋转，向中心辐合流动，南半球气旋的空气流动方向相反。气旋强弱以中心气压值大小定论，中心气压值愈低，气旋强度愈强，反之则愈弱。

气旋按发生地区主要分为温带气旋与热带气旋两种。温带气旋是中、高纬度引起天气变化、产生大范围云雨天气的重要天气系统，热带气旋则主要对低纬度地区天气影响较大。

1. 温带气旋

温带气旋指具有锋面结构的低压，也称锋面气旋，主要产生在 45°N~55°N 和 25°N~35°N 两个地方。前者以我国黑龙江、吉林与内蒙交界区最多，通常称做东北低压，又叫北方气旋。后者以我国长江中下游、日本九州西南洋面、日本本州岛南海上最多，通常称做江淮气旋，又叫南方气旋。

锋面气旋移动方向和速度受对流层中层引导气流控制。温带区域上空受西风带环流控制和地转偏向力影响，所以温带气旋通常从西南向东北方向移动，其速度平均为 35~40km/h（慢者 15km/h，快者 100km/h）。锋面气旋在我国活动时间从生成到消失一般为 2 天左右（短者 1 天，长者 4~5 天），以春季最多。一般锋面气旋单个出现较少，一条锋上往往产生 2~3 个或更多个，它们形成气旋族并沿锋线顺次移动，一个气旋经过某区域的平均时间为 5~6 天，个别可达 10 天以上。

发展成熟的锋面气旋天气系统结构模式如图 7-15 所示，在气旋前方为暖锋，后方为冷锋，中间为暖空气区，冷暖锋外围为冷空气区。当气旋自西向东移动通过某一区域时，首先出现暖锋降水天气。风向由东到东南风转向为西南风后再转受单一暖气团控制，出现温度升高的晴好天气。最后当冷锋面控制该区域时出现第一型冷锋降水天气，风向由西南风转为西北风。

2. 热带气旋和台风

热带气旋是夏秋季节形成于热带洋面上，具有强大暖湿空气强烈向中心区辐合抬升的深厚气旋性涡旋。它的来临往往带来狂风和降水强度极大的暴雨天气，并伴有惊涛骇浪和电闪雷鸣，具有很大的破坏力。但有时夏季久旱的内陆地区又盼台风登陆时带来的丰沛降水，以解除旱情。

热带气旋的强度有很大差异。国际气象组织（WMO）规定热带气旋的名称和等级如下：

① 台风（飓风）——地面中心附近最大风速为 ≥32.6m/s（风力 12 级以上）。

② 热带风暴——地面中心附近最大风速 17.2~32.6m/s（风力 8~11 级）。其中，地面中心附近最大风速为 24.5~32.6m/s（风力 10~11 级），称做强热带风暴。

③ 热带低压——地面中心附近最大风速 10.8~17.1m/s（风力 6~7 级）。

我国中央气象局从 1989 年 1 月 1 日执行国际标准。

为识别和及时预报追踪风力强大降水过多的热带气旋（台风）天气，各国气象部门都对它进行命名或编号。我国规定：凡出现在 150°E 以西、赤道以北的热带风暴和台风，按每年出现的早晚顺序编号。如 9903 热带风暴（或台风），表示 1999 年出现在 150°E 以西的第 3 号热带风暴（或台风）。根据中国气象局颁发的 [1999] 86 号文件通知，从 2000 年 1 月 1 日起，我国还将生成于西北太平洋和南海的热带气旋（台风），用 14 个国家拟定的 140 个名字，分别对不同国家海域的热带气旋（台风），按先后顺序命名。如 0003（启德）表示 2000 年第 3 号热带风暴出现在中国香港海域附近。

热带气旋（台风）的特点是：范围小（以最外围的等压线为直径，平均 600~1000km，最大 2000km，最小 100km 左右）、中心气压值低（低于 950hPa，甚至在 900hPa

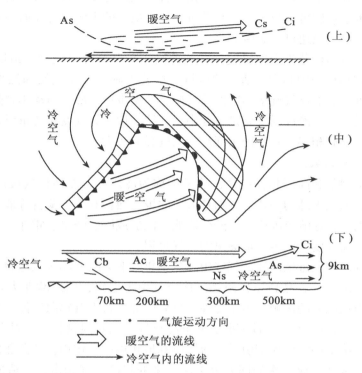

（上图和下图分别表示气旋中心以北和以南（穿过暖区）的剖面
上的云系和空气运动状况，剖面的取向与气旋方向一致）

图 7-15　气旋模式

左右）、气压梯度大、近中心风速大（瞬时风速达 32～50m/s，相当于风力 11～15 级以
上）。北半球热带气旋（台风）的产生，与夏半年 7～10 月间赤道低压北移的东南信风与
东北信风的辐合、海陆热力差异以及副高的弱强等多种因素有关。最初多生成在赤道低压
带气流辐合区、地转偏向力较小的南北纬 5°～20°（尤其 5°～20°纬度带）、海水温度较高
（t>26.5℃）、风微弱的热带洋面上，然后向西或向西偏北或向西北后转向东北方向的陆
上运移。有时台风在移动过程中有左右摆动或打转等奇怪运移路线，显然这同当时的大气
环流流场有关。台风移动的速度平均为 20～30km/h。气旋（台风）过境时，破坏力最强
的是在上升气流极强、由积雨云（Cb）构成的垂直高度为 10～15km 的同心圆状云墙区，
常伴有强烈的暴风雨。云墙区内的台风眼区则为气流下沉、风平浪静、晴朗无云的无雨
区。云墙区外为两条辐合上升的对流云带，向气旋（台风）内输送降水能量。

　　一般风力超过 12 级的热带气旋（台风），除南大西洋外，几乎各热带洋面都有发生。
全球以太平洋地区最多、强度也最大。对我国有影响的热带气旋（台风）主要发生在夏、
秋两季，低纬度地区则全年都有。

　　（二）反气旋

　　反气旋是指占有三维空间的中心气压值高于四周的大型空气水平涡旋，又称高压。北
半球反气旋区域内的空气作顺时针旋转向外围辐散流动，南半球反气旋区域内的空气流动

方向相反。反气旋水平直径也以最外围一条闭合等压线度量，但比气旋大得多。一个发展强盛的反气旋水平尺度可达数千米，几乎可和世界最大的大陆、海洋面积相比拟。强大反气旋四周的地面最大风速可达 20~30m/s。

反气旋按热力结构分为冷性反气旋（或冷高压）和暖性反气旋（或暖高压或副热带高压）两种。按形成原因和主要活动的区域，可分为副热带反气旋和温带反气旋。活动在高纬度大陆近地层的反气旋多属冷性反气旋，即温带反气旋。活动于副热带区域的反气旋，则属暖性反气旋。冷性反气旋是引起中、高纬度地区天气变化的重要天气系统；暖性反气旋则与锋面气旋相伴，对我国东部地区天气影响较大。

1. 冷性反气旋与寒潮

冷性反气旋因常和高压相伴出现，故又可称为冷高压。冷性反气旋产生在极寒冷的中、高纬地区，如北半球的格陵兰、加拿大、北极、西伯利亚、蒙古等地，以冬季影响最明显，势力范围大，影响范围广，常给受影响地区造成剧烈降温、霜冻、大风和降水的寒冷天气，是中、高纬度地区冬季最突出的天气过程。

冷性反气旋出现在近地面浅薄气层中。冬半年欧亚大陆北部区域地表气温极低，南部近东西向的高大山脉（青藏高原）阻挡了冷空气南下退路，因此欧亚大陆成为反气旋活动最频繁、势力最强大的区域。由于冷性反气旋内部盛行下沉辐散气流，又源于气温极低水汽量少的高纬度，所以在内部聚集了大量冷空气后出现风速极小、晴朗少云的天气特征。当冷性反气旋受高空西风带引导气流影响和地转偏向力作用，从西北向东南方向移动时，就能给所经地区造成一次如同寒流滚滚而来的强冷空气袭击，并造成剧烈降温、霜冻、大风、降水等灾害天气，一般称这种大范围强冷空气活动为寒潮。

我国中央气象局规定：以冷空气入侵使气温在 24 小时内下降 10℃ 以上，最低气温降至 5℃ 以下，作为发布寒潮警报的标准。但该标准对南方地区气温未下降到 5℃ 时，已对某些农作物造成很大危害，同时，以上规定未说明气温下降 10℃ 的范围大小。因此中央气象局又补充规定：长江中下游及其以北地区 48 小时内降温 10℃ 以上，长江中下游最低气温 $T_{min} \leq 4℃$（春秋季改为江淮地区最低气温 $T_{min} \leq 4℃$），陆上三个大行政区有 5 级以上大风，三个海区（渤海、黄海、东海）先后有 7 级以上大风，作为发布寒潮警报标准。如果上述区域 48 小时内降温达 14℃ 以上，其余条件同上，则作为强寒潮标准。按以上标准，我国受影响的概率是平均每年 8.6 次，其中有 3~5 次是全国性的寒潮。即冷锋活动不一定都能达到强寒潮标准，而达到标准的一定是十分强大的冷空气（冷性反气旋）活动造成的第二型冷锋过境。如 1995 年 1 月受第二型冷锋活动影响后，我国许多地方（包括海南岛）的气温均出现极端最低值，并伴有严重霜冻、结冰、大风（一般风速达 10~25m/s，相当于风力 5~10 级）等天气现象就属强寒潮。冬春季节由冷性反气旋（第二型冷锋活动）造成的寒潮是纬向环流转变为经向环流时发生的灾害性天气。当强大冷性反气旋影响我国淮河以北时，因空气较干燥很少有降水现象发生；但移至淮河以南暖空气活跃，水汽含量较多的湿润地区时，会带来降水量大的雨雪天气；而在干旱的西北内陆和内蒙等地区则会带来沙尘暴天气。如 1988 年 3 月中旬的一次寒潮影响，给沿江苏以南地区带来了大雪降水过程，缓解了入冬以来的旱情，对小麦等农作物的生长十分有利。1993 年 5 月 5 日发生在河西走廊金昌市的沙尘暴，使一些县发生了严重霜冻和人畜伤亡事件。

2. 暖性反气旋与梅雨

暖性反气旋又称暖高压或副热带高压（简称副高）。常在南、北半球副热带地区沿纬度分布这种高压系统，并受海陆分布影响断裂成若干个具有闭合中心的高压单体。它们主要位于海洋上，常年存在。夏季大陆高原上空出现的青藏高压和墨西哥高压，均属副热带高压。这些高压不是同时都很明显，而是有强有弱，有分有合。副高占据广大空间，稳定少动，是副热带地区最重要的大型天气系统。它的存在和活动，不仅对低、中纬度地区间水汽、热量的输送与交换具有重要的作用，而且对中、高纬度地区环流系统的演变也有重大影响。尤其是西太平洋副热带高压的西部脊，常伸入我国大陆，对我国夏季的天气产生重大影响。

（1）副高的结构与天气。副高处于低纬环流和中纬环流的汇合带上，由对流层中上层气流辐合聚积下沉至地表形成。因此，副高的结构比较复杂，在不同高度，不同季节以及不同地区有所不同。其强度和规模在北半球夏季均增强增大，盛夏时几乎可占北半球面积的 $1/5 \sim 1/4$，冬季则减弱缩小，位置南移东退。

由于副高内部盛行下沉辐散气流，天气以晴朗少云、微风炎热为主。在高压北部、西北部边缘因与西风带天气系统（锋面、气旋、低压槽）交界多形成阴雨天气。而高压南侧是东风气流，晴朗少云，低层湿度大而闷热，但有热带气旋天气系统活动时可能会产生大范围暴雨带和中小范围雷阵雨及大风天气。高压东部受北来气流影响形成厚逆温层，出现少云干燥多雾天气。某地区长期受其控制后，可出现久旱无雨的严重干旱现象，甚至形成沙漠气候。

（2）西太平洋副高的活动及对我国天气的影响。西太平洋副高是对中国夏季天气影响最大的一个大型环流系统。它的位置、强度的变动对中国的雨季、暴雨、旱涝和热带气旋路径等都有很大影响。西太平洋副高的季节性活动具有明显的规律性。冬季位置最南，夏季最北。每年从冬到夏向北偏西移动，强度逐渐增强；从夏到冬向南偏东移动，强度减弱。

副高脊线（等压线曲率最大处连线）冬季位于 15°N 附近，随季节转暖缓慢向北移动，2~5 月，副高脊线稳定在 18°~20°N 附近，华南出现阴雨天气；约 6 月中旬副高脊线第一次北跳跃过 20°N，并在 20°N~25°N 间徘徊，7 月中旬第二次北跳并在 25°N~30°N 之间摆动，7 月底至 8 月初副高脊线跳过 30°N，抵最北位置。9 月后随西太平洋副高减弱脊线自北向南退去，9 月上旬第一次跳回至 25°N 附近，10 月上旬再次回跳至 20°N 以南地区，结束为期一年的南北移动。副高的这种季节性移动，常常是北进时持续时间较长，速度较缓慢，而南撤时却经历时间短，速度较快。

西太平洋副高的活动除了季节性变动外，还有较复杂的非季节性短期变动。在副高北进的季节里，可出现短暂的南退。南退中也有短期的北进，而且北进常常同西伸相结合。南退又常常与东撤相结合。这种非季节性变动大多是受副高周围天气系统活动的影响引起的。

西太平洋副高是向我国输送水汽的重要天气系统。它随季节转暖北上与中纬度南下冷空气形成气旋和锋面后形成大范围阴雨和暴雨天气，是我国东部地区的重要降水带。通常降水带位于西太平洋副高脊线以北 5~8 个纬度，随副高作季节移动。平均每年 2~5 月雨带主要位于华南；6 月位于长江中下游和淮河流域，使江淮一带进入梅雨期（霉雨）；7

月中旬雨带移至黄河流域，江淮流域则转受副高控制，进入天气酷热少雨的伏旱期；7月下旬到8月初雨带移至华北、东北地带；9月上旬副高脊线开始南撤，雨带也相应南移。

梅雨是每年初夏正值梅子成熟时期发生在江淮流域的持续性降水天气。据研究，梅雨的形成机制是：其一，副高脊线稳定在20°N～25°N之间；其二，西风带环流稳定并有弱冷空气源源不断地南下到江淮流域的上空。即每年6月中旬至7月上旬，来自西太平洋副高的东南暖湿气流与中纬度南下的干冷空气，在北纬28°～34°之间（我国长江中下游地区，即湖北省宜昌市以东地带的江淮地区到日本南部）形成锋面后产生的大范围降水。该锋面两边的冷、暖空气势力相当，云系与暖锋云系大体相同，只是锋面坡度更小，故降水区比暖锋更广，降水历时也更长，常被称做准静止锋。其主要天气特点是：锋面很少移动、空气湿度大、气温低、日照少、风速小、天气闷热，常出现时晴时雨、时冷时热、连绵不断的持续性阴雨降水天气。一般梅雨期降水量占全年降水总量的40%～50%。

由于副高势力强弱每年不同和向北推进的速度快慢有别，使降水带稳定在江淮一带的时间长短有很大差别。若副高过强，江淮一带无梅雨降水带，便会形成空梅天气，而受单一副高控制的长江中下游等江淮地区会出现严重的干旱天气现象（如1958年、1978年、1988年）。若副高势力过弱，准静止锋停滞或缓慢移动，长江中下游地区则因降水带控制时间过长而造成大面积洪涝灾害（如1954年、1966年、1991年、1998年）。副高过强或过弱只是个别现象，一般均为正常。当它的活动"异常"时，就将造成中国反常的天气。例如1998年，西太平洋副高第一次北跳偏早，6月下旬，副高脊线明显北移到24°～28°N，并向西伸，雨区移向长江上游和三峡区间，长江上游的岷江、嘉陵江、乌江和金沙江先后普降大到暴雨，6月28日，三峡区间出现大暴雨，雨量超过100mm的降水面积就达2.18万km²。7月上旬副高本应继续北跳，但却突然南撤东移，7月16日至25日，一条东西向的强降水带，笼罩整个长江干流及江南地区，使该区相继连降暴雨、大暴雨和特大暴雨，由于雨带在长江南北拉锯，上下游摆动，以致长江流域发生了自1954年以来又一次全流域的大洪水。而1978年，副高脊线第一次北跳，紧接着又第二次北跳，形成了那一年的空梅，造成江淮流域干旱。这便是我国经常出现"北旱南涝"和"北涝南旱"的主要原因。

当7月份副高脊线再次北跳时，降水雨带从长江流域推移到黄淮流域，长江中下游地区梅雨结束，开始转受西太平洋副高中心控制，进入炎热少雨的盛夏高温季节。

第四节　大　气　降　水

大气降水是水循环的重要环节，实际上是水圈、大气圈和岩石圈之间物质与能量的转换，它使地球上的生命充满活力。

一、大气湿度

大气湿度是指大气中的水分含量的多少，即大气的干湿程度。大气的湿度状况是决定云、雨、雾、雪等天气现象的重要因素。大气湿度的表示方法主要有：

1. 水汽压（e）和饱和水汽压（E）

气态的水分子很小，肉眼看不见，但它有压力。大气中水汽产生的那部分压力，称水汽压，用 e 表示，单位是 hPa（百帕）。大气中水汽含量越多，水汽压越大。反之，水汽压就越小。因此，水汽压是间接表示大气中水汽含量多少的一个量。

大气含水汽的能力随温度升高而增大，在一定温度条件下，单位体积空气中能容纳的水汽量是有一定限度的，超过了容纳能力水汽就会凝结析出。因此，把一定体积空气在一定温度条件下所能容纳的最大水汽量所具有的压力，称该温度时的饱和水汽压，用 E 表示，其单位与水汽压相同。饱和水汽压随温度升高而增大，反之，温度越低，饱和水汽压越小。

2. 绝对湿度（a）和相对湿度（f）

单位体积湿空气所含有的水汽质量，称为绝对湿度，也称水汽密度，用 a 表示，单位是 g/m^3 或 g/cm^3。空气中水汽含量越多，绝对湿度越大。在实际工作中，水汽含量不容易直接测量，在近地面处通常以 e 代替 a。因为在16℃时，两者的数值很接近。但需要注意，两者单位不同。

空气中实际水汽压与同温度下的饱和水汽压之比的百分数，称为相对湿度，用 f 表示，即：

$$f = \frac{e}{E} \times 100\%$$

相对湿度的大小可直接反映出空气距离饱和的程度。水汽压不变时，气温升高饱和水汽压增大，相对湿度减小。夜间多云、雾、霜、露及天气转冷时容易产生云雨等都是相对湿度增大的结果。

3. 饱和差（d）

在一定温度下，饱和水汽压与空气中实际水汽压之差，称为饱和差，用 d 表示。$d = E - e$，单位与水汽压相同。饱和差越大，空气中水汽含量越少，空气越干燥；反之，则越潮湿。

4. 露点（t_d）

空气中水汽含量不变，气压保持一定时，气温下降到使空气中的水汽达到饱和时的温度，称为露点温度，简称露点，用 t_d 表示。空气经常处于未饱和状态，所以露点经常低于气温。在饱和空气中，$t - t_d = 0$；在未饱和空气中，$t - t_d > 0$，$t - t_d$ 差值越大，说明相对湿度越小；反之，相对湿度越大。气温降到露点，是水汽凝结的必要条件。

二、水汽凝结

自然界中水汽凝结现象可以发生在大气中，也可以发生在地面或地面物体上。发生在大气中的水汽凝结现象主要有云和雾；发生在地面或地面物体上的水汽凝结现象主要有露和霜，以及雾凇、雨凇等。

（一）地面凝结物

1. 露与霜

夜晚地表强烈辐射冷却，当气温下降到露点以下，近地面空气中的水汽达过饱和时，在地面或地面物体上（如草、花等），就会出现水汽凝结物，形成露或霜。如果露点在0℃以上，则凝结成的水滴称为露；如果露点在0℃以下，则水汽直接凝华成疏松结构的白色冰晶称为霜。霜通常见于冬季，露见于其他季节。露和霜的形成与天气状况、局部地形等密切相关。一是贴近地层的空气湿度要大。二是要有利于辐射冷却的天气条件。如晴朗无风的夜晚，地面有效辐射强，近地层气温迅速下降到露点，有利于水汽凝结。多云的夜晚，因大气逆辐射增强，使地面有效辐射减弱，近地层气温难以下降到露点，不利于水汽凝结。三是地面或地物不利于传导热量而易于发生凝结，如疏松的土壤表面，植物的叶面等。此外，风速过大的夜晚，因上下空气的湍流混合，近地表气温也难以下降到露点，也不利于水汽凝结形成露或霜。露的水量很小，在温带最多只相当于 0.1~0.3mm 的降水层，热带可达 1~3mm。露的水量虽然有限，但对植物生长却十分有益，尤其在干旱区和干热天气情况下，露常有维持植物生命的功效。例如埃及和阿拉伯沙漠中，虽数月无雨，植物仍可依赖露水生长发育。

霜和霜冻有一定区别，霜是指白色疏松的固态水汽凝结物；霜冻是指温度下降到足以引起农作物受害或死亡的低温。有霜一般会发生霜冻，因为多数作物的临界生长点是 0℃以上，但有霜冻时未必有霜，因为有些作物气温虽未到 0℃，即开始枯萎或死亡（如某些热带经济作物）。若贴地层气温虽然低于 0℃，但空气未饱和，没有白色晶体凝结出现，此现象叫黑霜；有霜冻且同时有霜的叫白霜或盐霜。我们需要防御的是霜冻而不是霜，尤其是初霜冻或终霜冻对农作物及植物的危害较大。

2. 雾凇和雨凇

雾凇是积聚在地面物体（树、电线杆等）迎风面上呈针状和粒状的一种白色疏松的微小固体凝结物，俗称"树挂"。它常出现在风小、有雾、湿度高的寒冷天气里，多见于我国高寒山区以及东北地区的冬季。如长白山的天池平均每年有 180 天可见到雾凇。雾凇和霜形状相似，但形成过程有别。霜主要形成于晴朗微风的夜晚，而雾凇可在任何时间内形成。霜形成在强烈辐射冷却的水平面上，雾凇主要形成于垂直面上。

雨凇是形成于地面或地物迎风面上的光滑透明或呈毛玻璃状的紧密冰层，俗称"冰凌"。雨凇的形成通常是在温度为 0~-6℃ 时，由过冷却雨、毛毛雨接触物体表面形成；或是经长期严寒后，雨滴降落在极冷物体表面冻结而成。雨凇可发生在水平面上，也可发生在垂直面上，并以迎风面聚集较多。雨凇现象以山地和湖区多见。如峨眉山平均每年有雨凇 135 天之多。

雾凇和雨凇是一种灾害性天气。它能压断电线、折损树木，对输电、通信、交通、农业生产等影响较大。特别是雨凇的破坏性更大，坚硬的冰层使被覆盖的庄稼糜烂、牲畜无草可吃，道路变滑，农牧业和交通运输受损。如山东临沂一次雨凇，1m 电话线上冻结物的冰层重达 3.5kg，造成通信电线折断，损失很大。

（二）空中凝结物

空中的凝结物（雾和云）是由大量的小水滴、小冰晶或者由两者混和构成的可见集合体。高悬于空中的称为云。雾形成后直接与地表相接触。通常在同一地区，山上形成浓雾，山下见到的则是云。

1. 雾

雾是飘浮在近地面空气中的大量水滴或冰晶，使大气的水平能见度小于 1km 的物理现象。当水滴显著增多时，空气呈混浊状态。雾对能见度的影响很大，常妨碍交通，尤其是对航空运输影响较大。当空气中悬浮的烟、尘等极微小的干燥尘粒较多时，也能导致能见度变坏，这种现象则称为霾。在城市或大工业区有时可见到霾。

雾形成的条件取决于空气的冷却过程。依据不同的成因，一般可将雾分为辐射雾、平流雾、蒸汽雾、上坡雾和锋面雾五种，其中最常见的是辐射雾和平流雾。

雾的地理分布，一般是沿海多于内地，高纬多于低纬。沿海多平流雾，内陆多辐射雾。因为沿海地区水汽较内陆丰富，而高纬比低纬气温低，这些都有利于近地面气层达到饱和状态。雾对植物的生长非常有利，尤其在干旱的秋冬季节，它可增加土壤水分，减少植物蒸腾。如我国云南南部高原盆地有明显干季，辐射雾补偿了植物缺雨现象，对植物生长十分有利。但浓雾对城市交通或海上交通、高速交通等有较大影响和危害。

2. 云

云是高空中的水汽凝结现象。不同高度、不同形态的云是水圈中水循环的必经之路，它的发生发展和变化伴随着能量的转化及一定的天气过程，因此云常被称做"天气招牌"。

从本质上说，云和雾没有区别，都是由水汽凝结（凝华）而成的细小水滴或冰晶组成的可见集合体。两者的形成条件也都差不多，都是要有充沛的水汽、有利的冷却条件和有凝结核。但对形成云来说，降温是主要的，而且以绝热降温为主；而对形成雾来说，降温与增湿同样重要，而且大气层结要稳定，便于水汽积存于近地面，且风力微和、湍流适中，使冷却作用扩展到较厚的气层和支持悬浮的水滴，不至于使上层热量下传而妨碍下层空气的冷却。

三、大气降水

从云中降落到地面上的液态水或固态水，统称为大气降水，包括雨、雪、霰、冰雹等。

（一）降水类型

降水的类型可按不同方式进行划分。若按降水的物态，可分为雨、雪、霰、雹等；按降水的性质，可分为连续性降水、阵性降水和毛毛雨；按降水的强度，可分为小雨—特大暴雨，小雪—大雪。这里主要介绍降水的成因分类，按降水形成的原因可分为对流雨、地形雨、锋面雨、气旋雨和台风雨等。

1. 对流雨

近地面气层强烈受热，引起近地面空气急剧上升，绝热冷却迅速达到水汽饱和所形成的降水，称对流雨。这类降水多以暴雨形式出现，并常伴有雷电现象，故又称热雷雨。在赤道地区，全年以对流雨为主，我国则在夏季常见。

2. 地形雨

暖湿气流在移行过程中，遇到较高的山地，被迫在迎风坡抬升、绝热冷却而形成的降水，称地形雨。在山的迎风坡常形成多雨中心，而山的背风坡因水汽早已凝结降落，且下沉增温，将发生焚风效应，降水很少，形成雨影区（见图7-16）。世界年降水量最多的地方基本上都与地形雨有关。如印度的乞拉朋齐，年平均降水量为12665mm，绝对最高年降水量为26461mm。

3. 气旋雨

气旋中心气压低，空气辐合上升绝热冷却凝结成雨，称气旋雨。气旋的规模较大，因此产生降水的范围较广，降水时间也较长。

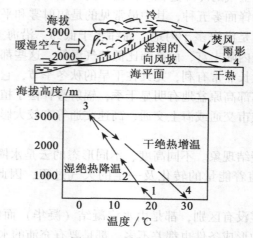

图 7-16　地形雨和焚风

4. 锋面雨

冷暖气团相接触，暖湿气流沿锋面抬升冷却，到凝结高度便产生云雨，称锋面雨。其特点类似气旋雨，降水范围广，持续时间长。温带地区，锋面雨占有重要地位。

5. 台风雨

台风是产生于热带海洋上的一种大型空气旋涡。台风中心气压很低，气流螺旋式强烈上升，产生高耸的云墙和狂风暴雨，称台风雨。我国东南沿海地区，常遭台风侵袭。台风雨和对流雨的性质比较近似，但对流雨较普遍且一般强度较弱，范围较小，台风扰动剧烈且范围很大，半径可达数百千米。台风雨的产生仅限于夏、秋两季，有时可造成灾害。

（二）降水变化

1. 降水强度

从云中降到地面的液态水和固态水，未经渗透、蒸发和流失而在水平面上积聚的水层深度（或厚度），称为降水量，以毫米（mm）为单位。不同时间的降水量，常表示为日、月、年降水量，月、年平均降水量及多年（日、月）平均降水量等。

降水时间是指一次降水过程从开始到结束持续的时间，用日、时、分表示。

单位时间内的降水量称为降水强度。通常取 10 分钟、1 小时或 24 小时时间内的降水量作为划定降水强度的指标，也可依部门需要而定。降水强度是水利、交通和建筑工程等设计的依据之一，具体表达式为：

时间降水强度＝该时段内降水量（mm）/历时（分或时、日）

最大降水强度＝每场雨历时最大降水量（mm）/历时（分或时、日）

中央气象台将降水强度划分为七个等级（见表 7-4）。大暴雨的日降水量一般达 100～200mm，特大暴雨的日降水量达 200mm 以上。一般台风雨 24 小时降水总量多在 300mm以上。如 1975 年 8 月河南省泌阳县林庄地区的特大暴雨，三天降水量达 1605mm，为多年平均降水量的 2 倍以上，造成特大洪灾。

表 7-4　　　　　　　　　　　　　　降水强度等级

等级	24 小时强度等级（mm）	等级	24 小时强度等级（mm）	等级	24 小时强度等级（mm）
小雨	10	暴雨	>50	大雪	>5.0
中雨	10~24.9	小雪	≤2.5		
大雨	25~49.9	中雪	2.5~5.0		

2. 降水的日变化

降水的日变化在很大程度上受地方条件制约，可大致分为两大类型：

（1）大陆型。中纬度大陆性气候条件下，降水的特点是有两个最大值，分别出现在午后和清晨；两个最小值，分别出现在夜间和午前。这是因为午后上升气流最为强盛，多对流雨；清晨，则相对湿度最大，云层较低，稍经扰动即可降雨。午夜前后，气温直减率小，气层稳定，降水机会少；上午 8~10 时左右，相对湿度已没有早晨大，对流未达到最盛，所以降水的可能性亦小。

（2）海洋或海岸型。其特点是一天只有一个最大值，出现在清晨，一个最小值，出现在午后。因为午后海面温度低于气温，大气低层稳定，难以形成云雨；夜间，海面温度高于气温，大气不稳定，易促使对流发展，产生云雨。

3. 降水的季节变化

降水季节变化因纬度、海陆位置、大气环流等因素而不同。赤道附近地区，降水全年分配比较均匀，但在春分、秋分月份相对较多。北半球温带大陆西岸，降水全年分布均匀；而大陆东岸降水则主要集中于夏季；地中海区域，降水主要集中在冬季；而同纬度的大陆东岸则主要集中在夏季。我国东部，降水集中在夏季，而且，南方雨季长，北方雨季短。雨季愈短，夏雨愈集中。如广州夏季降水量占全年降水总量的 46.5%，冬季占 9%。北京夏季降水量占全年的 75%，冬季只占 1.7%。降水的季节分配对水资源的有效利用有重大影响。

全球降水的年内变化大致可分为：赤道型、海洋型、夏雨型、冬雨型四种类型。

（1）赤道型。南北纬 10° 以内的赤道地区，春秋分前后，太阳直射，对流旺盛，降水较多，冬、夏至期间，太阳高度小，对流减弱，降水较少。

（2）海洋型。中纬度大陆西岸海洋性气候地区，常年受来自海洋的暖湿西风气流影响，低纬度的大陆东岸及海岛，常年受来自海洋的信风影响，年内降水量分配均匀。

（3）夏雨型。中纬度大陆和季风气候区，夏季热对流和受来自低纬暖湿海洋的夏季风影响，夏季降水丰沛，冬季降水稀少。

（4）冬雨型。南北纬 30°~40° 的大陆西岸地区，受西风和副热带高压交替控制，冬季有大量降水，夏季炎热干旱。

4. 降水变率

降水量的年际变化，通常用降水变率来表示。

降水变率（C_v）是各年降水量的距平数与多年平均降水量之比的百分数。其关系式为

$$C_v = （距平数/平均数）\times 100\%$$

式中：平均数为某地多年平均降水量；距平数为当年降水量与多年平均降水量之间的差值，用平均距平数计算就得出平均变率。如庐山多年平均降水量为 1833.5mm，多年平均距平数为 288.7mm，平均降水变率为 16%。

降水变率表征某一地区降水的稳定性与可靠性。变率愈小，表明年际间降水量愈接近平均数，稳定性和可靠性大；相反表示降水愈不稳定，其可靠性小。一般沿海多雨区的降水变率小，各年降水量较接近多年平均数。内陆少雨区降水变率大，各年降水不是多便是少，稳定性差，可靠性小。我国降水变率基本上是南方小于北方，沿海小于内陆，西南季风区小于东亚季风区。一般长江以南在 20% 左右，黄淮之间为 20%～30%，华北达 30%，西北内陆超过 40%，吐鲁番接近 60%，为全国降水变率最大之地，西南季风区最小仅10% 左右，青藏高原为 10%～20%。降水变率对降水量稀少的大陆内部干旱地区已无实际意义。

（三）降水地理分布

全球降水的地理分布受地理纬度、海陆位置、大气环流、地形等多种因素的影响。世界年降水量分布总的特点是低纬度地区降水量多，高纬度地区降水量少，但各纬度带降水量很不均匀，全球降水大致分为以下四个基本降水带。

1. 赤道多雨带

赤道及其两侧海面辽阔，太阳终年接近直射，蒸发强，对流旺盛，是全球降水量最多的地带，年降水量一般为 2000～3000mm，个别地区和山地迎风坡可达 3000～4000mm，甚至更大，如哥伦比亚中部的阿诺利（7°N）年降水量为 7139mm。

2. 副热带少雨带

受副热带高压控制，年降水量一般不足 500mm，尤其大陆西岸与大陆内部有些地方只有 100～300mm，为荒漠相对集中地。但本带受季风环流和地形等影响，少数地区降水量十分丰富。如喜马拉雅山南麓迎风坡上的乞拉朋齐（25°N）年平均降水量高达12665mm，1860 年 8 月～1861 年 7 月的年降水量为 26461mm，是全球年降水的最高值区。我国东南沿海一带，因受东亚季风和台风影响，以季风雨和气旋（台风）雨为主，年降水量通常在 1500mm 左右。

3. 温带多雨带

西风带控制的中纬度地区，受锋面活动影响，年降水量一般在 500～1000mm。大陆西岸终年受来自海洋的暖湿西风气流影响，锋面气旋活动频繁，降水量较多，大陆东岸受季风影响，降水量也较多，但西岸比东岸降水更丰富。如智利西海岸（42°S～54°S）年降水量达 3000～5000mm。

4. 极地少雨带

受极地高压控制，气温很低，蒸发微弱，年降水量一般低于 300mm。

某地区的年降水量多少与湿润程度是两种概念。该地的湿润系数（K）为年降水量（R）与蒸发量（E）之比，$K=R/E$。若 $K \geq 1$，多为湿润地区；若 $K<1$ 为半湿润、半干旱或干旱地区。如赤道带属湿润地区，副热带属半干旱、干旱地区，高纬地带水汽含量不算多，却因气温低、蒸发微弱反为湿润、较湿润地区。

第八章　气候与环境

第一节　气候形成

　　气候是指在太阳辐射、大气环流和地表环境等因素的相互作用下，一定地区在长时间尺度下的常见和特有天气状况的综合。反映的是气温、降水等各种气象要素长期的平均统计特征。由于各地区接受的太阳辐射量不同，大气环流状况及下垫面性质各不相同，造成了不同地区的气候差异显著。

一、气候形成的太阳辐射因素

　　太阳辐射是气候系统的能源，大气物理过程与大气物理现象的基本动力，是气候资源中的热能之源。地球表面各纬度地带每年获得的太阳辐射总量主要取决于太阳光照时间和太阳高度角两个基本因素，其中以年为单位的太阳光照时间因素的影响几乎可以略去不计，因而太阳高度角随纬度增加而递减的纬度变化成为形成各纬度不同气候特点的最根本因素。各纬度地带的年辐射总量与年平均气温具有十分明显的对应关系（见表 8-1），决定着全球气候的纬度地带性分布及其纬向变化规律。

表 8-1　　　　　　　　　　　　　　北半球太阳辐射和气温分布

纬度/φ	0°	10°	20°	30°	40°	50°	60°	70°	80°	90°
年辐射总量/kJ·cm^{-2}	1 342	1 325	1 269	1 183	1 062	920	763	635	575	557
年平均气温/℃	32.8	31.6	28.2	22.1	13.7	2.6	-10.9	-24.1	-32.0	-34.8

二、气候形成的大气环流因素

　　大气环流不但调整了全球范围内地-气系统辐射差额、中低纬地带的热量盈余与中高纬地带的热量亏损，还调整了全球大气降水的分布。表 8-1 显示了全球年辐射和年平均气温的纬度地带性变化规律，它们决定了地球表面从赤道向极地的纬向气候变化规律。大气环流把海洋上空的大气水分向陆地上空输送，不仅大大增多了陆地上的大气降水，而且构成了大体与海岸线相平行并向内陆以湿润、半湿润、半干旱、干旱为主要标志的气候类型。虽然气候带和气候类型的分布并不总是十分规则，但基本如此。而区域性大气环流及部分地方性大气环流，造成许多地方特有的天气状况和气候类型。如法国波尔多（45°N）与俄罗斯的符拉迪沃斯克（约 43°N）所处纬度相近，但 1 月多年平均气温前者（5℃）

要比后者（-13.5℃）高18.5℃左右。形成较暖冬天和寒冷冬天的气候差异的原因是：波尔多位于大陆西岸，冬季盛行北大西洋上空过来的暖湿西风气流；而符拉迪沃斯克位于大陆东岸，冬季盛行来自大陆内部的干寒西北气流。

三、气候形成的地表环境因素

地表环境因素是大气的主要热源和水源，又是低层大气运动的边界面，它对气候形成的影响十分显著。地表环境因素包括地理纬度、海陆分布、地形、地表组成、洋流、河湖水体和冰雪覆盖等。就地表环境的差异性及其对气候形成的作用来说，海陆间的差异是最基本的。海陆间通过热力和动力作用影响大气，改变大气中的水、热状况，影响环流的性质、强弱，形成海陆间的气候差异。

（一）海陆分布与气候

1. 海陆分布与气温

前已述及，由于海陆热力性质不同，在同样的太阳辐射下，它们增温和冷却存在很大的差异。海洋增温慢，降温也慢，具有冬暖夏凉的气候特征。冬季，海洋上水温比气温高，海上风速较大，故蒸发强，提供大气的潜热多，相对于大陆而言，海洋是大气的热源，大陆是冷源。夏季，海洋获得的净辐射虽然也较大，但海洋水温比气温低，风速又较冬季小，通过显热方式供给空气增温的热量很少，而这时大陆的低纬度干旱区提供空气增温的显热很多，例如非洲、阿拉伯干旱区，相当于同纬度海洋上的155倍。海水蒸发又比冬季小得多，提供给空气的潜热也远较冬季少，因此，相对大陆来说，夏季海洋是一个冷源，大陆是热源，使海陆气温分布随季节和纬度而变化。

就全球而言，由于北半球海洋面积相对比南半球小，所以冬季平均气温北半球（8.1℃）比南半球（9.7℃）低，夏季平均气温北半球（22.4℃）比南半球（17.1℃）高。全年平均，高纬度因受大陆的影响，使冬季降温比夏季升温显著，故年平均气温较低，低纬度受大陆的影响，使夏季升温比冬季降温显著，使年平均气温较高。就北半球而言，冬季（1月），大陆温度低于海洋，夏季（7月），大陆温度高于海洋，转变月份分别在5月和10月。如1月从海面到对流层上层的气温，亚非大陆比太平洋低；7月相反，大陆气温比海洋高。海陆温差因纬度和季节而异。

由于海陆温度时空分布的不均匀，从而产生了气压梯度，形成了周期性的季风和海陆风，影响天气和气候。

2. 海陆分布与大气水分

（1）对蒸发和空气湿度的影响。大气中的水分主要来自下垫面的蒸发，海洋水源充足，蒸发量远比同纬度的大陆多。例如，冬季太平洋上的蒸发量比我国东部大7倍。水汽源源不断输入大气，所以距海愈近，空气含水汽量愈多，反之愈少。但因地面干湿状况、植被、河湖分布等的影响，大陆中心也具有一定的水汽，而且水汽含量多少还随温度和气流状况而异。盛夏6~9月，东亚、南亚在湿热的夏季风影响下湿度较大，而太平洋却为相对干区。

（2）对云、雾的影响。沿海地区多云，中高纬度地区西风带，向海岸云量增大，向内陆云量减少，我国东南沿海、西南山地云量大，向西北内陆减少。海上雾日多，以平流雾为主。因为海上空气潮湿，只要有适当的平流将暖湿空气吹到较冷的海面，下层空气变冷，极易达到饱和而凝结成平流雾。海雾全年皆有出现，以春夏相对较多，维持时间较长，尤其是冷洋流表面及其迎海风的沿岸地带，平流雾较多，维持时间较长。大陆内部雾少，以辐射雾为主，多见于秋冬季，夜间或清晨出现，日出后逐渐消散。沿海地区多平流辐射雾。

（3）对降水的影响。海陆分布对降水的影响比较复杂。海洋上空气中水汽含量虽多，但不一定多雨；因为要形成降水还必须有足够的抬升条件，使湿空气上升冷却才能凝云致雨。一般而言，大陆上受海风影响的区域，水汽充沛，降水量会比同纬度的内陆或背海风的区域多。年降水量有由沿海向内陆递减的趋势。但各地区不同季节降水差异悬殊。

低纬度大陆、太阳高度大时多雨，因为地面受热强烈，易造成热对流，多对流雨。高纬度大陆东部夏季降水多，因夏季风从海洋吹向大陆，空气的绝对湿度相对湿度都比较大。随纬度增高，降水愈集中夏季，例如广州夏季降水占全年的 46.5%，北京占 75%。中纬度大陆西岸，冬季多雨，因为暖湿的极地海洋气团进入冷的陆地，易凝结降水，冬季气旋活动频繁。气旋雨也较多。春季和初夏少雨，因为此时，极地海洋气团相对较冷，向东伸入大陆内部时，海洋气团变性，空气愈来愈干燥，降水量逐渐减少。最大降水量也从冬移到夏，最小降水量从夏移到冬，到了大陆中心就形成干旱的沙漠气候。北半球大陆面积大，特别是欧亚大陆东西延伸范围很广，内陆地区难以受到海洋气团影响，所以出现大片干旱、半干旱气候区。而南半球由于大陆面积较小，内陆干旱区域也相应比北半球小。

（二）海-气相互作用

1. 厄尔尼诺/南方涛动（ENSO）

"厄尔尼诺"一词源自西班牙文"El Nino"的音译，原意是"圣婴"。用来表示在南美西海岸（秘鲁和厄瓜多尔附近）向西延伸，经赤道东太平洋至国际日期变更线附近的海面温度异常增暖的现象。在正常年份，此区域东向信风盛行。赤道表面东风应力把表层暖水向西太平洋输送，在西太平洋堆积，从而使西太平洋的海平面上升，海水温度升高。而东太平洋在离岸风的作用下，表层海水产生离岸漂流，造成这里持续的海水质量辐散，海平面降低，下层冷海水上翻，导致这里海面温度的降低。上翻的冷海水营养盐比较丰富，使得浮游生物大量繁殖，为鱼类提供充足的饵料。鱼类的繁盛又为以鱼为食的鸟类提供了丰盛的食物，所以这里鸟类繁多。赤道东太平洋地区由于海水温度低，水温低于气温，空气层结稳定，对流不宜发展，降雨偏少，气候偏干；而赤道西太平洋地区由于海水温度高，空气层结不稳定，对流运动强烈，降水较多，气候湿润。当东向信风异常加强时，赤道东太平洋海水上翻异常强烈，降水异常偏少；而赤道西太平洋海水温度异常偏高，降水异常偏多，即所谓的拉尼娜事件。可是每隔数年，东向信风减弱，西太平洋冷水上翻现象消失，表层暖水向东回流，导致赤道东太平洋海平面上升，海面水温升高，秘鲁、厄瓜多尔沿岸由冷洋流转变为暖洋流。下层海水中的无机盐类营养成分不再涌向海面，导致当地的浮游生物和鱼类大量死亡，大批鸟类亦因饥饿而死，形成一种严重的灾害。与此同时，原来的干旱气候转变为多雨气候，甚至造成洪水泛滥，科学工作者将其称为"厄尔尼诺"现象（见图 8-1）。

厄尔尼诺和拉尼娜对气候均有极大的影响，它们对我国气候的影响主要表现在：

① 厄尔尼诺年，东亚季风减弱，中国夏季主要季风雨带偏南，江淮流域多雨的可能性较大，而北方地区特别是华北到河套一带少雨干旱。拉尼娜年正好相反。

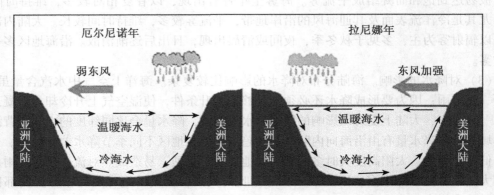

图 8-1 厄尔尼诺和拉尼娜现象 （王建，2001）

② 在厄尔尼诺年的秋冬季，北方大部分地区降水比常年减少，南方大部分地区降水比常年增多，冬季青藏高原多雪。拉尼娜年的秋冬季我国降水的分布为北多南少型。

③ 在厄尔尼诺年我国常常出现暖冬凉夏，特别是我国东北地区由于夏季温度偏低，出现低温冷害的可能性较大。拉尼娜年我国则容易出现冷冬热夏。

④ 在西太平洋和南海地区生成及登陆我国的台风个数，厄尔尼诺年比常年少，拉尼娜年比常年多。

厄尔尼诺和拉尼娜对全球气候的影响，以环赤道太平洋地区最为显著。在厄尔尼诺年，印度尼西亚、澳大利亚、印度次大陆和巴西东北部均出现干旱，而从赤道中太平洋到南美西岸则多雨。许多观测事实还表明，厄尔尼诺事件通过海气作用的遥相关，还对相当远的地区，甚至对北半球中高纬度的环流变化也有一定影响。研究发现，当厄尔尼诺出现时，将促使日本列岛及我国东北地区夏季发生持续低温，并在有的年份使我国大部分地区的降水有偏少的趋势。

此外，厄尔尼诺还常常抑制西太平洋热带风暴的生成，使得东北太平洋飓风增加。拉尼娜的气候影响与厄尔尼诺大致相反，其影响程度及威力较厄尔尼诺小。拉尼娜出现时印度尼西亚、澳大利亚东部、巴西东北部、印度及非洲南部等地降雨偏多，而在太平洋东部和中部地区、阿根廷、赤道非洲、美国东南部等地易出现干旱。

与厄尔尼诺事件密切相关的环流还有南方涛动（Southern Oscillation，简称SO），指南太平洋副热带高压与印度洋赤道低压这两大活动中心之间气压变化的负相关关系，即南太平洋副热带高压比常年增高时，印度洋赤道低压就比常年降低，两者气压的变化有"跷跷板"现象，故称为涛动。南方涛动与厄尔尼诺之间，存在内在成因上的联系，因而又将两者合称为ENSO。ENSO的主要特征是当赤道东太平洋海水温度出现异常升高时，南方涛动指数SOI却出现异常低相位（塔希提岛气压与达尔文气压差减小）。关于赤道东太平洋海水温度达到怎样的正距平，才算厄尔尼诺出现，目前还没有统一的标准，但大体上连续三个月赤道东太平洋海水温度正距平在0.5℃以上或其季距平达到0.5℃以上，就可认为发生了厄尔尼诺事件。如果达到上述数值的负距平，则为反厄尔尼诺事件（拉尼娜事件）。

近年来的观测研究发现，在低纬度太平洋上不仅在南半球存在着以180°日界线为零线的东西气压的反相震荡，在北太平洋亦有类似的震荡，称为"北方涛动"，可总称为"低纬度涛动"。

以上分析可见，所谓 ENSO 现象，并不是哪一个半球的行为，而是两个半球大气环流作用下，低纬度大气-海洋相互作用的现象。大气环流（信风强度）的改变，引起洋流的变化、海平面的升降、海水的上翻或者下沉，导致海面水温的变化。海面水温的变化，又反过来引起大气环流的变化（气流上升或者下沉），从而导致气候的变化（干旱或湿润）。

2. 瓦克环流

由于赤道太平洋地区存在着大尺度东西向热力不均匀，正常年份西暖东冷，东太平洋赤道以南的冷水带，海面温度距平达-8℃，海气相互作用，产生大气沿赤道方向的气压差，海平面的气压梯度是向西的，气流向西流动，一直到达温暖的西太平洋，并在那里从温暖海水中得到充沛的水汽供应，被加热变成一支湿热的大尺度上升气流，它上升到对流层上层之后，由于水平气压梯度是向东的，因而折向东流去，最后在南美洲以西的洋面下沉，形成一个东西向的闭合热力环流圈。热源地区空气上升流到热汇地区下沉，地面吹东风，高空吹西风，称瓦克环流。

暖水年，瓦克环流弱，纬向环流东缩，下沉区东移，赤道干旱带东缩，中太平洋为上升区，整层吹东风，多雨。西太平洋出现瓦克反环流，是中太平洋上升，西太平洋下沉，地面吹西风，高空吹东风。此时，我国降水偏少。相反，冷水年，瓦克环流强，下沉区向西发展，东部干旱带向西伸展，中太平洋少雨干旱。

综上所述，厄尔尼诺、南方涛动、瓦克环流，都是低纬度海-气相互作用的现象，它们之间相互联系、互相制约，是一个有机整体。南方涛动低指数时期，赤道东太平洋海温高、气压低，副热带高压减弱，先是东风减弱，海水涌升减弱，再是东太平洋变暖和赤道东西向温度对比减小，最后导致瓦克环流减弱。下沉区东缩，赤道干旱带东缩，中太平洋为上升区，多雨。南方涛动高指数时期，东太平洋气压高，副热带高压加强、西伸，位置偏南。

东西向气压梯度加大，东风加强，涌升加强，赤道东西太平洋温度对比加大，从而导致瓦克环流加强，下沉区向西发展，东部干旱带向西伸展，中太平洋也少雨干旱，上升区西移。ENSO 是低纬度地区海气相互作用的现象，对气候的影响以环赤道太平洋地区最为显著。

因此，海-气相互作用通过热量交换（显热交换、潜热交换、有效辐射）、动量交换、物质交换等物理过程，使海洋给大气输送热量和水分，推动大气的运动，通过摩擦效应，风吹动海水流动，产生洋流；深层冷水上翻，海面温度下降，影响大气层气压的变化，产生辐合与辐散、上升与下沉运动，影响纬向和经向垂直环流。环流和洋流的作用，使海洋的水分、二氧化碳、氯化钠等盐分进入大气，大气的二氧化碳气溶胶等进入海洋，互相调节，达到海-气之间的辐射和热量平衡，制约大气环流和洋流，影响大气温度、云和降水，形成变化多样的天气和气候。

（三）地形与气候

陆地上地面起伏不平，影响气候的地形因素有海拔、山脉走向、长度、坡向、坡度、地表形态、组成物质等。它们对太阳辐射、空气温度、湿度和降水等都有影响。不同的地形地势，对气候的影响不同，高大的山脉和高原对气候的影响尤其明显。

1. 地形对辐射状况的影响

高山和高原，当海拔增高时，由于太阳辐射通过大气的路程缩短，空气变稀薄、干洁，水汽和悬浮物质相应减少，故对太阳辐射的吸收、散射减弱，短波辐射耗损较少，使到达地面的总辐射量增加。例如，1979 年 8 月，我国秦岭太白山观测到 3760m 处的太阳总辐射量比 400m 处多 24%。坡地由于太阳光入射角度不同，不同坡向的辐射到达量有差异，一般阳坡获得的辐射量大于阴坡。受坡度、季节和纬度的影响，辐射到达量也不同。

高山积雪地区对太阳辐射的反射率大，吸收率小。山地的地面辐射比大气逆辐射大，地面有效辐射往往随高度升高而增大。其增大速率较之直接辐射为大。而且太阳直接辐射仅限于白昼，有效辐射是日夜进行。所以高山、高原地区辐射能收支比低地大，净辐射比低地小，而且也因坡向、坡度和季节而异。

2. 地形对气温的影响

地形对气温的影响可以从两个方面考虑。一方面高大绵亘的山系、高原，如青藏高原、天山、秦岭等，阻碍大气运动，对寒流和热浪有阻障作用，引起气流速度和方向的改变，从而影响大范围的气温分布。例如，由于天山的屏障，使天山南北每个纬距的温差达 7.9℃，而同纬度的东部平原上，每个纬距的温差只有 1.5℃。秦岭山脉阻隔，岭南安康，1 月平均气温比岭北的西安高 4.2℃。四川盆地周围高山环绕，冷空气难以进入，冬季盆地内十分温暖，1 月平均气温比同纬度的东部平原高出 3~4℃，川西、云南地区则更为温暖。因为来自西伯利亚的冷空气，到达青藏高原和云南高原东坡时，强度和厚度已大大减弱。

另一方面，山地本身由于辐射收支和热量平衡具有其独特的复杂性和多样性，因此对气温的影响也非常明显。首先，山地气温随海拔高度增加而下降。但递减率因季节、坡向、高度等不同而有差异。我国多数山区，夏季气温递减率大于冬季，平均 1 月份为 0.4~0.5℃/100m，7 月份为 0.6℃/100m，但亦有部分地区因局部气候条件特殊而异。由于坡向不同，日照和辐射条件各异，导致土温和气温都有明显的差异。在我国多数山地都是南坡温度高于北坡。"南岭二枝梅，南枝向暖北枝寒，一样春风有两般"，便是南北坡温差悬殊的真实写照。

地形的凸凹和形态不同，对气温也有不同影响。凸起的地形，如山峰，气温日较差、年较差比凹陷的地形小（如盆地、谷地）。因此，不同的地形和地势，具有不同的气候特征，会产生各种各样的局地气候类型。

3. 地形对降水的影响

地形既能促进降水的形成，又能影响降水的分布，一山之隔，山前山后往往干湿差异悬殊，使局地气候产生显著差异。

地形对降水的形成有一定的促进作用。当暖湿不稳定的气流在移行过程中，遇到山系的机械阻障时，引起气流抬升，加强对流，容易生成云雨。地形促进降水形成的主要机制是：

①山脉对气流的机械阻障，强迫抬升，加强对流，促进凝云致雨。

②山地阻挡气团和低值系统的移动，使之缓行或停滞，延长降水时间，增大降水强度。

③当气流进入山谷时，由于喇叭口效应，引起气流辐合上升，促进对流发展形成云雨。

④山区地形复杂，各部分受热不均匀，容易产生局部热力对流，促进对流雨或热雷雨的生成。

⑤山地崎岖不平，因摩擦作用产生湍流上升，也会促进降水。

在上述因素的共同作用下，使山地降水量比平原增多，但分布极不均匀。

地形对降水分布的影响十分复杂，大致可从两方面加以考虑：一方面是高大地形影响四周大范围的降水分布，如青藏高原对亚洲降水分布的影响范围广阔。另一方面，地形本身各部分降水分布差异悬殊。

①高原内部降水量随海拔增高而递减。因为海拔增加，大气水分含量相对减少。所以在辽阔的高原内部，降水量一般较少，例如，青藏高原内部，年降水量仅 70～80mm。

②山地降水量随海拔增高而增多，但有一个最大降水量高度，超过此高度，山地降水不再随高度递增，最大降水高度因气候干湿而异。湿润气候区，最大降水高度低，降水量也大；干燥气候区，最大降水高度大，降水量少。例如，喜马拉雅山最大降水高度为1000～1500m，阿尔卑斯山为2000m，中亚地区为3000m。在同一气候条件下，不同山脉，或同一山脉不同坡向、不同季节最大降水高度也不同。

③迎风坡多雨，为"雨坡"，背风坡少雨，为"雨影"。例如，我国台湾山脉，东、北、南三面都迎海风，降水丰沛。年降水量都在2000mm以上，其中台北的火烧寮年降水量多达8408mm。青藏高原南坡迎西南季风，降水量也十分丰沛。恒河下游和布拉马普特拉河流域，年降水量普遍在3000mm以上。

④山地多夜雨。山地多夜雨主要是指凹洼的河谷或盆地，以夜雨为主。因为夜间，地面辐射冷却，密度大的冷空气沿山坡下沉谷底，汇聚后被迫抬升，如果盆地中原来的空气比较潮湿，则抬升到一定高度后即能成云致雨。另外，河谷或盆地中，形成云之后，由于云顶的辐射冷却，下沉的冷空气又增强了河谷内的上升气流，因而地形性的夜雨较多。如我国四川盆地著名的巴山夜雨。拉萨、日喀则、西昌等地的夜雨也较多。但凸出的地形仍以日雨为主，且多对流雨。

（四）局地气候

处于大气层之下的地面，包括土壤表面、水面、冰雪面、植被面等各种自然的暴露表面以及人工修造的道路、建筑物等下垫面，它们能不断地吸收太阳辐射，同时又与周围进行辐射和热量交换，从而引起温度的变化，调节空气层和下垫面表层的温度。由于下垫面性质不同，密度、结构、水分、色泽等不同，其热力特性如反射率、吸收率、净辐射、热容量、导热率、导温率等都不同，具有不同的热量平衡和水分平衡，从而调节近地层和下垫面表层的温度，影响近地层气候。

在同一纬度带，相同的天气条件下，到达地面的总辐射不仅因局部地形、方位、坡向而异，还因组成物质、湿润状况、地面粗糙度、色泽、植物郁闭度等的表面性质的不同而具有不同的反射率，有效辐射也不同，因而净辐射各异，而且有明显的日变化。在近地气层中，由于地面的影响，以及湍流输送的结果，气象要素无论在时间还是空间上的变化都很大，形成各具特征的小气候。这在生产和生活实际中具有重要的意义。

地面特性不仅对土壤表面小气候产生影响，而且对森林、水体、城市等小气候也产生影响，小气候现象是下垫面与近地空气的热量、动量、水分、物质交换的结果。小气候特征主要决定于下垫面的性质、风、湍流强弱。因此，下垫面热量平衡是决定近地气层和土壤上层气候特征的基本因素，也是直接影响动植物生活、人类活动以及无机界状况的主要气候要素。现今任何改变局地气候的措施，都立足于改变下垫面的条件，以达到热量平衡各分量朝着有利于生产和生活的方向发展。例如，强冷空气侵袭时，可利用灌水办法，提高田间温度；炎热的夏天，街道洒水，可降低城市气温；绿化可以改善城市小气候；防护林带可改善农田小气候，等等。

第二节　气候分异

自然环境的地域分异规律很大程度上依赖于气候的地域分异规律。其中，太阳辐射和大气环流具有明显的地带性和周期性，下垫面因子则带有明显的非地带性特征，造成了全球大气的温度、湿度及降水分布既具有沿纬度变化的地带性特征，又具有打破纬度分布的非地带性特征，从而导致了地球上的气候分异具有相应的地带性和非地带性规律。

一、气温分异

气温的分布主要受纬度、海陆、地形、海拔高度等因素的制约，其中纬度因素决定了气温的纬度地带性分异，而海陆、地形及海拔高度等则成为气温非地带性分异的主要因素。

由于地球的椭球体形状，以及各地太阳高度角的不同，太阳辐射对地球上各纬度的加热不均，决定了全球热量分布随纬度变化的总趋势，即低纬度地区获得的太阳辐射能较多，而高纬度地区较少。这样，地表就产生了呈纬度地带性的热力分异规律：低纬度地区温度较高，而高纬度地区较低，温度从低纬向高纬逐渐递减。根据热力分异规律，可以将全球从赤道到极地依次划分为热带、副热带、温带、副寒带和寒带五个基本热量带。

海陆分布的不均匀性在很大程度上破坏了温度的纬度地带性规律，而表现为非地带性规律。海陆分布对温度的影响主要表现在两个方面：

①由于受海陆冷热源的不同影响，在冬夏不同的季节，海陆之间存在明显的温度差异。冬半年大陆温度总是低于同纬度的海洋温度，而夏半年陆上温度总是高于同纬度的海洋温度。海陆气温的差异，在冬季以高纬度地区最为突出，夏季则以副热带地区最为显著。

②由于海陆热力性质的差异及其相互影响，在冬夏不同的季节，无论是大陆还是海洋，其中部与东西两岸（侧）的气温差异都十分明显。以北半球中纬度地区为例，亚欧大陆西岸深受北大西洋暖流的影响，即使在冬季，气温也较高，平均气温都在0℃以上；同纬度的大陆内部降温剧烈，且越往东部降温越明显，到东西伯利亚地区气温可低达-40℃以下，形成世界著名的"冰窖"；而大陆东岸，由于受太平洋海水的调节作用，气温也比大陆内部要高。夏季则正好相反。

地形对大气温度的影响是显著而广泛的，尤其以东西向绵亘的高山山系和面积庞大的高原等高大地形的影响最为明显，常常对冷暖气流的运行起着屏障作用，造成高大地形区南北两侧的温度迥然不同。同时，由于受自身的辐射特性及热量平衡状况的影响，高大地形区本身也具有区别于周围地区的温度特性，例如，我国青藏高原对气候的影响。

二、湿度和降水分异

大气湿度和降水的分布主要与大气运动和海陆分布等因素有着密切的关系。由于大气中的水汽主要来源于地表水面的蒸发，尤其来源于占地表面绝对优势的海洋的蒸发，海洋成了大气中水汽的稳定源区，而陆地则是水汽的相对汇区。因此海洋上空水汽充沛，湿度大，而陆地上空水汽相对缺乏，湿度较小。沿海地区，随着向陆地内部的逐渐过渡，湿度也逐渐减小。比如，影响我国的水汽主要来源于东部和南部的海洋，大气中的水汽量由东南沿海向西北内陆逐渐递减，在一定程度上反映大气降水量也呈现出同样的变化规律。根据干湿程度的差异，可将我国从东南沿海向西北内陆依次划分为湿润、半湿润、半干旱、干旱等干湿气候区。

同时，大气运动的方向和速度（风向与风速）也直接影响着大气湿度，因为气流可以携带大量的水汽从一个地区输移到另一地区，且风速越大，所携带的水汽越多，从而造成流经地区的湿度有所增加。比如，我国东部季风区，虽地处副热带高压控制下，却形成了夏季湿润多雨的气候特征，而没有形成与同纬度其他地区一致的干旱少雨气候，就是由于夏季受携带大量太平洋水汽的暖湿气流（东南季风）影响的缘故。

因此，海陆分布和大气运动等因素对大气湿度及降水分布的影响很大。大气运动尤其是大气环流，不仅直接影响着大气湿度，更重要的是能促进水汽的输送（特别是经向输送），从而使降水的形成和分布具有一定的纬度地带性规律；而海陆分异是形成大气湿度和降水的非地带性（又称经度地带性、干湿地带性）分异的主要因素。

地球上不同纬度的地区，大气环流状况不同：赤道地区气流辐合上升，副热带地区和极地区气流下沉，温带地区冷暖气团交汇，锋面和气旋活动频繁。于是，随着纬度的不同，大气湿度以及降水都各不相同：盛行上升气流的赤道地区及天气系统活动频繁的中纬度地区，大气中水汽丰沛，盛行下沉气流的副热带地区及极地地区，水汽含量少；降水从赤道到极地出现了两个多雨带和两个少雨带：赤道多雨带、副热带少雨带、温带多雨带和极地少雨带。这样，全球的大气湿度及降水的分布就具有了一定的纬度地带性分异规律。

海陆的分布则使降水的纬度地带性遭到破坏，而呈现出非地带性（经向地带性）特征，沿海地区降水丰沛，越往内陆降水越少，年平均降水量呈现出南北方向延伸、东西方向更替的规律。这同样以北半球中纬度地区表现最为显著。通常情况下，海洋上降水多于陆地；沿海地区降水丰富，而内陆干燥少雨，且越接近海洋的迎风海岸，降水越多，随着向内陆的逐渐深入，湿润程度逐渐减小，降水越来越少，直至形成干旱的沙漠。湿润程度向内陆减小的快慢，与陆地的地表形态有直接关系。比如西欧平原地区，大西洋暖湿气流可长驱直入，形成了世界上范围最广的温带海洋性气候；而同纬度的南美地区，由于高大的安第斯山脉阻挡了湿润气流的深入，使温带海洋性气候仅局限在狭窄的沿海地区。

在山区，随着海拔高度的不同，降水量不同。山麓地区降水较少，随着高度的升高，气流逐渐上升，到凝结高度开始降水，且降水量逐渐增加，到达一定高度（最大降水高度）后，降水量又趋于减少。降水的这种随着高度的变化，也形成了降水的非地带性（垂直带性）分异规律。此外，局地条件的差异也会导致气温和降水的非地带性分异。

三、气候分异

气温和降水两个要素是决定气候分异的基本依据。由于气温和降水具有一定的地带性和非地带性分异规律，决定了全球的气候也呈现出一定的地带性、非地带性分异规律，具体体现在各气候带气候型的分布上。

气候形成的主导因素是太阳辐射在地表的加热不均，以及由此产生的全球气压带、风带的分布及季节移动，导致气候类型普遍具有沿纬度更替的趋向，即世界气候的基本规律——地带性规律，又称**纬度地带性规律**。由于太阳辐射造成的热力差异，地球上形成了沿纬圈分布的多个热量带，每个热量带内的温度、气压、风、降水等都具有一定的相似性。因此，热力地带性导致了各气候类型普遍具有按纬度更替的趋势，即气候的纬度地带性。根据获得的太阳辐射量的多少，地球表面可分成纬向的五个基本气候带：热带、南北温带、南北寒带。习惯上又将温带划分出亚热带和亚寒带，这完全与全球的热量带一致。尽管由于降水的季节分配不同，在每个气候带内还可划分出若干的气候型，纬向地带性规律依然清晰可见：赤道多雨带，副热带少雨带，温带多雨带与极地少雨带。

气候的纬度地带性分异以热量分异为基础，海陆的分异、大气环流、地形起伏等因素直接或间接地破坏了气候的纬度地带性规律，使气候呈现了一定的干湿度分带性和垂直带性的特征，其中海陆分异是气候非地带性产生的最重要因素。由于海陆分布的不同，引起了海陆间气温、气压、风向、降水等气候要素随季节的变化，使得同一纬度带内产生了海洋性气候和大陆性气候的分异：受海洋气团影响深厚的地区形成海洋性气候，受大陆气团作用明显的地区形成大陆性气候。因此，总体说来，沿海地区常形成海洋性气候，由沿海向内陆去，气候的海洋性逐渐减弱、大陆性逐渐增强（但由于影响气候的因素多种多样，实际情况更为复杂，尤其体现在沿岸气候上）。海洋性气候和大陆性气候在气温和降水两方面具有明显的差异（见表8-2）。

表8-2 海洋性气候和大陆性气候的比较

	海洋性气候	大陆性气候
气温	1. 年较差、日较差都比较小。冬暖夏凉，冬季比同纬度大陆上暖；夏季比同纬度大陆上凉。 2. 最热月、最冷月出现的时间落后，在温带地区，最热月出现在8月，最冷月出现在2月。 3. 秋温高于春温。	1. 年较差、日较差都比较大。冬冷夏热。 2. 最热月、最冷月出现的时间提前，在温带地区，最热、最冷月分别出现在7月和1月。 3. 春温高于秋温。
降水	1. 降水量大。 2. 全年分配均匀。 3. 年际变率小。	1. 降水量小。 2. 主要集中在夏季。 3. 年际变率大。 4. 对流雨多发生在夏季午后。
其他现象	1. 湿度大，云量多。 2. 雾日多，多平流雾。 3. 日照百分率小。 4. 风速大，日变化不明显。	1. 湿度小、云量少。 2. 雾日少，多辐射雾。 3. 日照百分率大。 4. 风速小，日变化显著。

在同一气候带内又因距海远近的不同，使大陆沿岸及大陆中部的温度、降水存在很大的差异。以降水差异最明显，降水总量由沿海向内陆逐渐减少，降水越来越明显地集中在夏季。降水的这种经向分异，造成了在同一气候带内出现了多种气候类型（即气候的经向分异）：终年降水丰沛的地区形成湿润气候，降水不足的地区形成半湿润或半干旱气候，降水严重缺乏的地区则形成干旱气候。气候的经向地带性在高纬地区不很明显，在中低纬度表现得十分典型，导致自然景观也随之发生明显的经向更替：从沿海的森林逐渐向内陆过渡为草原、荒漠。

此外，大气环流、地形起伏也常造成气候的非地带性分异。如在东亚和南亚地区，由于冬夏不同季节明显地受不同的季风环流的影响，出现的范围广大而独特的季风气候，在相当程度上破坏了气候的纬度地带性，呈现出非地带性分异规律。地形的起伏，尤其是巨大隆起的高原山地，由于其大陆性程度特别显著，其气候与同纬度的其他地方也迥然不同，表现出独特的高原山地气候，也使气候呈现出明显的非地带性。

垂直带性是纬度地带性与干湿度分带性共同作用基础上，由海拔高度对水热重新分配的结果。同一纬度地带大陆东、西两岸和大陆内部的气候差异，以及不同地形条件引起的气候差异等，都是气候非地带性规律的体现。

第三节　气候类型

世界各地的气候错综复杂，各具特点，既具相似性，又具差异性。遵循存大同、舍小异的原则，将全球气候按某种标准分划成若干类型，叫气候分类。气候分类的方法很多，概括起来可分实验分类法和成因分类法两大类。实验分类法是根据大量观测记录，以某些气候要素的长期统计平均值及其季节变化，并与自然界的植物分布、土壤水分平衡，水文情况及自然景观等相对照来划分气候类型。柯本、桑斯维特、沃耶伊柯夫和杜库恰耶夫等分别为这一分类法的代表。成因分类法是根据气候形成的辐射因子、环流因子和下垫面因子来划分气候类型。一般是先从辐射和环流来划分气候带，然后再就大陆东西岸位置、海陆影响、地形等因子与环流相结合来确定气候型。其代表主要阿里索夫分类法、弗隆分类法、斯查勒分类法等。

一、柯本气候分类

柯本气候分类是以气温和降水两个气候要素为基础，并参照自然植被的分布而确定的。他首先把全球气候分为 A，B，C，D，E 五个气候带，其中 A，C，D，E 为湿润气候，B 带为干旱气候，各带之中又划分为若干气候型，用小写英文字母表示，如表 8-3 所示。为了更详细地区分气候，柯本又在气候型内根据温度、温度较差、湿度在该区域内的差异，在一个气候型内又分两个或几个不同的气候副型，这些气候副型既具有气候型内主要气候特征的普遍性，各气候副型之间又具有不同的特殊特征。为此柯本在气候型后又加第三个小写英文字母表示这种气候副型。在气候副型之后添加第四个小写英文字母表示气候分型。

表 8-3　　柯本气候分类法（表中 r 表示年降水量（cm），t 表示年平均气温（℃））

气候带	特征	气候型	特征
A 热带	全年炎热，最冷月平均气温≥18℃	A_f 热带雨林气候	全年多雨，最干月降水量≥6cm
		A_w 热带疏林草原气候	一年中有干季和湿季，最干月降水量小于 6cm 亦小于 10-r/25cm
		A_m 热带季风气候	受季风影响，一年中有一特别多雨的雨季，最干月降水量小于 6cm 但大于 10-r/25cm
B 干带	全年降水稀少，根据一年中降水的季节分配，分冬雨区、夏雨区和年雨区来确定干带的界限	B_s 草原气候	冬雨区 *　　年雨区 *　　　　夏雨区 * $r<2tr$　　<2 $(t+7)$ r　<2 $(t+14)$
		B_w 沙漠气候	$r<tr$　　　　$<t+7t$　　　　$<t+14$
C 温暖带	最热月平均气温>10℃，最冷月平均气温在 0~18℃之间	C_s 夏干温暖气候（又称地中海气候）	气候温暖，夏半年最干月降水量小于 4cm，小于冬季最多雨月降水量的 1/3
		C_w 冬干温暖气候	气候温暖，冬半年最干月降水量小于夏季最多雨月降水量的 1/10
		C_f 常湿温暖气候	气候温暖，全年降水分配均匀，不足上述比例者
D 冷温带	最热月平均气温在 10℃以上，最冷月平均气温在 0℃以下，	D_f 常湿冷温气候	冬长、低温，全年降水分配均匀
		D_ω 冬干冷温气候	冬长、低温，夏季最多月降水量至少 10 倍于冬季最干月降水量
E 极地带	全年寒冷，最热月平均气温在 10℃以下	E_T 苔原气候	最热月平均气温在 10℃以下，0℃以上，可生长些苔藓、地衣类植物
		E_F 冰原气候	最热月平均气温在 0℃以下，终年冰雪不化

　*夏雨区指一年中占年降水总量≥70%的降水，集中在夏季 6 个月（北半球 4~9 月）中降落者；冬雨区指一年中占年降水量≥70%的降水，集中在冬季 6 个月（北半球 10 月至次年 3 月）中降落者；年雨区指降水全年分配均匀，不足上述比例者。

　　柯本气候分类法的优点是系统分明，各气候类型有明确的气温或雨量界限，易于分辨；用符号表示，简单明了，便于应用和借助计算机进行自动分类和检索；所用的气温和降水量指标是经过大量实测资料的统计分析，联系自然植被而制定的，与自然界观森林、草原、沙漠、苔原等对照比较符合。柯本气候分类法被世界各国广泛采用，迄今未衰。

　　柯本气候分类法的缺点主要表现在三个方面：

　　①只注意气候要素值的分析和气候表面特征的描述，忽视了气候的发生、发展和形成过程。

　　②干燥带的划分并不合理。A、C、D、E 等四带是按气温来分带的，大体上具有与纬

线相平行的地带性，而干燥气候由于形成的原因各不相同，出现在不同的纬度带上，不具有纬度地带性，因而不宜列为气候带。

③忽视高度的影响，只注意气温和降水量等数值的比较，忽视了由于高度因素造成气温、降水变化与由于纬度因素造成的气温、降水变化的差异。

二、斯查勒气候分类

斯查勒认为天气是气候的基础，而天气特征和变化又受气团、锋面、气旋和反气旋所支配。因此他首先根据气团源地、分布，锋的位置和它们的季节变化，将全球气候分为三大带，再按桑斯维特气候分类原则中计算可能蒸散量 E_p 和水分平衡的方法，用年总可能蒸散量 E_p、土壤缺水量 D、土壤储水量 S 和土壤多余水量 R 等项来确定气候带和气候型的界限，将全球气候分为 3 个气候带，13 个气候型和若干气候副型，高地气候则另列一类（见图 8-2）。

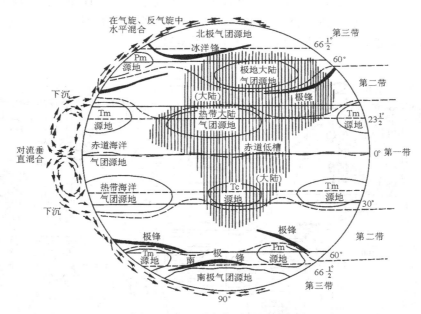

图 8-2　斯查勒气候分带简明图

可能蒸散量 E_p 系指在水分供应充足的条件下，下垫面最大可能蒸散的水分。E_p 值主要取决于所在地的热量条件，因此，E_p 等值线分布基本上与纬线平行。根据世界 13000 多个测站的测算资料，对照图 8-2 确定以 E_p 值为 130cm 这条等值线作为低纬度与中纬度气候的分界线，以 E_p 为 52.5cm 这条等值线作为中纬度与高纬度气候的分界线。在三个气候带内，再以土壤年总缺水量（D）15cm 等值线为干燥气候与湿润气候的分界线。有的地区一年中有的季节很潮湿，有的季节则非常干燥，属于干湿季气候型。在湿润气候中，又因土壤多余水量 R 的不同分为三个副型。在干燥气候中也因土壤储水量 S 的多少再分三个副型。此外，还有高地气候一类。

斯查勒气候分类法的优点是重视气候形成的因素，把高地气候与低地气候区分开来，明确了气候的纬度地带性以及大陆东西岸和内陆的差异性。同时，又和土壤水分收支平衡结合起来，界限清晰，干燥气候与湿润气候的划分明确细致，具有实用价值。斯查勒气候分类法比柯本气候分类法更简单明了，是目前比较好的一种世界气候分类法。

斯查勒气候分类法的缺点，主要是对季风气候没有足够的重视。东亚、南亚和澳大利亚北部是世界季风气候最发达的区域，在应用动力方法进行世界气候分类时季风这个因子是不容忽视的。在斯查勒气候分类中把我国的副热带季风气候、温带季风气候与北美东部的副热带湿润气候、温带大陆性湿润气候等同起来。又把我国南方的热带季风气候与非洲、南美洲的热带干湿季气候等同起来，这都是不太妥当的。

三、世界气候类型

我国学者周淑贞认为，世界气候分类应从发生学的观点出发，综合考虑气候形成的诸因子，同时也应从生产实践观点出发，采取与人类生活和生产建设密切相关的要素来进行分类。气候带与气候型的名称应由气候条件本身来确定。按照上述原则，周淑贞以斯查勒气候分类法为基础，加以适当修改，主要是增加了季风气候类型，将全球气候分为高、中、低三大气候带、另列高地气候一大类（见图8-3）。

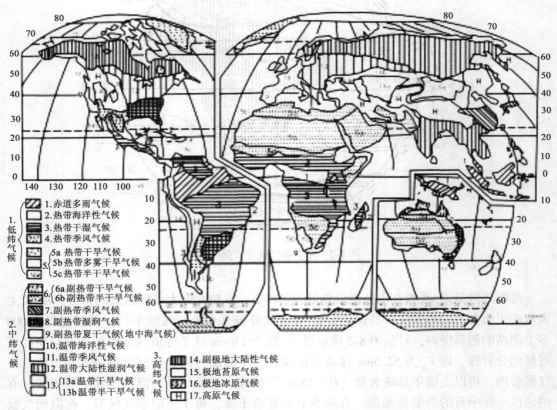

图8-3　世界气候分类图　（据周淑贞等，1979）

低纬度气候主要是受赤道气团和热带气团控制，影响气候的主要环流系统有赤道辐合带、瓦克环流、信风、赤道西风、热带气旋和副热带高压。气温全年皆高，最冷月平均气温在 15~18℃。全年水分可能蒸散量在 1300mm 以上。本带可分为赤道多雨气候、热带海洋性气候、热带干湿季气候、热带季风气候以及热带干旱与半干旱气候等五种类型。

中纬度气候是热带气团和极地气团相互角逐的地带。影响气候的主要环流系统有极锋、盛行西风、温带气旋和反气旋、副热带高压和热带气旋等。该地带一年中辐射能收支差额的变化比较大，因此四季分明，最冷月的平均气温在 15~18℃，有 4~12 个月平均气温在 10℃ 以上。全年可能蒸散量在 1300~525mm 之间，天气的非周期性变化和降水的季节变化都很显著。再加上北半球中纬度地带大陆面积较大，受海陆的热力对比和高耸庞大地形的影响，使得中纬度地带的气候更加错综复杂。本带共分副热带干旱与半干旱气候、副热带季风气候、副热带湿润气候、副热带夏干气候（地中海式气候）、温带海洋性气候、温带季风气候、温带大陆性湿润气候以及温带干旱半干旱气候等八个气候型。

高纬度地带盛行极地气团和冰洋气团。冰洋锋上有气旋活动。这里地-气系统的辐射差额为负值，所以气温低，无真正的夏季。空气中水汽含量少，降水量小，蒸发弱，年可能蒸散量小于 525mm。本带可分为副极地大陆性气候、极地苔原气候以及极地冰原气候三个气候型。

高山地带随着海拔高度的增加，气候诸要素也随之发生变化，导致高山气候具有明显的垂直地带性。为了区分因高度影响和因纬度等因素影响的气候，也因为高山气候仅限于局部范围，所以高地气候单列为一大类而没有包括在低地分类系统内。高山气候具有明显的垂直地带性，这种垂直地带性又因高山所在地的纬度和区域气候条件而有所不同。

第四节　人类活动对大气圈的影响及其环境效应

一、温室效应与全球变暖

自 20 世纪 80 年代中期科学家通过大量观测资料证实全球变暖以来，这种现象已引起了人们的高度重视。全球变暖（Global Warming）是就地球大气环境总体而言的。

（一）地球大气的温室效应及变暖趋势

大气对短波辐射有较大的透明度，允许大部分太阳辐射到达地面。同时，它又可以吸收相当大部分地表及云层向外发出的长波辐射，具有"温室效应"（Greenhouse Effect）。如果地球上不存在大气，温室效应一旦消失，地球处于辐射平衡后的等效黑体温度将达 255K。按现在反射率计算，地球表层气温只有 -18℃，然而实际上现在的平均温度为 15℃。显然，这增高的 33℃ 正是大气温室效应给地球上的万物生灵带来的。近几十年来，人类活动排放的温室气体如 CO_2、CFC_S、CH_4、O_3、N_2O 等有增无减，地-气系统与外层空间的辐射能量平衡已被打乱，并导致了地表和低层大气温度的升高以及高层大气温度的降低。英国 East Anglia 大学气候研究中心的 P. D. Jones 等所建立的全球及半球平均气温序列表明，过去 100 年中全球平均气温上升了 0.6℃，且南北半球趋势相同。同时，在这段时间内，全球海平面平均每 10 年上升 1~2cm。近百年来，中国气温上升了 0.4~0.5℃；近 50 年内，降水量平均每 10 年减少 2.9mm。与全球气候变化趋势基本一致。

（二）温室气体排放的全球变化

地球各圈层在漫长的进化历程中经历复杂的相互作用后，大气化学组成的相对比例基本上达到了平衡。但工业革命以来，CO_2、CH_4、N_2O、CFC_s 等温室气体的浓度不断上升，它制约着地-气系统的辐射收支和能量平衡，并直接导致了全球范围的气候变化。其中，一些温室气体虽属痕量，但其增温潜力要远大于 CO_2，而且它们在大气中的含量正以前所未有的速度与日俱增。因此，它们在全球变暖中的作用不可低估。表 8-4 列出了大气中近 200 年中主要温室气体的浓度变化。

表 8-4　　　　　　　　　　大气中近 200 年主要温室气体浓度的变化

年份	CO_2/（10^{-6} mL/L）	CH_4（μg/L）	N_2O（μg/L）
1000～1750	280	700	270
	368	1750	316
增幅	31±4	150±25	160

1. 大气中二氧化碳（CO_2）浓度的增加

CO_2 是大气中浓度最高的温室气体。碳主要以 CO_2、碳酸盐和有机碳等几种形式存在于大气圈、水圈、生物圈、岩石圈和土壤圈中，并通过一系列生物地球化学过程在地-气系统内循环。化石燃料燃烧、工业生产（如水泥生产）等人类活动是 CO_2 排放的重要来源。植物通过光合作用将 CO_2 转变为有机碳，进而经过食物链被异养生物所利用。在被生物同化的有机碳中，一部分经呼吸作用再次分解为 CO_2。生物体内的碳，有一部分经微生物分解后放出 CO_2，另一小部分经漫长的成岩作用形成煤、石油和天然气等有机燃料。沉积于岩石圈中的碳会因自燃作用或火山喷发放出 CO_2。在水生生态系统中除类似的碳转化过程外，还存在 CO_2 溶解和碳酸盐沉积的过程及逆过程。在整个地-气系统的循环过程中，碳的总量基本保持平衡。

CO_2 浓度增加的主要原因是化石燃料和生物质燃烧以及森林砍伐。前者的影响大大加快了岩石圈中有机碳的消耗和 CO_2 的排放，后者的作用则减弱了生物圈的同化能力。二者共同作用的结果必然会打破原有的碳循环平衡，使大气中的 CO_2 浓度不断增加。

2. 大气中甲烷（CH_4）浓度的变化

大气中的 CH_4 浓度之高，在温室气体中占第二位。其增长速度大体与世界人口的增长速度一致。工业革命前大气中的 CH_4 浓度为 0.7×10^{-3} mL/L，1990 年已升高到 1.72×10^{-3} mL/L。

大气中 CH_4 的主要来源可分为生物源与非生物源两类，主要有湿地、沼泽、稻田中的厌氧腐烂分解，牲畜反刍，动物粪便，白蚁，生物物质燃烧，化石燃料燃烧，煤层 CH_4，石油天然气逃逸，城市垃圾和污水，极地冻土带的回暖等。通过泥塘、沼泽及苔原，每年排放到大气中的 CH_4 约为 115Tg（$1T = 10^{12}$），稻田排放量在 110Tg，牲畜反刍约 80Tg，白蚁产生 40Tg，加上其他各种来源，年总排放量在 500Tg 以上。通过与大气中 OH^- 反应吸收约 500Tg，因而大体上维持了平衡。但是目前人类活动已使此平衡受到破坏，如果今后仍然与人口增长的速度同步发展。到 2030 年，估计浓度将高达 $2.34×10^{-3}$ mL/L，2050 年可达 $2.5×10^{-3}$ mL/L。

目前，CH_4 的自然源排放量不及总排放量的 25%。1990 年，各类人为排放前三位的国家如下。稻田排放：印度、中国、孟加拉；家畜排放：印度、俄罗斯、巴西；燃煤排放：美国、俄罗斯、中国。亚洲是稻田 CH_4 最主要的排放源。

3. 大气中氧化亚氮（N_2O）浓度的变化

大气中的 N_2O 主要来自生物过程，大量使用化肥所增加的反硝化作用是其重要的来源之一。此外，海洋也是一个重要的排放源，主要发生在海水的涌升区。在 El Nino 活跃的年份，由于海水涌升受到抑制，从海洋向大气排放的 N_2O 也相应减少。研究表明，在陆地生态系统中，蚯蚓可能是 N_2O 排放的重要源。排放到大气中的 N_2O 大部分被平流层的光化学过程分解，小部分被土壤吸收，因而大体上维持平衡。但由于燃烧草木和农作物的残枝败叶以及矿物燃料，施用化肥等，使 N_2O 的浓度不断增加。平流层中的超音速飞行也可产生 N_2O。

公元 1700 年以前，大气中的 N_2O 浓度相当稳定，平均为 $285×10^{-6}$ mL/L。1990 年上升到 $310×10^{-6}$ mL/L。1990 年的含量比工业革命前增加了 8%。由于 N_2O 在大气中的平均存留时间为 170 年，因此在大气中的清除过程比 CH_4 要缓慢得多。

4. 大气中全氯氟烃（CFC_S）浓度的变化

大气中的 CFC_S 既可消耗平流层中的 O_3，又是重要的温室气体。CFC_S 完全是由人类合成的，直到 20 世纪初，它在大气中的浓度还几乎为零，但是从 20 世纪 60 年代以来迅速增加。CFC_S 的温室效应很强，一个 CFC_S 分子的增温作用相当于一个 CO_2 分子的一万倍以上。它主要来自清洁溶剂、雾化剂、制冷剂、发泡剂及灭火剂等。工业合成的 CFC_S 在对流层内是非常稳定的，唯一的清除途径是向平流层输送并在那里被光化分解。据估计，自 20 世纪 70 年代中期开始，每年大约有 1.0Tg 各种 CFC_S 产品被排入大气。20 世纪 90 年代，大气中的 CFC_S 浓度大约为 $1×10^{-6}$ mL/L，且以每年约 1% 的速率迅速增加着。其浓度增加之快，居各种温室气体之首。

（三）全球变暖对自然与社会经济系统的影响

1. 对海平面和水资源的影响

海平面上升是温室效应的必然结果。近一个世纪以来，全球海平面上升了 10~15cm。与 1990 年相比，预计 2100 年的海平面将上升 0.09~0.88m。海平面上升将直接引起沿海低地被淹、海岸被冲蚀、洪涝和风暴的破坏增加、地表水和地下水盐分增加、地下水位升高、干扰海岸带生态系统等。当前，全球人口约有 1/3 居住在沿海岸线 60km 宽的范围内，海平面升高将使许多经济、人口密集的沿海低地遭受灭顶之灾。气候变暖导致的蒸发旺盛虽会使全球降水量增加（主要是中、高纬地区），但降水的年际变率和空间分布、洪涝和干旱的频率及其季节变化都会发生改变，许多地区的水质可能会因干旱而变差。

2. 对动植物的影响

自然界的动植物、尤其是植物群落，可能因无法随气候迅速变化作出必要的转移而遭厄运。从 CO_2 倍增时的气候情景估计，北美森林的南界将北退 600~700km。因此，气温急升将使森林面积缩小。生物多样性为人类提供食物、医药和动物栖地，而人类活动对环境的破坏加速了生物物种的消亡。同时，气候变暖将使一些地区的某些物种消失，而另一些物种则可从气候变化中获益。它们的栖息地可能增加，竞争对手和天敌也可能减少。最近，由 8 国科学家组成的联合小组以未来半个世纪内气温将升高 0.5~3℃ 为依据，发表了对欧洲、南非、澳大利亚、巴西、墨西哥和哥斯达黎加六地 1103 个物种（包括植物、哺乳动物、鸟类、爬行动物、昆虫等）的保守估计。指出到 2050 年，该地区平均有 26% 的物种将可能因全球变暖、栖息地丧失而灭绝。

3. 对农业的影响

CO_2 是形成 90% 的植物干物质的主要原料。光合作用的强度与 CO_2 浓度的关系大体符合对数曲线分布，但不同作物各异。目前，大气中的 CO_2 浓度大约是 $368×10^{-3}$ mL/L。若继续增加，必然会促进植物的光合作用。Kimball 总结到，如果其他环境条件良好，当 CO_2 浓度为 $400×10^{-3}$ mL/L 时，每增加 $1×10^{-3}$ mL/L，不同作物的增产幅度如下：小麦 0.07%~0.13%，大麦 0.18%，大豆 0.04%，棉花 0.34%。

虽然 CO_2 倍增可使主要粮食作物中的大部分（如小麦、水稻等 C_3 作物）增产 10%~15%，有利于农业生产，但同时也可能遭受长势更旺的 C_3 杂草的侵害。C_4 作物（如玉米、高粱、甘蔗等）对 CO_2 浓度倍增的敏感性则较差，增产作用不明显。气温升高还会使干旱、高温、热带风暴、龙卷风以及农业虫害的发生频率增加。此外，气候变暖引起的农业结构改变必然导致农产品的生产状况和贸易模式也发生相应的改变，这对于许多经济、技术基础差，无力采取有效应对措施的发展中国家来说，无疑是不利的。

4. 对人群健康的影响

气候要素与人群健康有密切的关系。血吸虫、钩虫等一般生活在热带和亚热带地区；痢疾多发生在毛里塔尼亚、乍得等非洲大陆和温带地区；霍乱、疟疾、脑膜炎等许多疾病也都与气候有密切关系。在传染病的各个环节中（病原——病毒、原虫、细菌和寄生虫等，传染媒介——蚊、蝇、虱等带菌宿主），传染媒介对气候最敏感。温度和降水的微小变化对传染媒介的生存时间、生命周期和地理分布等也都有明显的影响。

5. 对社会及经济的影响

经济对于气候冲击的反应是极其复杂的。在粮食紧缺地区，气候导致减产的社会后果很严重，而在人口稠密的地区及沿海地区影响更甚。通过研究死亡率与气候的关系，可以直接估计气候变化所造成的人口变化。此外，气候变化还可能导致国与国之间因资源、财富再分配的不协调而引发新的国际政治冲突。总之，气候变化带来的一系列人类生存环境的变化，将严重阻碍工业化国家及发展中国家的经济发展，并导致严重的自然环境和社会、经济的破坏。据初步研究，全球用于防范气候变化可能造成的损失所消耗的费用将相当于经济总产值的 3%。具体地说，全球变暖的不利后果主要有：中纬度地区干旱、水位下降，森林、草原火灾加重，而高纬低地洪涝频发；农业、水源所受的影响可能引起人口迁移，给城市带来更大的冲击，一些沿海陆地可能被淹；世界粮食生产的稳定性与地域分布将发生变化；一些动植物可能绝迹，鱼群的栖息地可能改变等。

6. 全球变暖对中国的可能影响

预计 21 世纪末海平面上升幅度将达 30~70cm，届时中国将有八个沿海地区总计 35000km² 受到威胁。到 2030 年，京津唐地区、黄河流域以及淮河中上游地区的水资源可利用量可能出现显著的下降，日益突出的水资源短缺问题将严重制约该地区的可持续发展，并直接威胁到干旱缺水地区广大群众的生存条件。各种模型所预测的农作物产量变幅很大，如2030年，小麦产量变幅在−20%～50%之间。应该说，此时的数学平均值、中值与极端值具有相同的出现概率，所以有必要做好面对最困难条件出现的准备，以便取得主动。此外，中国的区域气候变暖还将引发更多的自然灾害、破坏生态系统的良性循环，并能损害生物多样性。

最新的预测结果表明，中国与全球变化趋势一致。在考虑了 CO_2 增加和气溶胶浓度改变的各种状况下，到2020～2030年，中国的平均气温将上升2.94℃。全国增温的总趋势是北方大于南方，西北和东北将明显变暖。东南沿海地区的降水增加最显著，西北地区的平均增幅也达25%，而华北地区将继续变干。

二、臭氧层耗竭对人类生态环境的影响

（一）大气臭氧层耗竭对天气、气候变化的影响

大气臭氧层的变化直接制约着平流层的温度结构和环流形势。在平流层中，大气臭氧层可发挥热源和冷源的双重作用：O_3 强烈吸收太阳紫外辐射能后，既可成为平流层增温的主要热源，又可因向太空发射红外辐射而使平流层冷却。由于 O_3 的加热率通常远高于冷却率，因而其净效应是导致平流层增温，进而影响平流层的环流形势以及全球气候变化。

CO_2 等温室气体浓度的增加，会把 O_3 所吸收的太阳紫外辐射能的相当部分以红外辐射的形式向太空释放，因而导致平流层温度下降。观测结果证实，大气臭氧层耗损已削弱了其对平流层加热的贡献，并影响平流层的热力和动力学过程以及平流层气候和全球气候变化。但是，这些过程间存在着复杂的反馈作用。同时，对流层中 O_3 浓度的增加又会增强直接辐射的强迫效应（可能高达20%），从而使得大气中 O_3 变化与气候变化成为一个极其复杂而具有许多不确定性的科学问题（王庚辰，2003）。

（二）臭氧层耗竭对人类生态环境的潜在威胁

人类与其周围的生态环境经过漫长的进化历程后，已适应了今天近地层内的太阳紫外辐射强度。适量的紫外辐射可增强交感肾上腺机能，提高人体免疫能力，促进P、Ca等元素的代谢，增强对环境污染物的抵抗力。但过量的紫外辐射将扰乱原有的人-地复合系统，严重破坏人类的生态环境，给地球生命系统带来难以估量的损害。

1. 臭氧层耗竭对生物的影响

O_3 能强烈吸收太阳辐射中 UV-C（200～280mm）波段的辐射，对于在人群健康和生理学意义上最重要的 UV-B（280～320mm）波段也很敏感。UV-B 波段的致癌作用最强，同时，O_3 还能使人体的免疫系统功能发生变化并引起多种病变，例如晒斑、眼病、光变反应和皮肤病（包括皮肤癌）等。裸露部分（如皮肤、眼睛）经 UV-B 辐射后，可出现灼伤、表皮增厚、色素沉着等急性反应。长期接受辐射可使皮肤角质层发生病变，继而导致黑色素瘤、鳞状细胞癌等。人体免疫系统受损还可引发红斑狼疮等恶性疾病，使单纯性疱疹、淋巴肉芽肿等传染病易于流行。UV-B 辐射不仅可损伤结膜、角膜，还能伤及视网膜和晶状体，导致白内障等疾病。研究表明，若 O_3 总量减少1%，UV-B 可增强2%，基础细胞癌变率可能增加4%，扁平细胞癌变率可能增加6%，恶性黑瘤发病率将提高2%，

白内障患者增加 0.2%~0.6%。

紫外线可破坏绝大多数生命物质——蛋白质的化学键，杀死微生物并破坏动植物蛋白质，损害细胞中的基因物质脱氧核糖核酸（DNA）。紫外辐射不断增强将打乱生态系统中复杂的食物链和食物网结构，导致许多生物物种的灭绝。实验表明，有些植物如甜菜、玉米、烟叶、菜豆（White Bean）、棉花等对 UV-B 是很敏感的，过量的辐射将使其叶片受损，从而抑制其光合作用，最终导致减产。此外，还可改变某些植物的再生能力及产品的质量，引起遗传基因等方面的变化。

UV-B 辐射可穿透 10 多米深的水面，杀死其中的微生物并显著削弱作为海洋生态系统食物链基础的浮游生物及藻类的光合作用，以致引起水生生态系统发生变化并降低水体对污染物的自然净化能力。由于人类对动物蛋白的需求有 18%取自鱼类，因而海洋食物链一旦被切断，将对人类的生活造成巨大的不利影响。

2. 臭氧层耗竭对人类生存环境的影响

高空臭氧层不但吸收了部分来自太阳的短波紫外辐射，保护地球上的生命，还由于它对紫外辐射的吸收是平流层的重要热源，从而决定了平流层的温度场结构并对全球气候的形成及变化具有重要的制约作用。高空 O_3 含量减少将导致平流层的冷却，因而使地面所获得的长波辐射量也随之减少。但问题的复杂性在于存在着相反的效应：一方面，O_3 含量减少有可能使得 O_3 的极大值高度降低；另一方面，下垫面所接受的太阳可见光辐射量将增加。这二者的综合作用有可能使平流层冷却对地表的影响得以补偿。

平流层 O_3 耗竭对大尺度气候变化的重要意义还在于 UV-B 辐射增强将改变大气的温室效应，遏制森林、灌丛、草原及农作物的正常生长，破坏植被，以致扰乱原有的地-气系统的交互作用关系。

三、酸雨的危害

酸沉降（Acid Deposition）是指大气中的 SO_2 和 NO_X 经一系列复杂的大气化学转化和物理输送过程后所产生的酸性化合物的大气干、湿沉降。其中，湿沉降即是酸雨，是 pH<5.6 的大气降水的总称，包括雨、雪、雾、霜等多种形式的降水。随着工农业和交通运输业的发展，SO_2 和 NO_x 的人为排放量逐年增长。它们经化学反应转化成 H_2SO_4、HNO_3 或转化成硫酸盐气溶胶或硝酸盐气溶胶，这些气溶胶还可进一步反应生成酸并沉降到地表。近四十多年来，酸沉降所引起的环境酸化已逐渐构成了一个全球敏感的重大环境问题。

雨水的酸性取决于水中的 pH 值。当大气中的 CO_2 与降水中 CO_2 成气液平衡时，pH 值为 5.65，小于此值的降水就定义为酸雨。但是现实大气中 CO_2 的浓度在逐年升高，人类活动排放的酸雨前驱物（Precursor of Acid Rain）SO_2 和 NO_x 也逐年增加，因此全球大气降水的本底值实际为 pH=4.8~5.0。

酸雨对生态系统的影响很大。它既可使大片森林死亡、农作物枯萎，也会抑制土壤中有机物的分解和 N_2 的固定，淋洗与土壤离子结合的 Ca、Mg、K 等营养元素，使土壤贫瘠化；可使湖泊和河流酸化，溶解土壤和水体底泥中的重金属并使之进入水中毒害鱼类，使水生生态系统受到严重破坏，加速建筑物和文物的腐蚀和风化过程，对人体健康也具有直接的和潜在的影响。酸雨主要出现在湿润的酸性土壤分布地区，它首先引起酸性土壤进一步酸化，造成土壤化学和土壤生物系统发生变化，主要表现在以下几个方面。

① 土壤溶液中 H^+ 增多，它与土壤胶粒外的 Ca^{2+}、K^+ 等发生代换作用，从而导致 Ca^{2+}、K^+ 等离子的淋失，破坏土壤的结构及其物理性能，使土壤易于干旱，即所谓的"引爆效应"（Triggering Effect）。

② 土壤酸化后，磷酸盐易转为难溶化合物，影响植物磷肥的供应。

③ 土壤中的 Mn，Cu，Pb，Hg，Cd，Zn，Al 等转为可溶性化合物后，不仅使土壤溶液中的金属浓度增高，而且易于被淋溶并转入江、河、湖、海和地下水中，引起水质污染。进而在水产和粮食、蔬菜等内部累积，通过食物链危害人体健康。

④ 由于土壤酸度增高，细菌的种类和数量减少（尤其是固氮菌减少，而真菌的种类和数量增多）将影响土壤固氮作用的进行，因而使土壤腐殖质的组成发生变化，胡敏酸减少，富里酸增加，土壤的良好结构难以形成。土壤中的动物（如蚯蚓、小蜘蛛和白蚁）的丰度下降，土壤通气性变坏，最终使土壤肥力下降，影响植物生长。

森林、农作物等受酸雨影响后，除由于土壤肥力下降影响其生长发育外，酸雨中的强酸性物质（H_2SO_4 和 HNO_3）对植物叶片还有直接的破坏作用。当 pH 值低于 4 时，可引起鱼类烂鳃、变形，甚至死亡。重金属（如 Hg 等）会在鱼体内蓄积，对人体健康造成间接危害。

关于中国酸雨对作物、森林、生态系统和物质材料破坏的经济损失，世界银行估计每年为 50 亿美元，相当于 GDP 的 0.75%（Word Bank，1997）。当前，中国酸雨面积正在不断扩大，降水酸度也在提高。20 世纪 90 年代出现了一批降水 pH 值在 4 左右的地区，成为世界上降酸雨最严重的地区之一。

目前，我国酸雨危害区主要有四个：

①以粤、桂、川、黔为中心的华南、西南酸雨区。

②以长沙、南昌为中心的华中酸雨区。

③以厦门、上海为中心的华东沿海酸雨区。

④以青岛为中心的北方酸雨区（国家环保总局自然保护司，1999）。

大部分酸雨严重的地区分布在长江以南的土壤缓冲容量小的酸性土壤区，构成了一种不幸的重合。在各省的硫沉降中，本省源的贡献率均超过了 50%。其中，以四川为最大，本地源占 90%；江西虽最小，但也占了 57%。根据通量计算，华中地区为净输入区。

酸雨对于生态环境和经济、社会造成的损失不容忽视。但是，科学研究迄今尚未定量揭示没有被植物冠层拦截的落地酸雨（Acid Throughfall）对土壤酸化的直接影响。专家们在酸雨"由上而下"直接对作物及植被所造成的损害进行了许多有益的探索，而对酸雨先直接作用于土壤，继而，酸化后的土壤再"由下而上"影响到农业经济及生态环境的机制知之甚少。因此目前酸雨对土壤退化的经济损失评估也具有很大的不确定性（常影，2003）。

四、大规模人类活动对气候的干扰

自工业革命以来，尤其是进入 20 世纪以后，人类所支配的能量与排放的污染物迅速增加，人为活动对大范围气候影响的深度和广度也空前增强。人类在创造辉煌的物质文明的同时，大量环境退化及气候异常的事实也同样引起了人们的担忧。在中南美洲、东南亚及非洲，原始森林的破坏愈演愈烈，草原退化、土地荒漠化有增无减，大城市及工业密集区不断涌现，温室气体大量排放，卤代烷烃等物质对臭氧层耗竭的潜在威胁日益严重等，都将对全球尺度的气候变异产生深远的影响。人们在改造自然的努力中，有许多行为及计划在不同程度上都对气候产生了干扰。

更有甚者，早在半个世纪前就有人从事了"气象武器"（Meteorological Weapons）研究。他们企图把改变气候分布形式和某些灾害性天气过程用做克敌制胜的手段。试图通过播撒催化剂，使台风的能量重新分布并把台风路径引向敌区，造成灾害；设想人工影响臭氧层，利用核爆炸所产生的 NO_x 或将火箭发射到敌区臭氧层中，释放某些物质使 O_3 迅速耗竭，以伤害强紫外辐射下敌区的万物生灵；在云中撒播金属丝，改变云中的电场强度，造成一条无线电通道或弱电场通道，以利于飞行器通过；在敌国上空撒播能吸收太阳辐射的物质或吸收地面长波辐射的物质，使其境内产生严寒或酷热天气。此外，还有人工制造酸雨、人工诱发闪电等。上述设想付诸实施的后果，往往被自然天气过程所掩盖而具有一定的隐蔽性。可以断言，这些"气象武器"一旦被投入使用并被扩散，对人类生存环境的威胁并不亚于核武器，对生态环境和自然气候带来的可能冲击和破坏也将难以估算。

（一）大规模改造自然活动的气候影响

人类在长期的进化过程中，为了自身利益，进行了各种改造自然的活动：一方面改善了生态环境，使局地小气候朝符合人们意愿的方向发展；另一方面却在无意中对更大范围的环境系统带来了潜在的不利影响。由于后者的不明显性、复杂性、不确定性及其潜在的风险性，长期以来人们并未引起应有的重视。

修渠灌溉、种植防护林带以防风蚀，可能是人工改造局地气候的最早尝试。早在 18 世纪，英国诺福克便已开始建造防护林。中国的"三北"防护林体系是一项具有巨大经济效益和环境效益的生态工程，但它对更大范围的地-气系统将产生什么影响还有待进一步研究。

20 世纪发展起来的一些局地、短时期的人工影响天气（Weather Modification）的措施正日益普及。如为使机场浓雾消散而设置局地强热源；为保护果园、苗圃免受冻害而施放烟幕；为人工增雨或消雹而在空中撒播 AgI、干冰等各种凝结核；为使台风削弱而在其中心释放化合物等，迄今，这些"气象工程"还在不断发展。人工增雨、人工防雹、人工消雾、人工抑制雷电、人工防霜冻等的主要途径都是利用自然云雨过程中的不稳定平衡状态，通过播撒催化剂改变云雾结构的办法来影响其微物理过程和热力、动力结构。这些手段虽然可使局部天气现象朝着有利于人们预定的方向发展，达到防灾减灾、改善环境的目的，但是由于催化剂的大量使用可能干扰某些元素的区域甚至全球循环，因此，科学界对人工控制天气的效果和潜在影响尚存在着不同评价，它们对生物地球化学循环和气候系统将产生什么潜在的、持久的影响，迄今尚未引起足够的重视。

近半个世纪以来，一些国家先后提出了庞大的人工改造天气、气候的方案。Kellogg 和 Shneider 在 1974 年曾总结过一些超大规模人工改造气候的方案（如建造白令海峡大坝、北冰洋消冰计划、南极冰山运输、非洲人造海、白令海峡巨型水闸、鞑靼海峡填海、在高层大气中播撒箔片以改变大气对太阳辐射的吸收能力等），并指出在我们能够预报出大范围改造气候计划的长期影响之前，任何将此类计划付诸实施都有风险。

举世瞩目的长江三峡水利枢纽无论是在工程的浩繁、技术的复杂、对生态环境影响的深远方面，还是庞大的移民数量等方面，在世界水利工程史上都是空前的。它是长江流域经济开发的主干工程，直接影响到中、下游亿万人民群众的安危祸福。因而围绕着泥沙、移民、航运、防洪、发电、水工建筑、大型设备、生态与环境等七个方面的重大问题，曾进行了长期、反复的研究和论证。其中的专项评价包括全球变暖与区域气候变化模拟及风险评估，以期把长江流域的区域气候、水文、生态环境与全球变暖结合起来，探索大气增温效应可能给库区广大承雨面积上空温度场、湿度场所带来的变化，以及随之产生的旱涝时空分布、水汽输送、云系发展、暴雨生消与强弱等方面的一系列变化。通过前瞻性的评估工作，将填补人们以往认识上的某些空白。一方面使大坝安全、水库调度、电力供应、泄洪防洪的预期目标得以实现；另一方面使该超巨型水利工程与气候、水文、生态、环境得以保持持续协调发展的良性循环关系，为今后同类工作提供借鉴。

（二）下垫面性质变化的气候效应

人类的许多经济活动，诸如毁林开荒、营造防护林、围湖围海、湿地排水造田、大型水库兴建、道路建设、大规模城市化等，都会引起下垫面性质的改变，从而导致局地气候以及生态环境的变化。

1. 植被对区域降水量的影响

森林是一种特殊的下垫面，这个"绿色海洋"对于维护地球系统的水分循环、物质循环和辐射平衡，改善局地气候与生态环境，保护生物多样性等均具有极其重要的作用。在历史上，全球森林面积曾占陆地总面积的 2/3，但由于人口增加、经济发展、战争破坏等原因，到 20 世纪初该比例已下降到了 37%。目前，除格陵兰和南极洲之外，全球森林覆盖率大约为 25%。自 1980 年以来，工业化国家的森林面积略有增加，发展中国家的森林面积则减少了约 10%（世界资源研究所等，2002）。

植被覆盖可增加地表吸收的太阳辐射能，减少地表向下传输的土壤热通量，降低地面有效辐射。在这三者共同作用下，地面向大气传输的感热通量增大，因而使大气边界层内的对流活动相应增强。一旦水汽条件适合，便可以形成对流性降水。一般在晴天的午后，指向大气的感热通量最大，对流性降水也最强。在干旱、半干旱地区，对流性降水在总降水量中占有相当大的比重，所以地表向大气传输的感热通量对局地降水至关重要。撒哈拉地区的研究证明，有植被覆盖后，降水量平均可增加 43%。

2. 下垫面对气候影响的途径

主要反映在感热通量变化和局地环流变化两方面。

（1）感热通量的变化。与裸地相比，白天植被覆盖减小了地面反射率，也减小了从地面向下传输的土壤热通量。因此，一般在有植被覆盖的区域，地面向上传输的感热通量比裸地要高 1.5~2.0 倍。由于感热通量是影响局地热力对流发展和对流性降水的一个重要因子，因而人为活动所导致的下垫面改变对于对流性降水也有影响。

（2）局地环流的变化。地表水分的水平差异是影响局地低层大气中风场的水平和垂直结构的重要因子之一。植被覆盖地表与干旱裸地之间的差异以及大面积灌溉地与干旱裸地之间的差异，可以引发出与海陆风环流相同量级的风速。植树造林和大面积灌溉等人类活动均可产生中尺度环流，具有潜在影响和改变局地气候的能力。

（三）热带雨林破坏与气候异常

热带雨林是陆地上物种最多、最稳定的生态系统，在地球演化的进程中具有极其重要的作用。它在维持区域水热平衡、促进生态系统良性循环、维持全球气候形式、供应氧气、保护生物多样性、净化空气、为工农业生产提供原料等方面对人类作出了难以估量的贡献。有人认为，热带雨林经光合作用固定的 CO_2 数量是整个陆地固碳量的 25%。因而大肆破坏热带雨林必然会导致大气中 CO_2 含量的升高，进而引起全球变暖。滥伐森林对气候的影响主要是地表反射率增高，从而使近地层地-气系统的能量收支平衡关系产生变化。一般热带雨林的反射率为 0.07，当其完全消失后则为 0.25。

亚马孙河流域曾拥有世界 2/3 的热带雨林以及 30% 的陆地生物资源，其河水流量比密西西比河大 11 倍，是一个巨大的淡水资源宝库。巴西科学家推算该流域 50% 的降水是由原始森林产生的。所降下的雨量中约有一半汇入大西洋，另一半被土壤吸收。土壤中的水分再通过叶面蒸腾返回大气，构成水分循环中的重要一环。

（四）区域尺度灌溉的绿洲效应

对干旱及半干旱土地进行灌溉可使土壤热容量增大、水汽蒸发量增多，从而减小昼夜温差，提高空气湿度，形成与沙漠中绿洲相似的气候效应——"绿洲效应"（Oasis Effect）。大规模灌溉可使区域甚至全球气候发生变化。N. Rosin 等曾报道了乌兹别克的对比观测结果：灌溉条件良好的 Pakhta-Aral 地区 0.2~2m 高度范围内的气温比周围半沙漠地区低 3~5℃，相对湿度高 25% 以上，表面上土壤温度低 13~15℃。这种绿洲效应的影响一直到 200m 上空仍清晰可辨。

Budyko 认为绿洲效应引起地表反射率减小的平均幅度在 10% 以上，而 1% 的地表反射率即可导致地面平均温度改变 2.3℃。2000 年全球灌溉用水大约为 $3100km^3$，由此引起的云量、降水及地-气系统辐射收支的改变，将对全球气候产生不可忽视的影响。

生物圈与大气圈的相互作用是地球环境科学中最重要的研究课题之一。一些学者已对生态系统与气候系统的相互作用进行了数值模拟，比如 BATS（Dickinson R. E., et al., 1993）以及 SiB（Seller P. J., 1996），但至今似乎仍停留在起步阶段。

（五）海洋石油污染的"荒漠化"效应

几乎所有的污染物都可通过人工倾倒、船舶排放、战争破坏、石油开采等途径进入海洋。目前，全球每年倒入海洋的废弃物多达 $2\times10^{10}t$，每年泄入海洋的石油约占全球石油总产量的 0.5%。此外，陆源性污染、海上漏油、海底油田井喷等都会引起严重的海洋石油污染。日本近海、地中海（尤其是意大利）常常是全球海洋石油污染最严重的海域。

在海面上扩展的石油阻断了海-气之间 O_2 以及其他物质、能量的交换。海洋生物会因海水缺氧而窒息、中毒死亡。当海鸟接触到漂浮在海面上的油膜后，羽毛就会被粘住而不能飞翔。海洋动物若吞食了那些吸收了石油烃类的浮游生物和藻类，或通过呼吸、饮水等途径将石油带入体内，则可能导致畸形或死亡。海水中如含有 1% 的柴油乳化液，海藻幼苗的光合作用将被完全阻断。一旦海区被石油严重污染，海洋生物需经过 5~7 年才能重新繁殖（李爱贞、刘厚风、张桂芹，2003）。

密度小于海水的石油进入海洋后会漂浮在海面并逐渐扩大。每升石油扩展后的面积可达 $1000~10000m^2$。这些银白色的油膜层能抑制海水蒸发，使海面空气干燥，并阻碍潜热的转移。从而使海面温度升高，加剧气温的月、年变化，削弱海洋对气候的调节作用，导致降水减少，天气异常，显著地改变下垫面的性质，特别是在比较闭塞的海面，如地中海、波罗的海、波斯湾和日本海等。它一旦出现在相对闭塞的海域，反应往往要比开阔的洋面更为强烈。地中海作为欧洲湿润气候与非洲干热气候的过渡带在气候学上具有重要意义，"海洋荒漠化"（Marine Desertification）效应一旦使地中海的过渡缓冲作用丧失，欧洲与非洲之间气候要素的不连续性现象将加剧，地中海上空的锋面活动将变得频繁，从而可能导致异常气候的产生。如果任凭海上石油污染继续发展下去，不但会给全球气候造成巨大的冲击，还将给海洋生态系统带来灾难。

第五节　全球气候变化

人地复合系统是一个由地质、地貌、气候、海洋、水文、土壤、生物和人类活动等子系统组成的整体，是由地球生物圈、大气圈、水圈、岩石圈等各部分组成的反馈系统或控制系统。该系统可通过自身的不断调控，寻求并达到一个适合于大多数生物生存的最佳环境。系统中各要素通过彼此间的相互影响和制约既形成一个个特殊的自然综合体，又由各要素以及该复合系统与外界之间存在着的能量流、物质流、信息流的交换和传输构成一个有序的、动态的、复杂的、远离平衡态的开放系统。作为人－地复合系统中次级系统之一的气候系统，其基本理论是在20世纪70年代末期发展起来的。人－地复合系统中各子系统间的物理、化学和生物过程以及人类活动和宇宙星体的影响对地球气候变化都发挥了重要作用。因此，全球气候变化研究所涉及的组织机构和学科领域非常广泛，既具有明显的多学科及跨学科交叉研究的特点，又具有综合集成、着重研究系统整体变化的特点。

在联合国下属的国际气象组织（WMO）、联合国环境规划署（UNEP）、联合国教科文组织（UNESCO）、国际科学联盟委员会（ICSU）等组织的领导下，目前在全球气候变化研究领域主要实施了三项重大的国际合作计划：

①世界气候研究计划（World Climate Research Program，WCRP）。

②国际地圈和生物圈计划（International Geosphere—Biosphere Program，IGBP）。

③全球环境变化人文因素影响计划（International Human Dimensions of Global Environmental Change Program，IHDP）。各计划的侧重点互不相同，但随着研究的深入，各领域之间互相交叉、互相渗透、互相补充，并逐步形成了一个完整的研究体系。

WCRP建立于1979年，由世界气象组织（WMO）、国际科学联盟委员会（ICSU）及政府间海洋合作委员会（IOC）共同管理。它主要以研究气候系统的物理过程为重点，研究太阳、火山爆发等外强迫对大气、海洋动力系统的影响和所造成的气候变化的物理机制。其主要目的在于搞清人类可在多大程度上预测未来气候变化以及人类活动如何影响全球气候。

在世界气候计划（WCP）的框架内，与世界气候研究计划（WCRP）平行实施的分计划还有：世界气候资料计划（WCDP）、世界气候应用计划（WCAP）、世界气候影响计划（WCTP）等。随着工作的逐步深入，计划的内容也在不断调整、充实和完善。如后来所补充的1995~2000年全球能量和水圈实验（GEWEX）就被列为WCRP中的一项重要研究内容。

一系列世界大气科学试验研究推动了中国的气候与环境研究活动。1996~2000年，中国也开展了五项重大的国际合作气象科学试验研究，并取得了空前成功。它们包括：南海季风试验（SCSMEX）、青藏高原地-气系统物理过程及其对全球气候和中国灾害性天气影响的观测和理论研究（TIPEX）、淮河流域能量与水分循环试验（GAME-HUBEX）、内蒙古半干旱草原土壤—植被—大气相互作用研究（IMGARSS）、海峡两岸以及邻近地区暴雨试验研究（HUAMEX）。

IGBP 是 20 世纪 80 年代初由 ICSU 组织 1986 年正式提出，1990 年开始执行的侧重于地圈相互作用的跨学科国际合作研究计划。它针对生物、地球和化学系统的演变过程，研究大气化学、海洋生物、地球化学、地球生态系统、土壤和土地利用以及温室气体在全球环境变化中的作用等问题，与气候变化有密切关系。

IHDP（或 HDP，HD/GEC）则由 ISSC（International Social Science Council，国际社会科学理事会）主持，是一项研究人类活动过程在全球环境变化中的影响以及环境变化对人类社会发展的制约作用，强调跨学科、综合性的国际协调研究计划。其目的在于加强对人-地复合系统中复杂相互作用的认识、探索和预测全球环境影响中的社会变化，确定恰当的社会发展战略，以减缓对全球变化的不利影响（王绍武，2001）。

此外，与全球气候变化研究有关的国际合作计划还有：全球海洋通量联合研究计划（JGOFS）、国际全球大气化学计划（IGAC）、全球变化和陆地生态系统研究计划（GCTE）以及各种观测站网的国际合作计划，如世界天气监视网（WWW）、全球大气监视网（GAW）、全球环境监测系统（GEMS）、全球气候观测系统（GCOS）等。

为了便于采用"集成"研究的方法，强调各学科领域间的综合与交叉，加强跨学科、跨研究主题、跨研究团体、跨国家、跨地区的合作。目前，IGBP、IHDP、WCRP 正着手对全球变化研究结构进行重大调整。IGBP 调整的核心正在打破原有的按学科涉及的研究计划界限，将现有的核心计划和框架行动重新设计，保留 PAGES 和 GAIM，以便从整体上把握地球系统的全景展望（陈宜瑜、陈泮勤、葛全胜，2002）。

政府间气候变化专门委员会（简称 IPCC）是世界气象组织和联合国环境规划署于 1988 年 11 月联合组建而成的，它的任务是就气候变化问题进行科学评估。其先后在 1990 年、1995 年和 2001 年完成了三次气候评估报告，2003 年正式启动第四次评估报告的编写工作，2007 年 4 月正式公布了最新的评估报告《气候变化 2007：影响、适应和脆弱性》。这份报告由 147 位主要作者和 222 位主要贡献作者历时五年编写而成，2007 年 4 月 6 号在布鲁塞尔获 IPCC 通过，反映了当前国际科学界在气候变化问题上最新的认知水平。

报告表明，地球气候正经历以全球变暖为特征的显著变化，近一百年全球气温增加 1.4℃；海平面上升 17cm；冻土温度也有了明显变化。预估到 21 世纪末全球气温将至少升高 4.8℃，这将对自然生态、人类生存环境和经济社会发展，产生显著而长期的影响。事实证明，我们所面临的不仅仅是气候变暖，而是整个气候系统的变暖。该报告将气候变暖归因于人类活动所排放的温室气体，这也是 IPCC 历次报告不断论证确认的结果。1990 年第一次报告称"近百年气候变化可能是自然波动，或人为活动，或二者共同影响的结果"；到 1995 年第二次报告时，人类活动对地球气候和气候系统的影响已经可以"被检测出来"；2001 年第三次报告则以"新的更强证据表明，过去 50 年增暖可能归因于人类活动"；2007 年的报告将这种可能性从 2001 年的 66% 提升到 90% 以上。

受此影响，近年来，中国极端天气、气候事件发生的频率和强度明显增大，并已导致部分地区水资源短缺加剧，自然生态环境变差，粮食安全压力增大，海平面持续上升，沿海经济社会发展受到严重威胁。

气候变化已经成为中国经济社会可持续发展的挑战性问题。如不采取适应性措施，未来100年，中国将不得不接受以下事实：气温升高0.5~4.2℃；海平面上升12~50cm；冰川面积损失是过去350年的一半；农业减产5%~10%。

为减缓和应对全球气候变化，中国作为一个负责任的大国已经有所行动。中国政府成立了气候变化专家委员会，在决策方面为政府应对气候变化提供科学的咨询建议；国家发改委也牵头组建了国家气候变化协调小组，负责研究、制定应对政策并协调有关工作。

中国政府认为，气候变化是全球性问题，事关人类的生存与发展，事关人类的共同未来，唯有国际社会坚持"共同但有区别的责任"原则，不断加强在《联合国气候变化框架公约》及《京都议定书》框架内的国际合作，有关问题才能得到有效解决。

第九章 水循环与水分运动

地球水圈是地球系统内各类水体中水的总称。水圈主要由海水构成，陆地上的湖、河、沼泽水、地下水和冰川也是水圈的重要组成部分。

地球上的水主要是从大气中分化出来的。早期大气含有大量水汽，由于温度逐渐降低以及大气中含有大量尘埃微粒，一部分水汽便凝结成液态水降落到地面，然后汇聚在洼地中，形成原始水圈。后来由于水量增加和地表形态变化，原始水圈逐渐演变成为今天的海洋和河湖沼泽。

水是地球表面分布最广和最重要的物质。水不仅参与生命形成和发展的整个过程，维持着生命，同时通过水分循环的一系列过程把地理环境中的各圈层耦合在一起，并在诸如地形、地貌、气候、自然地带等自然地理环境的形成、发展和演变过程中起着重要的作用。此外，水对人类的经济活动也有着十分重要的意义。总体来说，水圈在地球四大圈层中居于主导地位，是地球系统中至关重要的组成部分。

第一节 地球上水的分布

地球上有水，是地球区别于太阳系其他行星的重要特征之一。地球又有"水的行星"之称，水在地球上分布极广。R. A. 豪恩曾完整描述了地球水圈系统水的分布（见图9-1）。

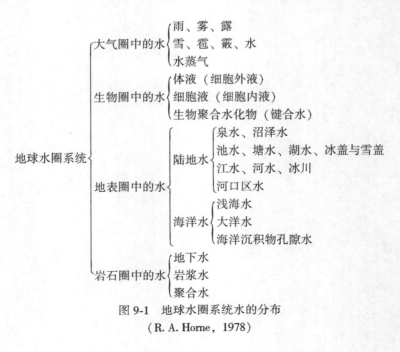

图 9-1 地球水圈系统水的分布
（R. A. Horne, 1978）

具体地说，地球上水的分布可从水平和垂直两个方向来描述（见图9-2）。地球上的水，水平分布具有连续性和不均匀性。水在地球表层的分布是连续的，即使在有形的水体（液态、固态）不存在的地方，呈气态的水汽亦能将水圈连成一个整体。而水圈的厚度和水量多寡则随地表地理位置的不同而不同。水平分布在地球表层主要表现为海陆分布。地球总面积为 $5.1×10^8km^2$，其中海洋面积为 $3.613×10^8km^2$，全世界海洋所含的水量，总体积等于 $13.70×10^8km^3$，占全球水量的96.5%，相当于高出海面陆地体积的14倍，折合水深可达3 700m。如果把全部海洋的水平铺在地球上，平均水深可达2 690m。相对于海洋，陆地水量要小得多。表层陆地水主要包括冰川、湖泊、江河及沼泽所含水量，占全球水量的比例不到2%。

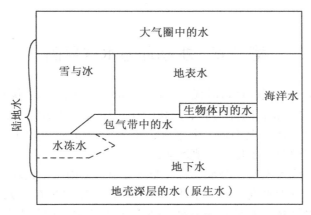

图 9-2　地球水圈的结构图

从垂直方向上看，地球上的水还交叉分布在大气圈、生物圈、岩石圈之中。

地表之上大气中的水汽来自地球表面各种水体水面的蒸发、土壤蒸发及植物散发，并借助空气的垂直交换向上输送。一般说来，空气中的水汽含量随高度的增大而减少。观测证明，在1 500~2 000m 高度上，空气中的水汽含量已减少为地面的一半；在5 000m 高度，减少为地面的十分之一；再向上，水汽含量就更少了，水汽最高可达平流层顶部，高度约55 000m。

大气水在7km 以内总量约有 $12 900km^3$，折合成水深约为25mm，仅占地球总水量的0.001%。虽然数量不多，但活动能力却很强，是云、雨、雪、雹、霰、雷、闪电的根源。

地表之下储存于地壳约10km 范围含水层中的重力水，称为地下水。由于全球各地的地质构造、岩石条件等变化复杂，很难对地下水储量作出精确估算。从已发表的研究成果来看，储量大小之间可差一个数量级。现根据苏联学者1974年所发表的研究成果，从地面至深达2km 的地壳内，地下水总储量为 $2.34×10^7km^3$。

土壤水是指储存于地表最上部约2m 厚土层内的水。据调查，土层的平均湿度为10%，相当于含水深度为0.2m，如果以陆地上土覆盖总面积 $8.2×10^7km^2$ 计算，那么土壤水的储量为 $1.65×10^4km^3$。地球表面生物体内的贮水量约为 $1.12×10^3km^3$。

水圈各组成部分的水量占总量的百分比如图9-3所示。

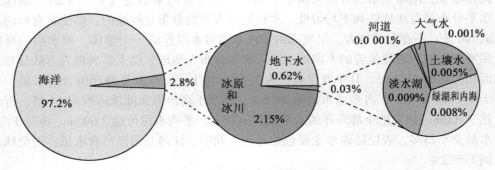

图 9-3　水圈各水体数量比例

第二节　水循环与水量平衡

水循环的观念最早出现在远古时代。战国时期的《吕氏春秋·圜道》（成书于公元前235年，《吕氏春秋》三卷，四部丛书本，高诱注）中就有"云气西行，云云然，冬夏不辍；水泉东流，日夜不休，上不竭，下不满，小为大，重为轻，圜道也"的说法。这段话说的是：雨云由东向西，冬夏不停地运动，雨云西行变为雨，降落地面成为径流，再顺着地势自西向东不断流入大海，海水蒸发再变成云雨。云雨永不枯竭，海洋不会涨满。条条江河汇集入海，蒸发为水汽，反复循环。古希腊哲学家也早在公元前500~公元前428年就提出了全球性水循环的初始观念，认为太阳把水从海洋中提升到空中，又以降水下落，然后雨水在地表聚集并补给河流。但以上国内外古代的水循环观念都不完整。

现代水循环的概念见于法国人 Perralt 在1674年所写关于喷泉的起源的著作和俄国人伏也依科夫1884年写的《地球气候，尤其是俄罗斯的气候》一书。

随着水文监测技术的发展，人类对水循环的认识得以深化，表现在利用质量守恒定律去研究水循环。这就是水量平衡的概念。17世纪法国的 Edme Mariotte 确定了塞纳河年径流量少于降水量的1/6。1905年布里克诺尔估算了大陆的水量、蒸发量与径流量。此后，各国学者对全球水量进行了具体计算。20世纪30年代以来，随着流域水文观测的进一步发展，水量平衡转向中小尺度的研究。

水循环、水平衡是自然地理研究中重要的核心问题之一。水量平衡是水循环定量计算的基本原理，水量平衡和水循环这两个术语表示着同一过程的不同方面。

一、水循环

（一）水循环基本过程

水循环是指地球上各种形态的水，在太阳辐射、地心引力等作用下，通过蒸发、水汽输送、凝结降水、下渗以及径流等环节，不断地发生相态转换和周而复始运动的过程。

从全球整体角度来说，这个循环过程可以设想从海洋的蒸发开始：蒸发的水汽升入空中，并被气流输送至各地，大部分留在海洋上空，少部分深入内陆，在适当条件下，这些水汽凝结降水。其中海面上的降水直接回归海洋，降落到陆地表面的雨雪，除重新蒸发升入空中的水汽外，一部分成为地面径流补给江河、湖泊，另一部分渗入岩土层中，转化为壤中流与地下径流。地面径流、壤中流与地下径流，最后亦流入海洋，构成全球性统一的、连续有序的动态大系统。图9-4为全球海陆间水循环过程的概化图。

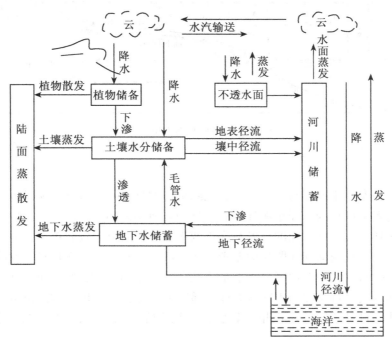

图9-4　全球海陆水循环过程概化图

整个过程可分解为水汽蒸发、水汽输送、凝结降水、水分入渗，以及地表、地下径流等5个基本环节。这5个环节相互联系、相互影响，又交错并存、相对独立，并在不同的环境条件下，呈现不同的组合，在全球各地形成一系列不同规模的地区水循环。

（二）水循环的基本类型

通常按水循环的不同途径与规模，将全球的水循环区分为大循环与小循环，如图9-5所示。

1. 大循环

发生于全球海洋与陆地之间的水分交换过程，由于广及全球，故名大循环，又称外循环。

大循环的主要特点是，在循环过程中，水分通过蒸发与降水两大基本环节，在空中与海洋，空中与陆地之间进行垂向交换，与此同时，又以水汽输送和径流的形式进行横向交换。交换过程中，海面上的年蒸发量大于年降水量，陆面上情况正好相反，降水大于蒸发；在横向交换过程中，海洋上空向陆地输送的水汽要多于陆地上空向海洋回送的水汽，两者之差称为海洋的有效水汽输送。正是这部分有效的水汽输送，在陆地上转化为地表及地下径流，最后回流入海，在海陆之间维持水量的相对平衡。

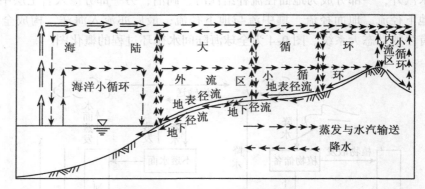

图 9-5 水循环基本类型示意图

2. 小循环

小循环是指发生于海洋与大气之间，或陆地与大气之间的水分交换过程。小循环又称内部循环，前者又可称为海洋小循环，后者称为陆地小循环。

海洋小循环主要包括海面的蒸发与降水两大环节，所以比较简单。陆地小循环的情况则要复杂得多，并且内部存在明显的差别。从水汽来源看，有陆面自身蒸发的水汽，也有自海洋输送来的水汽，并在地区分布上很不均匀，一般规律是距海愈远，水汽含量愈少，因而水循环强度具有自海洋向内陆深处逐步递减的趋势，如果地区内部植被条件好，贮水比较丰富，那么自身蒸发的水汽量比较多，有利于降水的形成，因而可以促进地区小循环。

陆地小循环可进一步区分为大陆外流区小循环和内流区小循环。其中外流区小循环除自身垂向的水分交换外，还有多余的水量，以地表径流及地下径流的方式输向海洋，高空中必然有等量的水分从海洋送至陆地，所以还存在与海洋之间的横向水分交换。而陆地上的内流区，其多年平均降水量等于蒸发量，自成一个独立的水循环系统，地面上并不直接和海洋相沟通，水分交换以垂向为主，仅借助于大气环流运动，在高空与外界之间，进行一定量的水汽输送与交换活动。

（三）全球水循环系统的层次结构

如前所述，全球水循环是由海洋的、陆地的以及海洋与陆地之间的各种不同尺度、不同等级的水循环所组合而成的动态大系统。由于这些分子水循环系统既紧密联系，相互影响，又相对独立，所以，对这个全球性的动态大系统，可以根据海陆分布，各分子系统的尺度、规模不同，以及相互之间上下隶属关系，建立如图 9-6 所示的水循环分子等级系统。

陆地水循环系统结构比海洋水循环系统要复杂，而且在四级以下可进一步区分，例如长江流域为四级水循环系统，汉江作为长江的一级支流，就属于五级水循环系统，而丹江是汉江的支流，是长江的二级支流，因而属于六级水循环系统。

（四）水体的更替周期

水体的更替周期，是指水体在参与水循环过程中全部水量被交替更新一次所需的时

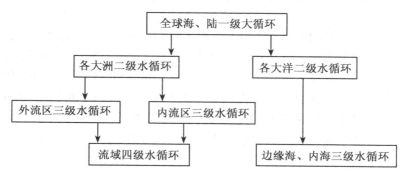

图 9-6　全球水循环分子等级系统示意图

间，通常可用下式作近似计算：

$$T = W/\Delta W \qquad (9-1)$$

式中：T 为更替周期（年或日、时）；W 为水体总贮水量（m³）；ΔW 为水体年平均参与水循环的活动量（m³/a）。

以世界大洋为例，总储水量为 1.338×10^{18} m³，每年海水总蒸发量为 5.05×10^{14} m³，依此计算，海水全部更新一次约需要 2 650a；如果以入海径流量 4.7×10^{13} m³ 为准，则更新一次需要 28 468a。又如世界河流的河床上瞬时贮水量为 2.12×10^{12} m³，而其全年输送入海的水量为 4.7×10^{13} m³，因此一年内河床中水分可更替 22 次，平均每 16 天就更新一次。大气水更替的速度还要快，平均循环周期只有 8 天，然而位于极地的冰川，更替速度极为缓慢，循环周期长达万年。

表 9-1 所列的更替周期，是在有规律的逐步轮换这一假设条件下得出的平均所需时间。实际情况要复杂得多，如深海的水需要依靠大洋深层环流才能缓慢地发生更替，其周期要超过 2 650a；而海洋表层的海水直接受到蒸发和降水的影响，其更替周期显然无需 2000 多年。尤其是边缘海受入海径流影响，周期更短。以我国渤海为例，总贮水量约 1.9×10^{12} m³，而黄河、辽河、海河多年平均入海水量达 1.455×10^{11} m³，仅此一项就可使渤水 13 年内更新一次。又如世界湖泊平均循环周期需要 17a，而我国长江中下游地区的湖泊出入水量大，交换速度快，一年中就可更换若干次。

表 9-1　　　　　　　　　　　　　各种水体更替周期

水体	周期	水体	周期
极地冰川	10 000a	沼泽水	5a
永冻地带地下冰	9 700a	土壤水	1a
世界大洋	2 500a	河水	16d
高山冰川	1 600a	大气水	8d
深层地下水	1 400a	生物水	12h
湖泊水	17a		

水体的更替周期是反映水循环强度的重要指标，亦是反映水体水资源可利用率的基本参数。

因为从水资源永续利用的角度来衡量，水体的储水量并非全部都能利用，只有其中积极参与水循环的那部分水量，由于利用后能得到恢复，才能算做可资利用的水资源量。而这部分水量的多少，主要决定于水体的循环更新速度和周期的长短，循环速度愈快，周期愈短，可开发利用的水量就愈大。以我国高山冰川来说，其总贮水量约为 $5 \times 10^{13}\,\mathrm{m}^3$，而实际参与循环的水量年平均为 $5.46 \times 10^{11}\,\mathrm{m}^3$，仅为总贮水量的 1/100 左右，如果我们想用人工融冰化雪的方法增加其开发利用量，就会减少其贮水量，影响到后续的利用。

二、水量平衡

（一）水量平衡概念

所谓水量平衡，是指任意选择的区域（或水体），在任意时段时，其收入的水量与支出的水量之差额必等于该时段区域（或水体）内蓄水的变化量，即水在循环过程中，从总体上说收支平衡。

水量平衡概念是建立在现今的宇宙背景下和地球上的总水量接近于一个常数，自然界的水循环持续不断，并具有相对稳定性这一客观的现实基础之上的。

水量平衡是地球上水循环能够持续不断进行下去的基本前提。一旦水量平衡失控，水循环中某一环节就要发生断裂，整个水循环亦将不复存在。反之，如果自然界根本不存在水循环现象，亦就无所谓平衡了。因而，两者密不可分。水循环是地球上客观存在的自然现象，水量平衡是水循环内在的规律。

水量平衡方程式则是水循环的数学表达式，而且可以根据不同水循环类型，建立不同的水量平衡方程。诸如通用水量平衡方程、全球水量平衡方程、海洋水量平衡方程、陆地水量平衡方程、流域水量平衡方程、水体水量平衡方程等。

（二）水量平衡方程式

1. 通用水量平衡方程式

如果把研究的空间作为一个系统，那么系统中输入的水量 $I(t)$，应等于系统中蓄水变量 ds/dt 加上系统输出的水量 $O(t)$：

$$I(t)-O(t)=ds/dt \tag{9-2}$$

上式是水量平衡的基本表达式。

也就是说，以陆地上任一地区为研究对象，取其三度空间的闭合柱体，其上界为地表，下界为水分交换的深度。这样，对任一闭合柱体，任一时间内的水量平衡方程式为：

$$(P+R_1+R_2) - (E+R_1'+R_2'+q) = \Delta u \tag{9-3}$$

式中：P 为时段内降水量；R_1，R_1' 分别为时段内地表流入与流出水量；R_2，R_2' 分别为时段内从地下流入与流出的水量；q 为时段内工农业及生活净用水量；E 为时段内净蒸发量，Δu 为时段内蓄水变量。上式即为通用水量平衡方程式。

2. 流域水量平衡方程

若将通用公式应用于一个流域内，则称流域水量平衡方程。流域有非闭合流域和闭合流域之分。河流水量的补给通常包括地表水和地下水两部分。地表水的分水线主要受地形影响，地下水的分水线主要受地质构造和岩性的控制。地表分水线和地下分水线重合的流域，称闭合流域，反之称为非闭合流域。

若所研究的水量平衡区为非闭合流域，则通用水量平衡方程式中的 $R_1=0$，故其水量平衡方程式为：

$$(P+R_2)-(E+R_1'+R_2'+q)=\Delta u \tag{9-4}$$

若所研究的水量平衡区为闭合流域，因地表分水线和地下分水线重合，流域水流除出口外与其他流域没有交换，故地表径流流入量与地下径流流入量都为0，即通用水量平衡方程式中的 $R_1=0$，$R_2=0$，如再令 $R_1'+R_2'+q=R$，则其水量平衡方程式为：

$$P-(E+R)=\Delta u \tag{9-5}$$

在多年的情况下，蓄水变量（Δu）趋于零。于是多年闭合流域的水平衡方程式为：

$$\bar{P}=\bar{E}+\bar{R} \tag{9-6}$$

3. 全球水量平衡方程

地球上多年水量并无明显的增减现象。对于海洋上，多年平均降水量（$\bar{P}_洋$）和大陆上流入海洋的多年平均径流量（$\bar{R}$）之和应等于多年平均蒸发量（$\bar{E}_洋$），其水量平衡方程式为：

$$\bar{P}_洋+\bar{R}=\bar{E}_洋 \tag{9-7}$$

在大陆上，多年平均降水量（$\bar{P}_陆$）与流出大陆的多年平均径流量（$\bar{R}$）之差等于多年平均蒸发量（$\bar{E}_陆$），其水量平衡方程式为：

$$\bar{P}_陆-\bar{R}=\bar{E}_陆 \tag{9-8}$$

式（9-7）+式（9-8），即得全球水量平衡方程：

$$\bar{P}_洋+\bar{P}_陆=\bar{E}_洋+\bar{E}_陆 \tag{9-9}$$

即全球的降水量（$\bar{P}_全$）与蒸发量（$\bar{E}_全$）相等：

$$\bar{P}_全=\bar{E}_全 \tag{9-10}$$

从全球水量平衡中可以看出，它具有如下几个特点：全球水量是平衡的；海洋蒸发量大于降水量，而陆上蒸发量小于降水量；海洋是大气水和陆地水的主要来源；海洋气团在陆地降水中起主要作用。

地球上的水量平衡各要素值，见表9-2。

表9-2　　　　　　　　　　　　　　　地球上水量平衡表

区域		水量平衡要素					
		蒸发量		降水量		径流量	
		（km³）	（mm）	（km³）	（mm）	（km³）	（mm）
海　洋		505 000	1 400	45 800	1 270	47 000	130
陆地	内流区	9 000	300	9 000	300		
	外流区	63 000	529	110 000	924	47 000	395
全　球		577 000	1 130	577 000	1 130		

第三节　水分运动和输送

一、海水的运动和输送

海水永恒不息地运动着，由于热力因素和动力因素的作用，海水运动的类型多种多样，归纳起来，主要有三大类。

（一）洋流运动

1. 洋流的概念及分类

洋流是指海洋中具有相对稳定的流速和流向的海水，从一个海区水平地或垂直地向另一海区大规模且非周期性地运动。

通常根据洋流的成因将洋流分成四类：

（1）潮流。一般是在沿岸地区的洋流。由天体引潮力所引起，它和潮汐共生共存，有半日型、全日型或混合型潮流。潮流的运动形式有旋转流（回转流）和往复流两种。旋转流每隔一定时间变更一次方向，从流速为零，然后速度增加到最大值，又逐渐减小回复到零速再转向相反的方向，流速同样由零到最大，再由最大回复到零，周而往返（见图9-7）。

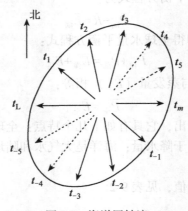

图9-7　海洋回转流

往复流则一般出现在海峡、港湾入口处或江河入海口。在这些地方潮流受到海洋宽度的限制，经常做直线式的往复流动，称为往复流。潮流在航道上，即较深的水道上，也常呈往复流。

（2）风海流。风除产生波浪外还能促使海水运动。海水表面在风应力作用下，沿着风吹的方向流动，流动后受到地转偏向力和摩擦力的作用，使水流方向不再和风向一致，在北半球要向右偏转，表面海水流动又要带动下层，下层又偏于表面流的右方。层层牵引，海流方向与风向之间夹角越来越大，到某一深度，洋流流向就会和表面流向相反，同时受摩擦力影响，越向深层流速越小，到一定深度就不再影响了（见图9-8）。风海流所能影响的深度，一般为 200m 左右，与整个海洋深度相比只是很薄的一层。

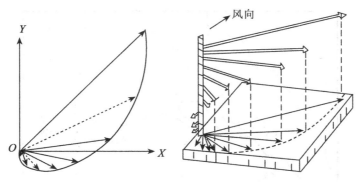

图 9-8 风洋流垂直分布模式

（3）密度流。由于海水密度分布不均匀所造成海水的密度与温度、盐度关系密切。温度高则密度小，温度低则密度大；盐度高则密度大，盐度低则密度小。密度小的地方，海水体积大，海面升高；密度大的地方，体积缩小，海面下沉。造成水平面压力不一致，产生水平压强梯度力，促使海水从压力大的地方流向压力小的地方，海水就发生流动。水平压强梯度力出现后，地转偏向力使本应朝着水平压强梯度力方向流动的海水拉向右偏，直至两个力取得平衡为止。

（4）补偿流。由于海水的连续性和不可压缩性，一个地方的海水流走了，相邻海区的海水就要流过来补充，这就产生了补偿流。补偿流可分两种：一种是是水平补偿流，包括离岸流和沿岸流；另一种是垂直补偿流，包括上升流和下降流（见图 9-9）。

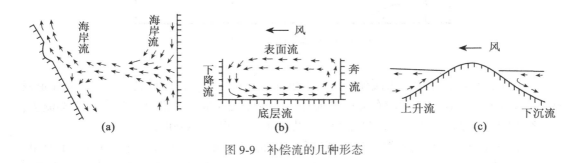

图 9-9 补偿流的几种形态

此外，另一种常用的分类方法是按照洋流的性质将其分为暖流和寒流两类。一般把从暖区流向冷区、低纬度流向高纬的洋流称为暖流；把从冷区流向暖区、高纬流向低纬的洋流称为寒流。

2. 洋流输送量

洋流是海洋中水量输送的主要方面，有了洋流才能使大量的海水从一处流向另一处。对于整个海洋总水量的盈亏，洋流输送起不了多少作用。可是对于气候的形成与变化，以及海洋内生物资源的发展来说，影响却非常巨大。

地球上各处洋流输送的具体数量，必须根据实际观测和计算获得。这里主要介绍地球上最大的洋流——黑潮与湾流的一些情况（见图9-10）。

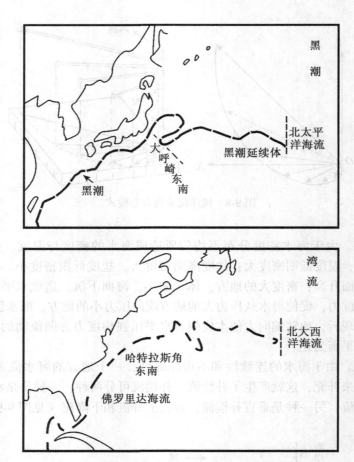

图 9-10 世界上两大海流比较

黑潮是世界海洋中第二大暖流。因其水色深蓝，远看似黑色而得名。黑潮由北赤道发源，经菲律宾，紧贴中国台湾东部进入东海，然后经琉球群岛，沿日本列岛的南部流去，于东经 142°、北纬 35°附近海域结束行程。黑潮的总行程有 6 000km。

黑潮在我国台湾东南外海，流幅宽度约 150 海里，流速 1.0~1.5 节（1 节 = 1 海里/时 = 1.852 千米/时），厚度 400m 上下。到了台湾以东，流幅减为 60 海里左右，流速增加到 2.0 节，核心深度 200m，最深至 700m。流入东海后，在冲绳以西流幅为 80 海里，流速 1.2~2.0 节，厚度 600m。至日本以南流速增加到 2.0~2.5 节，黑潮流得最快的地方是在日本潮岬外海，一般流速可达到 4 节，不亚于人的步行速度，最大流速可达 6~7 节，比普通机帆船还快。再向东去流速又减至 1.2~2.0 节。黑潮的流量十分巨大，平均每秒钟达 $2 200×10^4 m^3$，相当于世界上最大的亚马孙河流量的 200 倍。整个黑潮的径流量等于 1 000 条长江。

湾流是世界上第一大海洋暖流，亦称墨西哥湾（暖）流。湾流的绝大部分来自加勒比海。当南、北赤道流在大西洋西部汇合之后，便进入加勒比海，通过尤卡坦海峡，其中的一小部分进入墨西哥湾，再沿墨西哥湾海岸流动，海流的绝大部分是急转向东流去，从美国佛罗里达海峡进入大西洋。这支进入大西洋的湾流起先向北，然后很快向东北方向流去，横跨大西洋，流向西北欧的外海，一直流进寒冷的北冰洋水域。这是一支长而狭窄的海流，宽度为100海里左右，深度1海里上下，其流速在夏季为1.5节，冬季约为2节，最大时可达3.3节。其流量为 $70 \times 10^6 \sim 90 \times 10^6 \mathrm{m}^3/\mathrm{s}$，比全世界所有河流的总流量还要大好几倍到十几倍。

3. 世界大洋表层环流系统

大气与海洋之间处于相互作用、相互影响、相互制约之中，大气在海洋上获得能量而产生运动，大气运动又驱动着海水，这样多次的动量、能量和物质交换，就制约着大气环流和大洋环流。海面上的气压场和大气环流决定着大洋表层环流系统。图9-11为冬季各大洋表层洋流。

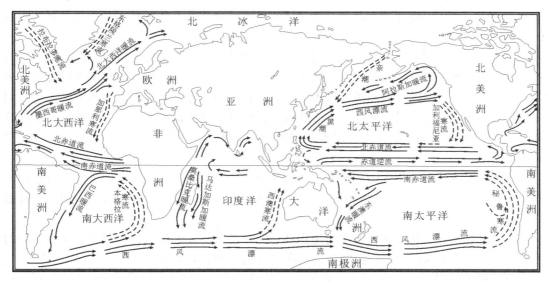

图9-11　冬季各大洋表层洋流

（1）大洋表层环流模式。大洋表层环流与盛行风系相适应，所形成的格局具有以下特点：

①以南北回归高压带为中心形成反气旋型大洋环流。

②以北半球中高纬海上低压区为中心形成气旋型大洋环流。

③南半球中高纬度海区没有气旋型大洋环流，而被西风漂流所代替。

④在南极大陆形成绕极环流。

⑤北印度洋形成季风环流区。

（2）世界大洋表层反气旋型大洋环流。反气旋型大洋环流，分布在南北纬50°之间，并在赤道两侧呈非对称出现。

在东南信风和东北信风的西向风应力作用下，形成了南、北赤道洋流（又称信风漂流）。其基本特点是：从东向西流动，横贯大洋，宽度约2 000km，厚度约200m，表面流速为 20~50cm/s，靠近赤道一侧达 50~100cm/s，个别海区可达 160~200 cm/s。由于赤道偏北，所以信风漂流也偏北（但印度洋除外），因此赤道洋流并不与赤道对称。它对南北半球水量交换起着重要作用，特别是大西洋、南大西洋的水可穿过赤道达北纬 10° 以北，并与北大西洋水相混合。

赤道洋流遇大陆后，一部分海水由于信风切应力南北向分速分布不均和补偿作用而折回，便形成了逆赤道流和赤道潜流。逆赤道流与赤道无风带位置相一致，其基本特征是：从西向东流动，一般流速为 40~60cm/s，最大流速可达 150cm/s，为高温低盐海水。赤道潜流位于赤道海面以下，流动于南纬2°到北纬2°之间，轴心位于赤道海面下100m处，轴心最大流速为 100~500cm/s。在赤道洋流和赤道潜流海区，表层水以下都存在着温度和盐度的跃层。这两支洋流都是暖流性质。

赤道洋流遇大陆后，另一部分海水向南北分流，在北太平洋形成黑潮，在南太平洋形成东澳大利亚洋流，在北大西洋形成湾流，在南大西洋形成巴西洋流，在南印度洋形成莫桑比克洋流。这些洋流都具有高温、高盐、水色高、透明度大的特点。其中最著名的暖流有黑潮和湾流。

黑潮、东澳大利亚洋流、湾流、巴西洋流、莫桑比克洋流受地转偏向力的影响，到西风带则转变为西风漂流。西风漂流与寒流之间，形成一洋流辐聚带，叫做海洋极锋带。极锋带两侧海水性质不同，冷而重的海水潜入暖而轻的海水之下，并向低纬流去。南半球因三大洋面积彼此相连，风力强度常达 8 级以上，所以西风漂流得到了充分的发展，从南纬30°一直扩展到南纬60°左右，表层水层厚度可达3 000m，平均速度为 10~20cm/s，流量 $2\times10^8 m^3/s$。

西风漂流遇大陆后分成南北两支，向高纬流去的一支成为暖流（北半球），向低纬流去的一支成为寒流，并以补偿流的性质汇入南北赤道流。这样就形成了大洋中的反气旋型环流系统。

属于这类寒流的有：北太平洋的加利福尼亚寒流，南太平洋的秘鲁寒流；北大西洋的加那利寒流，南大西洋的本格拉寒流；南印度洋的西澳大利亚寒流等。

（3）世界大洋表层气旋型大洋环流。气旋型大洋环流分布在北纬 45°~70° 之间。在大洋东侧，为从西风漂流分出来的暖流，属于这类洋流的有：北太平洋阿拉斯加暖流和北大西洋暖流。其表层水一般厚度为 100~150m。

在大洋西侧为从高纬向中纬流动的寒流，它是在极地东北风作用下形成的。属于这类寒流的有：北太平洋的亲潮和北大西洋的东格陵兰寒流。其水层厚度可达 150m，其水文特征是低温、低盐、密度大、含氧量多。

（4）北印度洋季风漂流。三大洋中唯有北印度洋特殊，在冬、夏季风作用下形成季风漂流。冬季，北印度洋盛行东北季风，形成东北季风漂流；夏季，北印度洋盛行西南季风，形成西南季风漂流（见图 9-12）。

（5）南极绕极环流。也称"南极环极流"或"西风漂流"，是世界大洋中唯一环绕地球一周的表层大洋环流。它自西向东环绕纬圈横贯太平洋、大西洋和印度洋。

在南大洋，除南极沿岸一小股流速很弱的东风漂流外，其主流就是自西向东运动的南极绕极流。南极绕极流在南纬 35°~65° 区域，与西风带平均范围一致，形成西风漂流，又因南极大陆附近的海水密度小于南极外海的海水密度，乃生成由西向东的地转流，故南极

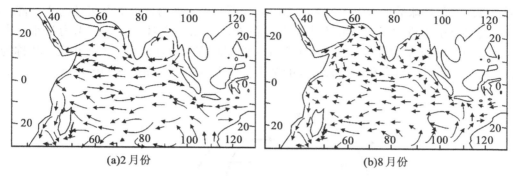

(a)2月份   (b)8月份

图 9-12 北印度洋表层海流

绕极流是西风漂流与地转流合成的环流。

南极绕极环流的特点是低温、低盐,冬季大部分水温在冰点左右,盐度为(34.0~34.5)×10^{-3}。南极绕极环流深度从海面到海底的整个水层,平均流速为 15cm/s 左右。南极绕极流流速不大,但随深度减弱很小,而且厚度很大,因此具有巨大的流量,流量相当于世界大洋中最强大的湾流和黑潮的总和,但流速仅为其 1/10。其作为南极和热带的热量交流屏障,保证南极的寒冷。

4. 海洋-大气相互作用

海洋和大气同属流体,它们的运动具有相似之处,并且是相互联系和相互影响着的。在大尺度海-气相互作用中,海洋对大气的作用主要是热力的,而大气对海洋的作用主要是动力的。人们通过观测和研究发现,某些海区的热状况变化可以对大气环流和气候产生显著的影响,例如,赤道东太平洋海区和赤道西太平洋"暖池"海区就是这样。在上述海区每隔几年便会发生的厄尔尼诺和拉尼娜事件,是大尺度海-气相互作用的突出表现。

(二)潮汐运动

1. 潮汐及其类型

潮汐也是海水运动的主要形式之一,是海水在月球和太阳引潮力作用下所发生的周期性升降运动。海水升起前进时叫涨潮,下降后退时叫落潮。涨潮时,水位上升到最高位置叫高潮;落潮时,水位下降至最低位置叫低潮。一般情况下,每昼夜海面有两次涨落,其平均周期即上一次高潮(或低潮)至下一次高潮(或低潮)相隔的平均时间,一般为 12 小时 26 分。我国古代把白天出现的海水涨落叫做潮,把夜间出现的海水涨落叫做汐,合称潮汐。

2. 潮汐的形成

海洋的潮汐现象是由于月球和太阳的引力在地球上分布的差异引起的。我们知道,地球在绕太阳运转的同时,还绕地-月质心运动,因此,地球同时受太阳和月球的引力作用。应该注意的是,引潮力并不是引力,而是两个天体之间的引力与离心力之合力,这种合力才是引起潮汐的原动力。

换句话说,地球各地点的引潮力,一方面决定于月球和太阳对地球的引力,另一方面决定于地球绕地月公共质心运动时所产生的惯性离心力。地球上各地点的离心力大小皆相等，但各地点的引力是不同的，因此，各地的引潮力也有差别。如图 9-13 所示，在月球直射点 A，因距月球最近，引力最大，引力大于离心力，两力合成的结果使海水上涨，涨潮方向与月球引力方向一致，故称为顺潮；在 B 点，因距离月球最远，引力最小，离心力大于引力，两力合成的结果也使海水上涨，但涨潮方向与月球引力方向相反，故称为对潮；在 C、D 两点，引力和离心力合成的结果将产生落潮，因而形成潮汐椭圆。

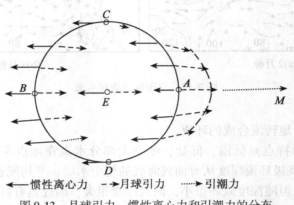

图 9-13　月球引力、惯性离心力和引潮力的分布

不论是由于月球还是太阳的作用，其力学过程是一样的。月球的质量虽然远小于太阳，但它与地球的距离比太阳与地球的距离近得多，根据万有引力定律计算可知，月球引潮力是太阳引潮力的 2.17 倍，可见，海洋潮汐主要是由月球引起的。通常把月球引潮力引起的潮汐叫做太阴潮，把太阳引潮力引起的潮汐叫做太阳潮。

3. 潮汐的变化

由于月球绕地球运转，在一个朔望月（29.5 天）内，太阳、地球和月球相互位置的变化相应地引起潮汐的周期变化。当夏历初一（朔）和十五（望），太阳、地球和月球几乎在同一直线上，这时月球引潮力和太阳引潮力的作用相叠加，太阳潮最大程度地加强了太阴潮，形成一个月中两次最大的日、月合成潮，高潮很高，低潮很低，潮差最大，即为大潮。朔、望之后，随着日、地、月的不断运动，三个星球的位置不断变化，到夏历初八（上弦）和二十三（下弦）、日、地、月三者的位置成直角关系，这时日、月合成引潮力最小，太阳潮最大程度地削弱了太阴潮，形成一个月中两次最低的高潮和最高的低潮的合成潮，潮差最小，即为小潮。这样，在一个朔望月中便出现两次大潮和两次小潮。实际上，由于其他复杂因素的影响，大潮和小潮并不准确出现于朔望日和上下弦日，而是延迟二三日。

各个海区，甚至同一海区的不同地点，潮汐的周期变化很大，但基本上可以归纳为三个类型：半日潮、全日潮和混合潮。半日潮是在一个太阴日（24 时 50 分）内有两次高潮和两次低潮，也就是涨落的时间间隔为 12 小时 25 分，而且一天内两次潮的高度几乎相等；全日潮是一个月当中，多数日子每隔 24 小时 50 分出现一次高潮和一次低潮，而其余的日子里则为一天两次潮。混合潮又分为不正规半日潮和不正规全日潮两类，前者一个太阳日内也有两次高潮和两次低潮，但潮差有明显的差别，而且涨潮时和落潮时也不一样长；后者则是半个月内大多数日子为不正规半日潮，但有时在一天里也发生一次高潮和一次低潮。

（三）波浪运动

波浪就是海水质点在它的平衡位置附近产生一种周期性的振动运动和能量的传播。

波浪运动只是波形的向前传播，水质点并没有随波前进，这就是波浪运动的实质。

1. 波浪要素

波浪的大小和形状是用波浪要素来说明的。波浪的基本要素有：波峰、波顶、波谷、波底、波高、波长、周期、波速、波向线和波峰线等（见图9-14）。

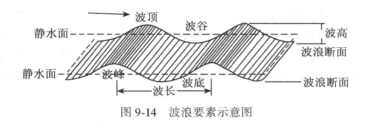

图9-14　波浪要素示意图

波峰是静水面以上的波浪部分。波顶是波峰的最高点。波谷是静水面以下的波浪部分。波底是波谷的最低点。波高 h，是波顶与波底之间的垂直距离。波长 λ，是相邻波顶（或波底）间的水平距离。周期 τ 是相邻波顶（或波底）经空间同一点所需要的时间。波速 c 是波形移动的速度，即 $c=\lambda/\tau$。波峰线是指垂直波浪传播方向上各波顶的连线。波向线，是指波动传播的方向。

2. 波浪的分类

波浪的划分标准很多，其中最常见的是下面按成因的分类。

（1）风浪和涌浪。在风力的直接作用下形成的波浪，称为风浪；当风停止，或当波浪离开风区时，这时的波浪便称为涌浪。

（2）内波。发生在海水的内部，由两种密度不同的海水作相对运动而引起的波动现象。

（3）潮波。海水在引潮力作用下产生的波浪。

（4）海啸。由火山、地震或风暴等引起的巨浪。

3. 风浪与涌浪

可以根据流体力学的观点来解释风浪的形成。当两种密度不同的介质相互接触，并发生相对运动时，在其分界面上就要产生波动。在流体力学中空气被看做是一种具有压缩性的流体，而自由水面是水和空气之间的分界面，当空气在海面上流动时，由于摩擦力作用，原接触界面成为不稳定平衡面，必须形成一定的波状界面，才能维护平衡，由此就产生海面波动，形成风浪。从性质上说，风浪属于强制波，其波形的轮廓和余摆线差别大，波峰尖随，波谷平衡，海面凹凸不平，此起彼伏。它的波高较高，波长较短，波速较慢，最大仅达 $40\sim50km/h$。风速、风时、风区是决定风浪大小的主要因素。风速增大时，波高、周期和波速都随之增大；波速增大时，波浪要素也随着增大；风浪是随着风向传播的，所以风区越大，风浪也就越能得到发展。如果风区较小，虽有足够的风力和风时，风浪也不能充分发展。

涌浪的出现是风浪进入消衰阶段的标志。涌浪的特点是：随着传播距离的增长，波高逐步变小，波长和周期却不断增加，因而涌浪变得越平缓，波形越接近摆线波。从性质上说，涌浪属于自由波。其波形的轮廓和余摆线较接近，波峰圆滑，海面较规则，波浪呈一排排的样子，其波高较低，波长较长，可达 500～600m 甚至更长，波速较快，可达 100km/h 以上。

二、径流的流动与输送

（一）径流形成的基本过程

在地面和地下运动着的水流称为径流（Runoff）。按照径流存在的空间状态，可分为地表径流和地下径流。地表径流指降水经蒸发、入渗等消耗后沿地表运动的水流，地下径流则指降水入渗后在地下运动的水流。这两种径流汇集于河道中的部分形成河川径流。河川径流是人类所依赖的最重要的水资源，大约占利用水量的 4/5，成为地表径流的重要组成部分。

在自然状况下，由降落到流域地面上的降水形成的径流，通过地面或地下途径汇集到各级支流，然后沿干流下泄，这一从降水开始，直到水流从流域出口断面流走的整个物理过程称为径流形成过程。按照整个过程发展的特点，可以将其划分成产流和汇流两个阶段（见图 9-15）。

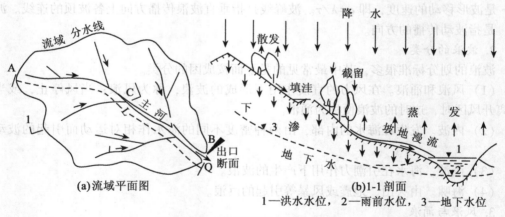

(a)流域平面图　(b)1-1剖面
1—洪水水位，2—雨前水位，3—地下水位

图 9-15　径流形成过程示意图

1. 产流阶段

当降雨开始之后，部分雨量被植物枝叶截留，超过植物截留能力的雨量落在地面上，其中，一部分雨量停蓄在低洼地带成为填洼量，另一部分则通过岩石、土壤的孔隙不断向下渗入，形成表层土壤的储存。植物截留、填洼和表土储存都是降雨径流形成过程中的损失量，不参与径流量的组成。直接降落在河流、湖泊水面上的部分雨水则形成少量的径流。

一般在降水满足了土壤饱和需水后或降雨强度大于土壤入渗率时，地面径流开始产生。在一次降雨过程中，流域上各处的蓄渗量及蓄渗过程的发展是不均匀的，因此，地面径流产生的时间、地方有先有后，先满足蓄渗的地方先产流。

当在易透水的表层土壤下存在相对不透水层时，不断下渗的雨水在该层上面暂时停蓄，形成饱和含水层，从而产生沿坡侧向流动的壤中流，它的流速小于地面径流，到达沟（河）槽的时间也较迟。壤中流与地面径流有时可以相互转化，如坡地上部渗入土壤形成的壤中流可能在坡地下部以地面径流的形式注入沟（河）槽，部分地面径流也可能在漫流过程中渗入土壤中流动。因此，通常把壤中流归入地面径流之中。

如果雨水继续下渗到浅层地下水面，并缓慢地渗入河槽则成为浅层地下径流。深层地下水（承压水）也可通过泉或其他形式补给河流，称为深层地下径流。地下径流运动缓慢，变化也慢，补给河水的地下径流平稳且持续时间亦久。由此可见，地面径流（包括壤中流）和地下径流是降雨量中产生径流的部分。

2. 汇流阶段

超渗雨水在坡面上呈片流、细沟流运动的现象，称做坡面漫流。坡面漫流通常是在蓄渗容易得到满足的地方先发生，如透水性较低的地面或较潮湿的地方，然后其范围逐渐扩大。其流程一般不超过数百米，历时亦短。地面径流、壤中流和地下径流均有沿坡地土层的汇流过程。

以地面径流为例，地面径流在沿坡面流动的漫流过程中，一方面接受降雨的直接补给而增加，另一方面又在运行中不断地消耗于下渗和蒸发。地面径流的产流过程与坡面汇流过程相互交织，前者是后者发生的必要条件，后者是前者的继续和发展。三种径流的汇流在量级大小、过程缓急、出现时刻、历时长短等特性上不尽相同。而且对于一个具体的流域而言，它们并不一定同时存在于一次径流形成的过程中。

降雨产生的径流，沿坡面漫流汇集到附近的河网后，顺河槽向下游流动，最后全部流经流域出口断面，形成河网汇流。坡面漫流汇集注入河网后，使河网水量增加，水位上涨，流量增大。在涨水过程中，河水补给地下水，此外河网本身可以滞蓄一部分水量。因此，对同一时刻而言，出水断面以上坡面汇入河网的总水量必然大于通过出口断面的水量；而在落水过程中，则与此相反，即出水断面以上坡面汇入河网的总水量小于通过出口断面的水量。这种现象称为河槽调蓄作用。在降雨及坡面漫流停止后的一定时段内，河网汇流仍将继续进行，且使河网蓄水达到最大量。随后，由于壤中流的减少及地下径流注入的水量较小，河网蓄水开始消退，直到河槽泄出水量与地下水补给水量相等时，河槽水流又趋于稳定。

河网汇流过程实质上是河流洪水波的形成与运动过程。河流断面上的水位及流量的变化过程是洪水波通过该断面的直接反映。当洪水波全部通过出口断面时，河槽水位和流量恢复到原有稳定状态，一次降雨的径流形成过程即告结束。

由于产流和汇流是一个连续的过程，所以，实际上并不能将二者及其次级过程严格地划分开来。另外，与坡面漫流和壤中流不同的是，除干旱地区的间歇河以外，一般意义上的河流通常具有经常性的流水，故它不依赖于某一次降雨过程而存在。

（二）河川径流的变化

1. 描述河川径流的特征值

在分析研究河川径流的形成和变化时，常用一些具有一定物理意义的特征值来表示。

最常用的特征值如下。

（1）径流总量 W。径流总量是指单位时段内通过河流某横断面的总水量（m^3 或 $10^8 m^3$）：

$$W = QT \tag{9-11}$$

式中：T 为时段长（日、月、年或多年）；Q 为 T 时段内的平均流量（m^3/s）。

（2）径流深度 Y。径流深度即某一流域的径流总量与该流域面积之比（mm）。计算式为：

$$Y = \frac{W}{F} \times 10^{-3} \tag{9-12}$$

式中：W 为径流总量（m^3）；F 为流域面积（km^2）。

（3）径流模数 M。单位时间单位流域面积上的产水量就是径流模数（升每秒平方公里）。即

$$M = \frac{Q}{F} \times 1\ 000 \tag{9-13}$$

式中：Q 为流量，可以是瞬时流量，也可以是某时段的平均流量；F 为流域面积（km^2）。

（4）径流系数 α。任一时段内的径流深度 Y（或径流总量 W）与同一时段内的降水深度 X（或降水总量）的比值为径流系数。即

$$\alpha = Y/X \tag{9-14}$$

径流系数说明在一次降水中有多少降水量能转变为径流，它是流域内自然地理要素对降水-径流影响的最好的综合反映。

（5）模比系数 K_i。模比系数又称径流变率，是某一时段内的径流模数（或流量）与该时段径流模数多年平均值之比。即

$$K_i = M_i/M_0 = Q_i/Q_0 \tag{9-15}$$

式中：K_i 为某时段的模比系数；M_i 为某时段的径流模数；M_0 为多年平均径流模数；Q_i 为某时段的平均流量；Q_0 为多年平均流量。

2. 河川径流的变化

（1）河川的正常径流量。正常径流量即年正常径流量，是一年之中流过某一断面的平均流量，这个平均流量通常是采用多年径流量的算术平均值。它能反映某河流断面以上多年平均来水量，是水文与水资源研究中最基本的资料，它可以说明一个流域的水量多少。一个流域能提供多少可利用的水资源，也常常需要参考这一数据。它也是进行流域地理综合分析的重要特征值。

（2）河川径流的年际变化

河川径流的影响因素很多，致使径流的变化十分复杂。大量实测资料证明，河川年径流量每年都不相同，如果把年径流量大于正常年径流量的年份视为丰水年，小于正常年径流量的年份视为枯水年，则径流的年际变化具有的丰水年或枯水年往往连续出现，而且丰水年组与枯水年组呈循环交替的规律。循环的周期不等，丰枯的量值也不重复。

河川径流年际变化的这一规律对于人类充分利用水资源是很不利的，因为某一地区丰水年（或枯水年）的连续出现，往往会造成该区较大的洪（旱）灾害，因此，研究河川年径流的丰、枯周期变化的规律性，对河流水情作出中长期预报是十分重要的。

反映年径流量变化幅度主要是年径流量的变差系数 C_v 值和绝对比率。

其中，年径流量的变差系数（C_v 值）计算公式为：

$$C_v = \sqrt{\frac{\sum (K_i - 1)^2}{n - 1}}$$

(9-16)

即用常用年径流变率的方差来表示。

式中：K_i 为第 i 年的年径流变率，n 为观测资料数列的年数。

从 C_v 值的物理意义可知，它能反映径流总体的相对离散程度（即不均匀性）。年径流量 C_v 值大，则年径流量的年际变化剧烈，易发生洪、旱灾害，水工建筑物费用大；相反，C_v 值小，则年径流量的年际变化小，水工建筑物费用就小。

C_v 值的变化与自然地理因素有着密切的关系，归纳起来有如下几方面：

①降水量少的地区，其 C_v 值大于降水量多的地区。因为降水量大的地区，水汽输送量大而稳定，降水量的年际变化较小。同时，降水量丰富的地区地表供水充分，蒸发比较稳定，故使年径流 C_v 值小；降水量少的地区，降水量集中而不稳定，蒸发量年际变化较大，致使年径流 C_v 值大。

②以雨水补给为主的河流，其 C_v 值大于以地下水补给为主的河流，也大于以冰雪融水补给为主的河流。因为冰雪融水量主要取决于气温，气温年际变化较降雨年际变化小，故冰雪融水的 C_v 值很小。例如，我国天山、昆仑山、祁连山一带河流的 C_v 值只有 0.1～0.2。

③以地下水补给为主的河流，因其补给量较稳定，故其 C_v 值也较小。例如，无定河上游虽降水少，但地下水补给量大，故 C_v 值较小，在 0.4 以下，甚至只有 0.2～0.3。

（3）河川径流的年内变化。河川径流不仅每年不同，具有丰枯年份的变化，就是在一年内，径流也有洪枯水期的差别。例如，以雨水补给为主的河流，雨季水量增大，为洪水期或汛期；旱季水量减少，为枯水期。

洪枯水期的长短和起始时间又有很大差别，而且每年出现的洪峰流量和极枯流量也不相同。

径流的年内变化不仅在不同的年份有所不同，即使在年径流量相似的年份，其年内变化也会有很大差别。

影响径流年内变化的因素主要是气候和下垫面状况，以雨水补给为主的河流，径流的年内变化又往往同降水周期密切相关。例如，我国东部季风气候区，夏季降水比较集中，径流量大增，占全年径流量的一半以上；冬季，随着降水的减少，河川径流陡减，成为一年的枯水季节。

3. 洪水和枯水

洪水和枯水是河川径流的两个具有重要意义的特征值。

洪水是指短时间内大量降水使河槽形成的特大径流。洪水发生时，流量激增，水位猛涨，甚至河槽不能容纳来水量而漫溢两岸，泛滥成灾。短时间内的大量降水，即暴雨是洪水泛滥的主要原因，另外，积雪和河冰的融化也可形成洪水。暴雨洪水是我国大多数河流的主要洪水类型。

表征洪水的要素有洪峰流量 Q_m、洪水总量 W 和洪水过程线（见图 9-16）。洪峰流量是洪水过程中最大瞬时流量；洪水总量是指一次洪水的总量，即洪水过程线与横坐标之间所包围的面积；洪水过程线是洪水随时间变化的过程曲线。洪水的形成条件不同，洪水过程线也千差万别，但可归纳为单峰、双峰、肥瘦等类型。通常洪水过程线的涨水段较陡，是河槽容蓄阶段；退水段较为平缓，是河槽的排水阶段。

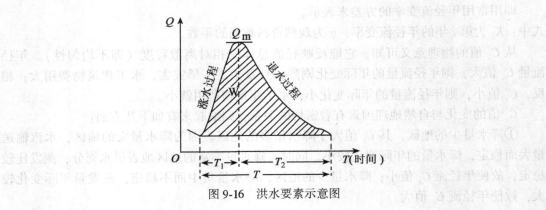

图 9-16　洪水要素示意图

　　枯水是河流断面上较小流量的总称。枯水经历的时间为枯水期，当月平均水量占全年水量的比例小于5%时，即属于枯水期。枯水一般出现在地面径流结束、河网容蓄水量全部消退以后。枯水径流主要依靠地下水蓄水量。在我国，主要靠雨水补给的南方河流，一般在冬季经历一次枯水期；以雨雪混合补给的北方河流，因有冰雪消融形成的春汛，故在春末夏初和冬季经历两次枯水期。

　　枯水对航行、发电、灌溉、工业及城市洪水有很大影响，因此对枯水径流的研究具有重要的意义。

第十章　地球水环境系统

第一节　海洋水环境

一、海水的性质

海水的性质包括海水的各项物理性质及化学性质，有多项指标。其中，最基本的要素是海水温度和盐度，这两个基本要素又直接或间接影响海水的密度及其他性质。

1. 海水的温度

海水的温度是海水温度计上表示海水冷热的物理量，以摄氏度数表示。水温的高低取决于辐射过程、大气与海水之间的热交换和蒸发等因素。

在大洋中，水温的变化幅度不是很大，一般为 $-2 \sim 30℃$。其中，75% 的水温为 $0 \sim 6℃$，50% 的水温为 $1.3 \sim 3.8℃$。

南极地带的威德尔海是世界大洋中水温最低的地方。在此处由于海水结冰，致使水的盐度也增大，因而形成了冷而且密度大的下沉海水，并沿着海底向北部分布开来，形成了南极来源的底层海流。

从整体上来看，表层水温最高的区域位于北纬 $5° \sim 10°$ 之间。

海水温度在垂直方向上的变化规律，总的来说是随着深度的增加而降低。海水的深度与温度的关系存在着三层典型的结构：上层为混合层，深度为 $20 \sim 200m$，此层中温度是均匀变化的；其下一层叫温跃层，此层温度急剧下降；最下一层位于温跃层下，海水的温度较平稳地下降。

2. 海水的盐度

海水中的含盐量是海水浓度的标志，海洋中的许多现象和过程都与其分布和变化息息相关。但要精确地测定海水中的绝对盐量是一件十分困难的事情。长期以来人们对此进行了广泛的研究和讨论，引进了"盐度"概念以近似地表示海水的含盐量。

1902 年，Knudsen 等人基于化学分析测定方法，定义盐度为："1kg 海水中的碳酸盐全部转换成氧化物，溴和碘以氯当量置换，有机物全部氧化之后所剩固体物质的总克数。"单位是 g/kg，用符号‰表示。

为使盐度的测定脱离对氯度测定的依赖，JPOTS 又提出了 1978 年实用盐度标度，并建立了计算公式，编制了查算表，自 1982 年 1 月起在国际上推行。其计算公式为：

$$S = \sum_{i=0}^{5} a_i K_{15}^{i/2} \tag{10-1}$$

式中：K_{15} 是在"一个标准大气压力"下，温度 15℃时，海水样品的电导率与标准 KCl 溶液的电导率之比；$a_0 = 0.008\ 0$，$a_1 = -0.169\ 2$，$a_2 = 25.385\ 1$，$a_3 = 14.094\ 1$，$a_4 = -7.026\ 1$，$a_5 = 2.708\ 1$；$\sum_{i=0}^{5} a_i = 35.000\ 0$；适用范围为 $2 \leqslant S \leqslant 42$。

实用盐度不再使用符号"‰"，因而实用盐度是旧盐度的 1 000 倍。

由于海水的绝对盐度（S_A）——海水中溶质的质量与海水质量之比值是无法直接测量的，它与测定的盐度 S 显然有差异，因此也称 S 为实用盐度（PSU）。

全球表层海水盐度的分布主要受该地区海洋蒸发量和降水量的相对大小关系影响。一般而言，盐度自南北半球的副热带海区向两侧的高纬度、低纬度海区递减。此外，盐度还受洋流和淡水汇入的影响。暖流流经海区，盐度较高，寒流经过海区，盐度较低。淡水汇入多的海区盐度较低，各大河流入海口处，盐度都较低。世界盐度最高的海区是红海，一是因为当地地处副热带海区，二是因为当地周围几乎没有淡水汇入。而世界盐度最低的海区是波罗的海，主要是因为当地地处高纬海区，且当地周围有大量淡水汇入。

3. 海水的密度

海水的密度是指单位体积海水的质量。海水密度状况，是决定洋流运动的最重要的因子之一。它随着海水的盐度、温度和压力而变化。

在水平方向上，海水密度随纬度的增高而增大，等密度线大致与纬度平行。对固定深度来说，压力一定，海水的密度只随着海水温度和海水盐度而变化。赤道地区的温度较高，盐度很低，所以表面海水的密度就很小，大约只有 1.023g/cm^3。由赤道向两极，海水的密度逐渐增大，在两极不但盐度高，而且水温低，所以海水的密度大，可以达到 $1.027\ \text{g/cm}^3$ 以上。

在垂直方向，海水的密度随着深度的增大向下递增，但大约从 1 500 米深度开始，密度随着深度的变化越来越小，在深层，海水的密度几乎不再随着深度的增加而变化。当水温或者盐度分布反常时，海水密度分布就会出现"跃层"。跃层会使水下声波传播时发生折射。跃层有两种：一种是随着深度增加，海水密度突然增大，这种跃层比较稳定。还有一种跃层，是密度随深度增加时密度突然降低。这种跃层极不稳定，一旦遇到扰动，上层密度大的海水就会下沉。

4. 海水的主要热性质

海水的热性质主要包括海水的热容、比热容、热膨胀及热导率等。它们都是海水的固有性质，是温度、盐度、压力的函数。它们与纯水的热性质多有差异，这是造成海洋中诸多特异的原因之一。

（1）热容和比热容。海水温度升高 1K（或 1℃）时所吸收的热量称为热容，单位是焦耳每开尔文（记为 J/K）或焦耳每摄氏度（记为 J/℃）。

单位质量海水的热容称为比热容，单位为焦耳每千克每摄氏度，记为 $J \cdot kg^{-1} \cdot ℃^{-1}$。在一定压力下测定的比热容称为定压比热容，记为 c_p；在一定体积下测定的比热容称为定容比热容，用 c_V 表示。

研究表明，c_p 值随盐度的增高而降低，但随温度的变化比较复杂。大致规律是在低温、低盐时 c_p 值随温度的升高而减小，在高温、高盐时 c_p 值随温度的升高而增大。定容比热容 c_V 的值略小于定压比热容 c_p。一般而言 c_p/c_V 为 1～1.02。

海水的比热容约为 $3.89 \times 10^3 J \cdot kg^{-1} \cdot ℃^{-1}$，在所有固体和液态物质中是名列前茅的，其密度为 1 025kg · m^{-3}，而空气的比热容为 1×10^3J · kg^{-1} · ℃$^{-1}$，密度为 1.29kg · m^{-3}。也就是说，1m^3 海水降低 1℃ 放出的热量可使 3 100m^3 的空气升高 1℃。由于海水的比热容远大于大气的比热容，所以海水的温度变化缓慢，大气的温度变化相对比较剧烈。地球表面积的近 71% 为海水所覆盖，海洋温度的变化对气候具有重要的影响。

（2）热膨胀。在海水温度高于最大密度温度时，若再吸收热量，除增加其内能使温度升高外，还会发生体积膨胀，其相对变化率称为海水的热膨胀系数。即当温度升高 1K（1℃）时，单位体积海水的增量。

海水的热膨胀系数比纯水的大，且随温度、盐度和压力的增大而增大；在大气压力下，低温、低盐海水的热膨胀系数为负值，说明当温度升高时海水收缩。热膨胀系数由正值转为负值时所对应的温度，就是海水最大密度的温度 t_p（max），它也是盐度的函数，随海水盐度的增大而降低。

（3）热传导。相邻海水温度不同时，由于海水分子或海水块体的交换，会使热量由高温处向低温处转移，这就是热传导。

单位时间内通过某一截面的热量，称为热流率，单位为"瓦特"（W）。单位面积的热流率称为热流率密度，单位是瓦特每平方米，记为 W · m^{-2}。其量值的大小除与海水本身的热传导性能密切相关之外，还与垂直于该传热面方向上的温度梯度有关。

水的热传导系数在液体中除水银之外是最大的。由于水的比热容很大，所以尽管其热导性好，但水温的变化相当迟缓。海水的热导系数 λ_t，比纯水的稍低，且随盐度的增大略有减小。λ_t 主要与海水的性质有关。

5. 海水的主要力学性质

（1）海水的粘滞性。当相邻两层海水作相对运动时，由于水分子的不规则运动或者海水块体的随机运动（湍流），在两层海水之间便有动量传递，从而产生切应力。

摩擦应力的大小与两层海水之间的速度梯度成比例。动力学粘滞系数 μ（粘度，Viscosity），随盐度的增大略有增大，随温度的升高却迅速减小。

单纯由分子运动引起的 μ 的量级很小。在讨论大尺度湍流状态下的海水运动时，其粘滞性可以忽略不计。但在描述海面、海底边界层的物理过程中以及研究很小尺度空间的动量转换时，分子粘滞应力却起着重要作用。分子粘滞系数只取决于海水的性质，而涡动粘滞系数则与海水的运动状态有关。

（2）海水的表面张力。在液体的自由表面上，由于分子之间的吸引力所形成的合力，使自由表面趋向最小，这就是表面张力。海水的表面张力随温度的增高而减小，随盐度的增大而增大。海水中杂质的增多也会使海水表面张力减小。表面张力对水面毛细波的形成起着重要作用。

二、海洋的组成

由于海水所处的地理位置及其水文特征的不同，从区域范围上可分为洋、海、海湾、海峡等，它们共同组成了海洋。

1. 洋

洋是世界大洋的中心部分和主体部分，它远离大陆，深度大，面积广，不受大陆影响，具有较稳定的理化性质和独立的潮汐系统以及强大洋流系统的水域（见表 10-1）。世界大洋分为 4 个部分,即:太平洋、大西洋、印度洋和北冰洋。每个大洋都有自身的发展史和独特的形态。其中太平洋和北冰洋以白令海峡为界,即从楚科奇半岛的迭日涅夫角开始,经白令海峡,通过奥米德群岛至苏厄德半岛的威尔士太子角。白令海峡宽度仅 86km,海槛最大深度 70m,最小深度只有 42m,这就大大限制了太平洋与北冰洋之间的水交换;太平洋与印度洋其界线沿马来半岛、通过马六甲海峡北端、苏门答腊岛南岸、爪哇岛南岸、帝汶岛南岸、新几内亚岛南岸,经过托雷斯海峡和巴斯海峡,继而沿塔斯马尼亚岛南角的经线(东经 147°)一直到南极;太平洋与大西洋以通过南美洲南端合恩角的经线(西经 60°)为界;大西洋与印度洋以通过非洲南端厄加勒斯角的经线(东经 20°)为界;大西洋与北冰洋的界线,以格陵兰-冰岛海脊、冰岛-法罗海槛和威维亚、汤姆逊海岭(冰岛与英国之间)一线为界。

表 10-1 　　　　　　　　　　　大洋面积、体积和平均深度

大洋	面积($10^6 km^2$)	体积($10^6 km^3$)	平均深度(m)
太平洋	181.344	714.410	3 940
大西洋	94.314	337.210	3 575
印度洋	74.113	284.608	3 840
北冰洋	12.257	13.702	1 117
总计	362.033	1 349.929	3 729

位于大洋边缘,被大陆、半岛或岛屿所分割的具有一定形态特征的小水域,称为海、湾和海峡。

2. 海

海是靠近大陆,深度浅(一般在二三千米之内),面积小,兼受洋、陆影响,具有不稳定的理化性质,潮汐现象明显,并有独立海流系统的水域。根据海被大陆孤立的程度和其地理位置及其他地理特征,可将海划分为地中海和边缘海。地中海又可划分为陆间海和内陆海。

陆间海是介于两个以上大陆之间,并有海峡与相邻海洋相连通的水域,一般深度较大,如亚、欧、非大陆之间的地中海;内陆海是深入大陆内部,海洋状况受大陆影响显著,海的个性很强,如黑海、红海等。

边缘海是位于大陆边缘的水域,一部分以大陆为界,另一部分以岛屿、半岛、群岛与大洋分开。与大洋的水交换比较自由。靠近大陆一边受大陆影响大,水文状况季节变化显著;靠大洋一边受大洋影响大,水文状况比较稳定。

3. 海湾

海湾是海洋伸入大陆的部分,其水域的深度和宽度向大陆方向逐渐减小。一般以入口处海角之间的连线或湾口处的等深线作为洋或海的分界线。海湾的特点是潮差较大。

4. 海峡

海峡是连通海洋与海洋之间狭窄的天然水道。如台湾海峡、马六甲海峡、直布罗陀海峡等。其水文特征是水流急,流速大,上下层或左右两侧海水理化性质不同,流向不同。

三、海洋形态结构

根据海底地貌的基本形态特征，可分成大陆边缘、大洋盆地、洋中脊三个单元，见表10-2。

表 10-2　　　　　　　　　　各种海洋地貌形态类型所占面积

地貌形态类型		面积（10^6km^2）	占海洋面积（%）	占地表面积（%）
大陆边缘	大陆架	27.5	7.5	5.4
	大陆坡	27.9	7.8	5.5
	大陆基	19.2	5.3	3.8
	岛弧、海沟	6.1	1.7	1.2
大洋盆地	深海盆地	151.3	41.8	29.7
	火山、海峰	5.7	1.6	1.1
	海底高原	5.4	1.5	1.1
洋中脊		118.6	32.7	23.2

1. 大陆边缘

大陆边缘一般包括大陆架、大陆坡和大陆基（大陆隆），约占海洋总面积的22%。大陆架或大陆浅滩是毗连大陆的浅水区域和坡度平缓区域，是大陆在海面以下的自然延续部分，通常取200m等深线为大陆架外缘。大陆架宽度极不一致，最窄的仅数千米，最宽可达1 000km,平均宽度约75km。

大陆坡和大陆基构成了由大陆向大洋盆地的过渡带。大陆坡占据这一过渡带的上部，水深200~3 000m 的区域，坡度较陡。大陆基大部分位于3 000~4 000m 等深线之间，坡宽较缓。

2. 大洋盆地

大洋盆地是世界海洋中面积最大的地貌单元，其深度大致介于4 000~6 000m 之间，占世界海洋总面积的45%左右，由于海岭、海隆以及群岛和海底山脉的分隔，大洋盆地分成近百个独立的海盆，主要的约有50个。

3. 大洋中脊

洋中脊或中央海岭是世界大洋中最宏伟的地貌单元。它隆起于海洋底中央部分，贯穿整个世界大洋，成为一个具有全球规模的洋底山脉，大洋中脊总长约80 000km，相当于陆上所有山脉长度的总和，面积约$1.2×10^8km^2$，约占世界海洋面积的32.7%。洋中脊的顶部和基部之间的深度落差平均为1 500m。

4. 海沟

海沟主要分布在大陆边缘与大洋盆地交接处，是海洋中最深区域，深度一般超过6 000m。世界海洋总共有30多条海沟，约有20条位于太平洋，大多数海沟沿着大陆边缘或岛链伸展，宽度小于120km，深度达6~11km；深度大于10km的海沟有马里亚纳海沟、汤加海沟、千岛-勘察加海沟、菲律宾海沟、克马德克海沟均位于太平洋。其中，马里亚纳海沟的查林杰海渊深达11 034m，是迄今所知海洋中的最大深度。

四、海洋对地理环境的影响

1. 海洋本身构成了地理环境的基本要素之一

地球是宇宙已知的唯一有海洋的星球，其表面的 70.8% 被海水所覆盖。海洋是地球上真正的生命摇篮，最早的生命即产生于海洋。而目前，仍有大量生物生活在海洋，并且形成了最大的生态系统——海洋生态系统。

2. 海洋借助自己与大气的物质和能量交换过程，间接影响气候和受气候影响的各种自然现象

海洋是到达地球表面的太阳能的主要接收者，也是主要蓄积者，海水冷却时将向空气中散发大量的热，增温时则将从空气中吸收大量的热。使 1cm³ 海水的温度增加 1℃ 所需热量的卡数称为热容量。我们知道，海水的热容量（0.932cal/（cm·℃）是空气热容量的 3 100 倍。海水和空气之间的这种热学性质的差异，使它成为气温的重要调节者。地球表面温度之所以比较适中，变幅也不太大，虽然是由日地距离、地球自转速度、大气圈及其环流的存在等一系列主要因素决定的，但是，海洋的调节无疑也有一定的作用。

3. 海洋中运动着的水体——洋流与气候的关系非常密切

（1）洋流对气候的影响是十分显著的。这种影响主要表现在两个方面：第一，洋流在低纬和高纬面的热量传输上起着重要的作用，调节了纬度间的温差。第二，由于大洋东西岸冷暖洋流水温的差异，在盛行气流的作用下，使同纬度大陆东西岸气温发生显著区别，破坏了气温纬度地带性分布。濒临寒流的海岸，气温比同纬度内陆地区低；而接近暖流的海岸，气温则比同纬度内陆地区高。55°~70°N 的加拿大东岸，因受拉布拉多寒流影响，年平均气温为−10~0℃，结冰期长达 300 天以上，呈现冻原景观；而同纬度的欧洲西岸，因受北大西洋暖流的影响，年平均气温为 0~10℃，结冰期仅 155~215 天，发育有针叶林或混交林。

（2）洋流还对降水和雾有很大影响。暖流影响区气旋发育，降水往往比较多；寒流影响区则往往发育高压，降水比较少，以致成为荒漠。寒流沿岸还多雾。这主要是在春夏季节，寒流沿岸陆上暖空气在白天流到寒流洋面，下层冷却达到饱和所致。

五、海平面变化

海平面变化是全球变化的自然现象之一，目前受到各国政府和科学家的广泛关注。因为全球变暖而导致的海洋平面上升加速，将会引起严重的社会经济后果。现在世界一半以上的人口居住在距海岸 50km 以内的沿海地区。如果海平面再上升 1m，将使 $5 \times 10^6 km^2$ 的土地、10 亿人口和 1/3 的耕地受到影响。我国的河口海岸地带作为经济发达地区，亦承载了全国 40% 左右的人口，创造了全国 60% 左右的国民经济产值。

1. 全球海平面变化

全球海平面变化是指全球平均海平面的升降值。引起海平面变化的主要因素有以下四个方面：

①大洋盆地容积的变化，主要是构造作用引起的。

②大洋水体积的变化，主要是冰川的推进与收缩作用引起的。

③大洋物质分布的变化引起的洋面的变化。

④动力作用，如气象、水文、引力的变化引起的海面变化。

5000万年前由于印度、非洲板块与欧亚板块碰撞，陆地面积减小，洋面扩大，致使海洋平面下降了约20m。18 000~6 000年前海平面呈持续上升趋势。6000年以来全球海平面整体稳定，但局部有变化。近100年来，有实际的观测值作为全球海平面变化研究的依据。但是由于采用的统计方法不同，结果也不相同。根据联合国教科文组织发表的公告，全球海平面近百年的年平均上升值为1.0~1.5mm/a。

对于下一世纪全球海平面上升的情况是大家所关心的。各个方面都对21世纪的全球海平面上升值做出了估计。大多是在过去100年的平均增长率的基础上考虑到21世纪的全球变暖的趋势。统一的认识是全球变暖会导致海平面上升。但目前对全球变暖的预期以及由此带来的未来海平面上升的预测明显存在差异和分歧。一种观点认为：全球气温上升较前100年要更快，根据主要是人类活动，特别是工业中产生的温室气体（其中60%为CO_2）的排放量造成的。所以，较快的全球变暖速度将使山地冰川融化加速，南极冰盖和格陵兰冰盖碎裂、减小的速度加快。以此为基础，预测未来100年内海平面会上升1m至几米。另一种观点则认为，目前CO_2等温室气体排放增加并不必然导致全球变暖加速。研究表明人们所产生的CO_2至少有三分之一被海洋吸收，海洋与大气之间的碳交换过程尚不清楚。有人认为，气温随大气中CO_2含量的升高是有一定限度的。过此限度CO_2再增加，温度不一定再上升。因此，冰川的融化速度不会比现在快很多。同时，在过去20次的任何间冰期内南极的冰盖都未曾完全融化。因此，那种认为预测在未来100年内海平面会上升1m至几米的说法是不切实际的。

政府间气候变化委员会（Intergover mental Panel on Climate Change，IPCC）于1992年对下一世纪全球海平面上升值给出预测值：其中的最佳值，2030年较现在上升18cm，2070年为44cm，2100年为66cm。1990~2030年的年升率为4.5mm/a，2031~2070年为6.5mm/a，2071~2100年为7.3mm/a。IPCC也给出了不同温室气体排放水平下的海平面上升的预测，认为如果21世纪CO_2不受限制照常排放，21世纪海平面上升速度为20世纪的3~5倍。而如果能源供应转向低碳燃烧、可再生能源与核能取代矿物燃料，2050年CO_2排放量降到1985年的一半，那么2050年全球海平面上升20~31cm。

1992年，一批欧洲学者与中国学者合作，依据IPCC 1992年的温室气体排放方案提出2050年海平面上升最佳估计值为22cm，2100年为48cm。1993年中国科学院地学部以全球海平面2050年上升20~30cm为依据，估计我国珠江三角洲海面将上升40~60cm，上海地区50~70cm，天津地区70~100cm，同时考虑了上述各地区地面的下沉幅度。

2. 中国沿海地区的海平面变化

全球的海平面变化量并不反映世界某一地的实际海平面的升降值。世界某一地点的海平面变化量等于全球海平面的上升（或下降）值加上当地陆地上升（或下降）值之和，这就是该地区的相对海平面变化。相对海平面变化对人类社会的影响更有实际意义。世界一些大三角洲，包括长江和老黄河三角洲的地面沉降率均在6~10mm/a，是目前全球海平面上升率的10倍以上。因此，研究某地的海平面变化必须包括海面和陆面的整体变化。

河口海岸地带是我国经济发达地区，承载全国40%左右的人口，创造了全国60%左右的国民经济产值。国家海洋局在《1997年中国海洋环境公报》中指出，与1996年相比，1997年全国沿岸大部分海区普遍升高，平均升高0.9cm。其中渤海沿岸升高0.7cm，黄海沿岸升高 2.3cm，东海沿岸升高 1.1 cm，而南海海平面变化不明显，台湾海峡降低 1.2cm。我国沿海城市的海拔高度一般在 1.0~4.0m，最低的还不到 1.0m。海平面长期缓慢上升会加剧这些地区的风暴潮和海岸侵蚀等灾害。尤其是最近几年，我国海平面呈明显上升趋势，已经影响了沿海部分低洼地区的城市建设，加剧了潮灾的发生（见图 10-1）。

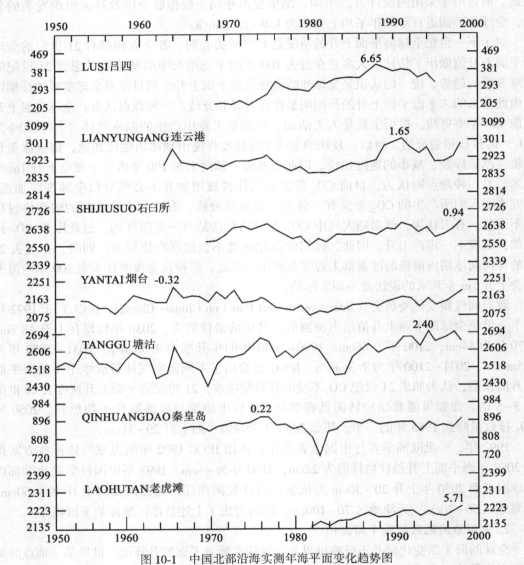

图 10-1　中国北部沿海实测年海平面变化趋势图

（资料来源：http：//www. coi. gov. cn/xxcp/hpm/bhqs. htm）

　　由于各种自然的和人为的因素不同，各处的相对海平面变化差异很大。我国的大地构造造成了海岸带的特点是三角洲皆在沉降带内。这些地区的相对海平面变化较大。而在非三角洲地区海平面上升率较小。

　　目前，我国沿海地区海平面变化已引起了政府和研究人员的高度重视。

六、海洋荒漠化问题

1979 年在联合国世界荒漠会议上对荒漠化提出下列定义："荒漠化是干旱区、半干旱区和某些湿润地区生态系统的贫瘠化，是由于人的活动和干旱共同影响的结果，这些生态系统的变化过程可以用测定优势植物生产力的下降，生物量的变动，动植物区系的差异，土壤退化和对人类所增加的危害等予以表达"。陆地荒漠化多发生于干旱区和半干旱区，可以从植被退化，土地沙化等外观上很容易发觉，发生荒漠化的区域往往是受破坏比较严重的区域；与此相对应，海洋荒漠化也可以形容成海洋生态系统的贫瘠化，它是指在人为作用下海洋（及沿海地区）生产力的衰退过程，即海洋环境向着不利于人类的方向发展。其主要原因是海域环境承载能力的下降，具体体现在海域生产力的降低，海水水质的恶化以及赤潮等生物灾害频繁暴发。

如同陆地荒漠化不是全部陆地都成为荒漠，而是一部分陆地区域荒漠化一样，所谓海洋荒漠化，也并不是说全部海洋都成为荒漠，成为白色沙漠，成为无生物水体。从这个意义上说，海洋荒漠化问题是不容否定的，而且问题越来越严重。此外，与陆地荒漠化不同的是，除非是污染非常严重，海洋荒漠化从外观上一般难以察觉，而且由于海水和生物的流动性，往往是"源头"海域受到破坏，影响毗邻甚至整个海域的生态环境。

在全球范围，海洋荒漠化日趋加剧。海洋污染，特别是石油污染更加严重；海洋渔业资源减少，联合国粮农组织在一份报告中说，在目前的 200 种海产鱼中，过度捕捞或资源量下降的有 60%，在世界 15 个主要捕鱼区中，有 13 个区捕捞量下降；重要海洋生态系统，如珊瑚礁、红树林、湿地等遭到破坏。美国资源研究所的一份报告认为，世界 58% 的珊瑚礁有退化的危险，东南亚的珊瑚礁 80% 处于危险之中。

我国有非常辽阔的海洋，海域总面积约为 $4.277\times10^6 km^2$。由于沿海经济的高速发展，加之对海洋的不合理利用，我国海域正经历着严重的荒漠化过程。具体表现为：

1. 沿海滩涂湿地面积的大规模缩小

我国沿海滩涂湿地约有 $2\times10^6 hm^2$，主要分布在辽宁的鸭绿江口、辽东湾，河北的北戴河、滦河河口，天津的海河口，山东的黄河口、莱州湾、胶州湾，江苏的海州湾和废黄河口，上海的长江口和杭州湾北岸，浙江的钱塘江口和杭州湾南岸、象山湾、三门湾和乐清湾，福建的福清湾、泉州湾和九龙江口，广东的珠江口和湛江口，广西的钦江口，海南的东寨港、清澜港等地。新中国成立以来，我国曾在 20 世纪 50 年代和 80 年代分别掀起了围海造田和发展养虾业两次大规模围海热潮，使沿海自然滩涂湿地总面积约缩减了一半。其结果，不仅使滩涂湿地的自然景观遭到了严重破坏，重要经济鱼、虾、蟹、贝类生息、繁衍场所消失，许多珍稀濒危野生动植物绝迹，而且大大降低了滩涂湿地调节气候、储水分洪、抵御风暴潮及护岸保田等的能力。

2. 红树林的破坏

红树林是海洋生态系统中极为重要的组成部分，因树干呈淡红色而得名。它生长于陆地与海洋交界带的滩涂上，是陆地向海洋过渡的特殊生态系统。作为当今海岸湿地生态系统唯一的木本植物，红树林起到了海岸森林的脊梁的作用。红树林是海洋生物食物链的重要环节，通过食物链转换，它为海洋生物提供良好的生长发育环境。红树林区内发达的潮沟，吸引了大量鱼、虾、蟹、贝等生物觅食栖息，繁衍后代。此外，红树林区还是候鸟的越冬场和迁徙中转站，更是各种海鸟生产繁殖的场所。

红树林主要分布于我国福建、广东、海南、广西、台湾等地高温、低盐、淤泥质的河口和内湾滩涂区。据统计，我国红树林面积由40年前的4.2万公顷减少到1.46万公顷，其中广西的红树林最多，损失也最大，广东省的红树林面积锐减率居全国之首，竟然达到82%。由于红树林的破坏，丰富多彩的近海生态系统面临崩溃；水中的悬浮物无法沉积，有机物无法被生产，港口航道淤积，赤潮频发；对重金属、农药、生活、养殖污水、海上溢油等污染的净化功能下降；防潮防浪、固岸护岸功能也大为降低。

3. 珊瑚礁的破坏

海珊瑚礁由成千上万个小型生物体和一个单细胞植物外壳组成，是海洋中的重要生态系统。据科学家估计，海洋中鱼类的四分之一栖息在珊瑚礁区。所以，保护珊瑚礁对于保护整个海洋生态系统具有极其重要的意义。

珊瑚礁仅分布于我国低纬度热带浅海，海南、广东、广西、台湾附近海域为其主要分布区，其中尤以海南的南海诸岛最多。除个别火山岛外，南海诸岛多数是由珊瑚礁构成的岛屿或礁滩。海南岛约1/4的岸段有珊瑚岸礁。由于石珊瑚为一种观赏品，有专业船只采捞。另外海南、福建、广东沿海地区有炸礁捞取珊瑚礁烧制石灰的传统，长期以来，海南岛80%的岸礁因此遭到了不同程度的破坏，有些地区的礁资源已濒临绝迹。由于珊瑚礁的破坏，丰富多彩的珊瑚礁生物群落也遭到了破坏，并且一到台风季节，风暴潮肆虐，海岸后退，椰林倒伏，房屋倒塌等事例屡见不鲜。

4. 海洋生物资源开发过度

我国海域已记录的水生生物有20278种，不仅有很多世界海洋共有的生物物种，而且还有许多特有的物种。但由于开发利用过度等原因，我国现有海洋物种，特别是珍稀物种的种群数量正在不断减少，正面临着消失和灭绝的严重威胁。同时，多数传统优质种类已形不成渔汛。20世纪60年代以前，我国传统优质渔业资源，如带鱼、大黄鱼、小黄鱼、鲅鱼、真鲷、银鲳、鲽、对虾、乌贼等，由于大量集群洄游而形成较大渔汛。目前，由于资源数量急剧减少且鱼群分散而形不成渔汛，黄海、渤海的鳕鱼、小黄鱼、大黄鱼、鲅鱼、鲽鱼都已形不成渔汛，真鲷和带鱼在渤海已基本消失；东海除带鱼外，大黄鱼、小黄鱼、鲽鱼等鱼类也已形不成渔汛，且大黄鱼、小黄鱼已濒临绝迹。南海近海重要鱼类如二长棘鲷，也已形不成渔汛。

5. 海洋环境污染

其主要表现为：海洋水体质量呈下降趋势，有一半以上的近岸海水受到严重污染；近海污染范围不断扩大，在渤海、黄海、东海、南海4个海区油类污染都有不同程度的上升趋势，污染比较严重的海区范围也由20世纪80年代初的珠江口扩展到粤西、粤东、北部湾，甚至海南岛部分海区，其他海区污染比较严重的还有辽东湾北部、渤海湾西部和海口湾等地。

近海污染范围不断扩大，氮、磷等营养盐类污染明显。石油仍是近海的主要污染物之一，污染范围广。污染比较严重的海区范围由20世纪80年代初的珠江口扩展到粤东、粤西、北部湾，甚至海南岛部分海区。其他海区污染比较严重的还有长江口、杭州湾、舟山渔场、辽东湾北部、渤海湾西部等地，尤其是舟山渔场，油类的检出率达100%，且大多超出渔业水质标准，最高超标达几十倍，对渔业资源造成了明显影响。

由于城市生活污水和富含有机物的工业废水大量排海，以及海水养殖业的迅猛发展，我国海域海水富营养化程度明显加重，赤潮不时发生。据不完全统计，1980~1992 年间我国海域共发现赤潮近 300 起，而 1972~1979 年间，仅发现 20 起。特别是 20 世纪 80 年代末以后，赤潮发现的次数逐年增多，1989 年发现 12 起，1990 年为 26 起，1992 年增加到近 30 起。对海洋生物资源和渔业生产造成严重损害。

第二节　陆地地表水环境

一、河流

1. 河流、水系和流域的概念

接纳地表径流和地下径流的天然泄水道称为河流（River）。河流沿途接纳众多支流，并形成复杂的干支流网络系统，叫做水系（River System）。直接注入干流的称为一级支流，直接注入一级支流的称为二级支流，依此类推。流入海洋的河流称为外流河，这种河流往往形成庞大的水系，并且水量丰富，它们把陆地上大量的径流输送到海洋，从而参与海陆间的水分循环；流入内陆湖泊或消失于沙漠之中的河流称为内陆河，这种河流多分布在降水稀少的半干旱和干旱地区，通常支流少且短小，水量亦少，多数为季节性的间歇河，它们只参与水分的内陆循环。每条河流和每个水系都从一定的陆地范围内获得水量的补给，这部分陆地上的集水区就是河流或水系的流域（Drainage Basin）。两个相邻集水区之间的地势最高点所联成的曲线为两条河流或水系的分水线，一条河流或水系分水线以内的面积就是它的流域面积。

2. 河流的断面及分段

（1）河流的纵横断面。河源与河口的高度差，称河流的总落差；而某一河段两端的高度差，则是这一河段的落差；单位河长的落差，叫做河流的比降，通常以小数或千分数表示。河流纵断面能够很好地反映河流比降的变化。以落差为纵轴，距河口的距离为横轴，据实测高度值定出各点的坐标，连接各点即得到河流的纵断面图（见图 10-2）。河流纵断面分为四种类型：全流域比降接近一致的，为直线形纵断面；河源比降大，而向下游递减的，为平滑下凹形纵断面；比降上游小而下游大的，为下落形纵断面；各段比降变化无规律的，可形成折线形纵断面。

流域内岩层的性质、地貌类型的复杂程度及河流的年龄，都会影响纵断面的形态。在软硬岩层交替处，纵断面常相应出现陡缓转折。山地和平原、盆地交接处，纵断面也会发生变化。年轻河流纵断面多呈上落形或折线形；老年河流则多呈平滑下凹曲线形。后者有时被称为均衡剖面。

河槽中垂直于流向并以河床为下界、水面为上界的断面，是河流的横断面。由于地转偏向力和弯曲河道中河水离心力的影响，水面具有横比降。由于流速分布不均匀，水面还发生凹凸变形。所以河水面几乎不可能是一个严格的平面。

（2）河流的分段。一条河流常常可以根据其地理-地质特征分为河源、上游、中游、下游和河口五段。河源指河流最初具有地表水流形态的地方，因此也是全流域海拔最高的地方，通常与山地冰川、高原湖泊、沼泽和泉相联系。上游指紧接河源的河谷窄、比降和

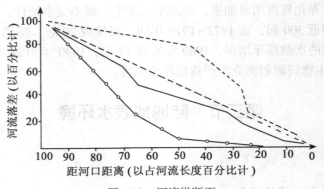

图 10-2　河流纵断面

流速大、水量小、侵蚀强烈、纵断面呈阶梯状并多急滩和瀑布的河段。中游水量逐渐增加，但比降已较和缓，流水下切力已开始减小，河床位置比较稳定，侵蚀和堆积作用大致保持均衡，纵断面往往成平滑下凹曲线。下游河谷宽广，河道弯曲，河水流速小而流量大，淤积作用显著，到处可见浅滩和沙洲。河口是河流入海、入湖或汇入更高级河流处，经常有泥沙堆积，有时分汊现象显著，在入海、湖处形成三角洲。

河源的确定通常是根据"河源唯远"和"水量最丰"的原则。其余各段的划分则应以河流的主要自然特征为依据。但实际上，由于不同研究者分别着重考虑地貌、水文或其他特征，因此，一条河流的上中下游常有不同的划分。

3. 河流的水情要素

为了认识河流的特征及其地理意义，必须了解有关河流水情的一些基本概念。

（1）水位。指水体的自由水面高出某一基面以上的高程。高程起算的固定零点称基面。基面有两种：一为绝对基面，它是以某河河口平均海平面为零点，如长江流域的吴淞基面。为使不同河流的水位可以对比，目前全国统一采用青岛基面（即黄海基面）。另一为测站基面，指测站最枯水位以下0.5~1m作起算零点的基面，它便于测站日常记录。

水位高低是流量大小的主要标志。流域内的降水和冰雪消融状况等径流补给是影响流量，同时也是影响水位变化的主要因素。但是，其他因素也可以影响水位变化，例如：流水侵蚀或堆积作用造成河床下降或上升；河坝改变了河流的天然水位情势；河中水草或河流冰情等使水流不畅，水位升高；入海河流的河口段由于潮汐和风的影响而引起水位变化，等等。所以，水位变化是多种因素同时作用的结果。这些因素各具有不同的变化周期，如流水侵蚀作用具有多年变化周期，径流补给形式的变化具有季节性周期，潮汐影响具有日变化周期，等等。因而，河流的水位情势是非常复杂的。

河流水位有年际变化和季节变化，山区冰源河流甚至有日变化。水位变化具有重要的实际意义。根据水位观测资料，可以确定洪水波传播的速度和河流水量周期性变化的一般特征。用纵坐标表示不同时间的水位高度，用横坐标表示时间，可以绘出水位过程线。通过分析水位过程线，可以研究河流的水源、汛期、河床冲淤情况及湖泊的调节作用。

在实际工作中，除了解某一时期内水位变化的一般规律外，还必须知道水位变化中的某些特征值，例如平均水位、平均高水位、平均低水位、中水位、常水位，等等。平均水位是单位时间内水位的平均值。平均高水位与平均低水位则是各年最高水位与最低水位各自的平均值。中水位是一年中观测水位值的中值。常水位指一年中水位最常出现的值。

河流各站的水位过程线上，上下游站在同一次涨落水期间位相相同的水位，叫相应水位。可以用纵轴表示上游站水位，以横轴表示下游站水位，绘制出两个测站的相应水位曲线（见图10-3）。相应水位曲线可用于插补或改正另一测站的观测资料，或推断某一未设站河段的水位变化过程。根据相应水位出现的时序，可以预报洪水、推算洪峰水位高度及变化情况等。

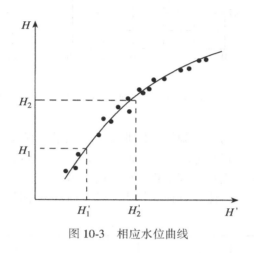

图 10-3　相应水位曲线

（2）流速。流速是指水质点在单位时间内移动的距离，它决定于纵比降方向上水体重力的分力与河岸和河底对水流的摩擦力之比。

可以运用等流速公式（即薛齐公式）计算水流某一时段的平均流速v；

$$v = C (RI)^{1/2} \tag{10-2}$$

式中：R为水力半径；I为河流纵比降；C为待定系数。

建立等流速公式的基本出发点是：只有动力与摩擦力相等时，水流才沿河槽作等速运动。根据推导公式时所做的假设，系数C决定于糙度、深度、过水断面形状等。

（3）流量。在单位时间内通过某过水断面的水量，叫做流量，单位是m^3/s。测出流速和断面的面积，就可以知道流量：

$$Q = A\bar{v} \tag{10-3}$$

式中：A为断面积；$\bar{v}$为平均流速。

流量是河流的重要特征值之一。流量的变化将引起流水蚀积过程和水流的其他特征值的变化。随着流量的变化，水位也发生变化。流量和水位之间有着如下内在联系。

已知：$Q = A\bar{v}$

据薛齐公式$v = C\sqrt{RI} = f_1 (H)$

而$A = f_2 (H)$，则

$$Q = f_1 (H) \cdot f_2 (H) = F (H) \tag{10-4}$$

这个公式所表示的曲线就是水位流量关系曲线（见图10-4）。它的实际意义在于，可以利用水位资料推求流量，所以在水文工作中用途很广。

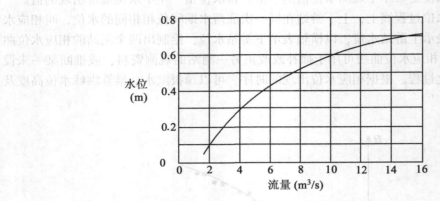

图 10-4　水位-流量关系曲线

在实际工作中，还常常需要绘制另一种曲线——流量过程线。以横轴表示时间，纵轴表示流量，连接各坐标点，得出 $Q=f(t)$ 曲线，即流量过程线（见图 10-5）。在横轴和两纵线间，过程线所包围的面积，等于相应期间的径流总量。一条河流的流量过程线是这一河流各种特征的综合。分析流量过程线相当于综合研究一个流域的特征。

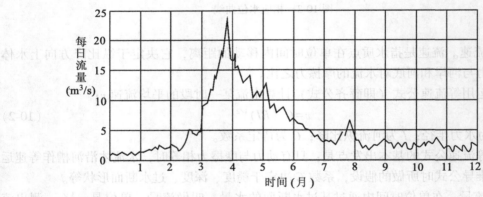

图 10-5　流量过程线

4. 洪水灾害

洪水灾害指的是因暴雨急流或河湖泛滥所造成的灾害。洪水除危害农作物外，还破坏房屋、建筑、水利工程设施、交通设施、电力设施等，并造成不同程度的人员伤亡。由于洪水和因渍水、淹没造成的涝灾往往同时或连续发生在同一地区，所以有时统称为洪涝灾害。

据统计，我国近两千年来共发生较大洪水和大洪水灾害 2 397 次，其中 20 世纪就高达 987 次。1998 年长江、嫩江、松花江、珠江大水，全国共有 29 个省（区、市）遭受了不同程度的洪涝灾害，受灾面积 2 120 亿公顷，成灾面积 1 306 亿 hm^2，受灾人口 2.23 亿，死亡 3 004 人，直接经济损失 1 666 亿元。

（1）洪涝灾害形成条件。洪涝灾害的形成必须具备两方面条件：第一，洪水是形成洪水灾害的直接原因。只有当洪水自然变异强度达到一定标准时，才可能出现灾害。主要影响因素有地理位置、气候条件和地形地势。第二，只有当洪水发生在有人类活动的地方时才能成灾。受洪水威胁最大的地区往往是江河中下游地区，而中下游地区因其水源丰富、土地平坦又常常是经济发达地区。

（2）洪涝灾害的类型。洪水可分为河流洪水、湖泊洪水和风暴洪水等。其中河流洪水依照成因不同，又可分为以下几种类型：暴雨洪水、山洪、融雪洪水、冰凌洪水和溃坝洪水。影响最大、最常见的洪涝是河流洪水，尤其是流域内长时间暴雨造成河流水位居高不下而引发堤坝决口，对地区发展损害最大，甚至会造成大量人口死亡。

（3）洪涝灾害的特点。从洪涝灾害的发生机制来看，洪涝具有明显的季节性、区域性和可重复性。如我国长江中下游地区的洪涝几乎全部都发生在夏季，并且成因也基本上相同，而在黄河流域则有不同的特点。

同时，洪涝灾害具有很大的破坏性和普遍性。洪涝灾害不仅对社会有害，甚至能够严重危害相邻流域，造成水系变迁。并且，在不同地区均有可能发生洪涝灾害，包括山区、滨海、河流入海口、河流中下游以及冰川周边地区等。

但是，洪涝仍具有可防御性。人类不可能彻底根治洪水灾害，但通过各种努力，可以尽可能地缩小灾害的影响。

（4）洪涝灾害的防治。20世纪洪水的发生频率越来越高，这一趋势与全球气候变化相联系。由于全球温度继续升高，未来洪水发生的频率还会更高。因此洪涝灾害的防治变得愈益重要。

目前国内外针对洪水的防治措施主要分为防洪工程措施和防洪非工程措施。其中，防洪工程措施包括：修筑堤防、整治河道，将洪水约束在河槽里并顺利向下游输送；修建水库控制上游洪水来量，调蓄洪水、削减洪峰；在重点保护地区附近修建分洪区（或蓄滞洪区），使超过水库、堤防防御能力的洪水有计划地向分滞洪区内分减，以保护下游地区的安全。而防洪非工程措施，则是在充分发挥防洪工程作用前提下，通过法令、政策、行政管理、经济手段和直接控制洪水的工程手段以外的其他技术手段，去适应洪水特性，以减少洪灾损失的措施。其基本内容包括：洪泛区土地管理；建立洪水预报预警系统，拟定居民的应急撤离计划和对策；制定超标准洪水的紧急措施方案；实行防洪保险，建立防洪基金和救灾组织等。

工程措施和非工程措施都在防洪减灾中发挥重要作用。加强堤防建设、河道整治以及水库工程建设是避免洪涝灾害的直接措施，长期持久地推行水土保持可以从根本上减少发生洪涝的机会。切实做好洪水、天气的科学预报与滞洪区的合理规划可以减轻洪涝灾害的损失。建立防汛抢险的应急体系，是减轻灾害损失的最后措施。遥感与地理信息系统的结合将在洪涝灾害防治中发挥极其重要的作用。

二、湖泊

湖泊是陆地表面具有一定规模的天然洼地蓄水体系，是湖盆、湖水以及水中物质组合而成的自然综合体。它是一种交替周期较长的、流动缓慢的滞流水体，并深受其四周陆地生态环境和社会经济条件的制约。

陆地表面湖泊总面积约 $2.7×10^6 km^2$，占全球大陆面积的 1.8% 左右，其水量约为地表河流溪沟蓄水量的 180 倍，是陆地表面仅次于冰川的第二大水体。世界上湖泊最集中的地区为古冰川覆盖过的地区，如芬兰、瑞典、加拿大和美国北部。我国也是一个湖泊众多的国家，湖泊面积在 $1 km^2$ 以上的有 2300 余个，总面积为 71787 平方公里，占全国总面积的 8% 左右。我国湖泊的分布以青藏高原和东部平原最为密集。

1. 湖泊的分类

湖泊的分类方法很多，主要有：按湖盆成因分类，按湖水补排情况分类，按湖水矿化度分类，按湖水营养物质分类等。比如按湖水补排情况分，可分为吞吐湖和闭口湖；按湖水矿化度分，可分为淡水湖、微咸水湖、咸水湖及盐水湖；按湖水所含溶解性营养物质的不同，可分为贫营养湖、中营养湖和富营养湖，一般近大城市的湖泊，由于城市污水及工业废水的大量进入，多已成为富营养化的湖泊。下面着重介绍按湖盆成因分类的湖泊类型。

(1) 构造湖。由地壳的构造运动（断裂、断层、地堑等）所产生的凹陷形成。其特点是：湖岸平直、狭长、陡峻、深度大。例如，贝加尔湖、坦噶尼喀湖、洱海等。

(2) 火口湖。火山喷发停止后，火山口成为积水的湖盆。其特点是外形近圆形或马蹄形，深度较大。如白头山上的天池、雷州半岛的湖光湖。

(3) 堰塞湖。有熔岩堰塞湖与山崩堰塞湖之分。熔岩堰塞湖为火山爆发熔岩流阻塞河道形成，如镜泊湖、五大连池等；山崩堰塞湖为地震、山崩引起河道阻塞所致，这种湖泊往往维持时间不长，又被冲而恢复原河道。例如岷江上的大小海子（1932 年地震山崩形成的）。此外，水库是一种人工堰塞湖，它由人工在河道上建坝蓄水而成。

(4) 河成湖。由河流改道、截弯取直、淤积等，使原河道变成了湖盆。其外形特点多是弯月形或牛轭形，故又称牛轭湖，水深一般较浅。例如，我国江汉平原上的一些湖泊。

(5) 风成湖。由风蚀洼地积水而成，多分布在干旱或半干旱地区。湖水较浅，面积大小、形状不一，矿化度较高。例如，我国内蒙古的湖泊。

(6) 冰成湖。由古代冰川或现代冰川的刨蚀或堆积作用形成的湖泊，即冰蚀湖与冰碛湖。其特点是大小、形状不一，常密集成群分布。例如芬兰、瑞典、北美洲及我国西藏的湖泊。

(7) 海成湖。在浅海、海湾及河口三角洲地区，由于沿岸流的沉积，使沙嘴、沙洲不断发展延伸，最后封闭海湾部分地区形成湖泊。

(8) 溶蚀湖。由地表水和地下水溶蚀了可溶性岩层所致。形状多呈圆形或椭圆形，水深较浅。例如，贵州的草海。

2. 湖泊水库的调蓄作用

(1) 水库的调节。运用水库蓄容径流的能力来抬高水位，集中落差，并对入库径流在时程上、地区上，按各用水部门的需要，重新分配的过程，称水库调节。水库的防洪、灌溉、发电及航运等效益，均建筑在水库调节能力的基础上。水库建成之后的调度运行，其主要工作就在于如何合理调配水量。

按调节周期的长短，水库调节可分日调节、年调节及多年调节。其中日调节是指通过调节使水库在一昼夜之内完成一个循环，日调节时间不长，要求的调节库容较小。

年调节是指利用水库拦蓄能力,将丰水期多余水量蓄存起来,以备枯水期使用,其调节周期为一年,故称年调节。当水库已蓄满,来水量仍大于用水量,将发生弃水。

此种仅能调节部分多余水量的径流调节,称不完全年调节,水库如能拦蓄年度内全部来水量,称完全年调节。

多年调节是指水库将丰水年多余的水量蓄存起来,以补枯水年水量的不足,其调节周期可连续好几年。

(2)湖泊的调蓄作用。湖泊被称为天然水库。湖泊除了能拦蓄本流域上游来水,减轻下游洪水的压力外,还可分蓄江河洪水,降低干流河段的洪峰流量,滞缓洪峰发生的时间,发挥调蓄作用。

以洞庭湖为例,洞庭湖接纳松滋、太平、藕池三口,湘、资、沅、澧四水及湖区周边中、小河流的来水,经湖泊调蓄后从城陵矶出口汇入长江。湖区面积1.878万 km²,天然湖面2740km²,另有内湖1200km²,洪水期间,容积可达一二百亿 m³,对调蓄长江中下游水量,特别是调蓄洪水意义重大(见表10-3)。近半个世纪以来,由于入湖流量,出口城陵矶的水位、流量,洞庭湖的淤积,特别是人为因素(以围垦为主)的影响,洞庭湖的调蓄量下降较大。由于人工围垦的影响,洞庭湖的水面面积由1949年的4350km²减少到1983年的2691km²,不足全盛时期6000余 km² 的一半。20世纪80年代末及90年代以来,长江中游和洞庭湖区小流量高水位(小水大灾)的现象不断加剧,尤其是1996年和1998年大洪水,其最大洪峰流量均较1954年小,而正是湖泊的大量淤积和湖区的围垦,洞庭湖的天然湖面面积和湖泊容积减小,导致洞庭湖的调蓄量变小,出湖流量加大,加重了近年来长江中游小水大灾现象。

"十五"以来,洞庭湖加快了平垸行洪、退田还湖的工程。"十五"期间,通过对洞庭湖区29个县(市、区、场)333处堤垸实施平退,扩大洞庭湖调蓄面积779km²,增加调蓄容积34.8亿米³。随着退田还湖以及生态恢复的进一步进行,洞庭湖又将逐步恢复其作为长江中下游重要调蓄天然水库的功能。

表 10-3 　　　　　　　　　　洞庭湖削峰统计

年份	入湖洪峰流量 (m^3/s)	出湖洪峰流量 (m^3/s)	削峰值 (m^3/s)	$\dfrac{削峰值}{入湖洪峰值}$ (%)
1951~1960	42156	28910	13246	31.5
1961~1970	43179	31240	11939	27.7
1971~1980	36452	26270	10182	27.9
1981~1983	34126	28467	5659	16.6
1951~1983　33年平均	40200	28800	11400	28.4
最大　1954.7	64053	43400	20653	32.2
最小　1978	22500	17100	5400	24

3. 湖泊的演化

湖泊有其发生、发展与消亡的过程(水库是人工湖泊,其自然演化规律与天然湖泊雷同，故不赘述）。湖泊一旦形成，由于自然环境的变迁，人类活动的影响，湖盆形态、湖水性质、湖中生物等均在不断地发生变化。通常湖泊演化经历的过程是：湖泊由深变浅、由大变小，湖岸由弯曲变为平直，湖底由凹凸变为平坦，从而使深水植物逐渐演化为浅水植物，沿岸的植物逐渐向湖心发展。由于泥沙不断充填、水中生物的死亡和堆积，最后湖泊会转变为沼泽。干燥区湖泊由于盐分不断累积、淡水湖转化为咸水湖。盐度较小的湖泊其生物大致与淡水湖相同，盐度较大的湖泊，淡水生物很难生存。当水量继续蒸发减少，咸水湖可以变干，转化为盐沼，至此湖泊全部消亡。

其中，湖盆的演化过程包括：

（1）湖岸的变形。湖盆未充水前，在一定的外力作用下具有相对稳定的坡度。当作用的外营力不发生改变时，岸坡基本上是稳定的。湖盆蓄水后，岸边土壤浸水，土壤中含水量增加，破坏了原先相对稳定的平衡条件，必然引起湖岸变形。

受湖水浸泡，结构受到破坏的湖岸土层，在波浪、湖流的冲击作用下发生崩塌、滑塌的变形。岸壁滑塌物质往往一部分停积在岸边，另一部分随湖流挟走，在波浪长期的作用下，原岸线逐渐后退，该处形成侵蚀浅滩，波浪搬运的物质在岸脚堆积，继续向湖心方向发展形成淤积浅滩。当浅滩发展到足以消耗传至岸边波浪的全部能量时，湖岸便演化成相对稳定的形态。

（2）湖底的沉积。湖底的演化主要是由湖底的沉积作用引起的。湖底的沉积物主要有外界输入和内部形成两个来源。外界输入的沉积物质主要是流域上的泥沙、尘土、盐类及其他元素，经径流或风力挟携入湖；内部形成的沉积物中，有湖岸崩塌的产物、因化学作用从湖水分解出来的盐类以及湖中水生生物死亡后的残体等。所有这些入湖或湖内的物质、生物，均会由于力学作用、化学作用和生物作用而引起沉积。流域上水土流失严重往往会加剧湖泊的泥沙沉积。例如，长江上游近年来水土流失加剧，其中下游洞庭、鄱阳、洪泽、巢湖及太湖 5 大淡水湖泊的泥沙沉积也日趋严重。据统计，每年泥沙淤积量达 1.7×10^8 t。如前所述，泥沙沉积湖底，使湖泊面积、容积日益缩小，从而调蓄功能也逐渐下降。

三、沼泽

沼泽是地表土壤层水过饱和的地段。它是一种特殊的自然综合体，具有三个基本特征：

①地表经常过湿或有薄层积水。

②其上生长湿生植物或沼生植物。

③有泥炭积累或无泥炭积累，但有潜育层存在。

在沼泽物质中，水占 85%～95%，干物质（主要是泥类）只占 5%～10%。

全球沼泽面积约占陆地面积的 0.8%。我国的沼泽主要分布在四川的若尔盖高原、三江平原等地，总面积约 1.1×10^5 km²，占全国陆地面积的 1.15%。

1. 沼泽的成因

水分条件是沼泽形成的首要因素。只有过多的水分才能引起喜湿植物的侵入，导致土壤通气状况恶化，并在生物作用下形成泥炭层。

沼泽形成过程基本上有两种情况，即水体沼泽化和陆地沼泽化。

（1）水体沼泽化。沿湖岸水生植物或漂浮植毡向湖中央生长，使全湖布满植物，大量有机物质堆积于湖底，形成泥炭，湖渐变浅，最后形成沼泽。低洼平原的河流沿岸沼泽化过程与此相似。当河水不深、流速也不大时，水生植物从岸边生长，造成泥炭堆积，最终导致河流沿岸的沼泽化。这些都属于水体沼泽化。

（2）陆地沼泽化。陆地沼泽化表现为多种形式，但基本形式是森林沼泽化和草甸沼泽化两种。在过湿区域的森林砍伐迹地或火烧迹地上，草本植物大量繁殖，一方面阻碍木本植物的生长，另一方面又成为苔藓植物的温床，最后形成苔藓沼泽。这就是森林沼泽化。地表长期处于过湿状态，特别是河水泛滥及邻近水体沼泽化的影响，使潜水位升高或地下水出露地表，造成草甸的过度湿润，以致低洼处水分积聚，土壤中形成嫌气环境，死亡有机质在嫌气细菌作用下，缓慢分解而形成泥炭层。这就是草甸沼泽化。此外，海滨高低潮位之间反复的被海水淹没的平坦海岸地带，也可形成沼泽，高山或高原多年冻土区的古夷平面、宽广河流阶地、甚至平坦分水岭上，冻土层阻碍地表水下渗，即使降水量并不丰富，地表仍能处于过湿状态，形成沼泽。

2. 沼泽的水文特征

沼泽一般排水不畅，加以植物丛生，故沼泽水的运动十分缓慢。沼泽水的主要补给来源是降水、融雪水和地下水。蒸发是沼泽水的主要损耗方式。沼泽中的泥炭层毛管发育良好，可以使数米深的地下水上升到地表，而泥炭层吸热能力强，有利于蒸发的进行，所以沼泽的蒸发比较强烈，蒸发量大于自由水面。

泥炭中的水流动很缓慢。据计算，在分解程度很低的泥炭层的最上部，水的流速只有 $2\sim3m/d$。

苔藓沼泽中的潜水面多是中间凸起，周围逐渐低落，潜水位具有明显的季节变化：春季融雪和秋季气温下降时，形成两个高水位。夏季气温高，蒸发强和冬季缺乏地表水补给，又形成两个最低水位。

径流极小是沼泽水文的又一特征。径流量只及蒸发量的 1/3。已有的少数观测数据表明，每公顷沼泽的年平均径流模数只有 $0.020\sim0.055L/s$，最大的也只有 2.5L/s，可见沼泽对河流的补给作用是比较微弱的。

四、冰川

地表固态降水的积累与演化，形成能自行流动的天然冰体称为冰川，它是陆地表面的一种固态水体。

1. 冰川的形成

冰川是由积雪转化而成的。初降的雪花为羽毛状、片状和多角状的结晶体，密度只有 0.085g/mL；经过成冰作用，先变成粒雪，再变为密度达 0.9g/mL 的具有塑性、透明浅蓝色的多晶冰体——冰川冰。由雪花转变为冰川冰可以分为三个阶段。

（1）雪的沉积。降落的雪花积聚在地面上。

（2）粒雪化。当雪积聚在地面上后，若温度降低到零下，可以受到它本身的压力作用或经再度结晶而形成粒雪，这一过程称为粒雪化。

（3）成冰作用。成冰作用有两种方式：冷型成冰作用和暖型成冰作用。

①冷型成冰作用。在低温干燥的环境，积雪不断增厚，下部雪层受到上部雪层的重

压，进行塑性变形，排出空气，从而增大了密度，使粒雪紧密起来，形成重结晶的冰川冰。在冷型成冰过程中，粒雪成冰只靠重力形成重结晶，因而所成的冰川冰密度小、气泡多，成冰过程时间长。如南极大陆冰川中央，埋深 2000 多米，成冰需时近千年。这种依赖压力的成冰过程称冷型成冰（或压力成冰）作用。

②暖型成冰作用。在温湿环境下，冰雪融水沿粒雪层内的孔隙渗浸，降温时以粒雪为核心再结晶或冻结成冰。视融水数量多寡可分别形成渗浸——重结晶冰、渗浸冰或渗浸——冻结冰，统称冻结冰，其密度较大，晶粒较粗，气泡少，成冰过程较快。一般来说，冬季或极地、高纬地区主要是冷型成冰过程；春、夏季或中低纬度地区主要是暖型成冰过程。这种依赖太阳辐射热力条件的成冰过程称做暖型成冰作用。

冰川冰形成后，在冰体压力和重力等作用下，开始运动，形成冰川。

2. 冰川的运动

冰川是一种运动着的冰体，运动使冰川具有生命力，对冰川的生存和发展具有重要意义。当冰川物质平衡与冰川运动相协调时，冰川保持稳定，若两者关系失调，则发生冰川前进或后退。冰川冰不断地从冰川上、中部向冰川尾端运动。冰川的运动不仅把大量的冰体从积累区运送到消融区，而且对冰川各层的热量平衡有巨大的影响，是造成冰川内部的褶皱、断裂和逆掩等构造变化的动力来源，冰川运动是塑造地表的重要动力。

冰川运动的主要方式有两种：一为重力流，一为挤压流。当斜坡上因冰川自重而产生的沿坡向的分力大于冰川槽对冰川的阻力时，所引起的运动称为重力流；由于冰川堆积的厚薄不同使内部所受的压力分布不均，引起的冰川运动称做挤压流。大陆冰盖的运动以挤压流为主，山岳冰川中重力流与挤压流两种运动方式均有，但以重力流为主。

冰川运动速度的大小，主要取决于冰床或冰面坡度与冰川厚度。在雪线附近，一般冰川厚度最大，运动速度最快。自此向上游或下游，随着冰川厚度的减薄，运动速度不断减小，只有冰川流经坡变较大地带时，流速才又会增长。一般而言，冰川运动速度在冰舌横向上的分布，中部快于两侧，自中央向边缘递减；冰川的垂向速度分布，冰舌部分以冰面最大，向下逐步减小，而在冰雪补给区则因下部受压大，最大流速常位于下层。冰川运动速度还随时间而变化，一般夏季快，冬季慢；白天快，夜间慢，但其变化幅度较小。

3. 冰川在地球环境中的意义

（1）冰川对大气的影响。辽阔的南极冰盖是一个巨大的"冷源"，在那里形成一个稳定的高压中心。与北极相比南极的冷高压既强又稳定。北极地区由于海洋性质的影响，每年 6～8 月由高压转变为低压，气旋活动经常可达北极；而南极的高压，甚至夏季也不消失，只是其强度略有降低而已。强大冷高压使南极地面的盛行风常保持为南风和东南风，风速离大陆中心愈远愈大，当其吹至陡急的冰盖边缘时，形成强大的下降风，年平均风速可达 20m/s，以致南极地区有"风极"之称。同时稳定的冷高压使气旋很难深入南极大陆，故在南极冰盖中心部分年降水量仅约数毫米，与撒哈拉沙漠差不多。可以设想，如果北极不是海洋而是冰盖，北半球的气候也将会残酷得多。

山岳冰川规模虽不及冰盖，但它对气候也有明显的影响。据祁连山、天山和喜马拉雅山高山冰川的气象观测，山区降水的垂直分布除在山地中部森林带出现丰沛的降水带外，在高山冰川带还存在另一个更大的降水带，冰川气象工作者称其为第二降水带。第二降水带的产生与冰雪下垫面的作用有关，在相同高度上，冰川表面气温一般比无冰川覆盖的山地低2℃左右，而湿度却高得多，水汽容易饱和，有利于产生降水。此外，冰雪覆盖的山头是个冷中心，同样能形成稳定的下沉气流，它紧贴冰川表面吹向下游，形成"冰川风"。在傍晚，冰川风和山风迭加在一起，风势特强，常超过10m/s，白天则因山谷风上吹而有所减弱。冰川风带来的冷空气，能在山谷中比较闭塞的部位停滞，造成局部逆温现象，这种逆温对植物生长有很大的影响，往往导致喜欢冷温的冷杉林在谷底生长，而在山坡上却生长着喜干热的松树林和一些阔叶林。

（2）冰川与海洋的相变转换。地球上气候转冷的时候，冰川的规模就大，大量的水从海洋转移到冰川上储存起来，导致海面降低。气候转暖时，冰川退缩，大量的冰川融水又通过河流注入大海，导致海面抬升。例如，20世纪上半叶，全球气候变暖，从1900～1950年海面上升了6.1cm，相当于440km³的水量从陆地转移到海洋中去；50年代以后，全球气候又有变冷的趋势，冰川前进扩大，这就会使海面逐渐下降。由于冰川进退所引起的海平面变化，甚至高差可达200m左右。第四纪以来由于冰期、间冰期的交替，世界洋面就这样反复地上升和下降，改变着地球上的海洋、陆地轮廓，例如，欧洲北部斯堪的纳维亚半岛，第四纪时是冰川作用的中心之一，自最后一次冰期结束后的近一万年内，由于上伏的大陆古冰盖的消退，地壳一直在抬升，波罗的海面积不断缩小，波的尼亚湾是原冰盖的中心，冰期时下沉最多，所以现在上升最剧烈，约每百年抬升90cm，芬兰南部每百年抬升60cm。古冰盖的边缘——瑞典南部，则每百年仅上升10cm，人们预言，由冰川引起的均衡运动完全恢复时，波的尼亚湾将不复存在，欧洲的瑞典、芬兰将连成一片，丹麦附近的陆地将与斯堪的纳维亚半岛联结在一起，波罗的海将成为一个封闭的湖泊。

第三节　地下水环境

一、地下水的概念

除地表水以外，地壳表层的土壤中和地下深层的岩层中也积蓄着水，人们把地表以下土层或岩层中的水称为地下水。

地下水是由大气降水与地表水的下渗作用而形成的，因此它与土壤的渗透性能和岩石的结构性质有关。一般在是孔隙和裂隙大的土层与岩层中，如砂土、砾石、石等，透水系数大，地下积蓄水量就多。而对于透水性能不好的黏土层，则地下含水量很少。地下水多的土层岩层统称含水层或透水层。含水量极少的，称做非含水层或不透水层，又称做隔水层。介于两者之间的，称半透水层。由于长期地质作用的结果，在一个地区往往存在着多个含水层和多个隔水层。

二、地下水的类型

根据埋藏条件，地下水可划分为三种类型。

1. 包气带水

贮存在地下自由水面以上包气带中的水，称为包气带水。在土壤上层，饱和水带以上的土层，由于空隙没能全部充满液态水，而有大量水汽和空气流动，叫做包气带，通常包气带土层中，上部主要是气态水和结合水，下部接近饱和水带处，则充满毛细管水。如果土壤有较大的空隙，则产生重力水，当包气带中有局部隔水层时，则使重力水积储在隔水层上，成为上层滞水。

上层滞水是存在于包气带中局部隔水层上的重力水（见图10-6）。它是大气降水或地表水在下渗途中，遇到局部不透水层的阻挡后，在其上聚积而成的地下水。

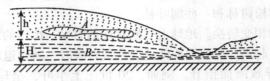

图 10-6　上层滞水与潜水分布示意图

由于上层滞水是包气带内的局部饱水带，其埋藏条件决定了上层滞水具有如下特征：分布范围不广，水量小，补给区分布区一致；补给源为大气降水或地表水；以蒸发、下渗或向隔水层边缘流散的方式进行排泄；动态变化不稳定，具有季节性，只能作暂时性和小型供水水源；易受污染，故做饮用水时应注意防止污染。

上层滞水的动态变化主要决定于气候，同时也与隔水层的分布范围、厚度、透水性及埋藏深度有关。在降水量较大，降水季节较长，蒸发量较小，其下渗水量较大，则上层滞水存在的时间也较长。反之，降水量小、降水季节较短、蒸发量较大，则上层滞水存在时间就较短。

当隔水层分布范围不大、厚度小、隔水性不强和埋藏较浅时，上层滞水因不断向四周流散、下渗以及蒸发，其存在的时间则较短；当隔水层的分布范围和厚度较大，埋藏较深，隔水性良好时，上层滞水存在的时间较长。

2. 潜水

埋藏在地表以下第一个稳定隔水层之上，具有自由表面的重力水称为潜水。潜水的自由表面称为潜水面。潜水面的绝对标高称为潜水位。潜水面至地面的距离称为潜水埋藏深度。由潜水面向下至隔水层顶面间充满重力水的部分，称为含水层。自潜水面向下到隔水层顶面的距离，称为含水层的厚度。

潜水的埋藏条件，决定了潜水具有以下特征：潜水面不承受静水压力；分布区与补给区一致；动态变化较不稳定，有明显的季节变化；潜水的补给条件较好，水量丰富；潜水的水质随气候有季节变化，且易受污染。

潜水面的形状通常是具有一定倾斜的曲面。总的说来，潜水面的形状与地形大体一致，但比地形起伏要平缓得多。岩土的透水性增强，潜水面坡度趋于平缓；反之变陡。隔水底板凹陷使含水层厚度增大的地段，潜水面坡度趋于平缓；反之变陡。在隔水层凹盆中，潜水不外溢时，则潜水面呈水平状态，称为潜水湖。在人工大规模抽水的条件下，一旦潜水补给速度低于抽水速度，潜水会逐步下降，可使潜水面形成一个以抽水井为中心的漏斗状曲面。

潜水面形状可用潜水剖面图和表示，如图10-7所示。

潜水剖面图是在地质剖面图上，将已知各点的潜水位联结而成，它可以反映出潜水面形状与地形、隔水底板及含水层岩性的关系等。

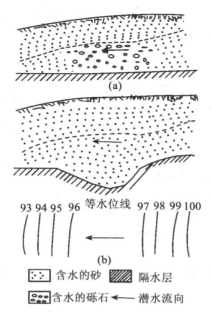

93 94 95　96　等水位线　97 98 99 100

(b)

:::含水的砂　▨ 隔水层

:◉◉: 含水的砾石　◀── 潜水流向

（a）岩石透水性发生变化时；（b）含水层厚度发生变化时

图 10-7　潜水面的状况图

3. 承压水

承压水是充满于两个稳定隔水层之间含水层中具有压力的地下水。若两个稳定隔水层之间的含水层没有被水完全充满，则具有自由水面的称做无压层间水。上下隔水层分别称为隔水层顶板和底板。两隔水层间的垂直距离称为承压水含水层厚度。当钻孔打穿隔水层顶板时，在静水压力作用下，水位上升到一定高度不再上升时，这个最终的稳定水位，叫该点的承压水位。自隔水层顶板底面到承压水位之间的铅垂距离称为承压水头，也称压力水头。在有利的地形部位，承压水位可超出地面高程。此时承压水可以自流喷出地面，称为自流水；而承压的水位低于地面高程时，称为非自流水。

承压水的埋藏条件，决定了它具有以下特征：承压水具有一定的压力水头；补给区与承压力区不一致；动态变化稳定，没有明显的季节变化；补给条件较差，不易受污染，但若受污染，很难变化。此外，如果承压水补给条件和排泄条件较好，则水质为淡水，反之，水循环极慢时，水长期稳定，岩石中盐分便较多溶于水中，则水的盐分会较高。

承压水的形成主要受地质构造的控制，不同的地质构造又决定了承压水的埋藏类型不同。最适宜于承压水形成的地质构造大体上可以分为向斜构造和单斜构造。

（1）向斜盆地构造。图 10-8 为典型的向斜盆地蓄水构造，这种盆地又称为承压盆地或自流盆地，它可以是大型的复式构造，也可以是单一的向斜构造。无论是哪一类，一般均包括补给区、承压区及排泄区等三个组成部分。补给区处于构造边缘地势较高地表部位，它直接受到大气降水和地表水体的补给，该区地下水具有潜水的性质，不受静水压力、动态变化及气象和水文因素的影响。承压区是含水层被上覆隔水层所遮盖的部分，该区的特点是承受静水压力。通常在承压区面积广，含水层厚度大、透水性强、补给来源充足的地区，承压水的贮量丰沛，且水量也比较稳定。排泄区常处于构造边缘地势较低的地段或断裂构造的错动带，由于含水层被河流侵蚀或被断裂破坏，往往以上升泉的形式出露地表或直接向河流排泄补给地表水。

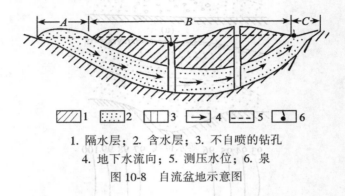

1. 隔水层；2. 含水层；3. 不自喷的钻孔
4. 地下水流向；5. 测压水位；6. 泉

图 10-8　自流盆地示意图

（2）承压斜地构造。其又称自流斜地，主要由单斜岩层组所组成。它可分为两种情况：断块构造和含水层发生相变所形成的承压斜地。

如单斜含水层被断层错断，而断层又导水时，含水层出露于地表的一侧成为补给区；另一侧沿断层带形成带状排泄区，在适宜的地形条件下，沿断裂带以一系列上升泉的形式出露于地表，因此，承压区位于补给区和排泄区之间（见图 10-9）。若断层不导水，则排泄区与补给区是相邻的，承压区则在另一侧。

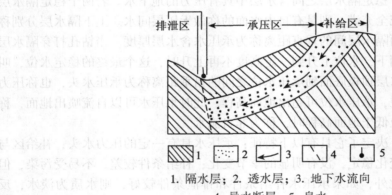

1. 隔水层；2. 透水层；3. 地下水流向
4. 导水断层；5. 泉水

图 10-9　断块构造形成的承压斜地

含水层岩性发生由粗粒到细粒的相变，甚至尖灭，迫使承压水回流，在含水层出露地表的较低地段形成上升泉泄出。此时补给区与排泄区是相邻的，承压区位于一侧（见图 10-10）。

三、地下水的动态与平衡

地下水动态系指地下水水位、水量、水温和水质等要素随时间和空间所发生的变化现

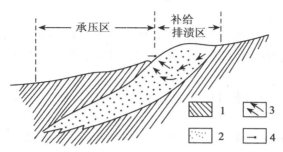

1. 隔水层；2. 透水层；3. 地下水流向；4. 泉水

图 10-10　岩性变化形成的自流斜地

象和过程。而地下水平衡则是分析研究地下水在某一地区、某一时段内水量的收支之间的数量关系。

实际上地下水的动态与平衡是一个问题的两个方面。"动态"是质和量的时空变化过程，是水平衡的外部表现，而"平衡"则是具体的数量关系，是动态变化的内在原因。

地下水的动态与平衡的研究，不仅有助于了解地下水的形成机制、运动变化规律，而且对于合理开发利用地下水资源，进行地下水资源的评价及预测预报都具有重要意义。

1. 影响地下水动态的因素

影响地下水动态的因素基本上可区分为自然因素和人为因素两大类。其中自然因素又可区分为气象因素以及水文、地质地貌、土壤生物等因素；人为因素包括人工抽取地下水、无计划排水、人工回灌以及耕作、植树造林、水土保持等对地下水动态的影响，分述如下：

(1) 自然因素。

①气象气候因素。这是影响地下水动态的主要因素。降水和蒸发直接影响地下水的补给与排泄，而它们随时间的变化就会引起地下水的水位和水量及水质随时间的变化。气压主要对承压含水层的压力水位和泉的流量有一定的影响。随着大气压力的增高，承压含水层及水井中的水位就下降，自流泉水的流量就减少，反之亦然。

气候因素有昼夜、季节乃至多年的变化规律，使地下水也产生这种相应的周期性的变化。地下水的昼夜变化主要是气温和气压产生的，实际意义不大。地下水的季节性的变化很明显，特别是浅层水更明显。由于其他因素的影响，地下水的动态与气象气候因素的动态产生不同程度的减弱和滞后。距离补给区较远的部位，地下水位和泉流量的峰值，有时可比降水峰值出现的时间滞后4~5月或更长。

②水文因素。水文因素对于地下水动态的影响，主要取决于地表上江河、湖（库）与地下水之间的水位差，以及地下水与地表水之间的水力联系类型。滨海地区，如含水层与海水相连通，则海平面潮汐升降，亦会影响海岸带地下水位的波动。

③地质地貌因素。地质地貌因素对地下水的影响，一般情况下并不反映在动态变化上，而是反映在地下水的形成特征方面，其中地质构造决定了地下水的埋藏条件；岩性影响下渗、贮存及径流强度；地貌条件控制了地下水的汇流条件。这些条件的变化，造成了地下水动态在空间上的差异性。

不过对于局部地区发生的地震、火山喷发等地质现象，亦能引起局部地区地下水动态发生剧变。

④生物与土壤因素。生物、土壤因素对地下水动态的影响，除表现为通过影响下渗和蒸发来间接影响地下水的动态变化外，还表现为对地下水的化学成分和水质动态变化上的影响。

（2）人为因素。人为因素对地下水动态的影响比较复杂。从影响后果来说，有积极的一面，亦有消极的一面。

从人为因素自身来看，可分为两大类：一类是人们为了直接影响和控制地下水动态而采取的一系列措施，诸如打井抽水、人工回灌等，这是有目的有计划的活动；另一类活动虽然其出发点并非针对地下水动态的，但是活动的本身派生出对地下水动态影响的效果。诸如人类为灌溉农田，满足城市工矿企业生产、生活用水需要而修筑的各种拦水、引水、蓄水与灌溉工程，以及排水工程，等等。这类活动对地下水造成的影响极其广泛而深刻，而且随着国民经济之发展，生产能力的提高，其影响将不断地扩大、加深。

人们从事地下水方面研究，除了研究地下水系统内在的机制与规律外，更重要的正是为了如何更好地积极地影响与控制地下水动态进程，防止消极的影响，使地下水动态向适合人类需要的方向发展。

2. 地下水动态类型

如前所述，地下水动态是自然因素与人为因素共同影响的结果。由于自然因素具有强烈的地区性与时间性变化的特点，致使地下水动态过程亦存在地区上的差异性以及随时间变化的特点，特别是容易受到外界条件影响的浅层地下水，这种地区上的特征及时间性变化比较明显。

为了进行地下水资源的分析计算，以及方便地下水开发利用，可根据地下水（主要是浅层地下水）的补给、排泄条件及地下水动态特征的不同，将地下水动态类型分为如下3类：

①渗入-蒸发型。此类型的地下水主要从降水和地表水获得补给，而后消耗于蒸发。所以地下水以垂向运动为主，水平径流微弱。一般多分布于干旱、半干旱地区的平原与山间盆地。在开发利用上宜发展井灌事业，既可人工调控地下水，又利于防治土壤盐渍化和沼泽化。

②渗入-径流型。此类型的补给也主要来自大气降水和地表水的入渗，但其排汇以水平径流为主，蒸发消耗量相对较少。由于地下径流同时排泄水中盐分，所以从长期来说水质矿化度愈来愈小。这类地下水多分布于山麓冲积扇及山前地带地下水力坡度较大的地区。在开发利用上，宜采用截流建筑物，截取地下径流供使用。

③过渡型。主要分布于气候比较湿润的平原地区，由于当地降水丰沛，在满足了蒸发之后，仍有盈余以地下径流形式侧向排泄，故兼有径流和蒸发两种排泄形式，在长期内水质亦日趋淡化。

3. 地下水平衡

地下水平衡是根据质量守恒原理对地下水循环中各个环节的数量变化进行研究，在此基础上阐明某个地区在某一时段内地下水贮量、补给和消耗三者之间动态平衡关系。

进行平衡计算研究的地区称为"平衡区"，它最好是一个完整的地下水流域。进行平衡计算的起迄时间，称为"平衡期"，平衡期可以是 1 个月、1 年，亦可按特定的要求而定。在平衡计算期间，如地下水量收入大于支出，必然表现为地下水贮存量增加，称为"正平衡"；反之则称为"负平衡"。如果收支相等，即认为地下水处于动态平衡的状态。

地下水水量平衡的一般表达式如下：

$$(P_q+R_1+E_1+Q_1) - (R_2+E_2+Q_2) = \Delta W \qquad (10\text{-}5)$$

式中：左边第一项为收入项——P_q 为大气降水入渗量；R_1 为地表水入渗量；E_1 为水汽凝结量；Q_1 为自外区流入的地下水水量。左边第二项为支出项——R_2 为补给地表水的量；E_2 为地下蒸发量；Q_2 为流入外区的地下水水量。ΔW 为地下水水流系统中的贮水变量，它由平衡期间包气滞中水的变量（ΔC）、潜水变量（$\mu\Delta H$）及承压水变量（$\mu_0\Delta H_P$）所组成，如收入大于支出为正，反之为负。

于是上式可改写为：

$$P_q+ (R_1-R_2) + (E_1-E_2) + (Q_1-Q_2) = \Delta C+\mu\Delta H+S_0\Delta H_P \qquad (10\text{-}6)$$

式中：μ 为潜水含水层的水度；S_0 为承压水的贮水系数（或称释水系数）；ΔH 为潜水位变幅；ΔH_P 为承压水测压水变幅。

为便于计算各参数，单位均以水柱高毫米计。以上是地下水平衡的基本模式，在具体计算时，还需进一步区分为潜水平衡模式与承压水平衡模式。

四、地下水污染

地下水污染主要指人类活动引起地下水化学成分、物理性质和生物学特性发生改变而使质量下降的现象。

地表以下地层复杂，地下水流动极其缓慢，因此，地下水污染具有过程缓慢、不易发现和难以治理的特点。地下水一旦受到污染，即使彻底消除其污染源，也得十几年，甚至几十年才能使水质复原。至于要进行人工的地下含水层的更新，问题就更复杂了。

从污染物来源看，进入地下水的污染物有来自人类活动的，有来自自然过程的。生活污水和生活垃圾会造成地下水的总矿化度、总硬度、硝酸盐和氯化物含量的升高，有时也会造成病原体污染。工业废水和工业废物可使地下水中有机化合物和无机化合物的浓度增加。农业施用的化肥和粪肥，会造成大范围的地下水硝酸盐含量增高。农药对地下水的污染较轻，且仅限于浅层。农业耕作活动可促进土壤有机物的氧化，如有机氮氧化为无机氮（主要是硝态氮），随渗水进入地下水。天然的咸水会使地下天然淡水受咸水污染等。

从污染方式看，地下水污染方式可分为直接污染和间接污染两种。直接污染的特点是污染物直接进入含水层，在污染过程中，污染物的性质不变。这是对地下水污染的主要方式。间接污染的特点是，地下水污染并非由于污染物直接进入含水层引起的，而是由于污染物作用于其他物质，使这些物质中的某些成分进入地下水造成的。例如，由于污染引起的地下水硬度的增加、溶解氧的减少等。间接污染过程复杂，污染原因易被掩盖，要查清污染来源和途径较为困难。

从污染途径看，地下水污染途径是多种多样的，大致可归为四类：

①间歇入渗型。大气降水或其他灌溉水使污染物随水通过非饱水带，周期地渗入含水层，主要是污染潜水。淋滤固体废物堆引起的污染，即属此类。

②连续入渗型。污染物随水不断地渗入含水层，主要也是污染潜水。废水聚集地段

（如废水渠、废水池、废水渗井等）和受污染的地表水体连续渗漏造成地下水污染，即属此类。

③越流型。污染物是通过越流的方式从已受污染的含水层（或天然咸水层）转移到未受污染的含水层（或天然淡水层）。污染物或者是通过整个层间，或者是通过地层尖灭的天窗，或者是通过破损的井管，污染潜水和承压水。地下水的开采改变了越流方向，使已受污染的潜水进入未受污染的承压水，即属此类。

④径流型。污染物通过地下径流进入含水层，污染潜水或承压水。污染物通过地下岩溶孔道进入含水层，即属此类。

地下水保护应以预防为主。为此，必须进行必要的监测，一旦发现地下水遭受污染，应及时采取措施，防微杜渐。最好是尽量减少污染物进入地下含水层的机会和数量，诸如污水聚积地段的防渗，选择具有最优的地质、水文地质条件的地点排放废物等。

第四节　水资源及其全球尺度的国际前沿研究

一、地球上的水资源

（一）水资源涵义与特性

水是宝贵的自然资源，也是自然生态环境中最积极、最活跃的因素。同时，水又是人类生存和社会经济活动的基本条件，其应用价值表现为水量、水质及水能三个方面。

1. 水资源的涵义

（1）广义水资源。世界上一切水体，包括海洋、河流、湖泊、沼泽、冰川、土壤水、地下水及大气中的水分，都是人类宝贵的财富，即水资源。按照这样理解，自然界的水体既是地理环境要素，又是水资源。但是限于当前的经济技术条件，对含盐量较高的海水和分布在南北两极的冰川，目前大规模开发利用还有许多困难。

（2）狭义水资源。狭义的水资源不同于自然界的水体，它仅仅指在一定时期内，能被人类直接或间接开发利用的那一部分动态水体。这种开发利用，不仅目前在技术上可能，而且经济上合理，且对生态环境可能造成的影响也是可以接受的。这种水资源主要指河流、湖泊、地下水和土壤水等淡水，个别地方还包括微咸水。这几种淡水资源合起来只占全球总水量的0.32%左右，约为$1.065×10^7 km^3$。淡水资源与海水相比，所占比例很小，但却是目前研究的重点。

这里需要说明的是，土壤水虽然不能直接用于工业、城镇供水，但它是植物生长必不可少的条件，可以直接被植物吸收，所以土壤水应属于水资源范畴。至于大气降水，它不仅是径流形成的最重要因素，而且是淡水资源的最主要甚至是唯一的补给来源。

2. 水资源的特性

（1）水资源的循环再生性与其有限性。水资源与其他资源不同，在水文循环过程中水不断地恢复和更新，属可再生资源。水循环过程具有无限性的特点，但在其循环过程中，又受太阳辐射、地表下垫面、人类活动等条件的制约，每年更新的水量又是有限的，而且自然界中各种水体的循环周期不同，水资源恢复量也不同，反映了水资源属动态资源的特点。所以水循环过程的无限性和补给水量的有限性，决定了水资源在一定限度内才是

"取之不尽，用之不竭"的。在开发利用水资源过程中，不能破坏生态环境及水资源的再生能力。

（2）时空分布的不均匀性。作为水资源主要补给来源的大气降水、地表径流和地下径流等都具有随机性和周期性，其年内与年际变化都很大；它们在地区分布上也很不均衡，有些地方干旱水量很少，但有些地方水量又很多而形成灾害，这给水资源的合理开发利用带来很大的困难。

（3）利用的广泛性和不可代替性。水资源是生活资料又是生产资料，在国计民生中用途广泛，各行各业都离不开它。从水资源利用方式看，可分为耗用水量和借用水体两种。生活用水、农业灌溉、工业生产用水等，都属于消耗性用水，其中一部分回归到水体中，但量已减少，而且水质也发生了变化；另一种使用形式为非消耗性的，例如，养鱼、航运、水力发电等。水资源这种综合效益是其他任何自然资源无法替代的。此外，水还有很大的非经济性价值，自然界中各种水体是环境的重要组成部分，存在着巨大的生态环境效益。水是一切生物的命脉，不考虑这一点，就不能真正认识水资源的重要性。随着人口的不断增长，人民生活水平的逐步提高，以及工农业生产的日益发展，用水量将不断增加，这是必然的趋势。所以，水资源已成为当今世界普遍关注的重大问题。

（4）利与害的两重性。由于降水和径流的地区分布不平衡和时程分配的不均匀，往往会出现洪涝、旱碱等自然灾害。开发利用水资源目的是兴利除害，造福人民。如果开发利用不当，也会引起人为灾害，例如，垮坝事故、水土流失、次生盐渍化、水质污染、地下水枯竭、地面沉降、诱发地震等，也是时有发生的。水的可供开发利用和可能引起的灾害，说明水资源具有利与害的两重性。因此，开发利用水资源必须重视其两重性这一特点，严格按自然规律和社会经济规律办事，达到兴利除害的双重目的。水资源不只是自然之物，而且有商品属性。一些国家已建立有偿使用制度，在开发利用中受经济规律制约，体现了水资源的社会性与经济性。

（二）淡水资源危机

20 世纪 70 年代，联合国就"人类环境"问题发出警告："水不久将成为一项严重的社会危机，石油危机之后的下一个危机便是水。"世界资源研究所就此也发出警告，告诫世人："地球上可供生活、农业和工业之用的水资源正在走向极限。"国际人口行动组织发表的一篇报告指出：到公元 2025 年时，全球生活用水量不足（包括水资源紧张、短缺和严重短缺，分别定义为每年的人均淡水资源低于 1700m³、1000m³ 和 500m³）地区的人口，将由 1990 年的 3.35 亿激增至 30 亿。根据联合国的调查结果，中国亦被列为 13 个缺水国之一。我国水资源短缺，按人均计算，我国平均每人每年占有水资源量不足 2600m³，只相当于全世界人均占有量 10800m³ 的 1/4，是水资源量低的国家之一，居世界各国中的第 87 位。按耕地每亩平均占有水资源量计算只有 1750m³，相当于世界平均数 2400m³ 的 2/3 左右。而且，我国水资源时空分布极不均衡。南方水多，北方水少，整个北方地区，尤其是西北地区干旱缺水十分严重。日趋严重的淡水资源危机应当引起人们的高度重视。

地球上水的储量很大，但淡水只占 2.5%，其中宜供人类使用的淡水不足 1%，而现在人类社会真正可以利用的淡水资源只相当于淡水资源储量的 0.34%。据专家最新估计，全球陆地上可更新的淡水资源约 41.02~42.75 万亿 m³，其中宜于使用的为 12.5~14.5 万亿 m³。按 1995 年人口统计，全球人均淡水资源约 7170~7450m³，其中易于使用的淡水人均约 2180~2440m³。可见，地球上的淡水资源是有限的。根据现代科技手段分析调查显示人类赖以生存繁衍的地球，有 1/3 的人口得不到安全用水的水平，地球上 53 亿人口中有约 34 亿人平均每人每天只有 50 升水。

面对这有限的淡水资源，人口的高速增长、人均用水量的增加、人为的浪费、污染、过度开采等，又使淡水资源危机日趋严峻。

人类社会面临的水资源危机，不能不说是人类社会生存和发展的一个重大瓶颈。为此，世界上一方面在积极寻找新水源，进行各种尝试，并取得了一些成果。

南极洲的冰，约有 1350 万 km²，相当于整个地球上所有河流在 650 年间的总流量。南极大陆的冰层，集中了全球淡水资源的 70%，如全部融化成水，将可供应全世界人口需用数万年。为此，一些国家的科学家们正在进行这项宏伟工程的科学规划。此项工作虽然较为遥远，但终究可以给人类带来希望。海洋水量丰富，只要加以提炼，亦可造福人类。目前一些国家（地区）已投入大量资金建立海水淡化厂，如中东地区建立的海水淡化厂有 1000 多家，全世界建成的海水淡化厂多达近 8000 家。海水淡化已成为一些国家（地区）工业用水和生活用水的主要来源。与此同时，一些水利专家在积极进行寻找海底淡水的研究和开发工作。在巴林群岛，人们从海底的涌泉中汲取淡水；在爱琴海，一些国家用钢筋混凝土筑起大坝，将海底的淡水加以开发，供农田灌溉和工业、生活用水。科学家们还试图采用钻石油的技术，用于海底的淡水开发。从沙漠地下取水已成现实，不少国家从沙漠的深层开采出可供生活饮用的幸福水。科学家们还在非洲的北部撒哈拉大沙漠地下 1000 多米的深层，发现蕴藏有大量的淡水。截雾取水已不是天方夜谭，一些科学家根据雾中含水的理论，提出了截雾取水的方法，并用于实践，收到较好的效果。如加拿大一个雾水处理厂，平均每天可供水 1 万多升，在浓雾季节每天可供水达 10 万多升。这项技术不仅经济，且技术含量不高，便于在一些国家（地区）推行。

另一方面，人们也开始反思自工业革命以来不注重环境保护的经济增长方式，开始花大力气治理由于工业发展而受到严重污染变得不适宜饮用的水体，大力开发城市污水资源。同时，为了减缓用水的矛盾，一些国家（地区）还调整供水布局结构、调整产业结构、调整地下水开采布局；搞防渗工程等。这些措施已取得积极的效果。很显然，最终解决淡水资源的问题还须依赖对水资源的科学管理和保护。

（三）水资源的管理与保护

基于地球水资源的重要性和利用现状，非常有必要加强对水资源的管理和保护。工作的重点包括：

1. 保证水资源的持久开发与利用

水资源是人类可持续发展的重要支撑，同时，它又是有限的自然资源。

对水资源开发要注意不破坏赖以生存的资源本身，要进行没有任何破坏作用的开发。几十年来全世界都在为早期没有考虑环境因素的水资源开发付出代价，那就是破坏了自然资源的基础以及使自然环境条件恶化的恶性循环。水资源的开发利用必须与环境改善和保护统一起来，只有这样才能达到持久地开发和利用水资源的目的。

从科学上说，持久的水资源开发和利用的内涵是：

①开发是适度的，对水资源本身不起破坏作用，对环境没有不利影响。

②不防碍未来的开发，为今后的开发留下各种选择余地。

③节约用水，提高水的利用效率（如重复使用、循环使用等）。

④有利于水的恢复和再生。

⑤制定法规、加强管理。

2. 重视地下水的超采问题

地下水的超采已经引起严重的环境灾害。这些灾害包括：大面积水位下降，形成区域性地下水降落漏斗；地面发生沉降和塌陷；地下水水质恶化并发生污染；海水入浸倒灌，淡水盐碱化等。必须加强对地下水开采水平与水资源量之间关系及地下水超采条件下水资源变化的研究，建立健全地下水环境测报系统，对因过量开采地下水而引起地面沉降的地区进行回灌补给，同时限制开采，保护环境不再恶化。

3. 防治水资源的污染

水体污染已造成很多原本水资源丰富的地区，特别是经济发达地区，出现了水资源的结构性缺乏，它进一步减少了人类可利用的水资源数量。赤潮、水华、富营养化等水体污染的发生，对环境和水资源的利用带来了越来越多的负面影响。因此，必须加强对水资源的监测，提高工农业用水效率，加强对污染源的控制，采取集中处理的方式处理城市污水，并制定水体污染标准，以法治污。

4. 建立节水型社会

建设节水型社会，要点是提高水资源的利用效率和效益。这也是解决世界及其我国日益严重的干旱缺水问题的要点。

建设节水型社会，不是简单地用行政的办法去节水，其本质特征是建立以水权、水市场理论为基础的水资源管理体制。建设节水型社会，是通过社会制度的建设来解决干旱缺水问题，要形成以经济手段为主、正确价值取向宣传为辅的节水机制，建立节水型农业，抓好工业节水，从而使资源利用效率得到提高，生态环境得到改善，可持续发展能力得到增强。

二、国际前沿研究

由于水圈和水资源对人类生产生活的重要意义，关于它们的研究一直是国际上的热点。国际上水的研究动向，主要是全球尺度的研究。近 10 年来，一系列的全球性研究计划相继提出，如世界气候计划、环境大气计划、国际地球物理年、国际水文计划、国际生态计划、国际岩石圈计划、人与生物圈计划、全球环境变化的人文科学研究计划（HDP）、国际地圈与生物圈计划（IGBP）及国际减灾十年等；尤其是人与生物圈计划、国际地圈与生物圈计划、国际减灾十年以及 HDP 计划的开展，通过全球尺度的研究，更加丰富了人与水关系的研究内容，各种计划的交叉与联系，将促进人们对人地关系、人水关系的理解。

地球上空间尺度的水文循环仍将是水文科学研究的基本问题。由于人口膨胀和社会经济的发展，水文循环的自然过程不断受到人类活动的干扰。主要的人类活动影响可归结为两大方面：

（1）与土地利用有关的人类活动。这类活动多属对水文循环的直接影响。例如，森林采伐、开荒耕种、放牧、湖泊围垦、沼泽疏干、兴建堤坝水库、拦河引水、农田灌溉、工矿交通建筑、城市化等。所有这些活动均会改变陆地水文循环过程。其影响的程度与规模呈正变关系。其影响的范围多数是局地性的，但随时间逐渐扩展。

（2）与影响气候变化有关的人类活动。这里主要是指 CO_2 与其他温室气体如 CH_4，N_2O 等的排放。温室气体的释放是全球性的，它会使全球气温升高，出现全球增暖的效应。因此，随着世界各国使用化石燃料的增加，会造成全球温度上升，改变各地的气温与降水，从而改变水循环。显然，气候增暖的影响具有更加广泛的尺度。全球温度增加必然改变水情。对这种改变的探讨，其理论基础是水文循环的研究。

1. 国际前沿研究

涉及全球资源环境研究的计划很多。这里仅介绍与水文循环关系密切的国际计划。

①1985 年，国际科联（ICSU）及其环境问题科学委员会（SCOPE）提出了气候影响评价，启示了气候对水文影响的研究。

②1986 年 ICSU 开始建立国际地圈、生物圈计划，1992 年确定 6 个核心项目，其中包括水文循环的生物圈方面（BAHC）。根据 IGBP 报告 No.28 提出的 1994～1998 年的工作计划，BAHC 共设 4 个关键课题。

③1987 年世界气象组织（WMO）提出了"水资源对未来与现在气候变化的敏感性"，注意到水资源变化。

④1989 年，美国出版了《气候变化与气候变率对水资源影响》的专著。

⑤1990 年以后，世界气候研究计划（WCRP）开展"全球能量与水循环实验"计划（GEWEX）。这是与 BAHC 计划相对应的国际研究计划，WCRP 与 IGBP 都是在 20 世纪 90 年代兴起具有前沿性的水文循环研究。GEWEX 与 BAHC 不同，GEWEX 是大尺度的。前者从全球气候的角度出发研究水循环，后者更多地从生态学的角度研究水循环，GEWEX 与 BAHC 并不相悖，可以形成互补。

2. 全球能量与水循环实验（GEWEX）

GEWEX 研究经历了从 1991～1993 年的准备阶段，于 1994 年开始实施，其主要内容是 GEWEX 的大尺度水文研究，总的项目名称为："GCIP"即 GEWEX 大陆尺度国际研究。GCIP 由美国提出，在华盛顿设有国际 GEWEX 项目办公室。除了美国的 GCIP 下属研究课题外，其他大陆的研究是：

①亚洲：GAMEA（亚洲季风实验）。

②欧洲：BALTEX（巴尔干试验）。

③南美洲：LAMBADA（亚马孙河大气水分平衡）。

④北美洲（加）：MAGS（麦肯色 GEWEX 研究）。

GEWEX 的新意，除了"全球"外，就热、水条件的研究而言，即为我国黄秉维所提出的热、水平衡的研究。

至于宏观研究，则表现在研究的空间与时间尺度上的宏观性，如全球或大陆尺度的水文模型。能量与水循环的各个要素，如水汽与水汽通量；降水量、蒸发量与径流量；地表蓄水量；太阳短波辐射量与反射辐射量、长波辐射量、净辐射量、显热与潜热交换；土壤与大气蒸发量等，均受气象与地面条件变化的制约，人类活动必然造成对这些要素的影响，如何在对能量与水循环深刻理解的基础上，对这些要素进行控制，乃是人类智能之所在。

3. 水文循环的生物圈方面（BAHC）

1995 年后，国际地圈、生物圈计划（IGBP）开始了它的核心项目"水文循环的生物圈方面"，即 BAHC 计划（Biospheric Aspects of Hydrological Cycle），业已得到世界各国政府的大力支持和水文学者、生态学者和大气动力学者及气候学者的积极响应。与"全球能量和水循环试验（GEWEX）"等项目不同，这是一项专门侧重于水文学与地圈、生物圈和全球变化交互作用的研究。BAHC 计划的实施将提供对陆面过程以及植被与水文循环相互作用过程的深入了解。对陆面生态、水文过程的深入研究，无疑对评估全球变化对淡水资源的影响、人类对生物圈的影响以及评估它们对地球可居住性的影响具有十分重要的意义。同时，BAHC 计划强调科学研究为社会服务的宗旨。通过对水文循环的生物控制和它们在气候、水文和环境中的相互作用，认识对陆面生态系统改变的影响，认识气候变化和人类活动对区域国民经济和社会可持续发展的影响，保护我们的环境。

BAHC 计划的两项根本任务是：

①通过野外观测，确定生物圈对水文循环的控制，发展由小块植被到大气环境模式（GCM）网格单元时、空尺度上的土壤—植被—大气系统中能量和水通量模式。

②建立能被用于描述生物圈与地球物理系统间相互作用，以及能被用于验证这类相互作用模拟结果的数据库。

目前国际上对 BAHC 的研究侧重于以下四个专题：

第一专题——一维土壤—植被—大气传输模型的发展、检验和验证。该专题的主要目标在于研究土壤—植被—大气界面能量、水分和痕量气体（如 CO_2）的垂直交换过程，以及它们对有关地表特征（即土壤、植被、气候、水文等）的依赖关系。

第二专题——陆面特征与通量的区域尺度研究：实验、解释和模拟。该专题的目标是将实验小区尺度生态变化过程的模拟分析推广到考虑陆面地貌和不均匀分布的空间尺度，提供陆面与大气相互作用的量化模拟。

第三专题——生物圈—水圈相互作用的全球多样性：时、空综合。该专题是从更大尺度和模式耦合的基础上，探讨生物圈与水圈相互作用的时、空变异性，旨在更好地了解气候、水文、生态系统之间复杂多样的相互作用关系，建立生物圈和陆地生态系统长期的动态模拟模型。

第四专题——天气发生器计划。具体说，专题四研究的问题是如何在宏观尺度的 GCMs 模型或中观尺度有限区域天气动力学模型与局部尺度的流域水文模型之间耦合中，嵌入一个可聚解的即向下标度化（downscaling）的天气模型，为小尺度的水文生态模型、水文水资源模型提供气候和天气变化信息。

4. 全球水文学

通过 20 世纪 90 年代后半期 BAHC 与 GEWEX 计划的实践将促进全球水文学科学体系的完善。研究内容可归纳为以下几个方面：

①在自然界和人类活动下的水循环。

②全球和大尺度水文要素的空间分布与时间序列的分析。

③探讨这些区域的水文要素变动的一般成因与统计规律。

④弄清径流变化的同步与非同步性地带。

⑤地球水文情势的古地理重建。

⑥地球水资源超长期（千年和上百年）预测及其对地球外壳发生过程演进的影响。

⑦研究自然水的相互关系和建立大区域水文情势控制管理的科学基础。

参考文献

[1] 冯士筰，李凤岐，李少菁 编著. 海洋科学导论 [M]. 北京：高等教育出版社，2004.

[2] 曹志江. 海洋荒漠化 [J]. 生物学教学，2001（9）：3-4.

[3] 刘春杉. 广东沿海海洋荒漠化的趋势及其原因 [J]. 海洋科学，2001（8）：52-54.

第十一章 土壤过程

　　土壤是指以不完全连续的状态存在于陆地表层和浅水域底部，由有机物和无机物所共同组成的，具有一定肥力且能够生长植物的疏松层。土壤在地球表面所构成的覆盖层称为土壤圈（Pedosphere）或土被层，它处于大气圈、水圈、岩石圈和生物圈的交接地带，是大气圈、水圈、岩石圈和生物圈相互作用的产物，是地球表层系统的重要组成部分。

　　土壤和人类的关系十分密切，是人类赖以生存的物质基础。土壤的本质属性是具有肥力。土壤肥力（Soil Fertility）是指土壤具备不间断地协调、供给植物生长发育所需要的养分、水分、空气和热量的能力。这种能力是由土壤中的一系列物理、化学、生物过程所引起的，因而也是土壤的物理、化学、生物特性的综合反映。

第一节　土壤圈的物质组成和特性

一、土壤圈的物质组成

　　土壤是由固相、液相、气相物质共同组成的，它们相互联系、相互转化和相互作用，构成土壤圈系统的物质基础。固相物质包括矿物质、有机质及一些活的生物有机体；液相物质主要是土壤水和溶液；气相物质则是指土壤中的空气。在较理想的土壤中，按容积计，矿物颗粒占38%~45%，有机质占5%~12%，土壤孔隙约占50%。

　　土壤水分和空气共同存在于土壤孔隙内，但它们的容积比，则是经常处于彼此消长状态，消长幅度在15%~35%之间。按重量计，矿物质可占固相部分的90%~95%，有机质占1%~10%（见图11-1）。

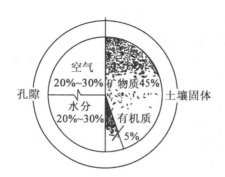

图 11-1　理想土壤的体积比例

（一）土壤矿物质

土壤矿物质是土壤的主要组成物质，构成土壤的骨骼，对土壤的矿质元素含量、性质、结构和功能影响甚大。土壤矿物质主要来自成土母质，成土母质又起源于岩石。土壤矿物质主要包括原生矿物和次生矿物。

1. 原生矿物

土壤原生矿物直接来源于母岩，它是受不同程度的物理风化作用而形成的，其化学成分和结晶构造并未改变。土壤中原生矿物的种类和含量随着母岩类型、风化强度和成土过程的不同而异。随着土壤年龄的增长，土壤中原生矿物在有机质、气候因子和水溶液作用下逐渐被分解，仅有微量极稳定矿物会残留于土壤中，结果使土壤原生矿物的含量和种类逐渐减少。在风化与成土过程中原生矿物供给土壤水分以可溶性成分，并为植物生长发育提供矿质营养元素如磷、钾、硫、钙、镁和其他微量元素。

由于土壤是由母岩风化而形成的，所以土壤中原生矿物的数量和种类，可用来说明土壤的发育程度。在成土过程中凡是不稳定的矿物首先被风化而在土壤中消失，而稳定的矿物则保存于土壤中。

土壤原生矿物主要包括硅酸盐和铝硅酸盐类、氧化物、磷酸盐类和某些特别稳定的原生矿物。

2. 次生矿物

原生矿物在风化和成土过程中新形成的矿物称为次生矿物，它主要包括各种简单盐类、次生氧化物和铝硅酸盐类矿物，如铝硅酸盐粘粒（高岭石、蒙脱石、伊利石等）和铁、铝的氧化物等。

次生矿物是土壤矿物中最细小的部分（粒径小于 0.002mm），与原生矿物不同，许多次生矿物具有活动的晶格、呈现高度的分散性，并具有强烈的吸附交换性能、能吸收水分和膨胀，因而具有明显的胶体特性，故又称之为黏土矿物。黏土矿物影响土壤的许多理化性状，如土壤吸附性、胀缩性、黏着性及土壤结构等。

在土壤的形成过程中，原生矿物以不同的数量与次生矿物混合存在，共同组成土壤的矿物质。

（二）土壤有机质

土壤的有机质是土壤中最重要的组成成分之一，是土壤肥力的物质基础，也是土壤形成和发育的主要标志。土壤有机质可分为两大类：非特异性土壤有机质和土壤腐殖质。前者主要来源于动植物和土壤生物的残体，人类通过施用有机肥也会增加非特异性土壤有机质的数量；而土壤腐殖质则属于土壤所特有的、结构极为复杂的高分子有机化合物。

1. 非特异性土壤有机质

土壤中非特异性有机质的原始来源是植物组织。在自然条件下，树木、灌木丛、草类和藻类等（生产者）的躯体都可为土壤提供大量有机残体。在耕作条件下，农作物中有一大部分被人们从耕作土壤上移走，但作物的某些地上部分和根部仍残留于土壤中。土壤动物如蚂蚁、蚯蚓、蜈蚣、鼠类等（消费者）和土壤微生物（分解者）是土壤有机质的第二个来源，它们分解各种原始植物组织，为土壤提供排泄物和死亡后的尸体。

植物组织中所含有的化合物主要有碳水化合物、蛋白质、木质素、脂肪及色素等。其中，碳水化合物主要由碳、氧、氢构成，它们占土壤有机质的 15%~27%，是土壤非特异性有机质的主要组成部分。植物组织在土壤微生物的作用下会形成有机酸，再加上植物根系分泌的有机酸，对土壤矿物的风化、养分的释放及土壤理化性质等均有重要的影响。

2. 土壤腐殖质

土壤腐殖质（Soil Humus）是土壤特异有机质，也是土壤有机质的主要组成部分，占土壤有机质总量的 50%~65%。腐殖质是一种分子结构复杂、抗分解性强的棕色或暗棕色无定形的胶体物，是土壤微生物利用植物残体及其分解产物重新合成的一类有机高分子化合物。土壤腐殖质主要由胡敏酸和富里酸组成。其中，胡敏酸对土壤结构体及保水、保肥性能的形成起重要作用；富里酸具有较弱的吸附性和阳离子交换性能，对促进土壤矿物风化和矿质养分的释放起重要作用。胡敏酸和富里酸在土壤中可呈游离的腐殖酸或腐殖酸盐状物，亦可与铁、铝结合成凝胶状态，它们多次与次生黏土矿物紧密结合，形成有机-无机复合体，构成良好的土壤结构，对土壤肥力的形成起着极为重要的作用。

此外，土壤腐殖质还具有与重金属元素、有毒有机物结合形成非水溶性络合物的特性，使土壤中这些有毒有害物对生物的危害性降低，从而使土壤具备一定的自净能力。

（三）土壤水分

土壤水是土壤重要的组成成分和重要的肥力因素。它不仅是植物生长发育的必需物质，而且是土壤系统中物质与能量的流动介质。土壤水分含量的多少及其存在形式对土壤形成发育过程及肥力水平高低与自净能力都有重要的影响。

土壤水主要来源于大气降水、地下水、灌溉水和大气凝结水，而主要损耗于土壤蒸发、植物吸收、植物蒸腾和水的渗漏与径流（见图 11-2）。

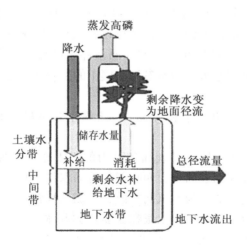

图 11-2　土壤水循环　（王建，2001）

土壤水平衡是指土壤水收入与消耗之间的数量关系，即指土壤含水量发生变化的情况。其表达式为：

$$土壤含水量 = 土壤水收入 - 土壤水消耗$$

1. 土壤水的类型

自然界的土壤中，随着季节及天气状况的变化，土壤中的水分数量及其存在方式也在不断变化。在土壤科学研究和农业生产过程中，通常按水在土壤中的赋存状态，将土壤中的水分划分为土壤固态水、土壤液态水和土壤气态水三大类，如表11-1所示。

表 11-1 土壤水分类型

土壤水	固态水	化学结合水	组构水
			结晶水
		冰	
	液态水	束缚水	紧束缚水
			松束缚水
		毛管水（部分自由水）	悬着毛管水
			支持毛管水
		重力水	渗透重力水
	自由水		停滞重力水
		地下水	
	气态水	水汽	

（1）土壤固态水。包括化学结合水和冰。其中化学结合水又可分为组构水和结晶水。结晶水是指存在于多种矿物之中的水，如 $CaSO_4 \cdot 2H_2O$ 等，它们在高温下可释放出来，但并不破坏矿物的晶体构造；组构水是指土壤矿物表面包含的——H_3O 或——OH 基，而不是以水分子 H_2O 存在，当矿物在风化或高温条件下可释放出来。冰存在于寒冷地区的永冻土或冻土层中。土壤固态水一般不参与土壤中的生物化学过程，在计算土壤水分含量时不把它们考虑在内。

（2）土壤液态水。包含束缚水和自由水，土壤中数量最多的就是液态水。土壤液态水又可细分为以下几种：

束缚水——束缚水是由土壤颗粒表面各种力的吸附作用而保持在土粒表面的膜状水层。其中由于土壤颗粒强大的表面力，而吸附保持的水没有自由水的性质，故称为紧束缚水，亦称为吸附水。它们只能化为水汽而扩散，不能迁移营养物质和盐类，植物根系一般不能吸收利用，故属无效水；而依据土壤颗粒表面力和水分子引力而吸附和保持的水层，称为薄膜水，或松束缚水。土壤束缚水的溶解力很弱，移动速率很小，大部分亦属无效水。

毛管水——毛管水是指在毛管力作用下保持和移动的液态水。它是土壤中移动较快且易为植物根系吸收的水分，是输送土壤养分至植物根际的主要载体，土壤中的各种理化、生化过程几乎都离不开它。由于土壤具有十分复杂多样的毛管体系，故在地下水较深的情况下，降水或灌溉水等地面水进入土壤，借助毛管力保持在土壤上层的毛管孔隙中，与来自地下水上升的毛管水并不相连，好像悬挂在上层土壤中一样，称为毛管悬着水。毛管悬着水是地势较高处植物吸收水分的主要来源。

　　土壤中毛管悬着水的最大含量称为田间持水量。当土体中水分储量达到田间持水量时，随着土壤表面蒸发和作物蒸腾的损失，这时土壤含水量开始下降，当土壤含水量降低到一定程度时，土壤中较粗毛管中悬着水的连续状态出现断裂，但细毛管中仍然充满水，蒸发速率明显降低，此时土壤含水量称为毛管断裂量。借助于毛管力由地下水上升进入土壤中的水称为毛管上升水。毛管水上升的高度和速度与土壤孔径的粗细有关。

　　重力水——重力水是借助于重力作用下在土壤的非毛管孔隙中移动或沿坡向侧渗的水分。重力水具有很强的淋溶作用，能以溶液状态使盐分和胶体随之迁移。它的出现标志着土壤孔隙全部为水所充满，土壤的通气状况变差，属于土壤的不良特征。

　　地下水——地下水系指某些水成土壤中地下水位较高处于地面之上，或接近地面时的水分。

　　土壤气态水——是指存在于土壤孔隙中的水汽，其移动取决于土壤剖面中的温度梯度和水汽压梯度，它也是影响土壤水分状况和植物生长发育的重要因子。

　　2. 土壤水分的有效性

　　土壤水类型不同，被植物利用的难易程度也不同。土壤中不能被植物吸收利用的水称为无效水，反之称为有效水。当植物发生永久凋萎时的土壤含水量称为凋萎系数（Wilting Water Content），这是土壤有效水的下限，低于凋萎系数的水分，作物无法吸收利用，属于无效水。凋萎系数因土壤质地、盐分含量、作物和气候等差异而不同。一般土壤质地愈黏重，凋萎系数就愈大。一般把田间持水量视为土壤有效水分的上限。土壤水的有效性在很大程度上取决于土壤水的吸力和植物根系根吸力的对比。土壤有效水的最大含量是指水的最大含量。

　　田间持水量与永久凋萎系数之间的差值，即田间持水量减永久凋萎系数。田间持水量和永久凋萎系数受土壤质地、腐殖质含量、盐分含量和土壤结构等因素制约。以土壤质地来说，砂质土壤的永久凋萎系数和田间持水量均较低，其土壤的有效含水量也较低，而黏质土壤则相反，唯有壤质土壤的有效含水量最多。

　　（四）土壤空气

　　土壤空气和土壤水共同存在于土壤空隙之中，是土壤肥力和土壤自净能力的要素之一。

　　土壤空气主要来源于近地面的大气层，它存在于土壤未被水分占据的空隙中。土壤中的化学作用和生物化学过程不断产生各种气体。因此土壤空气的组成与大气组成有着明显的差异。土壤空气的主要成分除 N_2、O_2、CO_2 及水汽等大气成分外，还含有 CH_4、H_2S、H_2、PH_3、CS_2、C_2H_6、C_3H_8、C_2H_4 和各种氮氧化物等 20 多种气体。由于土壤微生物的活动，土壤中 CO_2 含量比大气中 CO_2 的含量（0.03% 左右）高十倍甚至数百倍。氧在大气中含量一般约占 20%，而在土壤空气中，含量只有 10%~12%，在通气极端不良的条件下，土壤中氧的含量可低于 10%。另外，土壤空气中水汽含量远较大气高。在土壤含水量适宜时，土壤空气的相对湿度接近 100%。土壤空气中的其他成分含量甚微。

　　造成这种现象的原因是土壤中进行着众多的生命活动。植物根系、土壤动物和微生物的呼吸活动都在消耗氧气和产生二氧化碳，$C+O_2=CO_2$。土壤空气与大气成分的差异，导致两者之间的气体交换，CO_2 由土壤排出进入大气，O_2 由大气扩散进入土壤，从而形成一种动态的平衡关系。这个交换过程与生物的呼吸作用相似，因此被称为"土壤的呼吸作用"，也称为"土壤通气性"。

土壤的通气性与土壤孔隙、质地、结构、土壤含水量等密切相关。土壤空气的含量在很大程度上取决于土壤水分的增减。空气只能流入那些未被水分占据的空隙。雨后，土壤大空隙中的水分首先流失，接着由于蒸发和植物吸收，中空隙变空，因此，土壤空气通常是先占据大空隙，再占据中空隙。小空隙中由于经常充水，空气常常难以进入，所以，细小空隙比例大的土壤，通气条件往往不良。一般是有团粒结构的土壤，通气性良好，砂土的通气性较好，黏土的通气性较差。

土壤空气的成分对生物活动具有明显的影响。首先，土壤通气状况不良对土壤微生物活动影响强烈，会使得好气性土壤微生物不能正常活动，大大降低有机质的分解速度，使分解产物多呈还原态，这些物质对高等植物常常有毒害作用；其次，土壤通气状况不良会对高等植物活动带来许多危害，如制约植物根系生长，阻碍植物根系对水分和养分的吸收等。因此，调节水、气关系是提高土壤肥力的重要措施。

二、土壤圈的特性

（一）土壤圈的物理特性

1. 土壤质地

土壤质地（Soil Texure）是指土壤颗粒的粗细程度和组成比例，也叫土壤的机械组成。土壤质地影响土壤水分、空气和热量的交换，也影响土壤养分的转化，这是因为土壤质地决定着土壤中许多物理、化学反应得以进行的表面积。按照土壤颗粒的大小，可以划分出不同的土壤粒级，图11-3列出了土壤质地三角表，可以很方便地查出某地的土壤质地类型和名称。

一般来说，土壤的质地可以归纳为三大类型：

（1）砂质土类。砂质土类是指以砂粒为主的土壤，通常砂粒含量在70%以上。由于颗粒组成粗大，土壤中的大孔隙多，毛管孔隙少。因此砂土的通气、透水性强，热容量小，温度变化剧烈，易受干旱威胁。又由于砂土通气良好，有机质分解迅速彻底，不易积累。所以，砂土的保水、蓄肥能力弱，土体多呈松散状态，结构性不强，但易耕作。砂质土壤还可以区分出两种具体的质地类型——砂土和壤砂土。

（2）黏质土类。黏粒占优势的土壤属黏质土类，黏粒的含量一般不低于40%。由于黏质土的颗粒细小，具有巨大的表面积，所以对水分和养分有很强的保持力。黏质土中虽然空隙较多，但都属于细小的毛管孔隙，水汽运动缓慢，排水和通气状况不佳，有机质分解缓慢，有利于养分的积累。黏土的质地粘重，干时硬结，湿时粘着，有较强的粘结性和可塑性，不易耕作。黏质土类中根据所含砂粒和粉砂的比例，可进一步细分出黏土、砂质黏土和粉砂黏土三个具体类型。

（3）壤质土类。壤质土可以看作是砂粒、粉砂粒和黏粒三者在比例上均不占绝对优势的一类混合土壤，兼有砂质和黏质土壤的一些特性，并调和了它们的一些不利因素。壤土既具有一定数量的非毛管孔隙，又有适量的毛管孔隙，故兼有砂土和黏土的优点，不仅通气，透水性能良好，而且蓄水、保肥与供肥性能强。因此，它是农业生产上最理想的土

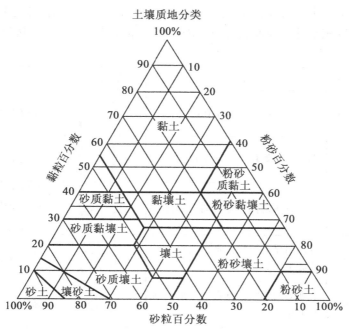

图 11-3 土壤的质地三角表

壤质地。

2. 土壤结构

自然土体中以单独分散状态存在的颗粒并不多，土壤中的颗粒大都通过某种胶结物质相互联结组合在一起，形成较大型的团聚体。土壤结构（Soil Structure）就是指土壤颗粒相互胶结、聚合在一起而形成的团聚体，也称土壤自然结构体。团聚体内部胶结性较强，而团聚体之间，则沿胶结的弱面相互分开。土壤结构能影响土壤孔隙的数量、大小及其分配情况，从而影响土壤与外界水分、养分、空气和热量的交换。土壤的一些物理特性，如水分运动、通气状况、空隙度等都与土壤结构直接有关。

土壤结构按形态一般分为球状、板状（片状）、块状和柱状四种基本形态。其中，球状和块状、柱状又细分为两类，土壤共计有 7 种结构形态（见图 11-4）。不同的土壤和同一土壤的不同土层中，土壤结构往往各不相同。

在各种土壤结构中，球状团粒结构是水稳定性和机械稳定性较强的一种粒状土壤结构，对土壤肥力的形成具有最重要的意义，成为肥沃土壤的重要标志之一。

3. 土壤颜色

土壤颜色是土壤最重要的外表特征之一，土壤颜色的变化可作为判断和研究土壤成土条件、成土过程、肥力特征和演变的依据。土壤颜色与土壤的矿物质成分、有机质含量、排水条件和通气状况等密切相关。其中，铁离子和有机质是染色效果特别强的物质，许多土壤的颜色都与它们的含量和变化有关。世界上许多土壤类型就是按照其颜色来命名的。例如，红壤、黄壤、砖红壤、黑土、黑钙土等。一般地，黑色表示土壤腐殖质含量高，含量减少则呈灰色；白色表示土壤中石英、高岭石、碳酸盐、长石、石膏和可溶性盐类含量较高；红色表示土壤中含有赤铁矿，黄色是水化氧化铁造成的。游离氧化锰含量高时，土壤呈紫色；当土壤积水处于还原状态时，因含有大量亚铁氧化物，土壤呈绿色或蓝灰色。

结构类型	结构大小	结构体特点	结构体形态	出现部位
疏粒状	1~5mm	小型分散颗粒，多小孔隙		壤质土 A 层
团粒状	1~5mm	小型分散颗粒，通常无孔隙		黏质土 A 层
片状	1~10mm	水平方向延伸，垂直轴不发育		黏质土或粉砂质土的任何部位由农具压实或土质本身形成
棱块状	10~75mm	棱角明显的块状，垂直轴与水平轴近乎相等		黏质或壤质土 B 层
团块状	10~75mm	不规则的块状，垂直轴与水平轴近乎相等		黏质或壤质土 B 层
棱柱状	20~100mm	垂直轴发育，水平轴较短，柱顶及边缘棱角明显		干旱和半干旱土壤的 B 层或 C 层
圆柱状	20~100mm	垂直轴长于水平轴，柱顶及边缘较平滑		碱土或荒漠土壤的 B 层或 C 层

图 11-4 土壤的基本结构类型

4. 土壤温度

土壤温度（Soil Temperature）既是土壤的肥力要素之一，也是土壤的重要物理性质，它直接影响土壤动物、植物和土壤微生物的活动，以及黏土矿物形成的化学过程的强度等。土壤温度取决于能量的收支。土壤的热量来源有太阳辐射，地球内部向外输送的热能、土壤中生物过程释放的生物热，以及化学过程产生的化学热等。其中太阳辐射是土壤最主要的能量来源。土壤能量的散失则有水分蒸发、长波辐射、对流、传导等多种途径。从长期来看，土壤的热量得失是平衡的。从短期来看，白天或夏季热量的获得显著地超过损失，土温上升；夜晚和冬季热量的输入少于输出，土温下降。随着太阳辐射的周期性变化（昼夜交替和季节变换），土壤温度亦具有明显的日变化和年变化。

土壤温度的这两种变化在土壤的表面最大，随着深度的增加逐渐缩小。与地上气温的变化相对称（见图 11-5），土温的日变化一般只影响到土层较浅的部位，大约在 15cm 以下土壤温度的日变化就不明显了。年变化的影响相对深一些，可达 3m 左右。

（二）土壤圈的化学特性

1. 土壤胶体

土壤胶体（Soil Colloids）是土壤形成过程中的产物。土壤胶体能把自然土体中以单

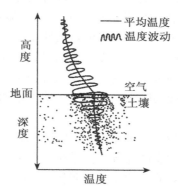

图 11-5　土温波动性及其随深度的变化模式

独分散状态存在的固相颗粒相互联结、组合在一起，形成大小不同、形状各异的团聚体。根据组成胶粒物质的不同，土壤胶体可分为有机胶体（如腐殖质）、无机胶体（如黏土矿物）和有机-无机复合胶体三类。由于土壤中腐殖质很少呈自由状态，常与各种次生矿物紧密结合在一起形成复合体，所以有机-无机复合胶体是土壤胶体存在的重要形式。

　　土壤胶体对养分的吸收，主要方式是物理化学吸收。一般胶体含量越高的土壤，其表面能也越高，从而对养分的吸收也越强。土壤胶体的黏结或凝聚作用与土壤溶液中的阳离子（电解质）成分有很大关系。阳离子的电价愈高，胶体的凝聚性就愈强，所以高价的 Fe^{3+}、Al^{3+}、Ca^{2+}、Mg^{2+} 都是很好的促凝剂。与此相反，低价的 H^+、Na^+、K^+ 离子，非但不能促进胶体的凝聚，反而会使凝胶变成溶胶，使土粒分散，起着破坏土壤结构的作用。

　　土壤中的胶体主要处于凝胶状态，只有在潮湿的土壤中才有少量的溶胶。

　　2. 土壤养分

　　植物在生长的过程中需要不断地吸收营养元素或养分，比较重要的或必需的元素有17 种（见表 11-2）。植物需要量大的称为宏量营养元素，需要量较少的称为微量营养元素。除了 C、H、O 三种成分可以从空气和水中获得外，其他都依赖于土壤的供应。需要特别指出的是，植物并不是直接吸收原子态的单质，而是只能利用有效态的养分。比如植物不能直接吸收铁，而是吸收亚铁离子（Fe^{2+}）；不能直接利用磷，而是利用磷酸根离子（PO_4^{3-}）。因此，土壤养分研究的重点是营养元素在土壤中的动态转化关系。

表 11-2　　　　　　　　　　　　重要的营养元素及其来源

宏量营养元素			微量营养元素	
来自空气和水	来自土壤固体		来自土壤固体	
C	N	Ca	Fe	Cu
H	P	Mg	Mn	Zn
O	K	S	Mo	Co
			B	Cl

　　从植物体利用的角度来看，土壤中的养分可以分为无效态和有效态两种基本形态。封闭于固体矿物之中或存在于有机质内部的营养元素，不能被植物体直接利用，属无效状态。但固体矿物和有机质是土壤中营养元素的最大储备库，无效态的养分可以通过化学风化和有机质的矿质化作用被释放出来，从而转化为可被植物体利用的有效态。经风化与分解获得释放的有效态养分有两种可能去向：一是直接进入土壤溶液，成为自由态的离子；一是被土壤胶体吸附在表面，成为吸附态的离子。溶液中的自由态和胶体上的吸附态之间存在相互调节的动态平衡关系。

　　单纯从数量上来说，含量最大的是储备态，吸附态相对很少，而真正成为自由态的就更少。三种形态之间构成一个动态的养分平衡系统，可以持续不断地为植物供应和输送养分，满足植物体在生长过程中对养分的需求（见图11-6）。

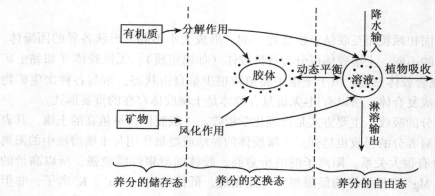

图 11-6　土壤养分的类型及其动能转化关系

3. 土壤酸碱度

　　土壤溶液中的主要阳离子可分为产酸阳离子（H^+，Al^{3+}）和盐基阳离子（K^+，Na^+，Ca^{2+}，Mg^{2+}）两类。土壤酸碱度主要是指土壤溶液中氢离子的浓度，是土壤的重要化学特性和指标。一般可分为活性酸度与潜在酸度两大类。

　　（1）活性酸度。活性酸度是指直接由土壤溶液中氢离子（H^+）的浓度所引起的酸度，亦称有效酸度，通常用 pH 值表示。对土壤溶液而言，pH 值可视为土壤溶液中 H^+ 离子浓度的负对数。根据 pH 值的高低，可将土壤的酸度分为：强酸性、酸性、中性、碱性和强碱性五种（见表11-3）。

表 11-3　　　　　　　　　　　酸性土、中性土和碱性土的 pH 值范围

土类	强酸性土	酸性土	中性土	碱性土	强碱性土
pH 值	<4.5	4.6~6.5	6.6~7.5	7.6~8.5	>8.5

　　（2）潜在酸度。潜在酸度是指由吸附在土壤胶体表面的 H^+ 和 Al^{3+} 被交换所引起的酸度。一般情况下，它并不显示其酸度，只有在被其他离子交换而转入土壤溶液后才显示其酸度，故又称为交换性酸度。潜在酸度可用 pH（KCl）表示。由于土壤中存在着离子的

交换，溶液中的离子可与胶体上的离子相互转换，因此，活性酸度与潜在酸度经常处于动态平衡状态。

土壤溶液的酸度能影响植物的生长，影响土壤中养分的有效性和土壤矿物质的转化。自然土壤的酸度主要受母岩和气候两种因素控制。母岩和母质主要是通过其化学组成对酸度产生影响，如花岗岩母质多含浅色矿物，风化释放的盐基离子较少，故多呈显酸性反应。石灰岩的主要化学成分是 $CaCO_3$，因此，在此基础上发育的土壤基本上都呈碱性反应。气候对土壤酸度的影响主要是降水，降水量多的地区淋溶强度大，而盐基离子是最容易受到淋洗的成分，所以湿润地区往往与酸性土壤的分布一致；干旱和少雨地区淋溶弱，盐基离子富集于土壤中，所以往往是中性或碱性土壤的分布区。近年来，全球性的酸雨危害日益严重，雨水中含有大量的酸性物质，对土壤具有潜在的酸化危害。

4. 土壤的氧化-还原反应

土壤中某些无机物质的电子得失过程称为土壤的氧化-还原反应（Oxidation-Reduction）过程。土壤空气和土壤水中的溶解氧、土壤有机质、矿物质及其可变价态的元素，以及植物根系和土壤微生物均是参与和决定土壤中氧化-还原反应的重要物质，它们在作用过程中凡失去电子的物质为还原剂，而得到电子的物质则为氧化剂。土壤中氧化-还原反应的交替进行，对土壤肥力的形成以及物质的迁移和转化都起着非常重要的作用。

土壤中的氧化作用主要由游离氧、少量的 NO_3^- 和高价金属离子（如 Mn^{4+}、Fe^{3+}）等引起，它们是土壤溶液中的氧化剂，其中最重要的氧化剂是氧气。

土壤中的还原作用是由有机质的分解、嫌气生物的活动以及低价铁和其他低价化合物所引起的，它们是土壤溶液中的还原剂，其中最重要的还原剂是有机质。在适宜的温度、水分和 pH 值等条件下，新鲜而未分解的有机质的还原能力很强。

一般来说，土壤中的氧化态物质有利于植物的吸收利用，而还原态物质不但有效性降低，甚至会对植物产生毒害。在非渍水土壤中，铁一般以氧化态的形式存在，在有机质累积层或渍水条件下，铁则可还原为亚铁。锰在氧化-还原反应方面与铁有相似之处：在氧化条件下，以高价锰的形态存在，在还原条件下，则为低价锰。硫仅在较强的还原条件下，才会由硫酸盐的形态转化为硫化物，其主要形态为分子态硫化氢。相应地，硝酸根离子和二氧化碳可分别还原为氮气、铵离子和甲烷。土壤中主要元素的氧化-还原形态如表11-4所示。

表 11-4　　　　　　　　　　土壤中主要元素的氧化-还原形态

元素	氧化态	还原态
O	O_2	H_2O
C	CO_2	CH_4，CO
N	NO_3^-，NO_2^-	N_2，NH_4^+，N_2O
S	SO_4^{2-}	H_2S
Fe	Fe^{3+}	Fe^{2+}
Mn	Mn^{4+}	Mn^{2+}

（三）土壤圈的生物特性

土壤生物圈是生物圈的重要组成部分，从微生物到高等动植物，它包括了从微观到全球陆地范围内纷繁复杂的生物多样性。1kg 土壤中可能有 54 亿个细菌、100 亿个放线菌和 10 亿个真菌。土壤剖面 1m 的土层中所包含的一株植物根系的总长度可达 600km。土壤圈和岩石圈的主要区别就在于它的生物学特性。土壤圈与其他圈层主要功能的不同，在很大程度上就是依靠这一生物学特性。

表征土壤生物学特性的指标主要有土壤生物、微生物、土壤有机质总量、土壤腐殖质含量等。

三、土壤剖面及其变化

土壤剖面是指从地表垂直向下，显示土层序列及其组合状况的垂直切面，也就是完整的垂直土层序列。每一种成土类型都有其特征性的发生层组合在一起，形成不同的土壤剖面。

1. 土壤剖面模式

依据土壤剖面中的颜色、质地、结构、孔隙等构成状况的差异，一般将天然土壤划分为六个发生层，即：有机层（O）、腐殖质层（A）、淋溶层（E）、淀积层（B）、母质层（C）和基岩层（R）（见图 11-7），各层次的主要特征阐述如下。

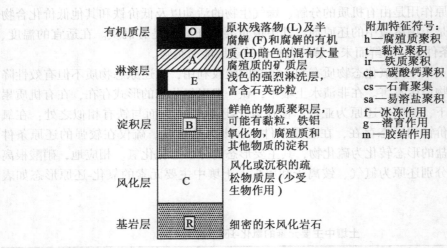

图 11-7　土壤剖面分层模式

（1）O 层（有机质层）。指覆盖于矿质土壤表面的由植物和动物残落物及其腐解产物所组成的层次，是以分解的或未分解的有机质为主的土层。它一般位于土壤的表层，也可以被埋藏于一定的深度。通常根据生物残体的分解和腐化程度，还可将 O 层进一步划分出三种不同的层次。最上一层是新鲜未受腐解的残落物质，称为 L 层；向下是半腐解状态的，有机物原状尚可辨认的 F 层；最下层是已腐解的无定形状的 H 层。

（2）A 层（腐殖质层）。形成于表层或位于 O 层之下的发生层，是土壤有机质在动物和微生物的作用下经腐烂、分解和再合成的产物。这层的颜色在土壤剖面中最深，呈黑褐色或灰黑色，一般具有团粒状结构，并富含有机养分。

（3）E层（淋溶层）。这一土层的主要特征是淋溶作用占优势。随着上层水分的下渗，硅酸盐黏粒、铁、铝等单独或随细小土粒一起向下层淋失，产生淋溶作用。在淋溶作用强烈的土壤中，不仅易溶性物质如 K、Na、Ca、Mg 等从此层淋失，而且难溶性物质如 Fe、Al 和黏粒也发生变化而下移，结果在此层中只留下最难移动、抗风化力最强的矿物颗粒，以石英为主。因此，淋溶层颜色浅淡，一般呈灰白色，土壤颗粒较粗，主要由砂粒和粉砂粒组成。

（4）B层（淀积层）。此层是土壤物质积累的层次，常和淋溶层相伴存在，即上部为淋溶层，下部为淀积层。该层质地较黏重，土体紧实，颜色一般为棕色或红棕色。

（5）C层（风化层或母质层）。此层是土壤形成发育的原始物质基础。是指土体以下疏松的、尚未受到成土过程（特别是生物作用）影响的层次。有些母质是原地基岩直接风化的产物（残积风化壳），而有些则是异地搬运沉积的物质，如河流冲积物、风砂堆积物和黄土等。

（6）R层（基岩层）。尚未受到风化作用影响的坚硬岩石，如花岗岩、砂岩、石灰岩等。有些土壤与基岩有发生上的继承关系（残积母质），有些则没有（异地运积母质）。

耕作土的土壤剖面一般可划分为四层：

①耕作层（表土层）。由于受耕作施肥的影响，该层土性疏松、结构良好，有机质含量高，颜色较深，肥力较高，厚度一般大于 15cm。

②犁底层（亚表土层）。该层在耕作层之下厚 10~20cm，土壤紧实，呈片状结构，有机质含量比上层减少。

③心土层（生土层）。该层在犁底层之下，受耕作影响比较小，淀积作用明显，颜色较浅。

④底土层（死土层）。该层几乎没有受耕作影响，根系少，仍保留母质特征。

土壤学家一般仅视 A 层和 B 层为真正的土壤（或土体）。C 层和 R 层只是土壤形成的物质基础，而 O 层则为土体上部的一种残落覆盖层。

上述几种层次属于概括性的划分。在一个发育成熟的土体内部，A 层和 B 层往往还可以进一步地划分出许多次一级的层次。凡兼有两种主要发生层特性的土层，称为过渡性的土壤层次，如 AB 层或 BC 层等。此外，在土层符号的右下方经常附加一些小写字母以指示土层的某些特征。如 Ah 表示含有有机质的淋溶层，Bt 表示含有黏粒的淀积层，Bhir 则表示同一土层中腐殖质与铁的共同淀积，Bca 或 Cca 则说明碳酸钙聚积于淀积层或母质层中。

2. 土壤剖面的变化

在野外，可以对土壤剖面进行简易的观察、分层与描绘。观察时必须首先剥掉外面的"包装"，露出里面新鲜的剖面，才能正确反映土壤的层次关系。

通过观察可以发现，自然界中真正完全符合上述剖面模式的土壤剖面是不多的。剖面模式只是一种通用的集中了所有可能土层的剖面样板。显然，自然界中真实的土壤剖面并不一定具有全部的土壤层次，土壤的厚度以及各层的厚度也因具体条件而有变化。比如，有机质（O）层就是主要出现于森林地区的土壤上部，在荒漠和干草原地区一般是不存在或不明显。淋溶层中 E 层的发育也是有条件的，浅色淋溶层多出现于降水量较大，且寒冷湿润的针叶林植被下，其他地区的土壤则很少有 E 层发现。在山地丘陵地区，相当大一部分土壤因为地形坡度较大，物质流失较快，难以积聚淀积，通常土体很薄，缺少 B 层，一般只处于 A-C 型的幼年土壤阶段。在广大的冲积平原地区，由于母质异常深厚，一般也不会出现 R 层。

人为耕作也是改变土壤剖面的一个重要因素。特别是现代农业对土壤大面积的开垦及长期使用，这种作用变得愈来愈重要。人类的耕作必然使土壤上部的原始土层受到破坏，形成一种性质近似均一的耕作层（用 A_p 表示）。A_p 层通常是由 O 层和 A 层混合后形成的。有些土壤的原始 A 层比较深厚，以至 A 层不全包括在耕作层中。而在原始 A 层十分浅薄的情况下，犁底线可能达到 B 层的顶部甚至深入到 B 层中去。

自然的侵蚀与沉积过程也会使土壤剖面的层次组合发生变化。土壤的加速侵蚀往往使最肥沃的表土层流失，下伏的 B 层甚至 C 层直接暴露出来，形成"侵蚀土壤"。而当沉积活动异常强烈时，外来新的母质则可能覆盖在原有的土壤之上，成为"覆盖土壤"。如果原土壤被覆盖了一段相当长的时期，则被称为古土壤或化石土壤。古土壤对于分析第四纪时期的气候和环境演变具有十分重要的价值。

3. 土壤的演进

土壤剖面也随土壤发育的时间进程而出现变化，不同的土壤剖面结构代表着不同发育阶段。一般来说，一旦先锋植物在风化的岩石或新近沉积的母质上立足后，土壤的发育过程事实上就已经开始了。如果土壤的自然侵蚀速率小于岩石风化的速率，那么随着时间的推移，土壤发育将不断深化，土层的分异越来越明显和复杂，土壤特性也相应发生变化。这种过程就成为土壤的演进或发育。

土壤的演进是一个连续的变化过程，但这种变化非常缓慢（比植物群落的演替还要慢得多），以至许多人误认为土壤是没有变化的。为了研究的方便，土壤学家常按发育程度把土壤的发育划分为四个不同阶段。

（1）原始阶段。土壤尚未发育的原始母质。

（2）幼年阶段。土壤开始发育，有机质在表土积累，出现土层的分化，但一般只有 A 层和 C 层，土壤在很大程度上仍保留有母质的性质。这一阶段的土壤称为 A-C 土壤或幼年土壤。

（3）壮年阶段。土壤继续发育，淋溶层之下出现了淀积层，基本上具备了完善的土壤层次，出现 A-B-C 型剖面，为成熟土壤。

（4）老年阶段。土壤发育缓慢并趋于稳定。土层间的性质差异加大，在某些条件下出现强烈淋溶的 E 层，这个时期的土壤称为老年土壤。

上述土壤的四个阶段也称为土壤发育的相对年龄。而土壤形成经历的真正时间称为土壤发育的绝对年龄。一般来说，土壤初期发育的速度比较快，随后逐渐缓慢，到老年阶段趋于稳定。如果没有其他的地质事件、气候变化或人为活动的影响和干扰，土壤通常会循此进程发展。不同土壤发育所需的绝对时间差别相当大，这主要取决于土壤形成的母质、气候和地形条件。比如在新形成的河流冲积物上，土壤发育的速度远快于在新凝结的火山熔岩上的发育速度。在相同母质条件下，湿热气候区的土壤发育速度比干旱和寒冷气候区的要快很多。而在坡度较大的地方，土壤受到地形的影响，可能永远都不会到达成熟土壤的阶段。

第二节 土壤形成与演化

一、成土因素分析

自然土壤是在母质、气候、生物、地形、时间等自然成土因素的综合作用下形成的。五大成土因素各具特点，彼此不可替代（见图11-8），其中生物因素起主导作用。从土壤的含义可以看出，成土过程的实质是母质在气候、生物等作用下所发生的物质和能量的转移、积累、转化过程的总体，也是土壤肥力的产生与积累的过程。

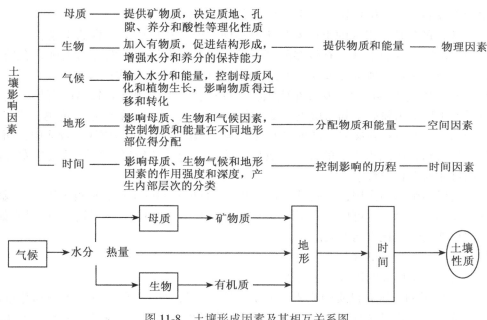

图 11-8 土壤形成因素及其相互关系图

1. 土壤形成的母质因素

通常把与土壤形成发育有关的块状基岩称为母岩（Parent Rock），将母岩的风化物或堆积物称为成土母质（Parent Material）。如果风化物保留在原地形成的残积物中，便称为残积母质；如果在重力、流水、风力、冰川等作用下，风化物质被迁移形成崩积物、冲积物、海积物、湖积物、冰碛物和风积物等，则称为运积母质（见图11-9）。成土母质是土壤形成的物质基础，代表着土壤的初始状态。因此，有的学者提出成土母质就是土壤形成零时间时土壤系统的状态，或者说，是土壤系统的起始状态。成土母质在土壤发育过程中发挥着重要作用。这种作用在土壤形成的初期阶段最为显著。因此，愈年轻的土壤，与母质的差异性愈小，发育愈成熟的土壤，与母质的差异性愈大。

母质对成土过程的影响主要可归纳为以下三点：

（1）母质的性质决定了土壤的性质。酸性岩母质含石英、正长石、白云母等抗风化能力强的浅色矿物较多，往往形成酸性的粗质土；基性岩母质含角闪石、辉石、黑云母等

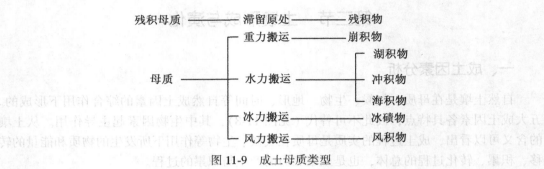

图 11-9 成土母质类型

抗风化能力较弱的深色矿物较多，往往形成较厚的黏质土。

（2）不同的母质所形成的土壤养分状况不同。钾长石母质上发育的土壤含有较多的钾，斜长石母质发育的土壤含有较多的钙；辉石和角闪石母质上发育的土壤含有较多的铁、镁、钙等元素；含磷量较多的石灰岩母质发育的土壤含有较多的磷。

（3）母质影响土壤质地。发育在残积物、坡积物上的土壤含有较多的石块，发育在黄土母质的土壤多为粉砂土和粉壤土。发育在石灰岩、玄武岩上的红壤、黄壤、砖红壤的质地比较黏重，发育在花岗岩、砂页岩上的红壤、黄壤、砖红壤的质地比较适中，而发育在砂岩、片岩和砂质沉积物上的红壤、黄壤、砖红壤的质地较轻。粗质母质易发育淋溶土，细质母质易发育潜育土。

由于气候和生物的作用，不同母质固然可以发育成不同的土壤，但也可以发育成同一种土壤；而同一种母质也可以形成不同的土壤。例如，在我国华南一带，不论母质如何，最后土壤均能向红壤化方向发展。

2. 土壤形成的气候因素

气候对于土壤形成的影响，主要表现为：

（1）气候影响土壤有机质的积累。由于土壤与大气之间经常进行着水分和热量的交换，而土壤水、热状况又直接地影响着岩石的风化过程，影响着土壤中矿物质、有机质的分解与转化。因此，气候对土壤有机质的积累和分解起着重要的作用。一般潮湿积水和长期冰冻地区有利于有机质积累，而干旱、高温、好气、微生物活跃地区有机质矿质化速度快，积累少。例如黑土地区冷湿，腐殖质含量高，而棕钙土、灰钙土地区干旱，腐殖质含量低。

（2）气候影响土壤的组成。一般情况下，温暖湿润的气候有利于岩石的风化，土壤黏粒含量增多。干冷地区的土壤多含水云母，湿热地区多含高岭石，温湿地区蒙脱石类黏土矿物含量较多，高度湿热地区强烈的脱硅作用使土壤含有更多的铁铝氧化物。

（3）气候影响土壤的形成速度。由于风化作用的强度与速度同温度、降水成正比，湿热地区的土壤形成速度比冷干气候地区的土壤形成速度快得多。通常温度每增加 10℃，化学反应速度平均增加 1~2 倍。

此外，不同气候带中土壤的水热状况不同，决定了土壤具有不同的物理、化学和生物特性。因此，气候的地带性在很大程度上影响和控制着土壤的地带性。一个显著的例子是，从干燥的荒漠地带或低温的苔原地带到高温多雨的热带雨林地带，随着温度、降水、蒸发以及不同植被生产力的变化，有机残体的归还逐渐增多，化学与生物风化逐渐增强，风化壳逐渐加厚，所以在低纬地区的岩石风化和土壤形成的速度比中纬和高纬地区的快得多，风化壳和土壤的厚度也比中、高纬地区厚得多（见图11-10）。

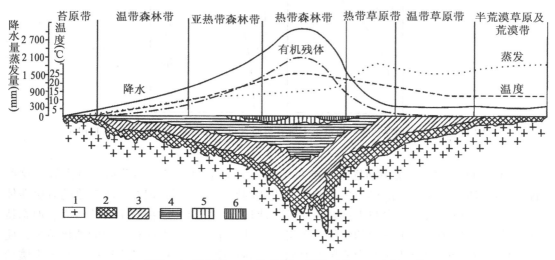

1. 基岩　2. 碎屑带　3. 依利石—蒙脱石带　4. 高岭石带
5. 赭石、氧化铝　6. 铁盘、氧化铝和氧化铁
图11-10　不同气候-植被带土壤的地带性规律示意图

3. 土壤形成的生物因素

生物是影响土壤发生、发育最活跃的因素。由于生物的作用，才把大量的太阳能引进了成土过程，才有可能使分散在岩石圈、水圈和大气圈中的营养元素向土壤表层积聚并形成腐殖质，产生土壤肥力，推动土壤的形成与演化。从一定意义上说，土壤的形成过程，就是母质在一定条件下，被生物不断改造的过程。没有生物的作用，就不可能有土壤的形成。土壤形成的生物因素，包括植物、动物和土壤微生物。

（1）土壤植物。在土壤的形成过程中，植物特别是高等绿色植物有选择地吸收母质、水体和大气中的养分元素，并通过光合作用制造有机质，然后以枯枝落叶和残体的形式将有机养分归还给地表。不同植被类型的养分归还量与归还形式的差异是导致土壤有机质含量高低的根本原因。因此，植物是土壤中养分的重要供给者。一般情况下大部分植物的有机质集中于土壤表层，根部有机质仅占20%～30%。例如：草地植被生物量虽远不如森林植被大，但土壤中的有机质含量却超过森林。这是因为草类的生命周期短，每年死亡的大量地上茎叶和底下根系，提供了相当数量腐质化的有机质。而树木的生命周期长，大量的有机质储存在活的植物组织内，每年的残落物归还量并不是很大。其次是有机质剖面分布的差异。草地土壤的有机质向下逐渐减少，暗色A层非常深厚；森林土壤有机质集中于表层，向下急剧减少，A层浅薄。原因是草类以地下经常死亡的根系作为土壤的主要有机质来源，而森林植物的根系是多年的，有机质主要来自地上的枯枝落叶，并在地面分解和积累（见图11-11）。

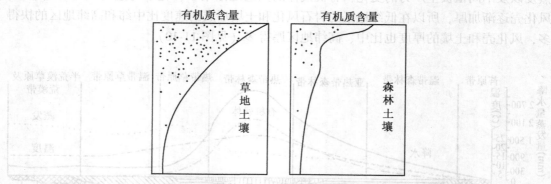

图 11-11　草地和森林两种植被下土壤有机质含量与分布的对比（据 H. D. Forth）

（2）土壤动物。土壤中动物的种类数量繁多，如蚯蚓、啮齿类动物、昆虫等。这些动物的生命活动，对土壤的形成也有着十分重要的影响。主要表现在土壤动物的有机残体也是土壤有机质的来源，参与土壤腐殖质的形成过程。同时，动物对土壤的组成、形态特征也有很大的作用。如土壤中的蚯蚓，既可以翻动土壤，又可以通过它们的消化系统，使土壤中一些复杂的有机质转变为简单而有效的营养物质，然后排泄到土壤中，改善土壤结构，提高土壤肥力，同时其挖掘活动又可以增强土壤的透水性、通气性和松散度。

（3）土壤微生物。微生物在成土过程中的最主要作用在于能够充分分解动植物的有机残体，甚至完全使其矿质化，转变成矿质养分；合成土壤腐殖质，然后再进行分解，它是土壤生态系统中物质循环的重要环节，推动了土壤的形成进程。

由此可见，生物在成土过程中起着积极的作用。有了生物活动才有土壤的发生，不同的生物群落下的土壤性质和类型也不相同。从这种意义上说，生物是土壤形成的主导因素。

4. 土壤形成的地形因素

地形对土壤形成的影响与母质、生物、气候因素不同，主要是通过影响土壤和环境之间物质和能量的再分配而间接地作用于土壤。

地形影响水热条件，从而影响土壤的发育。山顶与山麓的土壤不同，阳坡与阴坡的土壤不同，高处与低处的土壤不同就是这个道理。由于热量的垂直分异，导致土壤的垂直带性；由于迎风坡与背风坡、谷底与谷坡水分条件的差异导致迎风坡与背风坡、谷底与谷坡土壤的不同；由于不同地形部位母质的不同，导致土壤质地的差异：山地或台地上部主要为残积物，坡地与山麓为坡积物，山前平原多为洪积物和冲积物，因此土壤质地有从地形高的部位到低平洼地由粗到细的变化趋势，由砾质土变为砂质土、壤土、黏土。

5. 土壤形成的时间因素

土壤的形成需要一定的时间。在一定的时间范围内，随着时间的增加，土壤的成熟度逐步增大。但由于气候等条件的变化，时间越长，土壤的复杂性以及土壤的叠置性越强。

土壤发育时间的长短称为土壤年龄。从土壤开始形成时起直到现在的年数称为土壤的绝对年龄。例如，北半球现存的土壤大多是在第四纪冰川退却后形成和发育的。高纬地区冰碛物上的土壤绝对年龄一般不超过一万年，低纬未受冰川作用地区的土壤绝对年龄可能达到数十万年至百万年，其起源可追溯到第三纪。

土壤的相对年龄则是指土壤的发育阶段或土壤的发育程度。土壤的相对年龄一般由土壤的分异程度来确定，土壤剖面发育层次明显、剖面结构完整、层次厚度较大，其发育程度就较高，相对年龄就较长，反之则较短。总之，土壤的形成过程随着时间在不断加深，肥力也在不断地积累与提高。

6. 土壤形成的人为因素

除五大自然成土因素外，人类的生产活动对土壤形成的影响亦不容忽视。人为活动对土壤形成的影响与其他自然因素有着本质的不同，主要表现为：

（1）人为活动对土壤的影响是有意识、有目的的。人们在生产实践中，可以利用和改造土壤，并定向地培育土壤，最终形成了不同熟化程度的耕作土壤。

（2）人为活动是社会性的，它对土壤形成发育的影响受社会生产力发展水平的制约。在不同社会制度和不同生产力水平条件下，人为活动对土壤形成的影响有很大不同。

（3）人为活动对土壤发生发育的影响具有双向性。既可通过合理利用土壤，使土壤朝良性循环的方向发展，也可由于不合理利用而引起土壤退化（土壤侵蚀、沙化、荒漠化、次生盐碱化等）。

典型的例子是农业生产活动，它以稻、麦、玉米、大豆等一年生草本农作物代替了天然植被，这种人工栽培的植物群落结构单一，必须在大量额外的物质、能量输入和人类精心的护理下才能获得高产。因此，人类通过耕耘改变土壤的结构和保水、通气性；通过灌溉改变土壤的水分、温度状况；通过农作物的收获将本应归还土壤的部分有机质剥夺，改变土壤的养分循环状况；再通过施用化肥和有机肥补充养分的损失，从而改变土壤的营养元素组成、数量和微生物活动等，最终将自然土壤改造成为各种耕作土壤。

二、土壤形成的一般过程

从地球系统物质循环的观点来看，自然土壤形成的基本规律就是自然界的地质大循环过程与生物小循环过程相互作用的结果（见图 11-12）。

1. 地质大循环过程

地质大循环是指矿物质养分在陆地和海洋之间循环变化的过程。陆地上的岩石经风化作用产生的风化产物，通过淋溶、剥蚀、搬运等各种外力作用，最终沉积在低洼的湖泊和海洋中，并经过固结成岩形成各种沉积岩；经过漫长的地质年代，这些湖泊、海洋底层的沉积岩随着地壳运动重新隆起成为陆地岩石，再次经受风化作用。这种物质循环的周期为 $10^6 \sim 10^8 a$，且范围极广。其中以岩石的风化过程和风化产物的淋溶过程与土壤形成的关系最为密切。风化过程在土壤形成中的作用主要表现为原生矿物的分解和次生黏土矿物的合成。前者使矿物分解为较简单的组分，并产生可溶性物质，释放出养分元素，为绿色植物的出现准备了条件；后者使风化壳中增加了活跃的新组分，从而具有一定的养分和水分的吸收与保蓄能力，为土壤的形成奠定了物质基础。可见，风化过程对土壤来说，是一种物质的输入过程。淋溶过程使有效养分向土壤下层和土体以外移动，而不是集中在表层，具有促进土壤物质更新和土壤剖面发育的作用。对于土壤来说，它是一种物质的转移和输出过程。

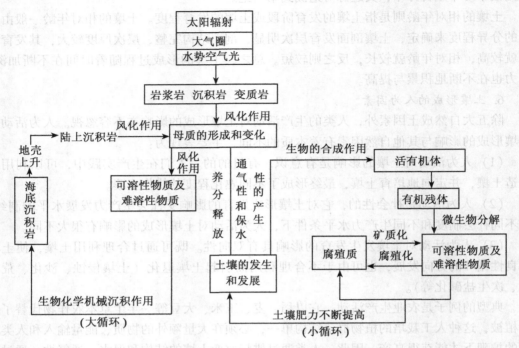

图 11-12 土壤形成过程中大小循环关系图解

2. 生物小循环过程

生物小循环又称为养分循环，指营养元素在生物体和土壤之间循环变化的过程。植物从母质和土壤中选择吸收所需的可溶性养分，通过光合作用合成有机体；植物被动物食用后变成动物有机体；植物、动物有机体死亡后归还给土壤，经微生物分解与合成转化为植物可吸收的可溶性养分和腐殖质，腐殖质经过缓慢的矿质化，也为植物提供养分。这种物质循环的周期较短，一般为 1~100 年。其中有机质的累积、分解和腐殖质的合成促进了植物营养元素在土壤表层的集中和积累，成为土壤肥力形成与发展的关键。

事实上，在岩石刚刚进行风化和崩解的最初阶段，一些低等的先锋植物就已经依靠释放出来的少量养分而生活了。一代代的生物残体不断积累和分解，有些转化为腐殖质加入到风化层中，逐渐使原有的风化层得到改造。腐殖质是一种暗色无定形的胶体物质，具有比黏粒还强的吸持养分和水分的能力，这样，在有机质的不断分解和合成过程中，腐殖质不断得到累积，同时腐殖质胶体使矿物质颗粒组合成为团聚体，改善了土壤的结构性，协调了土壤的透气性和对水分养分的保蓄性，形成了能满足植物对空气、水分、养料需要的良好环境。

同时，生物小循环的另一显著影响，是植物对养分元素的富积过程。化学风化所释放出来的可溶性盐和阳离子极易随水流失，而植物根系却能有选择性地吸收那些对植物生长有用的营养成分，暂时储存在生物体内，并通过残落物的分解作用释放至土壤表层。在这个过程中，植物好像起着"循环泵"的作用，经过长期不断的植物筛选和循环，其他元素逐渐淋失，养分元素在土壤中相对富积起来。因此，只有通过植物，特别是高等绿色植物对这些营养元素的选择性吸收，合成有机质，并累积于土壤表层，才能使土壤表层中的养分数量不断地丰富起来。此外，母岩中缺乏氮素，只有通过生物小循环，才能把空气中氮素吸收，并固定在有机质中，从而使土壤具备氮素。

3. 地质大循环和生物小循环的关系

从地球发展史来看，生物的出现较晚，因此，生物小循环是在地质大循环的基础上发展起来的，是叠加在地质大循环上的较小时间尺度的次级物质循环。从对于土壤形成的作用来看，地质大循环的总趋势是陆地物质的流失，造成土壤系统养分的淋溶分散，而生物小循环的总趋势是使流失的物质保存和集中在地表，并不断地在土壤与生物之间循环利用。一般来说，如果风化作用和有机质的累积、分解与腐殖质合成作用较强，而淋溶作用较弱，土壤中的养分就保存多，肥力水平将逐渐提高；如果风化作用和有机质的累积、分解与腐殖质的合成作用较弱，而淋溶作用较强，土壤中养分就保存少，肥力水平将逐渐降低；当两种作用势均力敌时，土壤肥力的发展处于动态平衡状态。此外，人类的各种生产活动，如砍伐森林、耕垦草原、围湖围海造田、开采矿产、城市建设等，都会对地质大循环和生物小循环产生干扰，从而影响一个地方土壤肥力的发展方向与平衡。

三、土壤的主要发生过程

在自然界中，土壤形成的基本规律是相同的，但由于成土条件的复杂多样，决定了土壤的形成过程也是复杂多样的。土壤主要的成土过程有如下几种：

（一）土壤有机质的合成、分解与转化过程

1. 腐殖化过程（Humification）

土壤形成中的腐殖化过程是指各种动植物残体在微生物的作用下，通过一系列的生物化学和化学作用变为腐殖质，并且这些腐殖质在土壤表层积累的过程。它包括两个过程：一是动植物和微生物细胞内部的各种高分子和低分子成分以及它们代谢产物的分解过程；二是土壤微生物利用上述代谢产物合成腐殖质的过程。腐殖质化的结果，使土体发生分化并在土体上部形成暗色腐殖质层（即 A 层）。

2. 泥炭化过程（Peat Formation）

土壤形成中的泥炭化过程是指有机质以不同分解程度的植物残体形式在土壤上层不断累积的过程。主要发生于地下水位较高，或地表有积水的沼泽地段，特别是在低温潮湿环境中，湿生植物的残体在嫌气条件下不能被彻底分解与转化，而是以未分解、半分解状态的有机物形式累积于地表，形成一个暗灰色的泥炭层（有机层 H）的过程。

3. 矿质化过程（Mineralization）

土壤形成中有机物的矿质化过程，是指在微生物作用下，有机态物质中所含有的碳、氮、磷、硫等元素被分解、氧化、转变为无机态物质的过程。它广泛发生于好气环境条件下的土壤之中，是与有机质的累积过程相互对立的土壤形成过程。

（二）土壤矿物迁移与转化过程

土壤矿物迁移与转化是成土过程的主体，它是影响土体分异、土壤剖面构型和土壤类型多样化的主要因素。它主要包含以下过程：

1. 淋溶过程（Eluviations）

土壤形成中的淋溶过程，是指土壤物质随水流由上部土层向下部土层或侧向移动的过程，它是土壤中普遍存在的成土过程。由于淋溶过程的持续进行，从而使土壤剖面上层中的某些物质不断减少，并逐渐形成了土壤的淋溶层（即 E 层）。

2. 淀积过程（Illuviation）

土壤形成中的淀积过程，是指土壤中物质的移动并在土壤某部位相对集聚的过程，它也是土壤中普遍存在的成土过程。在土壤剖面中，淀积层（即 B 层）一般位于淋溶层之下。

3. 灰化过程（Podzoliation）

土壤形成中的灰化过程，是指在土体表层 SiO_2 的残留、R_2O_3 及腐殖质淋溶与淀积的过程。主要发生在有郁闭针叶林植被的温带或寒温带等寒冷湿润地区，这些地区降水量超过蒸发量，地面堆积了较厚的残枝落叶层，经过真菌的分解，产生了一种渗水性很强的有机酸（主要是富里酸），又由于在针叶林植被下残落物中盐基含量较少，富里酸得不到中和。这种强有机酸溶液下渗，使得上部土体的碱金属和碱土金属淋失，土壤矿物中的硅、铝、铁发生分离，铁铝胶体遭到淋失，并淀积于土体下部，而二氧化硅残留在表层，从而在表土层形成了一个灰白色的淋溶层次，称灰化层（A_2 或 E 层），在土壤剖面下部则形成了一褐色或红褐色的灰化与淀积层（Blr、Bir、Bhir）。

4. 黏化过程（Clayification）

土壤形成中的黏化过程，是指土体中黏土矿物、次生层状硅酸盐的生成和聚积过程。尤其指在温带和暖温带的生物气候条件下，一般在土体内部发生较强烈的原生矿物分解和次生黏土矿物的形成，或表土层黏粒向下机械淋溶和淀积过程。因此，一般在土体心部黏粒明显聚集，形成了一个相对较黏重的层次，称黏化层（Bt）。

5. 富铝化过程（Ferrallitization）

土壤形成中的富铝化过程，是指土体中脱硅、富铁铝氧化物的过程。在热带、亚热带湿热气候条件下，土壤中原生物遭受强烈分解，盐基离子和硅酸移动并大量淋失，铁、铝、锰在次生黏土矿物中不断形成氧化物并相对聚积，使土体呈鲜红色，甚至形成结核或铁盘层。这种铁、铝的富集过程由于伴随着硅以硅酸形式的淋失，亦称为脱硅富铝化过程（Bs）。

6. 钙化过程（Calcification）和脱钙过程（Decalcification）

土壤形成中的钙化过程，是指碳酸盐（$CaCO_3$、$Mg CO_3$）在土体中淋溶、淀积的过程。在半干旱气候或者半湿润季风气候条件下，土壤剖面上部遭受季节性淋溶作用，矿物风化过程中硅铁铝等氧化物在土体中基本上不发生移动，而相对活跃的元素钙（镁）的碳酸盐等易溶性盐类，则在土体中发生淋溶、淀积，并在土体的中、下层形成一个碳酸钙和碳酸镁相对富集的钙积层（Bk）。

脱钙过程是指碳酸钙从一个或更多的土层中被溶解淋失的过程，它是与钙化相反的过程，多发生于淋溶作用较强、气候相对湿润或者气候变化趋于湿润的地区。

7. 盐化过程（Salinization）和脱盐化过程（Desalinizoution）

盐化过程是指土体中易溶性盐类随毛管上升水向地表移动与聚积的过程。主要发生在干旱、半干旱地区和滨海地区。

脱盐化过程则是指盐化土中的可溶性盐类被大气降水或灌溉水溶解，随土壤下渗水流从土体中淋失的过程。

8. 碱化过程（Solonization）和脱碱化过程（Solodization）

碱化过程是指由于土壤中强碱弱酸盐（碳酸钠或者碳酸氢钠）相对富集，导致土壤溶液中的 Na^+ 进入土壤胶体交换出一定量的钙离子、镁离子和铵离子等的过程。碱化过程使土壤呈强碱反应，并形成了物理性质很差的碱化层（Btn）。碱化过程常与胶盐化过程相伴发生。

脱碱化过程则是指土壤胶体所吸附的交换性 Na^+ 被其他阳离子交换的过程。

9. 潜育化过程（Gleyization）

土壤形成中的潜育化过程，是指土体在水分饱和、强烈嫌气条件下所发生的还原过程。土壤长期被水浸泡，铁锰化合物及有机质在嫌气条件下被还原为低价铁、锰。由于铁、锰还原的脱色作用，使上层颜色变为灰蓝色或青灰色的潜育层（G）。

10. 潴育化过程（Redoxing）

土壤形成中的潴育化过程，是指土壤形成中的氧化-还原过程。主要发生在直接受到地下水浸润的土层中。由于地下水位的季节性变化，使土层干湿交替，从而引起铁、锰化合物发生移动或局部淀积，在土体中形成锈纹、锈斑以及含有铁锰结核的潴育层（Bg）。

11. 白浆化过程（Albicbleaching）

土壤形成中的白浆化过程，是指在较冷的湿润地区，土壤表层由于季节性上层滞水，引起土壤表层铁锰还原，并随水侧向流失或向下淀积，部分则在干季就地形成铁锰结核，使腐殖质层下的土层逐渐脱色，形成粉砂含量高，铁、锰氧化物含量较少的灰白色的白浆层（E）。

（三）土壤的熟化过程

土壤的熟化过程，即人为培肥土壤的过程。人们通过耕耘、灌溉、施肥和改良等方法，促进土壤的水、肥、气、热诸因素不断协调，使土壤向有利于作物高产方向发育的过程。通常把种植旱作条件下的定向培肥土壤的过程，称为是旱耕熟化过程（Anthrorthic Soil Formation）；把淹水耕作，在氧化还原交替条件下的定向培肥土壤的过程，称为水耕熟化过程（Anthrostagnic Soil Formation）。

应当说明，一种土壤的形成并不是靠单一的成土过程而形成的。实际上，在土壤的形成过程中，存在着一种主要的成土过程，同时还存在着几种次要的成土过程。例如，在红壤、黄壤的形成过程中，不仅存在着强烈的脱硅和富铝化过程，而且还伴有不同程度的腐殖质化和黏化过程等。黑钙土的发生、发育，不仅存在着强烈的腐殖质化过程，而且还存在着土壤碳酸钙的淋溶和淀积过程等。因此，在自然界，各种土壤均是某种主要的成土过程和某些附加的成土过程相叠加的产物。

第十二章 土壤环境系统

第一节 土壤类型与分布

一、土壤分类

(一) 土壤分类概述

土壤并不像植物或动物那样具有明确的个体界限和固有的基因差异。因此，从本质上说，土壤的分类只是一种"人择体系"。认识土壤的角度不同，利用土壤的目的不同，就会有不同的土壤分类原则、标准和系统。

目前，世界上有多种土壤分类方案。但影响较大，获得广泛采用的有传统的发生学分类和 20 世纪 70 年代正式提出的诊断学分类两大体系。前一种分类强调土壤与其形成环境和地理景观之间的相互关系，以成土因素及其对土壤的影响作为土壤分类的理论基础，同时也结合成土过程和土壤属性作为分类的依据。后一种分类则侧重于土壤本身的特征和属性，以土壤具有一些可直接感知、量测和分析的具体指标作为分类的依据。

在自然地理学中，土壤是作为自然地理环境的一个要素，或地球表层系统中的一个圈层来看待的。土壤发生学分类强调土壤与其他自然因素的相互关系，划分的土壤类型与气候、植物等自然景观有一定的内在联系。因此，本章的土壤分布及类型介绍仍侧重于传统的发生学土壤分类，但后面对诊断学土壤分类也作些简要介绍。

(二) 发生学土壤分类

以发生学为原则的土壤分类，也存在着许多不同的分类方案。但一般来说，经典的发生学分类通常将地球陆地上的土壤划分为三大类别，即地带性土壤、隐地带性土壤和非地带性土壤 (见表 12-1)。

表 12-1　　　　　　　　　　土壤发生学分类的主要土壤类型

地带性土壤	隐地带性土壤	非地带性土壤
冰沼土	盐土	冲积土
灰化土	碱土	粗骨土
棕壤	潜育土	冰碛土
红 (黄) 壤	泥炭土	砂丘土
砖红壤	红色石灰土	火山灰土

续表

地带性土壤	隐地带性土壤	非地带性土壤
燥红土	黑色石灰土	
湿草原土		
黑钙土		
栗钙土		
荒漠土		

地带性土壤也称为显域土，是指那些受气候和生物因素强烈影响的土壤。地带性土壤大多是受不同程度的灰化、铁铝化、黏化和钙化作用而发育形成的，剖面发育完善，土壤分布与相应的生物气候带一致。

隐地带性土壤也称隐域土，是受局部条件如特殊岩性、排水不良或盐碱化等因素影响而发育形成的土壤。它们的许多性质虽然也受所处地带的气候条件影响，但主要的土壤特性是受局部条件控制的。这些土壤的分布超越地带性的界限，在所有条件适合的地点都会出现，故称为隐域土。

非地带性土壤也称泛域土，是指那些土壤发育极弱，剖面层次分异不明显，土壤特性主要仍受母质影响的未成熟土壤。新近冲积物、冰碛物、崩积物及砂丘和火山灰上的土壤，多数属于泛域土。

（三）土壤系统分类

诊断学分类是由美国土壤工作者提出的一套土壤分类理论和方法。其要旨是以土壤为中心，以土壤所具有的可见特征及其理化性质为指标，进行判别和分类。基本上不直接涉及其发生条件和成土背景。

1. 诊断层与诊断特性

美国土壤系统分类中用以鉴别土壤性质的指标有两大类，即诊断层和诊断特性。

（1）诊断层。凡是用于鉴别土壤类型，在性质上有一系列定量说明的土层，称为诊断层。按照其在土体中的位置不同，诊断层又分为"诊断表层"和"诊断表下层"两类。在具体的土壤分类方案中，对土壤的各种诊断层都有非常详尽和严密的定义。

常见的诊断表层有松软表层、人为表层、暗色表层、淡色表层、有机表层等。主要的诊断表下层有淀积黏化层、灰化淀积层、高岭层、氧化层、漂白层、雏形层、钙积层、石膏层、积盐层、含硫层等。

（2）诊断特性。如果用来鉴别土壤类型的依据不是土层，而是具有定量说明的土壤性质，则称为诊断特性。在具体的分类系统中，对各类诊断特性也都有明确的定义和指标。如土壤的水分状况和土壤温度状况就是常用的诊断特性。在美国土壤系统分类中，根据土体内一年中各季节的水分存在状况，划分出潮湿、湿润、半干润、夏旱和干旱五种土壤水分状况。根据土温的高低和变化，划分为永冻、冷冻、冷性、中温、热性、高热、恒冷性、恒中温、恒热性和恒高热 10 种土壤温度状况。其他的还有许多，如反映土壤矿物组成、质地突变、火山灰特性、膨胀性、特殊化学物质等一系列的诊断特性。

美国早期的土壤分类也是采用发生学分类原则的。但在大量的调查工作实践中发现，发生学分类虽在宏观上与自然景观的分布相一致，但在具体的土壤划分上主观性较强，缺乏详细、定量的判别标准，不易掌握和对比。因此，从20世纪50年代开始，美国土壤工作者就着手研究制订一种以客观诊断标准为依据的土壤分类方案，并不断地加以修订和补充，1975年正式出版了《土壤系统分类》一书。

2. 系统分类下的土壤分布

美国土壤系统分类制虽以土壤的诊断层和诊断特性作为分类的主要依据，但由于诊断层和诊断特性也是一定成土过程的产物，因而与成土环境仍然具有相关性。该分类制的分类单元与生物气候带也还是具有一定联系的。

在高纬度苔原带主要分布新成土和始成土中的"冷冻"土类；在中纬度冷湿气候带主要分布灰土、始成土、冷淋溶土等；在中纬度温暖气候带主要分布湿润淋溶土、半湿润淋溶土；地中海式气候区则主要分布夏旱淋溶土、半干润淡色始成土；亚热带湿润气候地区主要发育为老成土；温带草原地区主要分布湿润软土、半干润软土；半荒漠和荒漠地区主要分布干旱土、新成土；低纬度地区分布氧化土、老年土和变性土。美国土壤系统分类制的11个土纲中，分布面积大的几个土纲与气候带的关系如图12-1所示。此图中淋溶土细分出四个重要的亚纲，从而可更清楚地看出其间的关系。以理想大陆上各土纲分布模式为依据，便于掌握美国土壤系统分类制下的各类土壤与发生学分类制下各土壤的相互关系。

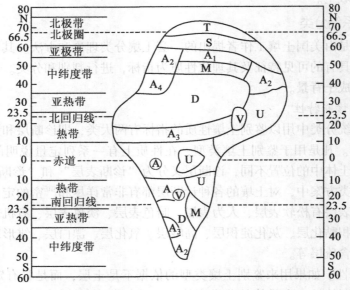

O 氧化土　　　A₁ 冷凉淋溶土　　A₄ 夏旱淋溶土　　D 干旱土

U 老成土　　　A₂ 湿润淋溶土　　S 灰土　　　　　T 冰沼土（冰冻

V 变性土　　　A₃ 半干润淋溶土　M 软土　　　　　　潮湿新成土）

图 12-1　理想大陆上美国土壤系统分类制的土纲分布（据 A. N. Strahler）

二、土壤地理分布

（一）地带性土壤

1. 热带森林土壤——砖红壤

具有典型砖红壤化特征的土壤（参见富铝化过程）称为砖红壤。由于土壤形成过程中氧化铁和氧化铝大量聚积，所以也称铁铝土。铁铝土是土体中的铝硅酸盐矿物受到强烈分解，盐基不断淋失，而氧化铁、氧化铝在土壤中残留和聚集所形成的土壤。

砖红壤中由于高价铁的染色作用，整个土体呈明显的红色基调（潮湿环境中偏黄色），氧化铁特别集中的部位呈褐红色，表层因有机质的加入而变暗。砖红壤主要分布在低纬度的热带雨林和热带季雨林地区。砖红壤属酸性土壤，pH 值一般为 4.5~6.0，其酸度主要是由铝离子所引起的；铁铝土土壤有机质养分含量不多，大部分营养元素都贮存在活的植物体内，通过快速的生物循环反复使用。所以天然植被一旦破坏，砖红壤将变得十分贫瘠。

2. 热带草原土壤——燥红土

燥红土又称红褐土、红色草原土或稀树草原土。燥红土发育在热带和亚热带干湿交替的气候条件下，也有一定的脱硅富铝铁的作用，但程度不如砖红壤强。水分的欠缺使植被的生产量远低于热带森林区，但残落物的转化速度又比较快，因此生物的积累作用没有砖红壤强。大面积的燥红土主要分布于非洲、大洋洲及南美洲的热带草原和稀树草原区，在亚洲和北美的干热地区也有零散分布。

3. 亚热带森林土壤——红、黄壤

亚热带季风气候与常绿阔叶林下发育的土壤称红壤或黄壤。亚热带季风区夏季的气候条件与热带地区类似，高温多雨，植物生长和有机质的分解都比较迅速。土壤的形成过程表现为砖红壤化作用。但由于冬季凉爽干燥，砖红壤化作用不能像热带一样全年持续地进行，因而属于弱铁铝化土壤。土体因氧化铁的存在，呈明显的红色。在潮湿的环境下，由于氧化铁的水化程度提高而显黄色，表层有一定的物质淋溶，但由于有机质混合而使颜色偏暗。黄壤由于土壤湿润，微生物活性减弱，表层有机质积累比红壤明显。红、黄壤主要分布于亚热带大陆东岸，如美国和中国东南部就属于红、黄壤地带。红、黄壤为酸性土壤，养分含量虽不如棕壤，但由于所处地理位置及良好的气候条件，也是农业生产利用较多的一种土壤类型。

4. 温带森林土壤——棕壤

温暖湿润的气候和落叶阔叶林植被是棕壤形成的条件。棕壤的特点是黏化层（Bt 层）比较突出。表层由于有机质的染色多呈暗棕色，下部淀积（B）层因少量铁质的存在一般为红棕色。棕壤因剖面的颜色而得名。棕壤通常是酸性的土壤，养分丰富，保水、保肥力较强，是农业生产上价值较高的一种土壤类型。棕壤主要分布于湿润的暖温带地区，在中纬度大陆东西两岸出现，如西欧和中国的辽东、山东半岛。

5. 温带湿草原土壤——湿草原土

湿草原土壤是温带森林土壤与典型草原土壤之间的过渡类型。湿草原地区的降水量大于蒸发量，因而淋溶作用较强，钙积层难以形成。地面草类生长旺盛，有机质积累量很大，形成深厚的有机质层（A 层），土壤呈中性或微酸性反应。良好的团粒结构，使湿草

原土成为肥力水平较高的土壤之一。

6. 温带典型草原土壤——黑钙土

黑钙土因其上部富含有机质的暗黑色土层与下部浅色钙积层而得名，是典型的腐殖质累积和钙化过程所形成的土壤。黑钙土一般呈中性至微碱性反应。黑钙土主要分布于温带草原地区，土壤肥沃，降水量与蒸发量近乎相等，水热条件好，是发展畜牧业的优良草场，也能发展较稳定的农业和林业。

7. 温带干草原土壤——栗钙土

栗钙土亦主要分布于温带草原地区，但分布于比黑钙土更为干旱的区域。栗钙土属于碱性土，盐基离子含量丰富，但水分缺乏，如果辅以灌溉会有较高的生产力。由于栗钙土水分条件较差，宜发展牧业。

8. 荒漠土壤——荒漠土

在气候极端干燥和植被极为稀疏的条件下发育形成的土壤均属荒漠土范围。由于水分缺乏，化学风化作用比较微弱，土壤剖面发育较差，各类盐基离子很少淋失，因此土壤呈碱性反应。由于植被稀疏，土壤中的有机质含量很低，层次不明显。荒漠土在地球上的分布范围比较广泛，主要分布在亚热带大陆西岸和温带大陆内部。

9. 寒带森林土壤——灰化土

典型的灰化过程所形成的土壤称为灰化土。灰化土属强酸性土壤，由于受强酸淋洗，养分元素缺乏。特别是淋溶层（E层）对农业生产不利。灰化土主要分布在北半球的寒带针叶林地区，范围比较广泛，世界各高山地区都有分布。

我国的灰化土分布区是我国重要的林业生产基地，世界上大部分灰化土地区多为天然林地，此外，也可作为牧地、干草地和种植农作物。

10. 苔原土壤——冰沼土

冰沼土是在寒冷湿润气候和苔原植被下发育形成的土壤。冰沼土的成土过程具有以下特点：

（1）土壤形成以冰冻物理风化为主，生物和化学风化作用非常微弱，黏粒含量少。

（2）由于日温差大，反复融冻和干湿交替，促进了表土海绵状多孔结皮层的形成。

（3）由于土壤水分处于饱和状态，土壤有机质和矿物质处于低温嫌气条件下分解缓慢，表层常有泥炭化或半泥炭化的有机质积累，矿物质也多处于还原状态，铁、锰多被还原为低价状态，形成蓝灰色的潜育层。

冰沼土属酸性土壤，自然肥力很低。由于土层浅薄和气候的限制，一般没有农业利用价值，但生长有鹿的主要饲料——地衣，因此，发展养鹿业乃是利用冰沼土的重要途径之一。冰沼土集中分布于南北两极冰原的外缘地带，在一些高山的雪线以下也有出现。

（二）隐地带性土壤

隐地带性土壤按其形成的主导因素可分为三种类型，即水成土壤、盐成土壤和钙成土壤。

1. 水成土壤

水成土壤是由于土壤排水不良而产生的，潜育化过程是土壤形成的主导因素。按土壤的特点，水成土壤可分为两类：

（1）潜育土。土壤常年被水饱和，还原作用占优势。土壤呈蓝灰色并伴有红褐色

（铁锈色）斑点或条纹。如水稻土，它可以由原来天然的潜育土不断演化而成，也可以在地带性土壤的基础上逐渐改造而成。在淹水生长期间，水稻土的表层处于还原状态。水稻收割以后，表层要翻耕晾晒，以促进好氧微生物的分解活动。水稻土在所谓的"稻米文化圈"范围内（包括中国、日本、朝鲜、韩国及东南亚国家）分布最广泛。

（2）泥炭土。在气候过度寒冷湿润的条件下，土壤有机质的分解活动十分微弱，植物体的归还速度远大于分解速度，从而使半分解或未分解的残体在表层不断积聚，形成较厚的泥炭层，当此层深度较大时，就称为泥炭土。泥炭土是一种酸性极强的有机土，在这类土壤中矿质成分已不占主导地位。

2. 盐成土壤

盐成土壤是指以盐化过程为主而形成的土壤。可溶性盐由于强烈的蒸发作用积聚于土壤的表层。按其盐分组成的特点，盐成土壤可分为盐土和碱土两类。

（1）盐土。土壤盐分浓集但钠盐并不突出的土类。通常是浅色的，没有特有的结构形态。土壤反应呈碱性，主要出现于半干旱和干旱气候条件下。

（2）碱土。土壤盐分以钠盐占优势的强碱性土壤。表层比较松散，表层以下是暗色坚硬的具有（圆顶）柱状结构的层次，分布范围与盐土一致。

3. 钙成土壤

钙成土壤是指发育在石灰岩上的，土壤性质深受母岩影响的土壤。按发育程度有黑色石灰土和红色石灰土两类。

（1）黑色石灰土。石灰性岩石上发育的薄层幼年土壤。通常有草类植被生长，因此有机质含量较多，形成暗黑色的表层，淋溶较弱，没有 B 层发育，土壤富含钙质，呈中性到碱性反应。

（2）红色石灰土。在多雨地区石灰性岩石上发育的土壤，土层较厚，有 B 层出现，由于风化作用和淋溶作用，硅质淋失，铁质相对增加，因而呈现红色或黄色。

（三）非地带性土壤

非地带性土壤分布范围广，成土环境多种多样，没有一致的代表性成土背景。但非地带性土壤的共同特征是成土时间短、母质特点突出，有一个或多个阻碍土壤向成熟方向发育的因素，使土壤处于相对年幼的阶段。

1. 冲积土

冲积土是一类非常重要的非地带性土壤。冲积土广泛分布于世界各大河流的泛滥地、冲积平原、三角洲以及滨湖、滨海的低平地区。冲积土发育在近代冲积物上，地下水位较浅，一般离地面 1～3m，土体下部经常受水浸润，上部则因生物过程而出现腐殖质的积累。冲积土地区一般地势平坦、土层深厚、灌溉条件好、土壤养分丰富，因此成为人类最重要的粮食产区。人类的古代农业文明也大多发源于冲积土地区。

2. 石质土和粗骨土

石质土和粗骨土也是分布广泛的一类非地带性土壤。石质土主要出现在坡度陡峭的山地或不断有坡积-洪积物覆盖的山麓地区，土壤不能稳定地发育，土体构型为 A-R 型。A层极薄或不明显，直接覆盖于未风化的基岩上，土层中，含有大量的砾石、碎石等物质。粗骨土一般见于缺乏植被保护的山地，多系土壤侵蚀的结果。粗骨土剖面发育很弱，层次分化不明显，土体构型为 A-C 型。在较薄的淡色 A 层之下，即为厚薄不一的风化母质，含有大量的粗砂、砾石。

3. 风沙土

风沙土主要分布于热带、温带的干旱和半干旱地区。在河流故道及海岸地带也有局部的分布。风沙土根据其发育的稳定程度可分为三种类型。

①流动风沙土，没有任何层次分化，通体为细砂或砂土，能随风吹移。

②半固定风沙土，其上已生长稀疏植被，有斑状腐殖质表层，大风时仍能吹移部分砂土，剖面没有或略有发育。

③固定风沙土，地表植被覆盖度较大，地表有薄的腐殖质层，A-C 层分异明显，土壤不再随风吹移。

4. 火山灰土

火山灰土零星分布于死火山口附近。以火山的喷发沉积物为母质。火山灰土的性质深受母质影响，其中含有大量的火山灰、火山渣或其他火山碎屑物；疏松多孔，容重很小。火山灰土一般呈微酸至中性反应，交换性盐基等营养成分含量较高。

第二节　土壤圈对全球变化的响应及预测

一、土壤圈对全球变化的响应和反馈

土地覆盖/土地利用变化（LUCC）是土壤圈和全球环境变化的综合反映与标志。所谓土地覆盖是指地球陆地表面土地景观类型组成、空间构型、分布与面积。如冰川、沙漠、植被、气候、土壤、地貌等，同时，它们也代表着影响全球气候系统的陆地下垫面。而土地利用现状是人类对土地的各种经济利用现状，包括农业用地和非农业用地现状。两者不可分割地全面地反映了土壤圈的现实状态，即土壤圈内部及与地表其他圈层之间物质与能量迁移转化的平衡状态。而土地覆盖/土地利用的变化，包括其类型、数量（面积）及其空间位置变化，都深刻地反映了自然环境变化、人为活动对土壤圈发展变化的影响。因此，研究和监测土地覆盖/土地利用类型的划分及其动态变化，也成为研究与监测土壤圈动态变化的重要方法。

（一）土壤圈的全球变化

土地利用是人类活动对土壤圈改变的主要形式，也是影响土壤圈和全球变化的重要原因。

1. 土地利用类型划分

土地资源是最重要的自然资源之一，是人类生存和生产的基本条件。土地资源是有限的，适合于生活和生产的土地资源则更少。土地利用是人类根据自身需要和土地的特性，对土地资源进行的多种形式的利用，是在自然、经济和技术条件下的综合影响下，经过人类的劳动所形成的产物。土地利用现状是土地资源的自然属性和经济属性的深刻反映。我国有几千年的土地开发利用历史，形成了具有多种多样的土地利用类型。土地分类是国家为掌握土地资源现状、制定土地政策、合理利用土地的重要基础工作之一。2007 年 9 月发布的《土地利用现状分类》，标志着我国土地利用现状分类第一次拥有了全国统一的国家标准。

《土地利用现状分类》国家标准是严格按照管理需要和分类学的要求，对土地利用现状类型进行的归纳和划分，它采用一级、二级两个层次的分类体系，共分 12 个一级类、56 个二级类。其中一级类包括：耕地、园地、林地、草地、商服用地、工矿仓储用地、住宅用地、公共管理与公共服务用地、特殊用地、交通运输用地、水域及水利设施用地、其他用地。《土地利用现状分类》国家标准对于科学划分土地利用类型、掌握真实可靠的土地基础数据，实施全国土地和城乡地政统一管理乃至国家宏观管理和决策具有重大意义。

2. 不同土地利用对土壤圈的影响

（1）农业用地的影响。以 1985～1987 年的世界土地资源统计为例，世界土地资源总面积为 $130.77 \times 10^6 km^2$（约占世界总土地面积的 11.26%），永久牧场为 $32.16 \times 10^6 km^2$（约占世界总土地面积的 24.59%），森林 $40.47 \times 10^6 km^2$（约占世界总土地面积的 31.15%），其他用地 $43.14 \times 10^6 km^2$（约占世界总土地面积的 32.99%），未开发地 $50.89 \times 10^6 km^2$（约占世界总土地面积的 38.99%）。我国是农业历史悠久的农业大国。据全国土地利用现状，已开发的土地面积已高达 68.71%，待开发土地仅占 7.8%，难以利用的土地高达 23.49%。其中耕地 $12.518 \times 10^4 km^2$（约占世界总土地面积的 13.20%）。耕地是在完全去除自然植被之后加以利用的，因而它改变了土壤的自然形成过程。代之以人工种植、经营和管理系统，从而改变了土壤的水分和温度状态以及营养元素的物质循环和平衡。在种植制度、经营、管理系统合理的情况下，不但满足了社会经济发展对农产品的需要，而且维护并提高了土壤的肥力水平和生产性能，保持了土壤良好的性状，物质与能量获得了平衡，使耕地土壤资源得以持续利用。由于人们对耕地土壤的不合理利用、经营和管理，导致了耕种土壤（或土地）的退化，如有机质 N、P、K 含量下降，营养元素失衡等；对林地和牧草地的利用来讲，由于人们的过度砍伐，自然植被同样遭到退化，导致土壤随之发生不同程度的退化，这也是影响土壤圈功能和作用变化的重要原因。

（2）非农业用地的影响。据国家统计局资料，我国非农业用地 $2\,707.7 \times 10^4 hm^2$，约占全国总土地面积的 2.86%。1986～1995 年 10 年间我国耕地被非农业用地侵占达 $1.97 \times 10^6 hm^2$，平均每年为 $1.97 \times 10^5 km^2$，而实际数据可能是这一数字的 2.5 倍。随着社会经济现代化的发展非农业用地正常的扩大是必需的。但对于土壤圈的影响，无疑这部分土壤圈永久性地或准永久性地丧失了它的生产、环境和生态功能与作用，若想恢复它的自然功能就需要花很大精力和财力进行修复和整理，所以有的也将其列为土地退化形式之一。

非农业用地区又往往是人类生产和生活最为集中的地区，现代化和城市化发展过程中产生的"三废物质"的源地，也是环境污染最为突出的地区，其结果必然造成的土壤污染又是土地退化的另一种重要表现形式。

（二）土壤圈变化的反馈与响应

上述土壤圈的变化，一方面满足了人类社会发展的需要，提高了土壤的生产潜力，是其正面效应；另一方面则是利用不当而致的负效应，即土壤或土地的退化。土壤或土地退化，已成为除全球增暖之外，全球变化研究的另一个"热点"。从理论上讲，土壤和土地是两个不完全相同的概念，但土壤退化是土地退化的核心内容，构成土地的其他重要因素，如因气候和植被变化而导致的土壤退化，大部分也通过对土壤的影响与作用体现出来。因此，实质上土壤退化是土地退化的同义语，至今，还没有公认的或统一的土壤退化指标和定量化评价方法。

1. 土壤（或土地）退化的概念

土壤退化一般是指在人类经济活动和各种自然因素的长期作用下，土壤（或土地）生态平衡遭到破坏，从而导致土壤（或土地）质量变劣，土地生产力降低，土地承载力变弱的过程。土壤退化是自然因素和人为因素综合影响的结果，自然因素是土壤退化的基础和潜在因子，而人类活动才是土壤退化的诱发因子。

张桃林（1999）提出，土壤退化是指在各种自然，特别是人为因素影响下所发生的，导致土壤的农业生产能力或土地利用和环境调控潜力，即土壤质量及其可持续性的降低（包括暂时的和永久的），甚至完全丧失。土壤物理的、化学的、生物的退化过程，是土壤退化的核心部分。并提出依据土壤退化的表现形式可分为显型退化和隐型退化两大类型，前者系指退化过程（甚至是短暂的）即可导致明显的退化后果；后者是指退化过程已经开始或已经进行较长时间，但尚未导致明显的退化结果。主张应从土壤圈与地球表层系统其他圈层间相互作用的角度，特别是人类因素诱导的土壤退化的发生机制与演变过程，时空分布规律来研究土壤退化、未来预测与恢复重建土壤质量和生态系统的对策、途径和方法。

2. 土壤退化现状

据统计，全球土壤退化面积达 $19.6 \times 10^6 \mathrm{km}^2$。其中以地处热带、亚热带的亚洲、非洲地区土壤最为突出（Oldeman 等，1990）。

（1）土壤侵蚀。世界土壤侵蚀面积已达陆地总面积的 16.8%，占总耕地面积的 2.7%。从土壤退化类型来看，土壤侵蚀退化面积占总退化土壤面积的 84%，而且以中度、严重和极严重退化为主。可见土壤侵蚀是最重要的土壤退化形式。其中水蚀占 56%，风蚀占 28%。至于水蚀的动因，43% 是由于森林的破坏，29% 是由于过度放牧，24% 是由于不合理的农业管理；风蚀的动因，60% 是由于过度放牧，16% 是由于自然植被的过度开发，8% 由于森林破坏（Oldeman 等，1994）。我国水土流失面积已达 $3.67 \times 10^6 \mathrm{km}^2$，约占国土陆地总面积的 38.2%。按 Sabolics（1990）的估算，世界每年因土壤侵蚀所流失的土壤养分几乎等于世界肥料的生产量。全球每年因土壤侵蚀造成的经济损失相当于4 000亿美元。而土壤侵蚀对地球陆地生态环境系统所造成的损失（流域河湖淤塞，洪涝灾害的发生等）则是无法估量的。

（2）土壤化学退化。包括土壤养分衰减、盐碱化（包括次生盐碱化）、酸化、污染等。其中主要原因是农业生产的不合理利用（56%）和森林破坏（28%）。

以土壤养分含量及保蓄能力下降为特征的土壤退化，面积达 $1.35 \times 10^6 \mathrm{km}^2$，占化学退化面积的 57%，占全球退化土地总面积的 7%。其中包含土壤有机质含量的下降和养分失衡问题。缺 N、P 的耕地占 59.1%，缺 K 的占 22.9%；土壤有机质小于6g/kg 的耕地约占 10.6%。

土壤盐渍化和次生盐碱化形式的土壤退化，主要分布于干旱和半干旱地区，部分发生于半湿润和滨海地区。受其影响的面积约占 $76 \times 10^6 \mathrm{hm}^2$，分别占土壤退化总面积和化学退化面积的 4% 和 32%。1989 年约 $2.25 \times 10^6 \mathrm{hm}^2$ 的灌溉土地中，50% 以上的面积遭受土壤次生性盐碱化，每年约 $12 \times 10^4 \mathrm{km}^2$ 土地发生次生盐碱化。我国盐碱面积约$3.76 \times 10^7 \mathrm{hm}^2$。

土壤酸化,受其影响的面积约 $5.7 \times 10^6 hm^2$,分别占退化总面积和化学退化面积的 0.3% 和 2%。包括西欧、北美洲、南美洲和亚洲等地,亚洲有扩大之势。我国受酸化影响的土壤面积有日益扩大之势,受酸雨危害的耕地已达 $266.67 \times 10^4 hm^2$。

（3）土壤物理退化。全球土壤物理退化面积约 $0.83 \times 10^6 km^2$。主要集中于温带地区。其中受压实、黏闭和结壳等土壤结构变坏的面积为 $68 \times 10^6 hm^2$,是物理退化的主要形式。因此导致欧美地区减产为 25% ~ 50%;西部非洲减产为 40% ~ 90%。其他因土壤排水不畅而发生涝害（或沼泽化）的土壤面积约 $10.40 \times 10^6 hm^2$;因过度排水而致有机质因加速分解而含量下降的土壤面积为 $4.5 \times 10^6 hm^2$。

（4）土壤荒漠化。1993 年和 1994 年国际防止荒漠化公约政府商谈委员会（INCD）多次讨论,逐步明确了土地荒漠化的概念,即"由于气候变化和人类不合理活动的多种因素作用,干旱、半干旱和具有干旱灾害的亚湿润区的土地退化"。1997 年联合国荒漠化会议提出修正,土地荒漠化的定义更明确为"土地生产潜力下降和破坏,并最终导致类似荒漠化景观条件的出现"。可见土地荒漠化是一个全球性含义很广泛的土地退化形式,土地荒漠化的驱动因素,除气候外,水土流失、土壤盐碱化、沙化均是导致荒漠化的重要因素。

土地荒漠化是土壤退化的重要形式,是当今人类面临的重大资源环境问题之一。全球约有 41% 的陆地、100 多个国家、10 亿人口的土地受到土地荒漠化的威胁,每年有 $7 \times 10^4 km^2$ 土地荒漠化。中国是土地荒漠化分布较广泛的国家之一。其中土地沙化,即干旱、半干旱及半湿润多风和疏松沙质地表条件下的生态脆弱区,由于人类不合理的土地利用,使原有的非沙质荒漠地区出现风沙活动为主要标志,形成类似沙质荒漠景观的土地退化过程。我国已沙漠化的土地面积为 $3.71 \times 10^5 km^2$,潜在沙漠化危险和易变沙漠化的土地为 $5.35 \times 10^5 km^2$,两者共 $9.06 \times 10^5 km^2$,占国土面积的 9.4%。我国土地荒漠化的发展速度惊人,20 世纪 50 ~ 70 年代每年均增加约 $1\ 560 km^2$,至 80 年代则每年以 $2\ 100 km^2$ 的速度增加。按土地沙化的区域特点差异可分为干旱荒漠地区的沙化,半干旱地区的沙化、半湿润地区的沙化。土地沙化不仅使耕地肥沃表土丧失,植物种子或根系裸露,沙粒移动堆积、埋压牧场、居民点和道路,并在空中飞扬形成沙尘暴影响周边和遥远地区的生态环境,使环境质量下降。近年来北京地区受到来源于西北干旱和半干旱地区的沙尘暴的袭击日益频繁,已引起政府和公众的重视与关注,因而不但花费巨资启动了沙尘暴起源、形成与发展规律研究的科研项目,并同时兴起重视环境保护的意识和植树造林植草等大规模活动。

（5）非农业占用土地。随着社会经济的发展和人口增长,特别是城市化、开发区的发展,非农业用地随之增大。有鉴于地球陆地土地面积的有限性,而农业用地和非农业用地两者之间的竞争,非农业用地扩张侵占的主要是耕地,是以牺牲农业用地为代价的。因此,为保护宝贵的耕地资源,扩大非农业用地时,应慎之又慎,并应争取保护肥沃的表层资源。

3. 土地退化研究进展与方向

自 1971 年 FAO 提出土壤退化问题并出版《土壤退化》专著以来,联合国环境署（UNEP）资助 Oldeman 等（1991,1994）和 Dregne 等（1994）开展全球土壤退化评价研究,并编制全球土壤退化图和干旱区土壤退化（即荒漠化）评估项目的工作。此后,陆续对亚太湿润地区土地退化评估，热带亚热带的土壤退化问题，土壤退化的概念、退化动态数据库、退化指标及评价模型与地理信息系统、退化的遥感与定位动态监测、模拟建模及预测、退化系统的恢复重建的专家决策系统开展了研究。其内容如下：

①从土壤退化的内在动因和外部影响因子（自然的和社会经济的）的综合角度，研究土壤退化的评价指标，分级标准与评价方法体系。

②从土壤物理、化学与生物过程及其相互作用入手，研究土壤退化过程的本质与机理。

③从历史过程出发，结合定位动态监测，研究各类土壤退化的演变过程、速率及其发展趋势，并对其进行模拟和预测。

④侧重人类活动（土地利用与土壤经营管理）对土壤退化和土壤质量影响的研究，并将土壤退化理论的研究与退化土壤的治理和开发利用相结合，进行土壤更新技术和土壤生态功能的恢复与保护研究的示范和推广。

⑤研究方法注重传统技术与高新技术（如 3S 技术）的应用相结合。

我国对土壤退化的研究，始于近 10 年来对热带、亚热带的土壤退化的研究，如南方富铁土退化机制及防治措施研究。初步提出了土壤退化的概念、基本过程、土壤肥力的评价指标和分级标准，并通过数学模型和地理信息系统技术，编制了土壤养分贫瘠评价图，尤其是土壤可蚀性，富铁土养分退化过程的评价指标体系，富铁土酸敏感性指标，酸化预测及作物耐铝快速评估等方面取得了重要成果。

土壤退化是一个非常综合的概念，具有时间上的动态性，空间上的分异性和高度非线性特征的过程。因此，土壤退化研究涉及土壤、农学、生态、环境、气候和水文及社会经济学等众多领域。今后研究方向应从以下几个方面入手：

①土壤退化评价方法论及评价方法指标体系的定量化、动态化、综合性和实用性，评价建模方向。

②重点区域和国家的土壤退化状况评价以及土壤退化图的编制，为退化土壤的整治提供科学依据。

③主要土壤退化形式的退化过程机理及影响因素的研究（如土壤侵蚀、土壤肥力衰减、土壤酸化等）。

④土壤退化动态监测与动态数据库及其管理信息系统的研究。

⑤退化土壤生态系统的恢复与重建的研究。

⑥土壤退化经济评价研究。

二、土壤圈未来变化的预测

土壤圈是全球环境变化的"记忆块"。对现在大部分的土壤，严格来说是"多元发生"土壤。对土壤记忆信息的正确解读，将有助于区分过去和现在的土壤变化，并预测未来变化。

（一）土壤圈变化的预测

土壤圈变化具有极广泛的含义，包括土壤各种性状、特性，迁移转化过程，以至土壤类型、利用状况方面等定性、定量的变化。土壤变化的类型也是复杂多样的，既包含有非系统（随机）变化，又包含有规律的周期性（循环）变化以及趋势变化，具有一定的趋向，呈直线或呈"螺旋形"的下降或上升。土壤变化的方向或过程在很大程度上取决于它的可逆性（即土壤恢复原状的可能性和速率）。而土壤变化的可逆性又取决于外界环境条件和土壤本身的微环境特征（土壤的固、液、气相物质组成及其比例和动态，土壤 pH 值等）。有关土壤过程的可逆性程度，如土壤的物理与化学风化过程一般是不可逆的；诊断层与剖面的形成发育可能是轻度可逆性的；土壤团聚体的破坏、黏土矿物和交换性铝，黏重土壤中 P、K 的固定等是中度可逆的；干湿交替絮凝和分散离子的吸附和解吸等通常是可逆的；土温、氧化还原物质和土壤空气组成变化是可逆的。

我们研究的重点是土壤的环境、动态、土壤形成类型和过程的定性和定量地结合起来。当今主要是通过土壤发生的现在环境和未来环境变化的趋势（如全球气候变化、人类活动等）大致可了解与推断土壤如何、何时和何地对环境的响应，从而推测土壤圈的未来变化。

1. 土壤圈对全球气候增暖的响应

如果北半球冻原地带温度上升，则大量的永冻土可能融冻，在此情况下，有机质分解加强，向大气圈释放的 CO_2、CH_4、氮氧化物将增加，地表土壤沼泽化增强，北方泰加林地带因温度上升，其南部界限可能向北收缩，原南部地带出现南部植被的入侵，影响土壤形成发育而呈现南方温带森林植被下发育的土壤形态和特征；北半球的半湿润半干旱地区可能经受更极端的天气、干旱和更热的夏季，生长系统压力增强，土壤更易于退化；全球增暖现象，预计不会对目前热带气候有显著改变，其生态系统下的土壤过程将保持不变。但热带森林转变为其他类型的土地覆盖，将对土壤的当地气候发生的影响较全球气候变化的影响强烈。气候变暖可能使海平面上升，淹没滨海许多地区，包括一些重要湿地，它们既是碳和其他地球化学物质循环的"汇"；又是许多水生、陆生两栖野生动植物的栖息地。并促使滨海地区土壤盐碱化增强。

2. 土壤圈对人类活动的响应

如果像某些国际组织所预测的那样，世界人口持续增长而未得到有效的控制，各国政府所制定的发展战略和管理政策是不可持续的，从而对环境和土壤资源带来日益增加的压力，增强土壤侵蚀、次生盐碱化、酸化、污染、肥力与生产力下降及水分管理问题，人类对土壤变化的负面影响将更为突出。

（二）土壤圈未来变化预测的途径

1. 建立全球土壤数据库

为了对全球土壤资源进行分类、描述和制图，必须有统一的、标准化的土壤分类系统。建立和采用一个国际土壤分类系统，作为建立全球土壤和区域土壤数字数据库的基础；这一数据库应与其他环境资源库（如气候、植被、地质、地貌、土地利用、土地覆盖）相结合一起分析；数据库更新，可采取以遥感监测和地理信息系统的技术手段和方法。这将为研究土壤圈土壤资源、陆地生态系统及其全球环境变化开辟新的途径。

2. 土壤圈未来变化的建模理论体系和实践

建立何种内容的全球和区域的土壤数据库与预测模型尚处在初始探讨阶段。如全球气候变化对土壤发育速率影响的估计，对各种土壤退化速率影响的预测和建模，与社会经济数据库相结合的预测和建模，如人口密度对土地退化的定量评价，政府政策对农业生态环境和土壤变化的影响预测等。

第十三章　生物圈系统

　　生物圈是囊括地球表面岩石圈上层、气圈下层及水圈的全部所有有生命存在的区域，由生物与非生物的物理化学环境组成的高度复杂的生态系统。大约在 34 亿年前，原始地壳、气圈、水圈中的碳氢化合物在太阳辐射的影响下，经过漫长的化学变化过程，在地球上产生了原始生命。这种原始生命开始时出现于海洋，随着气圈中氧的含量的增加，生物不断进化，由海洋发展到陆地，由简单发展到复杂，在这个十分特殊的狭窄空间，逐渐形成现在拥有地球上达99%的生物量的丰富多彩的生物圈，特别是约300多万年前，人从动物中分化出来，使地球演化历史进入了一个崭新的阶段。

第一节　生物圈与生物多样性

一、生物圈

　　生物圈的概念是由奥地利地质学家休斯（E. Suess）在 1875 年首次提出的，是指地球上有生命活动的领域及其居住环境的整体。它在地面以上达到大致 23km 的高度，在地面以下延伸至 12km 的深处，包括平流层的下层、整个对流层以及沉积岩圈和水圈。但绝大多数生物通常生存于地球陆地之上和海洋表面之下各约 100m 厚的范围内。

　　生物圈主要由生命物质、生物生成性物质和生物惰性物质三部分组成。生命物质又称活质，是生物有机体的总和；生物生成性物质是由生命物质所组成的有机-矿质作用和有机作用的生成物，如煤、石油、泥炭和土壤腐殖质等；生物惰性物质是指大气底层的气体、沉积岩、黏土矿物和水。

　　由此可见，生物圈是一个复杂的、全球性的开放系统，是一个生命物质与非生命物质的自我调节系统。它的形成是生物输送与水圈、大气圈及岩石圈（土圈）长期相互作用的结果。生物圈存在的基本条件是：第一，可以获得来自太阳的充足光能。因一切生命活动都需要能量，而其基本来源是太阳能，绿色植物吸收太阳能合成有机物而进入生物循环。第二，要存在可被生物利用的大量液态水，几乎所有的生物全都含有大量水分，没有水就没有生命。第三，生物圈内要有适宜生命活动的温度条件，在此温度变化范围内的物质存在气态、液态和固态三种变化。第四，提供生命物质所需的各种营养元素，包括 O_2、CO_2 以及 N、C、K、Ca、Fe、S 等，它们是生命物质的组成或中介。

　　总之，地球上有生命存在的地方均属生物圈。生物的生命活动促进了能量流动和物质循环，并引起生物的生命活动发生种种变化。生物要从环境中取得必需的能量和物质就得适应于环境，环境因生命活动发生变化，又反过来推动生物的适应性，这种反作用促进了整个生物界持续不断的变化。

二、生物多样性

生物圈中最普遍的特征之一是生物体的多样性。生物多样性系指地球上动物、植物、微生物的纷繁多样性和它们的遗传及变异，即某一区域内遗传基因的品系、物种和生态系统多样性的总和。

生物多样性包括生物种类的多样性、基因的多样性和生态系统的多样性。生物多样性不仅提供了人类生存不可缺少的生物资源，也构成了人类生存的生物圈环境。

遗传多样性是指存在于生物个体内、单个物种内以及物种之间的基因多样性，由特定种、变种或种内遗传的变异来计量。一个物种的遗传组成决定着它的特点，这包括它对特定环境的适应性，以及它被人类的可利用性等特点，任何一个特定个体和物种都保持着大量的遗传类型，就此意义而言，它们可以被看做单独的基因库。基因多样性包括分子、细胞和个体三个水平上的遗传变异度，因而成为生命进化和物种分化的基础。一个物种的遗传变异愈丰富，它对所生存的环境的适应能力便愈强，而一个物种的适应能力愈强，则它的进化潜力也愈大。

地球上几乎每一种生物都拥有独特的遗传组合。遗传多样性是生物多样性的基础。

物种多样性是指地球上生命有机体的多样性，即动物、植物及微生物种类的丰富性，它是人类生存和发展的基础。一般说来，某一物种的活体数量越大，其基因变异性的机会亦越大。但某些物种活体数量的过分增加，亦可能导致其他物种活体数量的减少，甚至减少物种的多样性。

生态系统多样性是指物种存在的生态复合体系的多样化和健康状态，即生物圈内的生境、生物群落和生态过程的多样化。生态系统是所有物种存在的基础。生态系统的类型极其多样，但是所有生态系统都保持着各自的生态过程，这包括生命所必需的化学元素的循环和生态系统各组成部分之间能量流动的维持。物种的相互依存性和相互制约性形成了生态系统的主要特性——整体性。生物与生境的密切关系形成了生态系统的地域性特征，而生态系统包容众多物种和基因又形成了其层次性特征。

由于地球上生物的演化过程会产生新的物种，而新的生态环境又可能造成其他一些物种的消失，所以生物多样性是不断变化的。人类社会从远古发展至今，无论是狩猎、游牧、农耕还是现代生产的集约化经营，均建立在生物多样性的基础上。正是地球上的生物多样性及其形成的生物资源，构成了人类赖以生存的生命支持系统。然而，人口的急剧增长和大规模的经济活动正使许多物种灭绝，造成生物多样性损失。这一问题已引起世界的广泛关注，并开始加强对生物多样性的认识和寻求保护生物多样性的途径。

生物多样性的意义主要体现在生物多样性的价值。对于人类来说，生物多样性的直接使用价值是生物为人类提供食物、纤维、建筑和家具、药物及其他工业原料。间接使用价值是指生物多样性具有重要的生态功能。无论哪种生态系统，野生生物都是不可缺少的组成成分，在生态系统中野生生物之间具有相互依存、相互制约的关系，共同维系生态系统的结构和功能，野生生物一旦减少，生态系统稳定性就要遭到破坏，人类生存环境也就要受到影响。潜在使用价值是野生生物种类繁多，人类对它们已经做过比较充分研究的只是极少数，大量野生生物的价值目前还不清楚。但可以肯定，这些野生生物具有巨大的潜在使用价值。一种野生生物一旦从地球上消失就无法再生，它的各种潜在使用价值也就不复存在了。同时，生物多样性还具有美学价值。大千世界色彩纷呈的植物和神态各异的动物与名山大川相配合才能构成赏心悦目的美景，从而激发文学艺术创作的灵感。

我国是地球上生物多样性最丰富的国家之一。国土辽阔，海域宽广，自然条件复杂多样，加之有古老的地质历史，孕育了极其丰富的植物、动物和微生物物种，拥有纷繁多彩的生态组合，是全球 12 个多样性十分丰富的国家之一。不但野生物种和生态系统类型众多，而且具有繁多的栽培植物和家养动物品种及其野生近缘种。此外，我国生物特有属、特有种多，动植物区系起源古老，珍稀物种丰富。

生物资源提供了地球生命的基础，包括人类生存的基础。这些资源的基本的社会、伦理、文化和经济价值，从有记载的历史的最早时期起，就已经在宗教、艺术和文学等方面得到认识。我们所有的食物来自野生物种的驯化。世界上许多在经济上最具有重要经济价值的物种分布在物种多样性并不特别丰富的地区。人类已经利用了大约 5 000 种植物作为粮食作物，其中不到 20 种提供了世界绝大部分的粮食。现存和早期灭绝的物种支持着工业的过程。我们大多数医药起先都来自野外。在中国，对 5 000 多种药用植物已经有记载。世界上很多药物都含有从植物、动物或微生物中提取的或者利用天然化合物合成的有效成分。植物和动物是主要的工业原料。从全球来看，物种丰富的生态系统无疑将为整个人类社会的未来提供更多的产品。以上几个实例可以说明滥用有限的自然资源是一种自我毁灭。

由于食物链的作用，地球上每消失一种植物，往往有 10~30 种依附于这种植物的动物和微生物也随之消失。每一种物种的丧失减少了自然和人类适应变化条件的选择余地。生物多样性减少，必将恶化人类生存环境，限制人类生存与发展机会的选择，甚至严重威胁人类的生存发展。保护和拯救生物多样性是实现可持续发展的迫切需要。

一个物种的灭绝一般是由多种原因造成的。生物多样性受威胁的主要原因：

①大面积森林采伐、火烧和农垦，这些活动对野生物种来说是毁灭性的。
②草地过度放牧和垦殖。
③生物资源的过分利用。
④工业化和城市化的发展。
⑤外来物种的大量引进或侵入。
⑥无控制的旅游。
⑦污染。
⑧全球变暖。
⑨各种干扰的累加效应。

下列生物类群尤其容易灭绝：

①具有较高营养级别的物种，即处于食物链上层的种群增殖速度较慢的大型稀有动物。
②地方特有种。
③发展缓慢的小规模种群的物种。
④生物依赖集团中的最大成员。
⑤缺乏散播和迁移能力的物种。
⑥具有群集巢居习性的物种。

⑦迁徙物种。

⑧依赖不可靠资源的物种。

⑨对干扰没有进化经历的物种。

稀有物种比广布物种更易于灭绝。地方特有的物种（只在严格限制的地区发现）当其限制的生境遭到破坏或丧失时特别易于灭绝。岛屿物种是世界生物多样性受威胁最严重的一些组分。通常，温带生物区系比热带受到灭绝的威胁小些。热带森林砍伐将是未来50年中物种灭绝的最主要的原因。生物多样性的保护是对于人类与各种生命形式和生态系统的相互作用的管理，目的是为了使它们向当代人提供最大利益，并保持满足后代需求的潜力。

保护生物多样性的办法：

①建立保护区，就地保护。

②迁地保护和离体保存。

③建立生物多样性保护区网络。

④生态系统的恢复和改善。

三、生物与环境

地球上的任何生物有机体一刻也不能脱离周围环境而生存。所谓环境，就是生物生存空间所存在的一切作用因素和条件的综合。生物在生长过程中要不断地从环境中摄取水、光、热、O_2、CO_2 及无机营养元素，经过一系列生理和物理化学过程，把这些能量与养分同化成自身的一部分，并贮存在生物体内，这个过程称为同化作用。另外，生物又不断地经过异化作用，把自身分解的废物及贮藏的能量排放到周围环境中去。因此，生物与环境之间的关系是非常密切的，生物的生长发育过程就是生物与环境之间不断地进行物质与能量的交换过程。

生物离不开环境，环境也影响着生物。不仅构成生物有机体的物质来源于环境，而且生物的全部生理过程、形态、结构和地理分布也都受环境制约。生物体由简单到复杂、由低级到高级的不断进化，是与整个地理环境的演变和发展分不开的。在不断变化的环境中，生物必须适应环境，如果生物不能适应改变了的环境，就将被淘汰。当环境条件发生剧烈改变时，不少的植物种属受到致命的打击而消失。地质时期中许多古生物的灭绝，一个十分重要的原因首先应该归于自然环境的剧烈变化。生物本身抵抗自然环境条件"扰动"的能力是比较脆弱的。所谓"适者生存"、"自然选择"，主要是指生物与环境条件的统一。

在生物与环境的关系中，不仅环境影响着生物，同时生物有机体也对环境产生一定的作用。例如，植物的光合作用过程吸收了 CO_2，放出了 O_2，从而改变了大气的原始组分；生物死亡后的残体分解加入到土壤中，引起土壤微生物的活动，增加了土壤有机质，从而改变了土壤的理化性质。上述例子说明生物与环境是一个相互联系、彼此影响的整体。人们把研究生物与环境之间相互关系的学科，叫生态学。

但构成环境的一切因素，并不是全部都对生物起作用，如大气中的游离氧，对非共生的绝大多数高等植物是没有直接作用的。因此，人们常把对生物的生命活动起直接作用的环境元素叫做生态因子，例如光、热、水分、矿物盐类、空气以及其他生物等。具体的生物个体或群体居住地段的所有生态因素的总体称为生境。世界各地由于气候、土壤、岩性和地形等条件差异很大，形成了极其多样的生境类型，成为生物种类以及生物形态、生理特征等复杂多样的根本原因之一。根据生态因子的性质，通常可分为气候因子、土壤因子、地形因子、生物因子和人为因子等类型，但各个生态因素不是各自孤立地、单独地对生物产生作用，它们总是共同综合地对生物起作用。因为一个生态因素不论对生物的生存有着多么重要的作用，往往要在其他因素适当配合下，才能表现出来。

虽然各个生态因子对生物是共同地、综合地发生作用，但生物在生长发育的某一阶段，在共同起作用的生态因子之中，总是有一种因子起主导的、决定性的作用，这种起决定性作用的因素，叫做主导因子，其他叫做次要因子。例如，以日照长度为主导因子，可将植物分为长日照植物、短日照植物和中日照植物，日照长度的变化将直接导致植物生境的明显改变。如果当一个或几个生态因子的质或量低于或高于生物所能忍受的临界线时，不管其他生态因子是否合适，生物的生长发育和繁衍都会受到影响。甚至引起死亡，这样的生态因子称做限制因子或限制因素。如在干旱和半干旱地区，水就是植物生长的限制因素。有些地方作物的产量常不是受环境中较充足的水、CO_2 等大量需要的营养元素的限制，而受土壤中贮存数量很少、植物需要量很少的某些微量元素的限制。

世界上的生物是复杂多样的，但它们并不是到处都均匀分布着。由于每一种生物都需要一定的生存条件，都适应于某种自然环境，所以其分布都在一定的地理区域内。显然，生物在地球上的分布是受环境条件制约的。由于地表各处环境条件的差异，因此，相应地分布着不同的生物种类和生物类型，其中植物对周围环境的变化，哪怕是微小的变化，都显示出特别敏感的反应。因此，有些学者把植物对环境的反应比做自然环境的一面"镜子"。这说明了植物的地理分布与环境条件关系极为密切，现在气候带与自然带的名称都用植物名称来命名。由于大多数动物以植物为食或捕食以植物为食的动物，因此都直接或间接地与植物有关，因而动物的分布与植物的分布也有密切的关系。热带湿润地区，植物最为丰富，相应地动物种类也多；寒带地区，植物稀少，动物也贫乏。这说明环境条件影响着生物分布，其中尤以气候对生物生长和地理分布起着决定性的作用。

第二节　生物群落

一、群落

地球上的任何生物有机体都不是单独地或杂乱无章地生活着，而是在一定的自然环境下，由特定的绿色植物、动物和微生物种类结合在一起，它们通过各种方式、彼此联系、相互作用而共同生活在一起，形成一个完整的生物群体，这种生物群体称为生物群落。即生物群落是在相同时间聚集在同一地段上的物种种群的集合。它是生态系统中的生物部分，明显不同于它的物理环境。群落具有许多来自种间相互作用的有趣和复杂的特性。发生在个体之间的竞争、捕食、寄生和互利共生现象，显示出在群落组织中隐藏的许多格局。

如果在一定地段上，处于大致相同的自然条件下，许多植物共同生活在一起，彼此互为条件，互相影响，它们在种类组成、结构等方面比较一致，这种由许多植物有规律的共同生活的植物总体，称为植物群落，它是动物和微生物赖以生存的基础。尽管动物具有空间运动的能力，但动物不能完全脱离植物生产的有机质而独立生存。植物群落是动物和微生物的食物资源库。许多动物还以植物体或植物群落中的小生境作为隐蔽和繁殖的栖息场所。因此，植物群落在生物群落的结构和功能中所起的作用最大。一个地区全部植物群落的总体叫做该地区的植被。

二、群落结构

群落外貌是群落与外界环境长期适应的反映，如热带与亚热带地区的木本植物群落多为常绿，而温带地区的同类群落多为落叶，这就反映了两个不同地区的气候对群落外貌的影响。

植物的生活型是指植物长期在外界环境作用下，用以适应环境条件的躯体结构、大小、形状等所呈现的适应形态，即植物的形状类别称为生活型。通常根据植物的生活型分为乔木、灌木、藤本、草本和附生植物等。

植物群落的结构主要指植物群落的种类组成及植物群落的空间分布状态。由于环境的逐渐变化，导致对环境有不同需求的动、植物生活在一起，这些动、植物各有其生活型，其生态幅度和适应特点也各有差异，它们各自占据一定的空间，并排列在空间的不同高度和一定土壤深度中。群落这种垂直分化就形成了群落的层次，称为群落垂直成层现象（Vertical Stratification）。每一层片都是由同一生活型的植物所组成的。群落的分层现象主要取决于植物的生活型。无论木本、草本群落都具有成层现象，水下植物也不例外。其中尤以森林群落成层现象最为突出。它们按光照强度的不同，各占据不同的位置（见图13-1）。高大的乔木成为最上层，然后依次为灌木层、草本层，贴地的有苔藓、地衣和菌藻类植物层，在地面以下由于各种植物的根系所穿越的土层深度不同，也相应形成不同的层次。层的数目依群落类型不同而不同，一般森林层次比草本植物群落多，其中尤其以热带雨林的种类成分十分复杂，层次也最多，通常有 4~5 层，而农业植物大多只有一个层次。

此外，有些群落中还有不属于任何一层的，如藤本植物、寄生植物、附生植物等，它们攀附在其他植物上或依赖其他植物为生，这种植物叫层间植物。

植物群落的层状结构常导致动物在群落中也成层配置。例如，在温带森林群落中，不同的动物种类有一定的栖息和觅食的空间位置，鸟类主要在乔木层中营巢；昆虫多分布于灌木层和草本层中；兽类、穴居动物在林地、草丛间或洞穴中生活；而蚂蚁、蜈蚣等节肢动物和大量微生物，主要活动于土壤表层的枯枝落叶层等。

群落的成层现象是生物长期适应环境不断演化的结果。它使生物群落在单位面积上可容纳更多的生物种类，更充分地利用空间、光照和土壤中的养分及水分，从而生产更多的生物物质。

群落除上述垂直结构外，在水平结构上也有不同的群落，每个群落所包含的种类成分不同，每个种的分布也各不相同，有些种分布较均匀，有些种呈斑状聚生在一起，有些种呈散乱式分布。群落水平分化成各个小群落，它们的生产力和外貌特征也不相同，在群落内形成不同的斑块。一个群落内出现多个斑块的现象称为群落的镶嵌性（Mosaicism），它是群落水平分化的一个结构部分。由于在其形成的过程中，依附其所在群落，因之有人称之为从属群落（Subordi-nate Community）。动物群落因其自身的生物学适应范围，随着栖

图 13-1　森林中的分层现象

息环境的布局而有相应的水平分布格局。

三、群落演替

生态群落演替是物种组成和群落结构及功能随时间的变化，它是一种连续的、单方向的、有顺序的变化过程。例如，在田地被废弃后，可以出现一个从禾草和杂草植物向灌木，最终向乔木和森林方向的演化过程，即群落按照一年生杂草→多年生杂草→灌木→早期演替树木→晚期演替树木的可预测系列发展。群落的这种顺序被称为一个演替系列，并且每一个明显的和可辨认的演替阶段都是一个演替系列阶段。

在自然群落中，没有一个群落最终不被后续的群落所替代。群落演替之所以发生，往往是由于气候、地貌、土壤等群落外部环境条件改变，植物繁殖体的迁移散布和动物的活动、种内种间关系、群落本身活动改变了内部环境等自然原因以及人为活动的结果。

演替可以被认为是自发的或由内因驱动的，称为自发演替。由于生物与其环境之间的相互作用会导致环境发生变化。开始发生于以前或新近形成的没有被植被覆盖过的原生裸地上的群落演替，称为原生演替，如新近暴露出来的岩石表面、冲积层表面等。而发生在过去有过植被覆盖，但后来被人类、动物或火灾、大风、洪水等破坏了的地段的演替，称为次生演替。

物种演替也可能是由于外界环境因素引起的，像地球物理－化学变化，这就是异发演替，它是相对于自发演替而言的。自发演替是由于生活在其环境上的生物的活动引起的。例如，在 1 万年前的最后一次第四纪冰川退却后，随着气候的变暖，异发演替在北美和北欧的大部分地区就已经开始发生了。冰川在欧洲三次前进、三次后退，引起了生物区相似的三次前进和后退。当气候温和时，容易扩散的、需光的树种（如松树和桦树）朝北挺进，将扩散慢的、耐荫的树种（如栎树）所取代。下一个冰期适合于云杉和冷杉，最终成为无树的冻原植被。

群落的演替还因其发展方向不同分为顺向演替与逆向演替。发生于裸露地面或撂荒地面的群落经过一系列发展变化，演替方向是朝着群落结构由简单向复杂，生物种类由少到多，群落由不稳定向稳定，总趋势朝向逐渐符合当地主要生态环境条件（如气候和土壤）的演替过程，叫做顺向演替。而当一些群落受到干扰破坏超过一定限度后，朝着群落更加简单化、不稳定的方向发展，称作逆向演替。如高强度放牧下的草原多会出现这种演替，因适口性强的牧草逐渐减少或消失，代之以品质低劣或有毒、有刺的植物蔓生，草群盖度下降，甚至出现次生裸地。

第三节 生态系统的组成与结构

一、生态系统的概念

生态系统（Ecosystem）是指一定的时间和空间内，生物组分与非生物环境之间相互联系、相互作用、完成一定功能的统一体。

生态系统这一概念是由英国生态学家 A. G. 坦斯利（A. G. Tansly）在长期研究植物群落的基础上于 1935 年首先提出的。他认为"生态系统的基本概念是物理学上使用的系统整体，这个系统不仅包括有机复合体，而且也包括形成环境的整个物理因素复合体。"因此，生态系统可定义为在任何规模的时空单位内由物理—化学—生物学活动所组成的一个系统。不难看出，坦斯利定义的实质强调的是生态系统各组分之间功能上的统一性。至20 世纪 40 年代，美国生态学家 R. L. Lindman 通过对生态营养结构的研究，提出了食物链概念，进一步奠定了生态系统的理论基础。世界著名生态学家 E. P. 奥德姆于 20 世纪 50 年代建立了比较完整的生态系统的概念和体系，并指出，生态系统就是包括特定地段中的全部生物和物理环境的统一体。他认为，只要有主要成分，并能相互作用和得到某种机能上的稳定性，哪怕是短暂的，这个整体就可视为生态系统。具体来说，生态系统又可定义为一定空间内生物和非生物成分通过物质的循环、能量的流动和信息的交换而相互作用、相互依存所构成的生态学功能单位。按生物学谱（Biological Spectrum）划分的组织层次，生态系统的任务是研究生物群落与其环境间相互关系及作用规律的。所以，生态系统是个功能单位而不是生物学的分类单位。

自此之后，国内外生态学工作者又分别对生态系统的概念作了进一步的论述，发展和完善了生态系统的内涵。

根据生态系统的定义，一个生态系统在空间边界上是模糊的。也就是说，它在大小上是不确定的，其空间范围在很大程度上往往是依据人们所研究的对象、研究内容、研究目的或地理条件等因素而确定。从结构和功能完整性角度看，它可小到含有藻类的一滴水，大到整个生物圈。

生态系统属于生物系统的高级层次。生物分为基因、细胞、器官、有机体（个体）、种群、群落等主要层次，每个生物层次都与非生物成分相互作用而构成不同层次的生物系统。每个层次均以较低层次作为基本单元，形成自身的结构基础和功能单元。但是，就整体而言，每个层次的性质各有特点，并非低级层次性质的简单总和。例如，生物个体的生存时间要比由个体组成的种群短促得多，个体只有出生和死亡，种群才有表现出生率、死亡率、年龄结构等特征，生物的适应性也主要体现在种群上。

生态系统可以是一个很具体的概念，一个池塘，一片森林或一块草地都是一个生态系统。同时，它又是在空间范围上抽象的概念。生态系统和生物圈只是研究的空间范围及其复杂程度不同。小的生态系统联合成大的生态系统，简单的生态系统组合成复杂的生态系统，而最大最复杂的生态系统就是生物圈，它是地球上所有生物（包括人类在内）和它们生存环境的总体。

二、生态系统的组成成分

生态系统的组成成分是指系统内所包括的若干类相互联系的各种要素。从理论上讲，地球上一切物质都可能是生态系统的组成成分。地球上生态系统的类型很多，其组成成分也很繁杂，它们各自的生物种类和环境要素也存在着许多差异。然而，各类生态系统却是由两大部分、四种基本成分所组成。两大部分就是生物成分和非生物成分，或称之为生命系统和环境系统。四个基本成分是指生产者、消费者、还原者和非生物环境（见图13-2）。

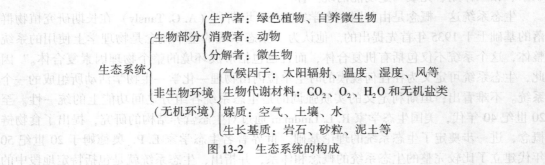

图 13-2　生态系统的构成

（一）非生物组分

非生物成分包括以下几个方面：

1. 太阳辐射（Solar Radiation）

太阳辐射是指来自太阳的直射辐射和散射辐射，它是生态系统的主要能源。太阳辐射能经自养生物的光合作用被转化为有机物中的化学潜能，同时太阳辐射也为生态系统中的生物创造生存所需的温热条件。

2. 无机物质（Inorganic Substance）

生态系统环境中的无机物质，一部分来自大气中的氧、二氧化碳、氮、水及其他物质；另一部分来自土壤中的氮、磷、钾、钙、硫、镁、水、氧和二氧化碳等。

3. 有机物质（Organic Substance）

生态系统环境中的有机物质，主要是来源于动物残体、排泄物及植物根系分泌物。它们是联结生物与非生物部分的物质，如蛋白质、糖类、脂类和腐殖质等。

4. 土壤（Soil）

土壤作为一个生态系统的特殊环境组分，不仅是无机物和有机物的贮藏库，同时也是众多生物的直接或间接栖息场所。

（二）生物组分

根据各生物组分在生态系统中对物质循环和能量转化所起的作用以及它们取得营养方式的不同，又将其细分为生产者、消费者和分解者三大功能类群。

1. 生产者（Producers）

生产者主要是绿色植物和化能自养微生物等，它们具有固定太阳能进行光合作用的功能。生产者能把从环境中摄取的无机物质合成为有机物质——碳水化合物、脂肪、蛋白质等；同时将吸收的太阳能转化为化学潜能，贮藏在有机物中。它是生态系统中以简单无机物为原料制造有机物的自养者，直接影响到生态系统的存在与发展。

2. 消费者（Consumers）

消费者是靠自养生物或其他生物为食而获得生存能量的异养生物，主要是指依赖初级生产者为生的各类动物。消费者包括的范围很广。其中，有的直接以植物为食，如牛、马、兔、池塘中的草鱼以及许多陆生昆虫等，这些食草动物称为初级消费者。有的消费者以食草动物为食，如食昆虫的鸟类、青蛙、蜘蛛、蛇、狐狸等。这些食肉动物可统称为次级消费者。食肉动物之间又是"弱肉强食"，由此可进一步分为三级消费者、四级消费者，这些消费者通常是生物群落中体型较大，性情凶猛的种类，如虎、狮、豹及鲨鱼等。但是，生态系统中以食肉动物为食的三级或四级消费者数量并不多。消费者中最常见的是杂食性消费者，如池塘中的鲤鱼，大型兽类中的熊等。它们的食性很杂，食物成分季节性变化大。在生态系统中，正是杂食消费者的这种营养特点构成了极其复杂的营养网络关系。

3. 还原者（Reducers）

还原者亦称分解者（Decomposers），主要指以动物残体为生的异养生物，故又有小型消费者之称，包括细菌、真菌、放线菌等微生物，也包括一些原生动物和腐食性动物，如甲虫、蠕虫、白蚂蚁和某些软体动物。它们在生态系统中的重要作用是把复杂的有机物分解为简单的无机物，归还到环境中供生产者重新利用。分解者在生态系统的能量转化和物质循环中具有重要意义，特别是在营养循环、废物消除和土壤肥力形成中发挥着巨大的作用。

（三）生态系统组分间的关系

生态系统的四个基本成分，在能量获得和物质循环中各以其特有的作用而相互影响、互为依存，通过复杂的营养关系而紧密结合为一个统一整体，共同组成了生态系统这个功能单元。生物和非生物环境对于生态系统来说是缺一不可的。倘若没有环境，生物就没有生存的空间，也得不到赖以生存的各种物质，因而也就无法生存下去。但仅有环境而没有生物成分，也就谈不上生态系统。从这种意义上讲，生物成分是生态系统的核心，绿色植物则是核心的核心，因为绿色植物既是系统中其他生物所需能量的提供者，同时又为其他生物提供了栖息场所。而且，就生物对环境的影响而言，绿色植物的作用是至关重要的。正因为如此，绿色植物在生态系统中的地位和作用始终是第一位的。一个生态系统的组成、结构和功能状态，除决定于环境条件外，更主要决定于绿色植物的种类构成及其生长状况。生态系统中还原者的作用也是极为重要的，尤其是各类微生物，正是它们的分解作用才使物质循环得以进行。否则，生产者将因得不到营养而难以生存和保证种群的延续，地球表面也将因没有分解过程而使动植物尸体堆积如山。整个生物圈就是依靠这些体型微小、数量惊人的分解者和转化者消除生物残体，同时为生产者源源不断地提供各种营养原料。

生态系统中的环境、生产者、消费者和分解者构成了生态系统的四大组成要素，它们之间通过能量转化和物质循环相联系，构成了一个具有复杂关系和执行一定功能的系统。生态系统中各组分间的关系如图 13-3 所示。

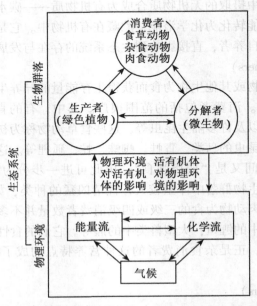

图 13-3 典型陆地生态系统中生物组分与非生物组分之间相互关系图解

(引自 G. F. Cox, 1979)

三、生态系统的结构

生态系统的结构包括两个方面的含义：一是各种生物的空间配置（分布）状态；二是组成成分及其营养关系。具体来说，生态系统的结构包括空间结构、物种结构和营养结构。

（一）空间结构

生态系统的空间结构指生态系统中各种生物的空间配置（分布）状况，亦即生物群落的空间格局状况。如同群落的结构一样，生态系统中生物的种类、数量及其空间配置（水平分布、垂直分布）的时间变化（发育、季相）以及地形地貌等环境因素，如山地、平原等构成了生态系统的空间结构。其中，群落中的植物种类、数量及其空间位置是生态系统的骨架，是各个生态系统的主要标志。

（二）物种结构

物种结构是指生态系统中各类物种在数量方面的分布特征。各类生态系统在物种数量及规模上的差异很大，如水域生态系统的生产者主要是须借助显微镜才能分辨的浮游藻类，而森林生态系统中的生产者却是一些高达几米，甚至几十米的乔木和各种灌木。而且，即使一个比较简单的生态系统，要全部搞清它的物种结构也是极其困难的，甚至是不可能的。因此，在实际工作中，人们主要是以群落中的优势种类，生态功能上的主要种类或类群作为研究对象。

（三）营养结构

生态系统的营养结构即食物网及其相互关系。生态系统是一个功能单位，以系统中物质循环和能量流动作为显著特征，而生态系统中能量的流动及物质循环是借助于"食物链"和"食物网"来实现的。因此，食物链和食物网便是生态系统中物质循环和能量流动的渠道。

1. 食物链（Food Chain）

食物链指生态系统中生物组分通过吃与被吃的关系彼此联结起来的一个序列，组成一个整体，就像一条链索一样，这种链索关系就被称为食物链。

食物链概念是 1942 年美国生态学家林德曼（Lindeman）在研究 Cedar Bog 湖内生物种群能量流动规律时，由中国谚语"大鱼吃小鱼，小鱼吃虾，虾吃浮游生物"得到启发而提出来的。在生态系统中，绿色植物固定太阳能形成有机物质，然后被食草动物取食，食肉动物又通过取食这些食草动物，形成一系列的食物链，沿着食物链，能量在生态系统中得以传递和转化。如农业生态系统中最基本的食物链：谷物→人，饲草→牛→人，谷物→猪→人。

根据食物链能量流动的发端和生物成员取食方式的差异，食物链的基本类型有三种：

①捕食食物链（Predator Chain）。捕食食物链也称草牧食物链，其能量发端于植物，到草食动物，再到肉食动物，是直接消耗活有机体及其部分的食物链。在陆地上起始于绿色植物，在水体中起始于浮游植物，典型的如"草→蝗虫→青蛙→蛇→鹰"，在生物防治中有"植物→害虫→天敌"。

②腐生食物链（Saprophytic Food Chain）。腐生食物链也称残渣食物链，是由多种微生物参与，以死亡的有机体为营养源，通过腐烂、分解将有机质还原为无机物质的食物链。在农业生产中用棉籽壳、稻草等生产蘑菇，用秸秆、粪便等有机物质产生沼气的过程都是腐生食物链的运用。

③寄生食物链（Parasitic Food Chain）。以活的生物有机体为营养源，以寄生方式生存的食物链。一般都开始于较大的生物体，如"哺乳动物→跳蚤→原生动物→细菌→病毒"和"大豆→菟丝子"等都是典型的寄生食物链。

在生态系统中，食物链往往不是单纯捕食、寄生、腐生的关系，而是它们之间交错形成的一条链状结构，这种链状结构就称混合食物链。如稻草喂牛→牛粪养蚯蚓→蚯蚓养鸡→鸡粪加工后喂猪→猪粪投塘养鱼，就构成一条既有捕食又有腐生的混合食物链。

2. 营养级（Trophic Levels）

营养级是指生物在食物链上所处的位置，食物链上的每一个环节就称为一个营养级。

营养级的排列，常以能流在食物链上的发端开始，因此在生态系统中，由于绿色植物总处于食物链的始端，所以是第一营养级，依次草食动物是第二营养级，肉食动物是第三营养级，如饲草→牛→人这条食物链中，饲草是初级生产者，为第一营养级，牛为第二营养级，人是第三营养级。一般的自然生态系统中，超过第五营养级的极少。

在生态系统中，往往是一种生物同时取食多种食物。当一种生物有不同的食物来源时，我们可以用公式来计算该生物所处的营养级：

$$N = 1 + \sum P \cdot F$$

式中：N 指生物所处营养级；P 为该种食物源占全部食物的百分比；F 为食物源的营养级。

3. 食物网（Food Web）

在生态系统中，各种生物之间取食与被取食的关系，往往不是单一的，营养级常常是错综复杂的。一种消费者同时取食多种食物，而同一食物又可被多种消费者取食，于是形成食物链之间交错纵横，彼此相连，构成一种网状结构，这就是食物网（见图 13-4）。

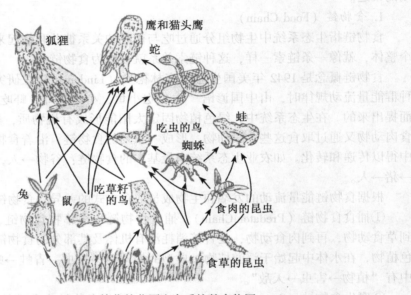

图 13-4　一个简化的草原生态系统的食物网

食物网使生态系统中的各种生物直接或间接地联系起来。生物种类越多，食性越复杂，形成的食物网就越复杂，也因此增加了系统的稳定性。生态系统内部营养结构也不是固定不变的，如果食物网中的某一条食物链发生障碍，可以通过其他的食物链来进行必要的调整和补偿。如草原上的野鼠因流行病而大量死亡，原来以野鼠为生的猫头鹰并不会因此而数量减少，它可以把取食对象换为草原野兔。食物网本质上是生态系统中有机体之间一系列反复地吃与被吃的相互关系，这种现象在自然界中极为普遍，它不仅维持着生态系统的相对平衡，而且还推动着生物的进化，成为自然界发展演变的动力。

4. 食物链的生物放大作用

在生态系统中，能量沿食物链的传递是逐级递减的，这是因为能量在食物链传递过程中伴随着热量的散失，遵守热力学第二定律。但是，食物链的另一个重要特点就是某些物质，尤其是一些有毒物质进入生物体后难以分解或排出，在生物体内积累（生物积累，Bioaccumulation），使其体内这些物质的浓度超过环境中的浓度，造成生物浓缩（Bivon-centration），或称生物富集（Biological Enrichment）。这些物质沿食物链从低营养级生物到高营养级生物传递，使处于高营养级生物体内的这些物质的浓度极为显著地提高，这种现象称为生物放大（Boimagnification）。

　　生物摄取的食物及其能量，有大约50%消耗在呼吸代谢过程中，那么，既不在呼吸过程中被代谢掉，也不易被排出体外的任何一种物质将会浓集在有机体组织中。在食物链的开始，有毒物质的浓度较低，随着营养级的升高，有毒物质的浓度逐渐增大，最终毒害处于营养级较高阶层的生物。如DDT是自然条件下相当稳定的农药，但施用后10~15年还会残留约一半。因DDT是脂溶性的，常聚集在动物的脂肪组织中，在捕食链中，很多动物被一个大动物捕食，体内DDT就集中在该捕食者体内，在食物链中经过多级类似的浓缩，最终会使处于食物链终端的肉食动物和人体内DDT含量达到危害健康的高浓度水平（见图13-5）。

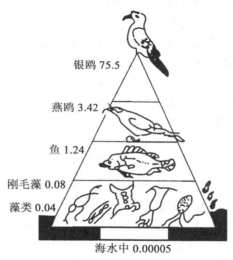

图 13-5　DDT 经食物链在水域生态系统中的生物放大（ppm）

　　食物链生物浓缩特点揭开了许多环境污染之谜，如日本九州鹿儿岛水俣市 1958 年出现成群的家猫狂奔，集体跳水及不少人全身骨痛难忍的怪事，直到 1965 年才查明是上游60km 处一个电子公司排出的含汞废水，经过浮游生物（硅藻等）→小昆虫→底层鱼→肉食鱼→家猫、人的途径产生汞毒害而引起。

第四节　生态系统功能

　　生态系统的结构及其特征决定了它的基本功能，这就是生物生产、能量流动、物质循环和信息传递。生态系统的这些基本功能不仅是相互联系、紧密结合的，而且是由生态系统中的生命部分——生物群落来实现的。

一、生物生产

　　生态系统中的生物生产包括初级生产和次级生产两个过程。前者是生产者（主要是绿色植物）把太阳能转变为化学能的过程，故又称之为植物性生产或第一性生产；后者是消费者（主要是动物）的生命活动将初级生产品转化为动物能，故称之为动物性生产。在一个生态系统中，这两个生产过程彼此联系，但又是分别独立进行的。

（一）生态系统的初级生产过程

生态系统初级生产的能源来自太阳辐射能，生产过程的结果是太阳能转变成化学能，简单无机物转变为复杂的有机物。初级生产实质上是一个能量的转化和物质的积累过程，是绿色植物的光合作用过程。

初级生产过程的复杂性不仅表现在人们对其微观生化过程、机理至今尚不完全清楚，而且从客观上讲，这个过程还受许多因素的制约。就光合作用所需物质而言，除水分和CO_2外，必须从土壤中吸收各种营养物质。许多环境因素如光照时数和强度、温度、降雨及植物群落的垂直结构等都影响着初级生产过程。

另外，人类活动对生态系统的干扰也影响着生物圈的初级生产过程，如大量原有植被的破坏使地球表面对太阳辐射的反射率增加，有可能通过影响地球的热量收支而引起气候的改变；化石燃料大量使用导致大气悬浮颗粒和水蒸气的增加，也影响到初级生产的能量环境（Energy Environment）。大气污染对生态系统生物生产的危害作用也非常明显，如SO_2可使植物光合作用降低，叶绿素含量减少；O_3可引起光合作用、呼吸作用、磷酸化等许多生理过程的变化，降低净光合率等。

地球上各类生态系统对光能的利用率都比较低。所谓光能利用率是指植物光合作用积累的有机物质所含的能量与照射到单位面积上的太阳光能总量的比率。据估算，每年投射到地球上的太阳辐射能的总量大约为2.93×10^{24}J。而地球上绿色植物通过光合作用每年可形成1.7×10^{11}t干物质，这相当于固定了3.0×10^{21}J的能量。照此估算，绿色植物的对光能的利用率平均只有0.14%。就是目前运用现代化技术管理的农田人工生态系统，其光能利用率也只是1.3%。然而，我们生存的地球就是依靠这样低的光能利用率所生产出的有限的有机物来维持各种生物，包括人类的生存。但是，世界人口的剧增，工业的迅速发展以及日益严重的环境污染问题交织在一起，一方面对粮食的需求量不断增加，另一方面生物圈的初级生产力又因生态环境的恶化而受到了很大影响。因此，粮食问题成为当代人类所面临的五大问题之一。

（二）生态系统的次级生产过程

生态系统的次级生产是指消费者和分解者利用初级生产物质进行同化作用建造自身和繁衍后代的过程。次级生产所形成的有机物（消费者体重增长和后代繁衍）的量叫做次级生产量。简单地说，次级生产就是异养生物对初级生产物质的利用和再生产过程。

生态系统净初级生产量只有一部分被食草动物所利用，而大部分未被采食或触及。真正被食草动物摄食利用的这一部分，称为消耗量（Consumption，C）。消耗量中大部分被消化吸收，这一部分称为同化量（Assimilation，A），未被消化利用的剩余部分，经消化道排出体外，称为粪便量（F）或把排尿量合在一起，称为粪尿量（FU）。被动物所同化的能量，一部分用于呼吸（R）而被消耗掉，剩余部分才被用于个体成长（P）或用于生殖。生态系统中各种消费者的营养层次虽不相同，但它们的次级生产过程基本上遵循与上述相同的途径。整个次级生产过程可概括为图13-6。

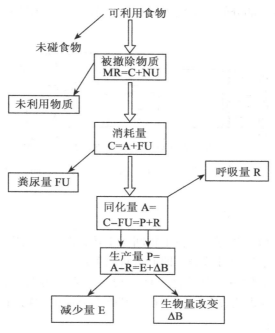

图 13-6　生态系统次级生产过程模式图

二、能量流动

生态系统的能量流动（Energy Flow of Ecosystem）是指能量通过食物网络在系统内的传递和耗散过程。简单地说，就是能量在生态系统中的行为。它始于生产者的初级生产，止于还原者功能的完成，整个过程包括着能量形态的转变、能量的转移、利用和耗散。

（一）生态系统能量流动的主要路径

生态系统中能量流动是指能量由非生物环境经生物有机体，再到外界环境所进行的一系列传递过程。例如，在农业生态系统中，能量流动的一般途径包括以下几个方面：

1. 太阳辐射的能量进入生态系统

太阳辐射的能量中有一半左右可以作为生理有效辐射为植物所利用，通过绿色植物的光合作用将其转化为化学潜能，储存在植物有机体中，但这部分能量一般只有总辐射能的1%~5%，其余能量以热的形式损耗掉了。

2. 以植物有机体储存的能量，沿食物链流动转化

由绿色植物合成的生物能，在食草动物、食肉动物的取食过程中被利用和消耗，能量沿食物链在各个营养级的生物中流动，每一营养级将上一级传递来的能量分为固定（构成各级生物体组织）、损耗（生命代谢过程中呼吸消耗等）和还原（各营养级残体、排泄物等由分解者进行分解、还原、释放的能量）三大部分。

3. 生态系统中能量的外界输入及输出

由于农业生态系统是个开放系统，有相当部分的能量人为地通过系统边界输入到系统

中，还有一部分被作为产品移出到系统外，为人类所利用。此外，通过动物的迁移、水和风的携带等途径，也有一部分能量被输入或输出生态系统（见图13-7）。

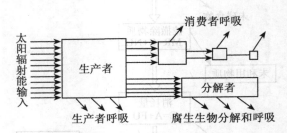

图 13-7　一个稳定生态系统的能量流　（引自 Spurr，1973）

（二）生态系统能量流动渠道

生态系统是通过食物关系使能量在生物间发生转移的。这是因为生态系统生物成员之间最重要、最本质的联系是通过营养，即通过食物关系实现的。食草动物取食植物，食肉动物捕食食草动物，即植物→食草动物→食肉动物，从而实现了能量在生态系统中的流动。食物关系的具体体现即为食物链以及在此基础上形成的食物网。食物链彼此交错连成食物网是因为如下因素：

①生态系统的生物成员有很多是杂食性的。

②同种生物在生长的不同阶段也会出现食性的变化。

③动物食性的季节变化。

④食物种类、数量的季节变化。

（三）能量传递的效率

1. 生态金字塔（Ecological Pyramid）

生态金字塔是反映食物链中营养级之间数量及能量比例关系的一个图解模型。根据生态系统营养级的顺序，以初级生产者为底层。各营养级的数量与能量比例通常是基部宽、顶部尖，类似金字塔形状，所以形象地称之为生态金字塔，也叫生态锥体。生态金字塔有三种基本类型：

（1）个体数金字塔。它描述的是某一时刻生态系统中各营养级的个体数，可用个数/m^2 表示。

（2）生物量金字塔。它描述的是某一时刻生态系统中各营养级生物的重量关系，用 kg/m^2 表示。

（3）能量金字塔。它是指一段时间内生态系统中各营养级所同化的能量，用 $kcal/(m^2 \cdot d)$ 或 $kcal/(m^2 \cdot a)$ 表示，如图13-8所示。

研究生态金字塔，对提高生态系统每一级的转化效率和改善食物链上的营养结构，获得更多的生物产品是有指导意义的。塔的层次多少，同能量的消耗程度有密切关系。层次越多，贮存的能量越少。塔基宽，生态系统稳定，但若塔基过宽，能量转化效率低，能量的浪费大。从农业生态系统来说，不仅要求系统稳定，还要求其转化效率要高，才有利于生态系统获得较多的生物产品，以提高系统生产力。生态金字塔直观地解释了各种生物的

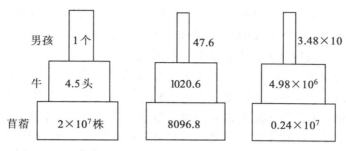

图 13-8　"苜蓿-牛-男孩"生态金字塔　　（引自 E. P. Odum）

多少和比例关系，如为什么大型食肉动物如老虎之类的数量不可能很多；人类要想以肉类为食，则一定面积养活的人数必然不能太多，如果把以粮食为食品改为以食草动物的肉为食品，按草食动物10%的转化效率计算，那么每人所需的耕地要扩大10倍。

2. 生态效率

在食物链中，后一营养级生物对前一营养级生物能量利用的百分比叫能量传递效率或生态效率。在生态系统的食物链中，初级生产者是一切有机体的唯一来源，其数目最大，生物量最多，生产力也最大。消费者只能依靠取食前一营养级生命体获得能源，能量顺营养级依次向上传递。能量在传递过程中在各营养级内及营养级之间都有损耗（见图13-9）。

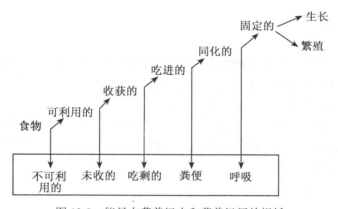

图 13-9　能量在营养级内和营养级间的损耗

3. 十分之一定律

十分之一定律是 Lindman 在 20 世纪 30 年代末期对天然湖泊和实验室水族箱的研究中得到的，实际上是对食物链营养级之间能量传递效率的一个粗略定量的描述。即：

林德曼效率＝$I_{n+1}/I_n = A_n I_n \times P_n / A_n \times I_{n+1}/P_n$ ＝（n+1）营养级摄取的食物/n 营养级摄取的食物

或　　　　林德曼效率＝（n+1）营养级的同化量/n 营养级的同化量，即 $L_e = A_{n+1}/A_n$

十分之一定律（林德曼效率）指的是食物链营养级之间的能量传递效率大约平均为10%。以后大量的研究表明，自然生态系统各营养级消费者之间的能量传递效率常在

4.5%~20%之间，证实了十分之一定律的科学性。但十分之一定律适用于水域生态系统，对陆地生态系统不完全一致。陆地生态系统中消费者效率有时比海洋生态系统低得多，主要原因是陆地的净生产量不是全部逐级传递给下一个营养级，而是其中大部分（包括凋落物、不可食的等）被传到分解者那里被分解消化了。

在集约生产方式中，几种畜产品的能效率分别为：肉牛 5.2%~7.8%，羊 11%~14.6%，蛋鸡 11.4%~11.6%，兔 12.5%~17.5%，奶牛 20%。在各种畜禽中，反刍动物尤其奶牛能充分利用人类所不能直接利用的青粗饲料转化为人类生活所需要的产品。据研究表明，牛对粗纤维的消化率比草食动物马和单胃动物猪高 25%~65%，特别是奶牛，每消化 100kg 饲料所生产的食品，是其他畜禽难以比拟的。

（四）能量流的基本特点

能量流有如下特点：

①生态系统中的能量来源与太阳能，对太阳能的利用率只有 1% 左右。

②生态系统内能量流是单向的沿着食物链营养级的低级向高级流动，具有不可逆性和非循环性。

③生态系统中能量沿食物链逐渐减少，能流越流越细。一般说来，某一营养级从前一营养级处获得其所含能量的 10%，其余约 90% 能量用于维持呼吸代谢活动而转变为热能耗散到环境中去了。各种形式的能量不论维持时间的长短，最后均以热能形式回归大气。

因此，生态系统是一个能量开放系统，要维持生态系统的正常运转，就得不断地向系统内输入能量。

三、物质循环

生态系统中的物质主要指生物维持生命活动正常进行所必需的各种营养元素。包括近 30 种化学元素，其中主要的是碳、氢、氧、氮和磷 5 种，它们构成全部原生质的 97% 以上。这些营养物质存在于大气、水域及土壤中。

生态系统中各种营养物质经过分解者分解成可被生产者利用的形式归还环境中重复利用，周而复始地循环，这个过程叫物质循环。物质通过食物链各营养级传递和转化，完成生态系统的物质流动。

（一）生态系统物质循环的层次及类型

1. 生态系统物质循环的层次

（1）生物个体层次的物质循环。在这个层次上，生物个体吸收营养物质建造自身，经过代谢活动，生物从外界取得生存必需的物质，并使这些物质变成生物本身的物质，同时把体内产生的废物排出体外。这种新物质代替旧物质的过程叫做新陈代谢（简称代谢），通过代谢作用又把物质排出体外，经过分解者的作用归还于环境。

（2）生态系统层次（生态系统内）的物质循环。在初级生产者的代谢基础上，通过各级消费者和分解者把营养物质归还环境之中，又称为生物小循环或营养物质循环。这一循环是在一个具体范围内进行的（某一生态系统内），物质循环流速快、周期短。

（3）生物圈层次的物质循环（生物地球化学循环）。这一层次的物质循环是营养物质在各生态系统之间的输入与输出，以及它们在大气圈、水圈和土壤圈之间的交换。"生物地球化学循环"又称"生物地质化学循环"。因为生物体全部原生质约有 97% 以上由氧、碳、氢、氮、磷五种元素组成，它们在生物圈中的物质循环过程分属生物、地质、化学系统。这些营养物质存在于大气、水域及土壤中。如果说，生态系统能量的来源是太阳，那么，物质的来源便是生物栖身的地球，即地球上的大气圈、水圈、岩石圈及土壤圈。一个来自"天"，一个来自"地"，正是这"天"与"地"的结合，才有了生命所需要的能量和物质。

2. 生态系统物质循环的类型

生物地球化学循环包括地质大循环和生物小循环两部分内容。根据物质在循环时所经历的路径的不同，从整个生物圈的观点出发，生物地球化学循环可分为气态循环型和沉积循环型两类。

（1）地质大循环和生物小循环：

①地质大循环。物质或元素经生物体的吸收作用，从环境进入生物有机体内，生物有机体再以死体、残体或排泄形式将物质或元素返回环境，进入大气、水、岩石、土壤和生物五大自然圈层的循环。地质大循环时间长、范围广，是闭合式循环（见图 13-10）。

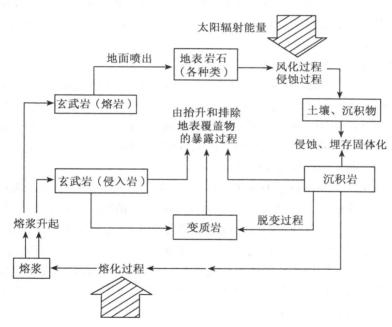

图 13-10 地质循环的主要过程 （据 Copyright，1977）

②生物小循环。环境中的元素经生物体吸收，在生态系统中被多层次利用，然后经过分解者的作用，再为生产者吸收、利用。生物小循环的时间短、范围小，是开放式的循环（见图 13-11）。

地质大循环是物质通过四大自然圈层的循环，具有全球性质，循环周期较长。如整个大气圈中的 CO_2，通过生物圈中生物的光合作用和呼吸作用，约 300 年循环一次；O_2 通过生物代谢约 2000 年循环一次；水圈中的水（包括占地球表面 71% 的海洋）通过生物圈

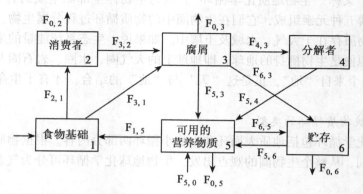

箭头表示营养物质流向（F），方块中数字表示分室号数，O代表环境；
$F_{2,1}$表示物质从1分室流向2分室

图13-11 营养物质生物地化循环

的吸收、排泄、蒸发、蒸腾，约200万年循环一次。至于由岩石、土壤风化出来的矿物元素，循环一次则需要更长时间，有的可长达几亿年。而生物小循环则要快得多，如水10天就可以循环一次。

（2）气相型循环和沉积型循环

①气相型循环（Gaseous Type Cycles）。其贮存库在大气圈或水圈（海洋）中，即元素或化合物可以转化为气体形式，通过大气进行扩散，弥漫在陆地或海洋上空，在很短时间内可以为植物重新利用，循环比较迅速，例如碳、氮、氧等。由于有巨大的大气贮存库，对于干扰可相当快地进行自我调节（但大气的自我调节也不是无限的）。因此，从全球意义上看，这类循环是比较完全的循环。

②沉积型循环（Sedimentary Type Cycles）。许多矿物元素其贮存库在地壳里，经过自然风化和人类的开采冶炼，从陆地岩石中释放出来，为植物所吸收，参与生命物质的形成，并沿食物链转移。然后动植物残体或排泄物经微生物的分解作用，将元素返回环境。除一部分保留在土壤中供植物吸收利用外，一部分以溶液或沉积物状态随流水进入江河，汇入海洋，经过沉降、淀积和成岩作用变成岩石，当岩石被抬升并遭受风化作用时，该循环才算完成。这类循环是缓慢的，并且容易受到干扰，成为"不完全"的循环，受到生物作用的负反馈调节，变化较小。

（二）物质循环特征

1. 库（Pool）与流（Flow）

物质在运动过程中被暂时固定、贮存的场所称为库。生态系统中的各个组分都是物质循环的库，可分为植物库、动物库、大气库、土壤库和水体库。各库又可分为许多亚库，如植物库可分为作物、林木、牧草等亚库。在生物地球化学循环中，物质循环的库可归为两大类：一为贮存库，其容积较大，物质交换活动缓慢，一般为非生物成分的环境库；二为交换库，其容积较小，与外界物质交换活跃，一般为生物成分。例如，在一个水生生态系统中，水体中含有磷，水体是磷的贮存库；浮游生物体内含有磷，浮游生物是磷的交

换库。

物质在库与库之间的转移运动状态称为流。生态系统中的能流、物流和信息流，使生态系统各组分密切联系起来，并使系统与外界环境联系起来。没有库，环境资源不能被吸收、固定、转化为各种产物；没有流，库与库之间不能联系、沟通，则物质循环短路，生命无以维持，生态系统必将瓦解。

2. 生物量与现存量

在某一特定观察时刻，单位面积或体积内积存的有机物质总量称为生物量。它可以是特指的某种生物的生物量，也可以指全部植物、动物和微生物的生物量。多数人又将生物量称为现存量。生产量是现存量与减少量之和。减少量是指由于被取食、寄生或死亡、脱毛、产茧等损失的量，不包括呼吸损失量。生产量高的生态系统，生物现存量不一定大，例如，某生态系统的生产量为 500kg，由于减少量为零，则现存量为 500kg，另一生态系统的生产量为 5 000kg，但由于减少量为 4 500kg，其现存量也只有 500kg。在生态研究中通常测定的是现存量及由其推算的净生产量。

3. 周转率与周转期

周转率和周转期是衡量物质流动（或交换）效率高低的两个重要指标。周转率（R）是指系统达到稳定状态后，某一个组分（库）中的物质在单位时间内所流出的量（F_0）或流入的量（F_1）占库存总量（S）的份额。周转期是周转率的倒数，表示该组分的物质全部更换平均需要的时间。

$$周转率（R）= F_1/S = F_0/S$$
$$周转期（T）= 1/周转率 = 1/R$$

物质在运动过程中，周转速率越高，则周转一次所需时间越短。

物质的周转率用于生物的生长称为更新率。某段时间末期，生物的现存量相当于库存量（S）；在该段时间内，生物的生长量（P）相当于物质的输出量（F_0）。不同生物的更新率相差悬殊，一年生植物当生育期结束时生物的最大现存量与年生长量大体相等，更新率接近 1，更新期为 1 年。森林的现存量是经过几十年甚至几百年积累起来的，所以比年净生产量大得多，如某一森林的现存量为 324t/hm²，年净生产量为 28.6t/hm²，其更新率=28.6/324=0.088，更新期约 11.3 年。至于浮游生物，由于其代谢率高，现存生物量常常是很低的，但却有着较高的年生产量，如某一水体中浮游生物的现存量为 0.07t/hm²，年净生产量为 4.1t/hm²，其更新率=4.1/0.07=59，更新期只有 6.23 天。

4. 循环效率

当生态系统中某一组分的库存物质，一部分或全部流出该组分，但并未离开系统，并最终返回该组分时，系统内发生了物质循环。循环物质（F_C）占总输入物质（F_1）的比例，称为物质的循环效率（E_C）。

$$E_C = F_C/F_1$$

5. 生态系统内能流与物流的关系

生态系统内，同时存在着能流与物流，它们相伴而行、相辅相成，且不可分割。能流是物流的动力，物流是能流的载体。物质的循环过程，是物质由简单无机态到复杂有机态再回到简单无机态的再生过程，同时也是系统的能量由生物固定、转化和消散的过程。物质也好，能量也好，不管它们的形态发生怎样的变化，都遵循着守恒的原则。但是，相对于生态系统而言，由于太阳能为主要能源，是无限的，而物质却是有限的，分布也是很不均匀的。

进一步比较流经生态系统的能流和物流，它们之间还有很多的区别，如能流单向流动并且在转化过程中逐渐衰变，有效能的数量逐级减少，最终趋向于全部转化为低效热能，离开生态系统。生态系统中某些贮存的能量，也能形成逆向的反馈能流，但能量只能被利用一次，所谓再利用是指未被利用过的部分。而物流不是单方向流动，而是往复循环，不是只利用一次，而是重复利用，物质在流动的过程中只是改变形态而不会消灭，可以在系统内永恒地循环，不会成为废物。

任何生态系统的存在和发展，都是能流与物流同时作用的结果，二者有一方受阻都会危及生态系统的延续和存在。

6. 物质循环的调节

生态系统物质循环的自我调节作用表现在多方面，循环中每一个库和流因外来干扰引起的变化，都会引起有关生物的相应变化，产生负反馈调节使变化趋向消失而恢复稳态。大气中二氧化碳浓度上升会使光合作用增强；土壤中有效氮的缺乏，使共生、自生固氮微生物大量发展；水域富营养化水藻和水生植物恶性繁殖等都是这种负反馈作用的例子。

人对生态系统物质循环的干预，如果忽视了生态系统固有的自我调节能力，就有可能使某些有益的负反馈机制削弱或破坏，而导致系统发展失控直至产生严重的恶果。目前人类盲目地破坏植被、乱捕滥杀某些动物、大量地不适当地施用各种化学品以及向生态系统排放各类未经处理的污染物质所产生的后果都是这方面的例子。

（三）典型物质循环过程

1. 碳循环

碳是一切生物体中最基本的成分，有机体干重的45%以上是碳。

据估计，全球碳贮存量约为$26×10^{15}t$，但绝大部分以碳酸盐的形式禁锢在岩石中，其次是贮存在化石燃料中。生物可直接利用的碳是水圈和大气圈中以二氧化碳形式存在的碳，二氧化碳或存在于大气中或溶解于水中，所有生命的碳源均是二氧化碳。碳的主要循环形式是从大气的二氧化碳蓄库开始，经过生产者的光合作用，把碳固定，生成糖类，然后经过消费者和分解者，在呼吸和残体腐败分解后，再回到大气蓄库中。碳被固定后始终与能流密切结合在一起，生态系统的生产力的高低也是以单位面积中碳来衡量的。

植物通过光合作用，将大气中的二氧化碳固定在有机物中，包括合成多糖、脂肪和蛋白质，而贮存于植物体内。食草动物吃了以后经消化合成，通过一个一个营养级，再消化再合成。在这个过程中，部分碳又通过呼吸作用回到大气中；另一部分成为动物体的组分，动物排泄物和动植物残体中的碳，则由微生物分解为二氧化碳，再回到大气中。

除了大气，碳的另一个储存库是海洋，它的含碳量是大气的50倍，更重要的是海洋对于调节大气中的含碳量起着重要的作用。在水体中，同样由水生植物将大气中扩散到水上层的二氧化碳固定转化为糖类，通过食物链经消化合成，再消化再合成，各种水生动植物呼吸作用又释放二氧化碳到大气中。动植物残体埋入水底，其中的碳都暂时离开循环，但是经过地质年代，又可以石灰岩或珊瑚礁的形式再出露于地表；岩石圈中的碳也可以借助于岩石的风化和溶解、火山爆发等重返大气圈，有部分则转化为化石燃料，燃烧过程使大气中的二氧化碳含量增加（见图13-12）。

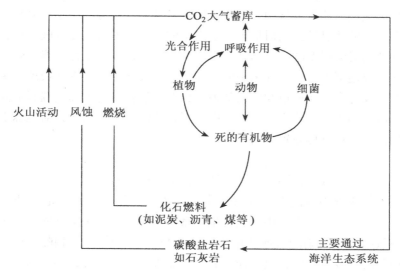

图 13-12　生态系统中的碳循环

自然生态系统中，植物通过光合作用从大气中摄取碳的速率与通过呼吸和分解作用而把碳释放到大气中的速率大体相同。由于植物的光合作用和生物的呼吸作用受到很多地理因素和其他因素的影响，所以大气中的二氧化碳含量有着明显的日变化和季节变化。例如，夜晚由于生物的呼吸作用，可使地面附近的二氧化碳的含量上升，而白天由于植物在光合作用中大量吸收二氧化碳，可使大气中二氧化碳含量降到平均水平以下；夏季植物的光合作用强烈，因此，从大气中所摄取的二氧化碳超过了在呼吸和分解过程中所释放的二氧化碳，冬季正好相反，其浓度差可达 0.002%。

二氧化碳在大气圈和水圈之间的界面上通过扩散作用而相互交换。二氧化碳的移动方向，主要决定于在界面两侧的相对浓度，它总是从高浓度的一侧向低浓度的一侧扩散。借助于降水过程，二氧化碳也可进入水体。1L 雨水中大约含有 0.3mL 的二氧化碳。在土壤和水域生态系统中，溶解的二氧化碳可以和水结合形成碳酸，这个反应是可逆的，反应进行的方向取决于参加反应的各成分的浓度。碳酸可以形成氢离子和碳酸氢根离子，而后者又可以进一步离解为氢离子和碳酸根离子。由此可以预见，如果大气中的二氧化碳发生局部短缺，就会引起一系列的补偿反应，水圈中的二氧化碳就会更多地进入大气圈中；同样，如果水圈中的二氧化碳在光合作用中被植物利用耗尽，也可以通过其他途径或从大气中得到补偿。总之，碳在生态系统中的含量过高或过低都能通过碳循环的自我调节机制而得到调整，并恢复到原有水平。大气中每年大约有 1×10^{11}t 的二氧化碳进入水体，同时水中每年也有相同数量的二氧化碳进入大气中，在陆地和大气之间，碳的交换也是平衡的，陆地的光合作用每年大约从大气中吸收 1.5×10^{10}t 碳，植物死后被分解约可释放出 1.7×10^{10}t 碳，森林是碳的主要吸收者，每年约可吸收 3.9×10^{9}t 碳。因此，森林也是生物碳的主要贮库，约储存 482×10^{9}t 碳，这相当于目前地球大气中含碳量的 2/3。

在生态系统中，碳循环的速度是很快的，最快的在几分钟或几小时就能够返回大气，一般会在几周或几个月返回大气。一般来说，大气中二氧化碳的浓度基本上是恒定的。但是，近百年来，由于人类活动对碳循环的影响，一方面森林大量砍伐，同时在工业发展中大量化石燃料的燃烧，使得大气中二氧化碳的含量呈上升趋势。由于二氧化碳对来自太阳的短波辐射有高度的透过性，而对地球反射出来的长波辐射有高度的吸收性，这就有可能导致大气层低处的对流层变暖，而高处的平流层变冷，这一现象称为温室效应。由温室效应而导致地球气温逐渐上升，引起未来的全球性气候改变，促使南北极冰雪融化，使海平面上升，将会淹没许多沿海城市和广大陆地。虽然二氧化碳对地球气温影响问题还有很多不明之处，有待人们进一步研究，但大气中二氧化碳浓度不断增大，对地球上生物具有不可忽视的影响，这一点是毋庸置疑的。

2. 氮循环

氮是蛋白质的基本成分，因此，是一切生命结构的原料。

虽然大气化学成分中氮的含量非常丰富，有 78% 为氮，然而氮是一种惰性气体，植物不能够直接利用。因此，大气中的氮对生态系统来讲，不是决定性库。必须通过固氮作用将游离氮与氧结合成为硝酸盐或亚硝酸盐，或与氢结合成氨，才能为大部分生物所利用，参与蛋白质的合成。因此，氮被固定后，才能进入生态系统，参与循环。

固氮的途径有三种。一是通过闪电、宇宙射线、陨石、火山爆发活动的高能固氮，其结果形成氨或硝酸盐，随着降雨到达地球表面。据估计，通过高能固定的氮大约为 $8.9kg/(hm^2 \cdot a)$。二是工业固氮，这种固氮形式的能力已越来越大。20 世纪 80 年代初全世界工业固氮能力已为 $3 \times 10^7 t$，到 20 世纪末，已接近 $1 \times 10^8 t$。第三条途径，也是最重要的途径就是生物固氮，为 $100 \sim 200kg/(hm^2 \cdot a)$，约占地球固氮的 90%。能够进行固氮的生物主要是固氮菌，与豆科植物共生的根瘤菌和蓝藻等自养和异养微生物。在潮湿的热带雨林中生长在树叶和附着在植物体上的藻类和细菌也能固定相当数量的氮，其中一部分固定的氮为植物本身所利用。

氮在环境中的循环可用图 13-13 来表示。植物从土壤中吸收无机态的氮，主要是硝酸盐，用做合成蛋白质的原料。这样，环境中的氮进入了生态系统。植物中的氮一部分为草食动物所取食，合成动物蛋白质。在动物代谢过程中，一部分蛋白质分解为含氮的排泄物（尿素、尿酸），再经过细菌的作用，分解释放出氮。动植物死亡后经微生物等分解者的分解作用，使有机态氮转化为无机态氮，形成硝酸盐。硝酸盐可再为植物所利用，继续参与循环，也可被反硝化细菌作用，形成氮气，返回大气库中。

因此，含氮有机物的转化和分解过程主要包括有氨化作用、硝化作用和反硝化作用。

氨化作用——由氨化细菌和真菌的作用将有机氮（氨基酸和核酸）分解成为氨与氨化合物，氨溶于水即成为 NH_4^+，可为植物所直接利用。

硝化作用——在通气情况良好的土壤中，氨化合物被亚硝酸盐细菌和硝酸盐细菌氧化为亚硝酸盐和硝酸盐，供植物吸收利用。土壤中还有一部分硝酸盐变为腐殖质的成分，或被雨水冲洗掉，然后经径流到达湖泊和河流，最后到达海洋，为水生生物所利用。海洋中还有相当数量的氨沉积于深海而暂时离开循环。

反硝化作用——也称脱氮作用，反硝化细菌将亚硝酸盐转变为大气氮，回到大气库中。

因此，在自然生态系统中，一方面通过各种固氮作用使氮素进入物质循环，而通过反硝化作用、淋溶沉积等作用使氮素不断重返大气，从而使氮的循环处于一种平衡状态。

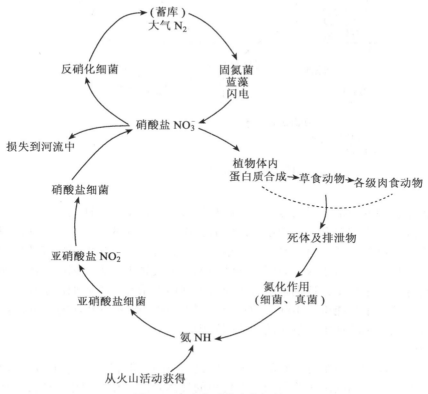

图 13-13　生态系统中的氮循环

3. 磷循环

磷是生物不可缺少的重要元素，生物的代谢过程都需要磷的参与，磷是核酸、细胞膜和骨骼的主要成分，高能磷酸键在腺苷二磷酸（ADP）和腺苷三磷酸（ATP）之间可逆地转移，它是细胞内一切生化作用的能量。

磷不存在任何气体形式的化合物，所以磷是典型的沉积型循环物质。沉积型循环物质主要有两种存在相：岩石相和溶解盐相。循环的起点源于岩石的风化，终于水中的沉积。由于风化侵蚀作用和人类的开采，磷被释放出来，由于降水成为可溶性磷酸盐，经由植物、草食动物和肉食动物而在生物之间流动，待生物死亡后被分解，又使其回到环境中。溶解性磷酸盐，也可随着水流进入江河湖海，并沉积在海底。其中一部分长期留在海里，另一些可形成新的地壳，在风化后再次进入循环（见图 13-14）。

在陆地生态系统中，含磷有机物被细菌分解为磷酸盐，其中一部分又被植物再吸收，另一些则转化为不能被植物利用的化合物。同时，陆地的一部分磷由径流进入湖泊和海洋。在淡水和海洋生态系统中，磷酸盐能够迅速地被浮游植物所吸收，而后又转到浮游动物和其他动物体内，浮游动物每天排出的磷与其生物量所含有的磷相等，所以使磷循环得以继续进行。浮游动物所排出的磷又有一部分是无机磷酸盐，可以为植物所利用，水体中其他的有机磷酸盐可被细菌利用，细菌又被其他的一些小动物所食用。一部分磷沉积在海洋中，沉积的磷随着海水的上涌被带到光合作用带，并被植物所吸收。因动植物残体的下

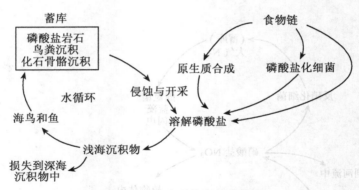

图 13-14　生态系统中的磷循环

沉，常使得水表层的磷被耗尽而深水中的磷积累过多。磷是可溶性的，但由于磷没有挥发性，所以，除了鸟粪和对海鱼的捕捞，磷没有再次回到陆地的有效途径。在深海处的磷沉积，只有在发生海陆变迁，由海底变为陆地后，才有可能因风化而再次释放出磷，否则就将永远脱离循环。正是由于这个原因，使陆地的磷损失越来越大。因此，磷的循环为不完全循环，现存量越来越少，特别是随着工业的发展而大量开采磷矿加速了这种损失。据估计，全世界磷蕴藏量只能维持100a左右，在生物圈中，磷参与循环的数量，目前正在减少，磷将成为人类和陆地生物生命活动的限制因子。

4. 硫循环

硫是原生质体的重要组分，它的主要蓄库是岩石圈，但它在大气圈中能自由移动，因此，硫循环有一个长期的沉积阶段和一个较短的气体阶段。在沉积相，硫被束缚在有机或无机沉积物中。

岩石库中的硫酸盐主要通过生物的分解和自然风化作用进入生态系统。

化能合成细菌能够在利用硫化物中含有的潜能的同时，通过氧化作用将沉积物中的硫化物转变为硫酸盐；这些硫酸盐一部分可以为植物直接利用，另一部分仍能生成硫酸盐和化石燃料中的无机硫，再次进入岩石蓄库中。

从岩石库中释放硫酸盐的另一个重要途径是侵蚀和风化，从岩石中释放出的无机硫由细菌作用还原为硫化物，土壤中的这些硫化物又被氧化成植物可利用的硫酸盐。

自然界中的火山爆发也可将岩石蓄库中的硫以硫化氢的形式释放到大气中，化石燃料的燃烧也将蓄库的硫以二氧化硫的形式释放到大气中，可为植物吸收。

硫循环与磷循环有类似之处，但硫循环要经过气体型阶段。

硫的主要蓄库是硫酸盐岩，但大气中也有少量的存在。虽然生物对硫的需要并不像对碳、氮和磷那么多，而且硫不会成为有机体生长的限制因子。但在硫循环中涉及许多微生物的活动，生物体需要硫合成蛋白质和维生素。植物所需要的大部分硫主要来自于土壤中的硫酸盐，同时可以从大气中的二氧化硫获得。植物中的硫通过食物链被动物所利用，或动植物死亡后，微生物对蛋白质的分解将硫释放到土壤中，然后再被微生物利用，以硫化氢或硫酸盐形式而释放硫。无色硫细菌既能将硫化氢还原为单质硫，又能将其氧化为硫酸；绿色硫细菌在有阳光时，能利用硫化氢作为氧接收者；生活于沼泽和河口的紫细菌能使硫化氢氧化，形成硫酸盐，进入再循环，或者被产生者生物所吸收，或为硫酸还原细菌所利用（见图13-15）。

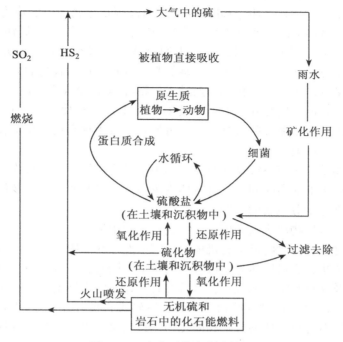

图 13-15 生态系统中的硫循环

人类对硫循环的影响很大，通过燃烧化石燃料，人类每年向大气中输入的二氧化硫已达 $1.47×10^8$t，其中 70% 来源于燃烧煤。二氧化硫在大气中遇水蒸气反应形成硫酸。大气中的硫酸对于环境有许多方面的影响，对人类及动物的呼吸道产生刺激作用，如果是细雾状的微小颗粒，还能进入肺，刺激敏感组织。二氧化硫浓度过高，就会成为灾害性的空气污染，例如伦敦 1952 年、纽约和东京 1960 年的二氧化硫灾害，造成支气管性哮喘大增，死亡率上升。空气中的污染物的种类很多，现在往往将硫的浓度作为空气污染严重程度的指标，空气中硫含量与人的健康关系最为密切。

（四）有毒有害物质循环与人体健康

1. 有毒有害物质循环

全球化学污染是指化学物质在全球水平上对生物——非生物复合系统所具有的消极作用，致使它在全球规模上影响着生物的生存和人体的健康，它是化学物质生物地球化学循环引起的负面效应。也就是说，污染物质的生物地球化学循环是其遍布全球并进入食物链的基本方式。例如，PCB（多氯联苯）、二噁英和农药尽管在局部地区已禁止使用，但它们通过大气分室的生物地球化学循环，使世界范围内的大湖泊及浮游生物、鱼类中都含有这些化学物质。

有毒有害物质的循环是指那些对有机体有毒有害的物质进入生态系统，通过食物链富集或被分解的过程。由于工农业迅速发展，人类向环境中投放的化学物质与日俱增，从而使生物圈中的有毒有害物质的数量与种类相应增加，这些物质一经排放到环境中便立即参与生态系统的循环，它们像其他物质循环一样，在食物链营养级上进行循环流动。所不同的是大多数有毒物质，尤其是人工合成的大分子有机化合物和不可分解的重金属元素，在生物体内具有浓缩现象，在代谢过程中不能被排除，而被生物体同化，长期停留在生物体内，造成有机体中毒、死亡。Hg、Cd、As、Cr、Cu 等重金属污染已成为人类所面临的严重环境问题之一。Hg 污染引起的"水俣病"、Cd 污染引起的"痛痛病"（又称"骨痛病"）等公害事件曾为世界所震惊。随后人们对这些有毒有害重金属元素在生物圈的迁移、转化及循环十分关注，并积累了较丰富的基础资料。化学农药的大量生产和使用也加剧了全球化学污染的严重性。当化学农药进入生物-非生物复合系统后，一般在土壤、水、大气和生物产生一定的毒害作用，并有可能对某些生物地球化学过程产生"毁灭性"的影响。农药生物地球化学循环的最终效应，可能是导致生物圈处于化学农药的完全暴露之下，带来一系列不良影响。

因此，有毒物质的生态系统循环与人类的关系最为密切，但又最为复杂。有毒物质循环的途径、在环境中的滞留时间、在有机体内浓缩的数量和速度，以及作用机制和对有机体影响的程度等都是十分重要的问题。

一般情况下，毒性物质进入环境，常常被空气和水稀释到无害的程度，以至无法用仪器检测。即使是这样，对食物链上有机体的毒害依然存在。因为小剂量毒物在生物体内经过长期的积累和浓集，也可以达到中毒致死的水平。同时，有毒物质在循环中经过空气流动及水的搬运以及在食物链上的流动，常常使有毒物质的毒性增加，进而造成中毒的过程复杂化。在自然界也存在着对毒性物质分解，减轻毒性的作用，例如放射性物质的半衰期，以及某些生物对有毒物质的分解和同化作用；相反，也有某些有毒物质经过生态系统的循环后使毒性增加，例如汞的生物甲基化等。

与大量元素相比较，尽管有毒有害物质的数量少，但随着人类对环境的影响越来越大，向环境中排放的物质的数量和种类仍在增加，它对生态系统各营养级的生物的影响也与日俱增，甚至已引起生态灾难，所以对有毒物质在生态系统中循环规律的研究已成为保护人类自身所必须。

2. 地表元素迁移与人体健康

自然界中由于环境条件的不同，地表元素发生迁移，常造成一些元素在地表分布的不均。在一些生态系统分散流失，在另一些生态系统中又积累。这种生物地化循环常常导致某些生态系统中生命元素含量的异常，或不足，或过剩，会造成植物、动物乃至人类的疾病。俗话说"一方水土养一方人"就是这个道理。这类疾病常呈现区域性，故称"地方病"。据统计，人体除必需的大量元素外，还需要铁、锰、硼等 14 种微量元素，在正常情况下，这些元素在人体内处于相对平衡状态。一旦平衡的稳定状态遭到破坏，病变就会发生。微量元素在人体内含量虽少，但对保持人体健康和生物的生长发育却有重要的意义。

生物地球化学地方病大多数与微量元素有关，它主要是由化学环境异常引起的人体健康效应。人体从环境中摄入的元素数量超出或低于人体正常需要量，就会产生代谢失调，出现病态反应，影响健康。

引起地表化学元素区域分异的因子是多样而复杂的，一是化学元素本身的性质和内部结构；二是各区域自然地理条件和自然地理特征；三是人类活动类型和生活习惯与方式。

地方性甲状腺肿是由环境严重缺碘而引起的一种世界性地方病。主要集中分布于世界几个著名大山脉——安第斯山、喜马拉雅山、阿尔卑斯山和比利牛斯山，以及新西兰岛、新几内亚岛和非洲的马达加斯加岛等，其中以亚、非、拉地区流行最为严重。碘迁移能力很强，容易淋溶流失，因此世界上缺碘地区分布很广，主要是受地质地貌-气候条件的影响，山区半山区及沙丘、河流两岸冈地都能使碘容易淋失。碘异常的程度与地方性甲状腺肿患病率之间表现为一种概率统计相关关系，即碘的缺乏或过剩程度越严重，地方性甲状腺肿患病率就越高。

氟过多而造成的地方性氟中毒是由于长期饮用、食用当地高氟水或食物引起的一种慢性全身性骨骼系统疾病。轻者牙齿出现氟斑牙，重者出现氟骨症。人体主要从饮水和饮食中摄取氟，大部分来自饮用水。氟既是人体必需微量元素，又是中毒性元素。氟的化学性质活泼，是一种易迁移元素，在自然环境中的各种环境条件都会影响其迁移和累积，因此，氟在环境中的分布很不均匀，形成以氟不足为特征的龋齿高发区和以氟过剩为特征的地方性氟中毒区。

地方性砷中毒是指由原生环境引起的砷中毒。地方性砷中毒病是通过饮用水而致病，例如，日本、新西兰等国温泉、火山温泉地区，美国俄勒冈州、中国台湾的台南县、内蒙古的包头附近地区、新疆奎屯等地，都是比较典型的地方性砷中毒病区。患者表现为体弱、头晕、头痛、疲乏、失眠等非特异性中枢神经系统中毒症状。少数患者出现再生性障碍贫血、营养不良等，严重者表现为肢体无力、行动困难、运动失调。

大骨节病是一种原因不明的地方性骨关节病，病区分布具有明显的区域性。主要侵犯儿童和青年，其中7~15岁学龄儿童为易感人群。病人主要表现为关节疼痛，增粗变形，运行障碍，肌肉萎缩。重者发育障碍，短肢畸形，丧失劳动力。该病主要分布在我国从东北向西南走向的一条狭长地带内，即黑龙江、吉林、辽宁、内蒙古、河北、河南、山东、山西、陕西、甘肃、青海、四川、西藏和北京等地，此外在日本、朝鲜北部、俄罗斯远东和西伯利亚地区均有发生。有关大骨节病病因主要有生物地球化学说和食物性真菌毒素中毒学说两种，其环境特征与自然环境因素有密切关系。我国大骨节病病带可划分为四种生态环境类型：山地针阔混交林棕褐土生态环境类型；黄土高原落叶阔叶林黑垆土生态环境类型；平原湖相沉积生态环境类型和沙漠沼泽草炭沉积生态环境类型。在这四种生态环境类型中普遍存在低硒、高腐殖酸的环境特征。事实证明，在大骨节病区改造低硒环境，增加硒的摄入量能有效地控制大骨节病的发生。

克山病是一种以心肌坏死为主要症状的地方病，因最早发现于我国东北地区克山县而得名。患者发病急，死亡率高。克山病主要分布于我国黑龙江、吉林、辽宁、内蒙古、河北、河南、山东、山西、陕西、甘肃、宁夏、青海、四川、云南、湖北及西藏等地的某些地区。从东北至西南呈一宽带状分布。克山病病因至今未明，目前主要有生物病因学说和生物地球化学学说。多数学者认为克山病与自然环境水土因素密切相关，缺硒或处于低硒水平是该病带的典型环境特征。

四、信息传递

（一）信息传递类型

信息传递（又称信息流）指生态系统中各生命成分之间及生命成分与环境之间的信息流动与反馈过程，是生物之间、生物与环境之间相互作用、相互影响的一种特殊形式。

一般将生态系统的信息传递分为物理信息、化学信息、营养信息与行为信息。

1. 物理信息

以物理过程为传递形式的信息称作物理信息。声、光、色等都属于生态系统中的物理信息，鸟的鸣叫，狮虎的咆哮，蜜蜂、蝴蝶的飞舞，萤火虫的闪光，花朵艳丽的色彩和诱人的芳香都属于物理信息，这些对生物而言，可表示吸引、排斥、警告、恐吓等信息。

2. 化学信息

生物在某些特定条件下，或某个生长发育阶段，代谢产生的一些特殊物质，或分泌出某些特殊的激素，这些物质在生物种群或个体之间传递某种信息，这就是化学信息。这些信号或对释放者本身有利，或有益于信号接收者。它们影响着生物的生长、健康或物种生物特征。如烟草中的尼古丁和其他植物碱可使烟草上的蚜虫麻痹；成熟橡树叶子含有的单宁不仅能抑制细菌和病毒，同时还使蛋白质形成不能消化的复杂物质，限制脊椎动物和蛾类幼虫的取食；胡桃树的叶表面可产生一种物质，被雨水冲洗落到土壤中，可抑制土壤中其他灌木和草本植物的生长。这些都是植物为自我保护而向其他生物所发生的化学信息。

3. 营养信息

通过营养关系，把信息从一个种群传递给另一个种群，或从一个个体传递给另一个个体，即为营养信息。从某种意义上说，食物链、食物网就代表着一种营养信息传递系统。

4. 行为信息

许多同种动物、不同个体相遇，时常会表现出有趣的行为格式，即所谓的行为信息。这些信息有的表示识别，有的表示威胁、挑战，有的向对方炫耀自己的优势，有的则表示从属，有的则为了配对等。行为生态学已成为一个独立的分支。

（二）信息传递与物流、能流的关系

信息流与物质流、能量流相比有其自身特点：物质流是循环的，能量流是单向的、不可逆的；而信息流却是有来有往的、双向运动的，即既有从输入到输出的信息传递，又有从输出到输入的信息反馈。正是由于信息流，一个自然生态系统在一定范围内的自动调节机制才得以实现。

生命是有序的象征，生命自身的演化历程始终与环境保持不间断的能量、物质和信息的交换。正是这种不停顿的交换与输入、输出，正是这种开放性，生态系统的有序性才得以维持和强化，系统的功能才能不断升级和进化。在生态系统的演化过程中，环境是生态系统的信息源，当系统中自养生物——植物通过光合作用，把来自环境的太阳光以化学能的形态固定下来并输入生态系统的同时，也就把信息引进了系统。信息以物质为载体，其流动与传输又不可缺少能量的驱动，没有必要的能量与物质作为保证，要发挥信息的作用是不可想象的；而信息的传递又影响着能量、物质流动的方向与状态。在任何具体的生命体或生态系统中，能量、物质和信息总是处于不可分割的相干状态。没有这种相干状态，机体和系统的有序性就无从实现。正是这些信息同能量、物质的协同作用，把地球生物圈中的数万个物种联结成一个整体；生态系统中许多植物的异常表现和许多动物的异常行为所包含的行为信息，常常预示着灾变或反映着环境的变化。关于生态系统中的信息流，许多问题尚在研究过程之中，这是一个有待开拓的宽阔而又深邃的科学领域。

第五节 生 态 平 衡

一、生态系统的反馈调节

自然生态系统大多属于开放系统，只有人工建立的、完全封闭的宇宙舱生态系统才可

归属于封闭系统。开放系统（见图 13-16（a））必须依赖于由外界环境的输入，如果输入一旦停止，系统也就失去了功能。开放系统如果具有调节其功能的反馈机制，该系统就成为控制系统（见图 13-16（b））。所谓反馈，就是系统的输出变成了决定系统未来功能的输入。一个系统，如果其状态能够决定输入，就说明它有反馈机制的存在。图 13-16（b）就是图 13-16（a）加进了反馈环以后变成的可控制系统。要使反馈系统能起控制作用，系统应具有某个理想的状态或位置点，系统就能围绕位置点而进行调节。图 13-16（c）表示具有一个位置点的可控制系统。

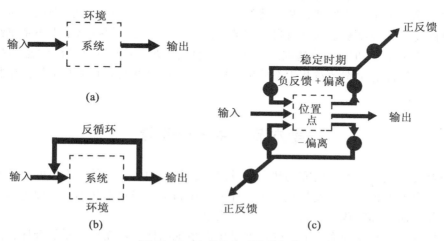

图 13-16　自然生态系统的调控

反馈分为正反馈和负反馈。负反馈控制可使系统保持稳定，正反馈使偏离加剧。例如，在生物生长过程中个体越来越大，在种群持续增长过程中，种群数量不断上升，这都属于正反馈。

正反馈也是有机体生长和存活所必需的。但是，正反馈不能维持稳态，要使系统维持稳态，只有通过负反馈控制。因为地球和生物圈是一个有限的系统，其空间、资源都是有限的，所以应该考虑用负反馈来管理生物圈及其资源，使其成为能持久地为人谋福利的系统。

二、生态平衡

由于生态系统具有负反馈的自我调节机制，所以在通常情况下，生态系统会保持自身的生态平衡。生态平衡是指生态系统通过发育和调节所达到的一种稳定状况，它包括结构上的稳定、功能上的稳定和能量输入、输出上的稳定。也就是说，在一定时期内，生态系统内的生物种类与数量相对稳定，它们之间及它们与环境之间的能量流动、物质循环和信息传递也保持稳定，达到高度适应、统一协调的状态。

生态平衡是一种动态平衡，而非静止的平衡。因为能量流动和物质循环总是在不间断地进行，生物个体也在不断地进行更新。在自然条件下，生态系统总是朝着种类多样化、结构复杂化和功能完善化的方向发展，直到使生态系统达到成熟的最稳定状态为止。

当生态系统达到动态平衡的最稳定状态时，它能够自我调节维持自己的正常功能，并能在很大程度上克服和消除外来的干扰，保持自身的稳定性。有人把生态系统比喻为弹簧，它能忍受一定的外来压力，压力一旦解除就又恢复原初的稳定状态，这实质上就是生态系统的反馈调节。但是，生态系统的这种自我调节功能是有一定限度的，当外来干扰因素（如火山爆发、地震、泥石流、雷击火烧、人类修建大型工程、排放有毒物质、喷洒大量农药、人为引入或消灭某些生物等）超过一定限度的时候，生态系统自我调节功能本身就会受到损害，从而引起生态失调，甚至导致发生生态危机。生态危机是指由于人类盲目活动而导致局部地区甚至整个生物圈结构和功能的失衡，从而威胁到人类的生存。生态平衡失调的初期往往不容易被人类所觉察，如果一旦发展到出现生态危机，就很难在短期内恢复平衡。为了正确处理人和自然的关系，我们必须认识到整个人类赖以生存的自然界和生物圈是一个高度复杂的具有自我调节功能的生态系统，保持这个生态系统结构和功能的稳定是人类生存和发展的基础。因此，人类的活动除了要讲究经济效益和社会效益外，还必须特别注意生态效益和生态后果，以便在改造自然的同时能基本保持生物圈的稳定和平衡。

第六节　生　态　修　复

生态修复是当今生态学研究的热点问题之一，其原因在于，随着人口的增长和经济的发展，自然资源的掠夺性开发频频发生，环境恶化和生态退化不断加剧，促进退化生态系统功能恢复的研究和实践事关人类的生存和发展。

生态修复是针对受损而言的。受损就是生态系统结构、功能和关系的破坏，因而，生态恢复就是恢复生态系统合理的结构、高效的功能和协调关系。生态修复的目标是把受损的生态系统返回到它先前的、或类似的、或者有用的状态，最终使受损的生态系统明显地融合在周围的景观中，或看上去类似或起的作用像某一熟悉且可接受的环境。由此可见，修复不等于复原，修复包含着创造与重建。

生态工程修复（Restoration）是指有意识地改造一个地点，建成一个确定的、本土的、历史的生态系统的过程。在此过程中尽力模仿自然生态系统的结构、功能与动态。早期，生态工程修复措施被用于修复湿地、改造矿区、恢复牧场和森林。近年来，这种思想引起保护生物学家的兴趣，并被用于受损生态系统生物多样性的修复。

在正常情况下，生态系统在遭受自然力损害（如火灾、火山爆发、飓风等）之后，通过自然演替过程可能恢复到原来的生物量、群落结构，甚至类似的种类组成。但是，一些被人类活动破坏的生态系统的自然恢复能力非常有限。尤其当生态系统中胁迫力量仍然存在时，自然恢复的可能性更低。在极端情况下（例如，物理环境已经变得使原有物种不能在原处生存），自然恢复几乎是不可能的。为此，人为胁迫生态系统引起的生物多样性下降，必须由人为干预予以恢复。

生态修复中的人为干预措施可以分为三种基本途径，即复原、重建和替换。

复原是指通过重新引入方法（如栽培和播种原有植物，引进原有动物等）恢复受损地点原来的种类组成和群落结构。例如，在恢复美国伊利诺斯州因垦植而受到严重损害的草原生态系统时，生物学家仔细搜寻当地铁路路基、公墓及其他未受耕作影响的残留地以获得构成原先草原生物区系植物种群，并将采集到的种子和昆虫引进到重建地点。严格来说，将一个受损生态系统的生物多样性完全恢复到原先的状况是相当困难的。生态系统受损的性质和程度常比肉眼所见更为复杂和严重。例如，由草原变为农田的过程不但改变动植物区系，也改变了草原土壤结构，从而使土壤微生物区系也发生极大改变。而复原由草原植被动物区系及土壤微生物的组成复合系统需要相当长的时间。

重建是指受损生态系统的部分功能和部分原有物种得到恢复。由于受到众多因素的影响，复原受损生态系统常常是不可能的，因而重建便成为一种现实的替代途径。在现实条件限制下，重建虽不如复原理想，但比完全不恢复好。

替换是指用另一种有生产力的生态系统代替严重受损或退化的生态系统。例如，可用牧场替换已退化的森林，用一处生态系统的种类重建另一处受损或退化的生态系统等等。

在生态修复中，重建植物群落常常是关键，对于陆生生态系统的修复尤其如此。其主要原因在于植物是初级生产者并为整个生物群落的形成提供了一个基本框架。但是，这并不意味着可以忽视群落中的其他成分。真菌和细菌在营养循环中有决定性作用。土壤动物对改造土壤结构有重要作用。植食性动物在减少植物竞争和维持物种多样性上是重要的。昆虫是重要的传粉媒介。脊椎动物作为种子传播者、捕食者对维持生态系统功能有重要作用。因此，在修复和重建受损生态系统的过程中，必须重视各种干扰对生态系统的作用及生态演替规律的研究，在这些基础上对科学研究成果、技术对策及社会经济学等问题进行综合评判，从而对受损生态系统作出合乎自然规律并有益于人类的治理措施，使受损害的生态系统在自然及人类的共同作用下真正得到修复、改建和重建（见图13-17）。

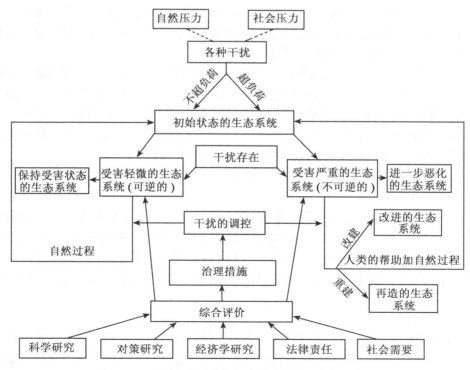

图 13-17 受损生态系统修复和重建对策、途径示意图

第十四章　地球上的生态系统

因受地理位置（纬度、经度）、气候及下垫面的影响，地球上的生态系统是各式各样的。根据生态系统的环境性质与形态特征，可将生态系统分为陆地生态系统与水域生态系统。根据生态系统形成原动力及人类对其影响程度，又可将生态系统分为自然生态系统与人工生态系统两大类，并可进一步细分为森林、草原、荒漠、淡水、海洋等类型。

第一节　森林生态系统

地球上森林的主要类型有 4 种，即热带雨林、亚热带常绿阔叶林、温带落叶阔叶林及北方针叶林。

一、热带雨林生态系统

热带雨林分布在赤道及其两侧的湿润区域，是目前地球上面积最大、对维持人类生存环境起作用最大的森林生态系统，总面积近 $1.7 \times 10^7 km^2$，约占地球上现存森林面积的一半。它主要分布在 3 个区域：一是南美洲的亚马孙盆地，二是非洲的刚果盆地，三是东南亚一些岛屿，往北可伸入我国西双版纳与海南岛南部。

热带雨林分布区域终年高温多雨，年平均气温 26℃ 以上，年降水 2 500 ~ 4 500mm，全年均匀分布，无明显旱季。这里风化过程强烈，母岩崩解层深厚；土壤强烈淋溶，留下三氧化物（Al_2O_3，Fe_2O_3），即砖红壤化过程。土壤养分极为贫瘠，而且是酸性的。雨林所需要的营养成分，几乎全贮备于植物量中，每年一部分植物量死去，很快矿质化，并直接被根系所吸收，形成一个几乎封闭的循环系统（见图 14-1）。

上述环境条件使雨林植被具备如下特点：

1. 种类组成极为丰富

据统计，组成热带雨林的高等植物在 45 000 种以上，而且绝大部分是木本的。如马来半岛一地就有乔木 9 000 种。在 1.5hm² 样地内，乔木常达 200 种左右（圭那亚 217 种，尼日利亚 192 种）。除乔木外，热带雨林中还富有藤本植物和附生植物。自第三纪以来，这里的生存环境很少发生剧烈的变化，因此几百万年来，雨林本身也仅有很缓慢的变化和发展。

2. 群落结构复杂

热带雨林中，每个种均占据自己的生态位，植物对群落环境的适应，达到极其完善的程度，每一个种的存在，几乎都以其他种的存在为前提。乔木一般可分为 3 层，第一层高30 ~ 40m 以上，树冠宽广，有时呈伞形，往往不连接。第二层一般 20m 以上，树冠长、宽相等。第三层 10m 以上，树冠锥形而尖，生长极其茂密。再往下为幼树及灌木层，最后

图 14-1 热带雨林生态系统

为稀疏的草本层，地面裸露或有薄层落叶。此外，藤本植物及附生植物发达，成为热带雨林的重要特色。藤本植物多木本，粗如绳索或电线杆，一般长 70m 左右，有时达 240m。其中大藤本可达第一乔木层或第二乔木层，主干不分支，达天顶时则繁茂发育。小藤本多单子叶植物或蕨类，一般不超过树冠荫蔽的范围。附生植物多生长在乔木、灌木或藤本植物的枝叶上，其组成包括藻、菌、苔藓、蕨类和高等有花植物。还有一类植物开始附生在乔木上，以后生气根下垂入土，营独立生活，并常杀死藉以支持的乔木，所以被称为"绞杀植物"，如无花果属（Ficus）的一些种。

3. 乔木的特殊构造

雨林中的乔木，往往具有下述特殊构造：

①板状根。第一层乔木最发达，第二层次之。每一树干具 1~10 条，一般 3~5 条，高度可达地面上 9m。

②裸芽。

③乔木的叶子在大小、形状上非常一致，全缘，革质，中等大小。幼叶多下垂，具红、紫、白、青等各种颜色。

④茎花：由短枝上的腋芽或叶腋的潜伏芽形成，多一年四季开花。

⑤多昆虫传粉。

4. 无明显季相交替

组成雨林的每一个植物种都终年进行生长活动，但仍有其生命活动节律。乔木叶子平均寿命 13~14 个月，零星凋落，零星添新叶。多四季开花，但每个种都有一个多少明显的盛花期。

上述植被特点给动物提供了常年丰富的食物和多种多样的隐避场所，因此这里也是地球上动物种类最丰富的地区。据报道，巴拿马附近的一个面积不到 $0.5km^2$ 小岛上，就有哺乳动物 58 种，但每种的个体数量少，捉 100 种动物容易，但捉一个种的 100 个个体却很困难。这是长期进化过程中，动物生态位选择与类型分化的结果，大多数热带雨林动物均为窄生态幅种类。热带雨林的生境对昆虫、两栖类、爬虫类等变温动物特别适宜，它们在这里广泛发展，而且体躯巨大，某些昆虫的翅膀可长达 17~20cm，一种巨蛇身长达 9m。

热带雨林生态系统中能流与物质流的速率都很高,但呼吸消耗量也很大。热带雨林净初级生产力的平均值为 20t/（hm² · a）,太阳能固定量为 $3.43×10^7$J/（m² · a）,光能利用率约 1.5%,为农田平均光能利用率的 2 倍。可见,热带雨林是陆地生态系统中生产力最高的类型。

热带雨林中生物资源极为丰富,如三叶橡胶是世界上最重要的橡胶植物,可可、金鸡纳等是非常珍贵的经济植物,还有众多物种的经济价值有待开发。开垦后可种植巴西橡胶、油棕、咖啡、剑麻等热带作物。但应注意的是,在高温多雨条件下,有机物质分解快,物质循环强烈,植被一旦破坏,很容易引起水土流失,导致环境退化,而且在短时间内不易恢复。因此,热带雨林的保护是当前全世界关心的重大问题,它对全球的生态效率都有重大影响,例如对大气中 O_2 和 CO_2 平衡的维持具有重大意义。

二、常绿阔叶林生态系统

常绿阔叶林指分布在亚热带湿润气候条件下并以壳斗科、樟科、山茶科、木兰科等常绿阔叶树种为主组成的森林生态系统,它是亚热带大陆东岸湿润季风气候下的产物,主要分布于欧亚大陆东岸北纬 22°~40° 之间。此外,非洲东南部、美国东南部、大西洋中的加那利群岛等地也有少量分布。其中,我国常绿阔叶林是地球上面积最大（人类开发前约 $2.5×10^6$km²）、发育最好的一片。

常绿阔叶林分布区夏季炎热多雨,冬季少雨而寒冷,春秋温和,四季分明。年平均气温 16~18℃,最热月平均气温 24~27℃,最冷月平均气温 3~8℃,冬季有霜冻,年降雨量为 1 000~1 500mm,主要分布在 4~9 月,冬季降水少,但无明显旱季。土壤为红壤、黄壤或黄棕壤。本区域从侏罗纪起,一直保持温暖湿润的气候,海陆分布与气候变化都很小,所以保存了第三纪已基本形成的植被类型和古老种属,著名的如银杏（Ginkgo Biloba）、水杉（Metasepuoia Glyptostroboides）、鹅掌楸（Liriodendron Chinense）等（见图 14-2）。

图 14-2　亚热带常绿阔叶林生态系统

常绿阔叶林的结构较之热带雨林简单,高度明显降低,乔木一般分两个亚层,上层林冠整齐,一般高 20m 左右,很少超过 30m,以壳斗科、樟科、山茶科常绿树种为主;第二亚层树冠多不连续,高 10~15m,以樟科、杜英科等树种为主。灌木层多少明显,但较稀疏，草本层以蕨类为主。藤本植物与附生物仍常见，但不如雨林繁茂。

常绿阔叶林的地上生物量与净生产力均较热带雨林为低，据钟章成（1988）等报道，四川常绿阔叶林的优势树种大头茶（Gordonia Acumenata）地上生物量为 150~176t/hm²，净初级生产力约为 10t/（hm²·a），其中 90%以上为地上部分。

我国常绿阔叶林区是中华民族经济与文化发展的主要基地，平原与低丘全被开垦成以水稻为主的农田，是我国粮食的主要产区。原生的常绿阔叶林仅残存于山地。

三、落叶阔叶林生态系统

落叶阔叶林又称夏绿林，分布于中纬度湿润地区。年平均气温 8~14℃，一月平均气温多在 0℃以下（−22~−3℃），7 月平均气温 24~28℃，年降水量为 500~1 000mm。由于这里冬季寒冷，树木仅在暖季生长，入冬前树木叶子枯死并脱落。土壤为褐色土与棕色森林土，较为肥沃。这类森林主要分布于北美中东部、欧洲及我国温带沿海地区。优势树种为壳斗科的落叶乔木，如山毛榉属（Fagus）、栎属（Quercus）、栗属（Castanea）、椴属（Tilia）等，其次为桦木科、槭树科、杨柳科的一些种。这类森林一般分为乔木层、灌木层和草本层，成层结构明显。乔木层组成单纯，常为单优种，有时为共优种，高 15~20m，灌木层一般比较发达，草本层也比较茂密（见图 14-3）。目前，原始的落叶阔叶林仅残留在山地，平原及低丘多被开垦为农田，如我国的华北平原、北美东部等，为棉花、小麦杂粮及落叶果树的主要产区。

图 14-3　温带阔叶林生态系统

在原始状态下，落叶阔叶林叶面积指数为 5~8（热带雨林达 12 以上），净初级生产力 10~15t（hm²·a），而现存生物量可达 200~400t/hm²。

落叶阔叶林的消费者也有其特色，哺乳动物有鹿、獐、棕熊、野猪、狐、松鼠等，鸟类有野鸡、莺等，还有各种各样的昆虫。

落叶阔叶林巨大的植物生物量仅养活着小量的动物，而动物生物量又集中在土壤动物上。蚯蚓的个体数目平均达 100 条/m²。此外，真菌等微生物的数量更多，生物量虽小，但其呼吸消耗的热能却远高于各类动物。这些动物有的冬季休眠或远距离迁移，有的全年活动但冬季储藏食物。

四、北方针叶林生态系统

北方针叶林分布在北半球高纬度地区，面积约 $1.2×10^7 km^2$，仅次于热带雨林占据第二位。由于这里气候寒冷，土壤有永冻层，不适于耕作，所以自然面貌保存较好。

北方针叶林地区处于寒温带，年平均气温多在 0℃ 之下，夏季最长一个月，最热月平均 15~20℃，冬季长达 9 个月以上，最冷月平均 −21~−38℃，绝对最低气温 −52℃，≥10℃ 持续期少于 120d，年降水量 400~500mm，集中夏季降落。优势土壤为棕色针叶林土，土层浅薄，以灰化作用占优势。

北方针叶林种类组成较贫乏，乔木以松（Pinus）、云杉（Picea）、冷杉（Abies）、铁杉（Tsuga）和落叶松（Larix）等属的树种占优势，多为单优种森林（北美优势种较多），树高 20m 上下。林下灌木层稀疏，但以贫养的常绿小灌木和草本植物组成的地被层很发达，并常具各种藓类。枯枝落叶层很厚（可达 50t/hm²），分解缓慢，下部常与藓类一起形成毡状层，树木根系较浅，这是对土壤冻结层的适应。

针叶树的叶面积大（叶面积系数可达 16），终年常绿，但因冷季长，土壤贫瘠，净初级生产力是很低的，据英国生态学家 L. E. Rodin 等人的资料，泰加林的生物量可达 100~330t/hm²，但净初级生产力仅 4.5~8.5t/(hm²·a)，是所有森林生态系统中最低的。在冬季不太冷的温带地区，针叶林的净初级生产力可达 14t/(hm²·a)。据 Whittaker（1972）等人测定，北方针叶林的平均净初级生产力约 8t/(hm²·a)，年生产力 $9.6×10^9 t/a$，占全球森林生态系统总生产力 $77.2×10^9 t/a$ 的 12.4%（见图 14-4）。

西伯利亚的原始针叶林

大兴安岭亚寒带针叶林

图 14-4

北方针叶林的动物有驼鹿、马鹿、驯鹿、黑貂、猞猁、雪兔、松鼠、鼯鼠、松鸡、飞龙等及大量的土壤动物（以小型节肢动物为主）和昆虫，后者常对针叶林造成很大的危害。这些动物活动的季节性明显，有的种类冬季南迁，多数冬季休眠或休眠与贮食相结合。动物的数量年际之间波动性很大，这与食物的多样性低而年际变动较大有关。

北方针叶林组成整齐，便于采伐，作为木材资源对人类是极其重要的。在世界工业木材总产量（约 $1.4×10^9 m^3$）中，一半以上来自针叶林。

第二节　草原生态系统

草原是内陆干旱到半湿润气候条件的产物，以旱生多年生禾草占绝对优势，多年生杂类草及半灌木也或多或少起到显著作用。世界草原总面积约 $2.4×10^7km^2$，为陆地面积的六分之一，大部分地段作为天然放牧场。因此，草原不但是世界陆地生态系统的主要类型，而且是人类重要的放牧畜牧业基地。

根据草原的组成和地理分布，可分为温带草原与热带草原两类。

温带草原分布在南北两半球的中纬度地带，如欧亚大陆草原（Steppe）、北美大陆草原（Praitie）和南美草原（Pampas）等。这里夏季温和，冬季寒冷，春季或晚夏有一明显的干旱期。由于低温少雨，草群较低，其地上部分高度多不超过 1m，以耐寒的旱生禾草为主，土壤中以钙化过程与生草化过程占优势（见图 14-5）。

热带草原分布在热带、亚热带，其特点是在高大禾草（常达 2~3m）的背景上散生一些不高的乔木，故被称为热带稀树草原或萨王纳（Savanan）群落。这里终年温暖，雨量常达 1 000mm 以上，在高温多雨影响下，土壤强烈淋溶，以砖红壤化过程占优势，比较贫瘠。但一年中存在一个到两个干旱期，加上频繁的野火，限制了森林的发育（见图 14-6）。

图 14-5　温带草原生态系统

图 14-6　热带稀树草原生态系统

草原动物区系丰富，大型哺乳动物和稀树草原上的长颈鹿，欧亚大陆草原上的野驴、黄羊，北美草原的野牛等，还有众多的啮齿类和鸟类，以及丰富的土壤动物与微生物。

草原的净初级生产力变动较大，对温带草原而言，从荒漠草原 0.5t/（$hm^2 \cdot a$）到草甸草原 15t/（$hm^2 \cdot a$）；热带稀树草原生产力高一些，变动于 2t/（$hm^2 \cdot a$）到 20t/（$hm^2 \cdot a$）之间，平均达 7t/（$hm^2 \cdot a$）。在草原生物量中，地下部分常常大于地上部分，气候越是干旱，地下部分所占比例越大。值得指出的是，土壤微生物的生物量常达很高数量，如加拿大南部草原当植物生物量为 434g/m^2 时，30cm 土层内土壤生物量达 254g/m^2；我国内蒙古草原土壤生物的取样分析结果也与之相近。

在热带稀树草原上，植物组成的饲用价值不高，植物中含有大量纤维和二氧化硅，氮、磷含量很低，N 仅 0.3%~1%，P 仅 0.1%~0.2%。因此，初级生产量虽高，但草原动物生物量仍很低。如非洲坦桑尼亚稀树草原上，主要草食动物为野牛、斑马、角马、羚羊与瞪羚，当植物量为 24t/hm² 时，草食动物量仅 7.5kg/hm²。

对放牧生态系统，家畜代替了野生动物成为主要的消费者。家畜所需要的能量用于三个方面：一是维持生活，二是觅食活动，三是保证生产。它们食用的能量可用饲料单位（U. F）表示，1U. F 为 1kg 大麦所具有的净能量，相当于 1.25~1.30kg 高质量的干草或 5.5kg 高质量的鲜草。

温带草原是世界上主要的粮食和畜牧产地，但自 20 世纪 60 年代以来，草原生态系统普遍出现草原退化现象，如何有效地保护和合理利用草原已经引起许多国家的重视。由于草原生态系统是在特定的干旱、半干旱气候下形成的脆弱生态系统，所能承受的压力和反馈能力是十分有限的，因此应在对其生产力和动态变化进行深入研究基础上，有针对性地制定最适载畜量，严格控制牲畜数，合理利用制度，以保持生态系统长期稳定。

第三节　荒漠与苔原生态系统

一、荒漠生态系统

荒漠（Desert）是地球上最耐旱的，以超旱生的灌木、半灌木或小半乔木占优势的地上部分不能郁闭的一类生态系统。它主要分布于亚热带干旱区，往北可延伸到温带干旱地区。这里生态条件极为严酷，年降水量少于 200mm，有些地区年雨量还不到 50mm，甚至终年无雨。由于雨量少，易溶性盐类很少淋溶，土壤表层有石膏累积。地表细土被风吹走，剩下粗砾及石块，形成戈壁；而在风积区则形成大面积沙漠（见图 14-7）。

图 14-7　荒漠生态系统

荒漠植被极度稀疏，有的地段大面积裸露。主要有 3 种生活型适应荒漠区生长：荒漠灌木及半灌木、肉质植物；短命植物与类短命植物。荒漠生态系统的消费者主要是爬行类、啮齿类、鸟类以及蝗虫等。它们如同植物一样，也是以各种不同的方法适应水分的缺乏。大部分哺乳动物由于排尿损失大量水分而不能适应荒漠缺水的生态条件，但个别种类的哺乳动物却具有非凡的适应能力，如更格卢科（Heteromyidae）的啮齿类动物，能无限地以干种子为生而不需要饮水，也不需用水调节体温，白天在洞穴内排出很浓的尿以形成一个局部具有较大湿度的小环境。例如施密德-尼尔森（Schmidt-nielsen）研究发现，洞穴内的相对湿度为 30%~50%，而夜间荒漠地面上的相对湿度为 0%~15%，这样这些动物夜间从洞穴里爬出来，荒漠地面相对湿度大致和日夜洞穴的湿度相等，白天它们则在洞穴内度过。因此这些啮齿动物对荒漠的适应既是行为上的，也是生理上的。爬行类和一些昆虫具有对水分缺乏的适应，它们都有相对不为水渗透的体被和干排泄物（尿酸和嘌呤）。据英国生态学家 E. B. Edney 研究，沙漠昆虫是防水的，具有一种在高温下能保持不透水的物质。

荒漠生态系统的初级生产力非常低，低于 0.5g/（m²·a）。生产力与降雨量之间呈线性函数关系。由于初级生产力低下，所以能量流动受到限制并且系统结构简单。通常荒漠动物不是特化的捕食者，因为它们不能单依靠一种类型的食物，必须寻觅可能利用的各种能量来源。

荒漠生态系统中营养物质缺乏，因此物质循环的规模小。即使在最肥沃的地方，可利用的营养物质也只限于土壤表面 10cm 范围之内。由于许多植物生长缓慢，动物也多半具较长的生活史，所以物质循环的速率很低。

二、苔原生态系统

苔原分布在北美和亚欧大陆的北冰洋沿岸及附近岛屿，南半球只有福克兰岛、南佐治亚群岛等有分布。

这里的气候特点是夏季短促而温凉，7 月平均气温低于 14℃，冬季最低气温可达 -55℃，年降水量大部分地区只有 300mm，多以雪的形式降落，形成终年积雪或冰冻地带。苔原地区光照特殊，夏季很多地方长昼无夜，但冬季又漫漫长夜，在这种严酷的气候条件下，森林不能生长，植物种类极少，以苔藓、地衣为主，植株矮小，多呈匍匐状或垫状，并且有根深、多刺、白毛等旱生结构。由于苔原地区温度低，营养期短，植物生长极其缓慢，如杨柳的枝条在一年中只增长 1~5mm。苔原的动物无论种类还是数量都比较稀少。生态系统的食物链较简单，最主要的第一性生产者是藓类和多种地衣。驯鹿、旅鼠和雪兔等是主要的食草动物，山猫、狐、狼是第一性消费者的食肉动物。在短促的夏季，苔原上丰富的昆虫为候鸟提供了充足的食源（见图 14-8）。

苔原生态系统的生产率低，平均小于 1g/（m²·d），但其中约有 2 倍或更多的生物量转运于根、根茎和鳞茎等地下组织，因此总生产率比测定的生物量稍大。

图 14-8　苔原生态系统

第四节　湿地生态系统

湿地是地球上功能众多、性质独特的生态系统，是自然界生物多样性最丰富的环境之一，也是人类最重要的环境资源之一。湿地的蓄洪给水、调节气候、减轻土壤侵蚀、促淤造陆、降解环境污染物、维护生物多样性、为人类提供旅游娱乐场所及食品能源等功能是其他生态系统所无可比拟的。

一、湿地的特点

目前有关湿地的定义很多，但没有一个统一的定义，它们的共同点是都具有多水（积水或过湿）、独特的土壤（水成土或半成土）、适水的生物活动三个基本特征。湿地是介于陆地和水生环境之间的过渡带，兼有两种系统的某些特征，这是狭义的湿地概念。而从广义上理解，在 1971 年国际湿地公约中，则把湿地定义为"湿地系指不论其为天然或人工、常久或暂时的沼泽地、泥炭地或水域地带，带有或静止或流动，或淡水、半咸水或咸水水体者，包括低潮时水深不超过 6m 的水域"。一些科学家把湿地称为"自然之肾"，原因在于其在水分和化学物质循环中所表现出的功能及在下游作为自然和人为废弃物的接收器的功能上，也可以作为地下水和地面水而具有排洪、蓄洪功能。从某种意义上来说，湿地在景观中为动植物区系提供了独立的生境。

据统计，全世界共有湿地 $8.558 \times 10^6 km^2$，占陆地总面积的 6.4%（不包括滨海湿地），其中以热带比例最高，占湿地总面积的 30.82%，寒带占 29.89%，亚热带占 25.06%，亚寒带占 11.89%。湿地是水陆相互作用下形成的独特的生态系统，具有调节水循环和作为栖息地养育丰富生物多样性的基本生态功能。世界自然资源保护大纲中将其与农业、林业并列为三大生态系统。

湿地生态系统中的水文条件是最为主要的特点之一，使之成为区别于陆生生态系统和深水生态系统的独特特性。它包括了输入、输出、水深、水流方式、淹水持续期和淹水频率。水的输入来自降水、地表径流、地下室、泛滥河水及潮汐（海岸湿地）。水的输出包括蒸散作用、地表外流、注入地下水以及感潮外流。湿地水周期是其水位的季节变化，保证了水文的稳定性。水文条件决定了湿地的物理、化学性质，水的流入总是给湿地注入营养物质，水的流出又经常带走生物的、非生物物质。这种水的交流不断地影响和改变着湿地生态系统。

湿地土壤是在淹水或水饱和的条件下形成的无氧条件的土壤，通常称为水成土，它是湿地生态系统的又一特征。湿地土壤中有机物质的有氧呼吸生物降解受到条件的制约时，可通过无氧过程来降解有机碳，如厌氧菌通过发酵作用，将相对分子质量高的碳水化合物分解成相对分子质量低的可溶性有机化合物，提供给其他微生物利用。在土壤水过饱和的情况下，动植物残体不易分解，土壤有机质含量很高，如泥炭沼泽土中的有机质含量可高达 $600 \sim 900 g/kg$。湿地土壤通常具有较高的持水能力，如潜育沼泽持水能力为 200%～400%，泥炭沼泽持水能力更强，草本泥炭在 400%～800%，藓类泥炭一般都超过 1 000%。

湿地生态系统还有一个特点就是过渡性。由于湿地生态系统位于水陆交错的界面，具有显著的边际效应（或称边缘效应）。所谓边际效应是指在两类（水、陆）生态系统的过渡带或两种环境的结合部，由于远离系统中心，所经常出现一些特殊适应的生物物种，构成这类地带具有丰富物种的现象。湿地有一般水生生物所不能适应的周期性干旱，湿地也有一般陆地植物所不能忍受的长期淹水。湿地生态系统的边际效应不仅表现在物种多样性上，还表现在生态系统结构上，无论其无机环境还是生物群落都反映出这种过渡性特点。湿地生物群落就是湿地特殊生境选择的结果，其组成和结构复杂多样，生态学特征差异大。许多湿生植物具有适应于半水半陆生境的特征，湿生动物也以两栖类和涉禽占优势。

二、湿地的功能

（一）生态功能

湿地具有生物多样性的意义，不仅是一个巨大的物种基因库，而且有丰富的生态多样性和物种多样性的特点。我国的湿地共有 500 多种淡水鱼类及 300 多种鸟类（其中包括 40 多种国家一类保护的珍稀鸟类），约有 200 种的迁徙水禽在湿地中转停歇和栖息繁殖，湿地是野生动物和鱼类良好的栖息地。湿地具有极高的生产力和代谢能力，其中淡水沼泽的净初级生产力与热带雨林不相上下。它由挺水型、浮叶型、漂浮型、沉水型等丰富多彩的植物资源和鱼类、软体动物等构成的有利于水禽栖息的食物链，可提供的产品包括粮食、蔬菜、水果、禽肉、芦苇、药品、木材及水电资源等 20 多种（见图 14-9）。

图 14-9　湿地生态系统

（二）水文调节功能

湿地是地球上淡水资源的生物贮水库，湿地如江河、湖泊、池塘等几乎集中了所有的地表水，既是生产和生活用水的水源，也是地下水的重要补给源之一，同时有些湿地可能是地下水的排水区。因此，湿地是水资源的一个源和库。这是由于湿地的土壤具有特殊的水文物理性质，其土壤剖面中草根层和泥炭层孔隙度达 72.93%，饱和持水量达 830%～1 130%，最大持水量 400%～600%，能保持其土壤重量 3～9 倍或更高的蓄水量，底层质地黏重和不透水更加保证了它具有巨大的蓄水能力。因此当洪水来临之时，一方面湿地土壤以土壤水的形式存储一部分以直接减少流量；另一方面湿地中的植被可以阻挡截留一部分洪水以减缓流速，避免所有洪水在同一时间到达下游，起到调蓄洪峰、控制洪水的作用，从而减轻洪水危害。

（三）环境调节功能

湿地可以调节局地小气候，它储存的一部分过量洪水在几天、几星期或几个月的时间内缓慢释放，另一部分则在流动过程中通过下渗成为地下水和通过蒸发形式提高局地空气湿度。湿地还可以减缓水流速度，具有滞留沉积物的功能，尤其是沼泽湿地腐殖质丰富，母质为黏土或亚黏土。一些有毒有害物质和营养物质附着在沉积物颗粒上，随着水中悬浮物的沉降，下游河水的含沙量减少，同时营养物质沉降之后被湿地的植物吸收，经过一系列生物化学作用以收获生物量的形式排出湿地系统。

三、湿地的价值

（一）湿地在生物多样性保护中处于关键位置

生物多样性保护是人类生存环境的保护、改善和持续利用的一个最为重要的方面，是当今国际社会普遍关注的中心之一。1992 年联合国环境与发展大会上各国政府签署的《生物多样性公约》，反映了在这一领域达成的共识。就是在这样一个永恒的环境与发展热点问题上，湿地以其丰富的生态多样性、物种多样性及其遗传多样性的特点，占据着无可替代的位置，保护湿地成为保护生物多样性不可或缺的重要组成部分。

我国湿地中有许多是具有国际意义的珍稀水禽栖息地，如亚洲 57 种濒危鸟，我国有31 种，全球 15 种鹤，我国有 9 种。贵州草海湿地，每年栖息越冬的鸟类在 180 多种 20 万只以上，其中的黑颈鹤是世界上唯一的高原鹤，也是我国的特有鹤种，属一级保护动物。黄河河口湿地是东北亚内陆和环西太平洋鸟类迁徙的重要"中转站"和越冬、繁殖地，这一地区约有水生生物 800 多种，其中属国家重点保护的动物有文昌鱼、江豚等，还有濒危物种野大豆等上百种野生植物，有各种鸟类约 187 种，在中日候鸟保护协定之内的有108 种，属国家重点保护的有丹顶鹤、白头鹤、白鹤、金雕、大鸨、大天鹅、小天鹅、蜂鹰等 32 种。辽河河口湿地也是候鸟迁徙的必经之地，每年经这里迁飞、停歇的候鸟多达172 种，数量在千万只以上，其中有世界最大的黑嘴鸥群。

在湿地生态系统中，鱼类和各种软体动物是候鸟动物性食物的主要来源，鸟类、鱼粪既肥土又肥水，促使水生植物生长，水生植物又是候鸟植物性食物的来源，从而形成了一个有利于水禽栖息的食物链。珍稀水禽这一特殊生物群体依赖于湿地而生存，表明了湿地的价值、生产力和多样性。

（二）湿地积极影响着自然环境

湿地既是自然环境的重要组成部分，又以其独特的生态功能对自然环境的其他生态过程发挥着积极作用。如可以拦蓄洪水，起到防洪作用，这是由湿地巨大的蓄水能力决定的。雨季时，它们是自然汇水区域，减少河水补给量，削弱河流洪水峰值，减轻洪水灾害威胁。如洞庭湖水位变幅在 $10.29 \sim 16.32m$ 之间，最高水位时可调蓄水量 187 亿 m^3。鄱阳湖在枯水期的湖泊面积只有 5 万 hm^2，而在丰水期面积可达 46 万 hm^2。有鉴于此，美国一些学者提出了恢复沼泽地以大幅度提高防洪能力的新思路。湿地还可以提供水源和补充地下水，也可以是河源的一部分，如长江、黄河的发源地就是沼泽地。在沿海，滩涂可以削减海浪的冲击力而保护堤岸，红树林甚至能够抵挡海啸产生的巨浪。在调节气候方面，由于湿地水面蒸发和湿生植物蒸腾作用强烈，能够增加区域湿度，防止气候趋于干燥，有不少例子可以说明湿地对区域气候的稳定作用。另外，湿地在保持生态平衡的其他方面，也有着显而易见的作用，如过滤污染物净化水质、防止土壤侵蚀等。

（三）湿地维系着一批重要产业

湿地有丰富的水资源和适宜于鱼类、贝壳类繁衍生息的环境，因此水产业是与湿地有关的传统产业，洞庭湖、鄱阳湖、青海湖等都是重要的渔业基地。特别是一些湿地作为鱼类的重要繁殖场所或育肥地，对水产业的影响深远。如长江中下游的江湖回游鱼类，洪水季节溯河回游进入江河产卵繁殖，受精卵在流水中漂流发育孵化并随洪水散布到沿江大小湖泊中去生长育肥。鄱阳湖的 122 种鱼中，依靠湖洲草滩繁殖的本湖鱼就占 70%～80%。我国一些渔场渔业资源越来越少，除了过度捕捞和水质污染的影响外，沿岸一些湿地环境的破坏丧失和人为江湖阻隔、海陆阻隔，使鱼的繁殖、食物场所大量废弃，可能是更为重要的原因。

湿地还有不同于陆地旱生植物的挺水型、浮叶型、漂浮型、沉水型等丰富多彩的植物资源，它们的合理利用对我国多种行业具有积极作用。如芦苇造纸，莲藕、菱白和莼菜等的食用，忍冬、悬勾子的酿造，谷精草、芡实、菖蒲等的药用，水葫芦、金鱼藻等的饲养，等等。湿地水草资源也可用来灌溉和放牧，对农牧业生产起到支持作用。

湿地景观独特而秀丽，融观光、休闲、生态教育于一体，是重要的旅游资源，与旅游业的发展关系密切。如我国现有的一些湿地类型自然保护区，如黑龙江扎龙、吉林向海、青海鸟岛、湖南东洞庭等，都已开发和利用了部分旅游资源。另外，山东的微山湖，华北平原的白洋淀，以其独特的水乡景色和区位优势，也逐步成为旅游热点。英国的纳弗勃洛茨，沼泽密布，灌木丛生，是欧洲著名的蝴蝶、猫头鹰王国，以往绝少有人问津，如今却成为人头涌动的游览胜地。这些都表明了湿地生态旅游业的广阔前景。

（四）湿地具有重要的美学、教育和科学研究价值

湿地作为生态系统和景观类型的一种，对人类的贡献不仅是物质的、有形的，而且也是精神的、无形的，如它的美学和教育功能。国际性湿地生态旅游观光活动的兴起和宣传教育中心在一些湿地类型自然保护区的设立，以及我国四川九寨沟被联合国教科文组织列入世界文化与自然遗产名录等，是对这方面价值的最有力的肯定。在科学研究方面，湿地也是重要对象，为科学发展增添无穷活力。如红树植物和红树林，尽管有漫长的历史，但自 20 世纪 70 年代人们才开始真正了解和懂得这一独特植被的价值，如可促进渔业生产，维持海岸带的稳定性及提供林产品等。生物多样性的保护研究作为当代最前沿学科之一，自然也是离不开湿地的，许多生物依赖于湿地而生存，并且其中不少种类本身就具有重大科学价值。如我国的白暨豚、白鲟、胭脂鱼、野大豆、野生稻等。被誉为"杂交水稻之父"的科学家袁隆平，就是利用湿地植物普通野生稻与栽培稻杂交，培育出了水稻高产新品种。另外，湿地也是地质、地理、环境、生态等学科的重要研究对象。

第五节　河流、湖泊生态系统

陆地上到处发布着江、河、湖、沼等水体，不论是咸水还是淡水都有生物生长。水体作为生态系统的环境因素，比陆地均一得多，同时水的理化性质与陆地不同，水的密度大

于空气，水的比热容较大，导热率低，温度变化幅度小，适宜于恒温动物的活动。水的密度在4℃时最大，水生生物在水下可以生活。此外，水中溶有各种营养物质可供生物食用。

一、河流生态系统

在陆地上分布着大小、长短不等的江河、溪涧，它们是水生生态系统的重要组成部分。河流属于流动水体，一般发源于山区，沿途接纳各级支流汇合成巨大的江河，最后注入大海。它们通过物质的输出与输入，把各种不同的陆生生态系统和海洋生态系统联系起来，使自然界形成一个整体。自古以来，人类傍水而居，河流沿岸是现代工业、农业及人口聚集的中心地带，是城市、农田等人工生态系统最发达的地区。所以，河流生态系统与周围环境通过物质与能量的交换，又把自然生态系统与人工生态系统联成一体。

不同河流或同一河流的不同河段，由于自然环境的差异，生物种群和生产率都是不一样的。一般河流的上游，地处山区，河段落差大，水流湍急，曝气充分，溶解氧含量高。河床底质以卵石、砾石为主，水流清澈，流域范围内人口密度相对较小，营养物质及污染物输入和富集较少。但生物在这种流动的水体中，可能会被流水冲到下游去，所以，大多数动植物为了适应这种环境，便产生了各种适应结构，以维持其位置，如大多数植物靠根或类似根的结构使之附着在河床上。有些动物则利用吸盘、钩爪、流线型或扁平的体型或分泌黏液，以固定其位置或降低水的阻力。这里的初级生产者为附着在岩石上的藻类。消费者以水生蚊虫、昆虫和体型较小的冷性鱼类为主，生产率较低，为$1\sim3g/（m^2\cdot d）$。

河流的下游河床较宽阔，比降减小，水流平静，河床底部常为泥沙或沙质沉积物，两岸人口密度大，工农业发达，进入河流的营养物和污染物富集程度比上游高，因而光线透过深度较小，水温比上游高，含溶解氧也较低。初级生产者除藻类外，还有高等植物和河漫滩及周围陆上输入的各种有机腐屑，共同构成水生动物的食源，特别是在水流分支杂乱的岸边，往往丛生着各种水生植物，如芦苇、水葱等，这里有丰富的自游生物，底栖生物以蠕虫和蚊类的幼虫占优势。河流下游的这些生物构成了比上游水体中更为复杂的食物链。下游的生产率也高于上游，达$3\sim5g/（m^2\cdot d）$。

当污染物质通过各种途径进入到水体，超过了水体的自净能力时，水体就会发生质的变化，给整个自然生态系统带来巨大的影响，造成严重的环境问题。由于生活污水、工业废水、畜牧业及家禽污水、农业化肥农药等的大量排放，使得众多的河流出现富营养化，导致生物多样性的减少，给整个生物群落带来危害。

二、湖泊生态系统

湖泊生态系统是属于静水生态系统，包括陆地上的湖塘、沼泽和水库。绝大多数的湖泊是直接受河水补给的，湖泊是水系的组成部分，它的水文状况与河流有着密切关系（水库是一种人工湖泊）；而不受河水直接补给的湖泊数量不多，它们大多是孤立的水体。这类水体流动缓慢，但并非绝对静止。湖泊生态系统由沿岸向中心，由表层至深处，生态差异性极为明显（见图14-10）。

1. 水平分带

沿湖边缘常有一个低而宽浅的沿岸带。这里阳光透射较强，氧气充足，温度较高，常

图 14-10　湖泊生态系统

有河流带来的大量营养物质。因此，沿湖浅水带聚集着大量的动、植物种类，其中水生绿色维管植物和浮游藻类等生产者尤为繁盛。由湖岸向湖心，生物种群呈同心圆状分布，大致可分为以下四个带：

①湿生沼泽带——位于水陆交界处的湖岸地带，又叫湿生植物带。这里的植物生长在水分经常饱和的土壤里或地下水位接近地表的环境。常见的植物有莎草科、十字花科等，因它们的根、茎、叶都具通气组织，故茎叶可吸收多量氧气，供根部需要。湿生植物的促淤功能使得湖泊湿地得以蓄积来自水陆两相的营养物质而具有较高的肥力，又有与陆地相似的光、温和气体交换条件，并以高等植物为主要的初级生产者，因而具有较高的初级生产力。同时湖泊湿地为鱼类和其他水生动物提供了丰富的饵料和优越的栖息条件，具有较高的渔业生产能力。

②挺水植物带——在浅水带有些水生植物的根和茎的下部着生在水底的底泥里，但上部的茎叶挺出水面，常见的有芦苇、茭白等植物，此带浮游藻类和动物均很丰富。

③浮叶植物带——随着水深的增加，挺水植物逐渐被睡莲、萍蓬草、眼子菜等浮叶植物所代替，这些植物根着在水底淤泥中，叶和花浮在水面上。浮叶植物中有根不着地，而在水面上自由飘浮的如浮萍、无根萍等，有时它们形成一个水面盖被，使湖底荫蔽，往往是各级消费者聚居的地带。

④沉水植物带——再往深处有些植物长期沉浸在水面以下，植物的根系扎于湖底，茎叶也不露出水面，如苦草、金鱼藻等。

以上各带内的主要消费者均为虾、食草性鱼类、蛙、食肉性鱼类、舌、水鸟等。

2. 垂直分层

进入湖泊的深水区，按光照强度和氧气含量可分为表水层和深水层两个层次：表水层光照充足，温度高，浮游生物及其他自养生物占优势，藻类有以硅藻、绿藻、蓝藻为主体，还有细菌等。它们的光合作用旺盛，氧气含量高，因此吸引了许多消费者，如浮游动物中有原生动物轮虫、枝角类等，为浮游生物又为自游生物——鱼类提供了丰富的饵料，所以各种鱼类大多生活在表水层中。深水层温度低，光照弱，藻类等生产者有机体较少，浮游植物光合作用制造的食物，不能维持消费者的需要，氧气被分解者有机体和食碎屑的动物所消耗，所以深水层以各种异养动物和嫌气性细菌为主。异养动物以各种浮游动物、小型自游生物和有机碎屑为主要食物来源，而细菌主要是食分解沉落下来的有机残体，从中取得能量和营养物质，细菌分解后的无机物一部分再度被藻类利用。因此，表水层与深水层存在着复杂的营养关系。静水生态系统的生产率平均为 $3\sim10g/(m^2\cdot d)$，其中沼泽可达 $25g/(m^2\cdot d)$，为生态系统中生产率最高者之一。

第六节　海洋生态系统

由于世界海洋彼此相连，海水又富于流动性，使各地海水的理化特性相差不大，因而海洋环境具有一定的均一性和稳定性。海洋生态系统远不如陆地生态系统那样复杂。陆地生态系统的生产者主要是固着在土壤中的大型高等绿色植物，而海洋生态系统中主要是由体型极小、数量极大、种类繁多的浮游植物和浮游藻类组成，它们直接从海水中提取 CO_2、H_2O 和无机养料。海洋表面的初级消费者以体型小、种类多的浮游动物为主，浮游藻类的生产品，几乎全被浮游动物所消耗，营养物质运转快，利用效率高，但生物现存量累积很少，海洋绿色植物的干有机物只占海洋的 6.3%，而海洋动物和微生物却占海洋全部干有机物的 93.7%。因此，从积累的生物量看，较高营养级的消费者的生物量大于生产者的生物量，从而出现一个颠倒的生物量金字塔，这是陆地生态系统中不曾有过的现象。

从海岸线到远洋，从表层到深层，随着海水的深度、温度、光照和营养物质状况的不同，生物的种类活动能力和生产水平等差异很大，从而形成了不同区域的亚生态系统。按海洋生态系统的环境特点，可分为浅海带和外海带两类生态系统。

一、浅海带生态系统

浅海带又称沿岸带，其范围自海岸线起到水下 200m 以内全部大陆架以及其相应水体。这里有来自陆地的大量营养物，阳光充足，海水的温度、盐度变化大，地形和物质构成复杂，有石质、沙质、碎屑质以及泥质等组成不同的海底生境。此带是海洋生命最活跃的地带。

浅海带的海底生活着很多大型多细胞藻类，如海带、紫菜、石花菜等，它们构成海底的水下植被，素有"海底森林"之称。浅海带丰富的浮游生物为自游动物的各种虾类、鱼类提供了食物。

此外，在浅海带沿岸范围内，还有一些比较特殊的生态系统，如河口、红树林和珊瑚礁生态系统。

河口位于海洋边缘，其环境为咸水与淡水交汇的混合过渡地带，含盐量一般为 6‰~10‰，在这里有河流带来的大量营养物质，浮游植物大量生长，水流缓慢，水下底质一般为淤泥质，水下常有河口三角洲及古河道等分布，为许多底栖动物如毛蚶、虾、蟹等提供良好的环境，但也常受河流带来的污染物的威胁。

红树林是热带、亚热带河口海湾潮间带的木本植物群落。以红树林为主的区域中动植物和微生物组成的一个整体，统称为红树林生态系统。它的生境是滨海盐生沼泽湿地，并因潮汐更迭形成的森林环境，不同于陆地森林生态系统。热带海区 60%~70% 的岸滩有红树林成片或星散分布。

红树林是分布在热带海滩上的一类特殊生态系统。我国分布在福建南部、广东、广西、台湾至海南岛沿岸。红树林的种类较贫乏，全世界约有 40 余种，我国只有 18 种，主要有红树、木榄、红茄冬等。红树林一般为常绿灌木或小乔木（也有高达 30m 的乔木）组成的一种浓密而较高的灌木林（见图 14-11）。

红树林最引人注目的特征之一是，发育着密集的支柱根或气根，它们从树干基部长出，高度过人，这是抵御海浪冲击的一种适应现象。红树林另一个特殊的生理现象是幼苗胎生，它们的种子在没有离开母体之前，就在果实中萌发长成幼苗，当果实脱落坠入淤泥中，数小时内可扎根生长成独立的植株，或被海水带到其他适宜的地方"定居"下来。

红树林适宜于风平浪静的淤泥质深厚的海湾或河口地区生存。这里有从河流带来的有机物，也有红树林的枯枝落叶腐烂后的碎屑有机物。消费者有海洋动物，也有淡水动物，甚至还有陆生动物共同混合组成，有粘贴在树根上的牡蛎，各种各样的蟹在树干上或淤泥上爬行或穿洞，许多蚁类在树干上筑巢，落潮时爬到淤泥上取食。在鱼类中有一种特殊的弹涂鱼，能爬行在树根或树干上以猎取昆虫。林下水中生活着各种鱼类和其他种类繁多的软体动物，它们往往又是鸟类的主要食物，因此红树林是一个十分独特的生态系统。

珊瑚礁生态系统主要分布在热带海区。其生物种类繁多，是海洋生态系统中最复杂的一种生态系统。珊瑚礁是由珊瑚以及造礁生物、藻类等共同组成造礁群体，死亡后，其骨骼叠置呈层状。由于珊瑚礁的多孔性和成层性，以及独特的生态环境，为各种海洋生物提供了良好的条件。这里栖息着数万种大小不一、形状奇异的生物，除五彩缤纷的鱼类和海洋动物外，这里还是海藻蔓生的"绿色世界"，它们白天吸收阳光，以极快的速度制造有机物。因此，珊瑚生态系统的生产力极高，与河口湾及某些沼泽生态系统一样，属生产力最高的生态系统，其生物生产力为 $10\sim20g/（m^2\cdot d）$（见图 14-12）。

图 14-11　红树林生态系统

图 14-12　珊瑚礁生态系统

浅海带是海洋生态系统中生物生产力最高的区域，生物生产力为 $0.5\sim3g/（m^2\cdot d）$。在河口及红树林区生物生产力最高可达 $20g/（m^2\cdot d）$。由于水中营养物质丰富，藻类繁多，因此世界上的主要渔场均位于浅海带。

二、外海带生态系统

外海带是指水深超过 200m 的远洋地区，一般深度可达 2 000～4 000m，最深的马里亚纳海沟深达 11 034m。按面积，本带是海洋生态系统中的主体，占整个海洋面积的 90% 以上。按光照的强弱可分两个垂直带：水深在 200m 以内的叫大洋表层，水深超过 200m 的叫大洋下层。

大洋表层，特别是 100m 以内的海洋表层，光照充足，水温较高，生活着很多小型的或单细胞的藻类和浮游动物。但与浅海带相比，营养物质和浮游植物的数量相对较少，生物生产力大多小于 1g/（m^2·d）。消费者有机体几乎为外海带的全部自游动物，如乌贼、金枪鱼、飞鱼以及凶猛的鲨鱼和哺乳类中庞大的鲸、海龟等，都生活在这一带内。

200m 以下的大洋下层，阳光不能透射到深处，故下层终年一片漆黑，海水压力急剧增大，在 10 000m 深的海底，压力为陆地表面的 1 000 倍，但水温稳定，年平均温度在 0~2℃，在这种不利的环境中，有些动物自己有发光的器官，口腔扩大，身体扁平，能承受扩大的压力等特征。绿色植物不能生存。因此，动物都属肉食性的，有的吞食活动物，有的专吃动物尸体，下层动物吃上层动物，一层吃一层，形成一条长长的食物链。分解者主要集中在海底层，生物生产力小于 0.5g/（m^2·d）。表 14-1 是浅海带与外海带的生物生产量的对比数值。

表 14-1　　　　　　　　　　　浅海带与外海带的生物生产量

地区	占海洋面积的 %	第一性生产力 g/（m^2·a）	食物链	生态学效率 I_{n+i}/I	每年鱼生产力 t（鲜重）
外海带	90	50	5	10	$1.6×10^6$
浅海带	9.9	100	3	15	$130×10^6$

生态学效率 I_{n+i} 为被摄食量，I 为摄食量。

从表 14-1 可知，第一性生产力最高的地区是浅海带，为外海带的 2 倍，而外海带的营养级也几乎为浅海带的 2 倍。尽管外海带的面积占海洋总面积的 90%，但其鱼类产量却只有浅海带的 1/75，所以深水大洋带是海洋生态系统中生产力最低之处，故有海洋"荒漠"之称。

第七节　农业生态系统

农业生态系统是指在人类的积极参与下，利用农业生物种群和非生物环境之间以及农业生物种群之间的相互关系，通过合理的生态结构和高效的生态机能，进行能量转化和物质循环，并按人类的理想要求进行物质生产的综合体。它与自然生态系统的本质区别在于：农业生态系统具有以人类需要的农副产品为中心内容的社会经济和技术力量的投入，并作为系统重要的组成成分之一，影响着系统的存在与发展。

农业生态系统与自然生态系统一样，其基本组成也包括生物和非生物环境两大部分。但由于受到人类的参与和调控，其生物以人类驯化的农业生物为主，环境也包括了人工改造的环境部分（见图 14-13）。

农业生态系统虽然脱胎于自然生态系统，但由于受到人类对其进行长期的利用、改造

图 14-13 农业生态系统

和调控，因此又明显地区别于自然生态系统。具体来说有如下几个特点：

1. 受人类的控制

农业生态系统是在人类的生产活动下形成的。人类既可以建设一个农业生态系统，也可以破坏一个农业生态系统。人类参与农业生态系统的根本目的在于：将众多的农业资源更加高效地转化为人类需要的各种农副产品。为了这一目的，人类就必须对农业生态系统进行适时的调节与控制。例如：通过育种、栽培、饲养技术等，调节和控制农业生物的数量与质量；通过基本设施建设和耕作、施肥、灌溉、病虫草害的防治等技术措施，调节或控制各种环境因子以及其结构和功能。当然应该注意的是，农业生态系统并不是完全由人类控制的。这是因为在某种条件下，自然生态系统对它也有一定的调节作用。

2. 农业生态系统的净生产力高

农业生态系统中的生物组分多数是按照人类的目的（如高产、优质、高抗等）驯化而来的，再加上人类通过科学技术与管理的作用，使农业生态系统中优势种的可食部分或可用部分进一步发展，物质的循环与能量的转化得到进一步的加强和扩展，因而农业生态系统具有较高的净生产量和较高的光能利用率。例如：全球绿色植物的光能利用率平均为 0.1%，而耕地农作物平均为 0.4%，高产的草地为 2.2%～3%，高产的农田为 1.2%～1.5%。

3. 农业生态系统的组成要素简化，自我稳定性能较差

农业生态系统的生物多是经过人工选择的结果，与自然生态系统相比，其生物种类较少，食物链结构较短，对自然、栽培条件和饲养技术的要求愈来愈高，抗逆能力减弱，同时，由于人为地对其他物种的防除，致使农业生物的层次减少，结果造成系统的自我稳定性下降。因此，农业生态系统中需要人为地合理调节与控制才能维持其结构与功能的相对稳定性。例如，通过适当的人力、物力、资金等辅助能量的投入，增加系统的稳定性，实现高产稳产。

4. 农业生态系统是开放性系统

自然生态系统的生产是一种自给自足的生产，生产者所生产的有机物质，几乎全部保

留在系统之内,许多营养元素基本上可以在系统内部循环和平衡。而农业生态系统的生产除了满足日益增长的文化生活需求以外,还要满足市场与工业等行业发展所必需的商品和原料。这样要有大量的农、林、牧、副、渔产品等离开系统,留下部分残渣等副产品参与系统内再循环,而这些物质一般很少,为了维持系统的再生产的过程,除了要求太阳能以外,还要大量地向系统输入化肥、农药、机械、电力、灌溉水等物质和能量。农业生态系统的这种"大进大出"现象,表明了农业生态系统的开放程度远远超过自然生态系统。

5. 农业生态系统同时受自然与社会经济"双重"规律的制约

农业生态系统是在自然生态系统基础上的一种继承,从系统的结构组成上,既包含了自然生态系统的组分,同时也包含了社会经济因素的成分;就其生产的根本目的而言,要服从于人类社会、经济和生态环境三方面的需求,因此,农业生态系统的生产既是自然再生产的过程,也是社会再生产的过程。所以农业生态系统的存在与发展应同时受到自然规律和社会经济规律的支配。例如:在确定优势生物种群组成时,一方面要根据生物的生态适应性原理,做到"适者生存",另一方面还可根据市场需求规律和经济效益规律,分析该生物种的市场前景和经济规模。

6. 农业生态系统有明显的区域性

与自然生态系统一样,农业生态系统有明显的地域性,但所不同的是,农业生态系统除了受气候、土壤、地形地貌等自然生态因子影响形成区域性外,还要受社会、经济、技术等因素的影响而形成明显的区域性特征。在进行农业生态系统的区划和分类过程中,需要更多考虑的是区域间社会经济技术条件和农业生产水平的差异性。如"低投入农业生态系统"与"高投入农业生态系统"、"集约农业生态系统"与"粗放农业生态系统"等都是从人类投入水平和经济技术水平进行划分的。我国东、中、西部地区农业生态系统的差异,一方面是由于自然环境因素不同造成的,而更重要的是由于长期以来在农业技术经济水平上的差异形成的。

第八节　城市生态系统

城市生态系统是一个以人为中心的自然、经济与社会复合人工生态系统,即特定地域内的人口、资源、环境(包括生物的和物理的、社会的和经济的、政治的和文化的)通过各种相生相克的关系建立起来的人类聚居地或社会、经济、自然的复合体。

从严格意义上说,城市是人口集中居住的地方,是当地自然环境的一部分,它本身并不是一个完整、自我稳定的生态系统。但按照现代生态学观点,城市也具有自然生态系统的某些特征,具有某种相对稳定的生态功能和生态过程。尽管城市生态系统在生态系统组分的比例和作用方面发生了很大变化,但城市系统内仍有植物和动物,生态系统的功能基本上得以正常进行,也与周围的自然生态系统发生着各种联系。另一方面,也应看到城市生态系统确实发生了本质变化,具有不同于自然生态系统的突出特点。

城市生态系统与自然生态系统具有一定的相似性,因此,它也有以上自然生态系统的一般特征,如动态变化性、区域性、自我维持性与自我调节性。然而,城市生态系统作为人类生态系统的一种类型在许多方面具有区别于自然生态系统的根本特征。

1. 系统的组成成分

自然生态系统是由中心事物（生物群体）与无机自然环境构成的，其中生产者是绿色植物，消费者是动物，还原者是微生物，流经它们的能量呈金字塔形。

城市生态系统则是由中心事物——人类与城市环境（自然环境和人工环境）构成的，其中生产者是从事生产的人类，消费者是以人类为主体进行的消费活动。城市生态系统的还原功能则主要是由城市所依靠的区域自然生态系统中的还原者以及人工造就的各类设施来完成的。此时，城市生态系统中流经的能量呈倒金字塔形（见图14-14）。

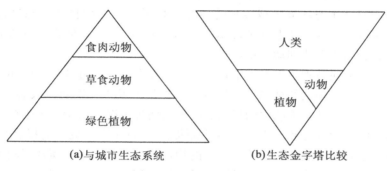

(a)与城市生态系统　　　　(b)生态金字塔比较

图 14-14　自然生态系统

2. 系统的生态关系网络

自然生态系统的生态关系网络包括生物种群内外各种竞争、捕食、共生关系网，群落与自然环境之间的关系网等。这些网络都是自然产生的，也是自然生态系统长期进化的必然结果。

城市生态系统中的网络则大多是具有社会属性的网络，它们是人类社会发展过程中逐渐建立起来的。包括城市生态系统中的各种自然网络（已带明显的人工色彩）和更为重要的社会关系、经济关系网络。

3. 生态位

可以理解为各种网络的交结点。自然生态系统所能提供的生态位是其发展过程形成的自然生态位；而城市生态系统所能提供的生态位除了自然生态位以外，更主要的是各种社会生态位、经济生态位。

4. 系统的功能

生态系统的功能由系统中各种流在系统生态关系网络中的运行状况来体现。由于自然生态系统本身就是一个从生产到还原的完整生态网络体系，只能在长期演化过程中形成多样化、多层次的营养结构及合理的空间结构，因而各种流在自然生态系统中的运转表现出高效率利用和高循环再生自净能力，使整个系统表现出极高的生态学效率。

城市生态系统中各种生态流在生态关系网络上的运转还需要依靠区域自然生态系统的支持，而城市生态系统的关系网络是不完善的，加上城市生态系统中各种流的强度远远大于自然生态系统，使得在高强度的生态流运转中伴随着极大的浪费，整个系统的生态效率极低。

5. 调控机制

自然生态系统的中心事物是生物群体，它与外部环境的关系是消极地适应环境，只能在一定程度上改造环境，因而自然生态系统的动态演替，无论是生物种群的数量、密度的变化，还是生物对外部环境的相互作用、相互适应，均表现为"通过自然选择的负反馈进行自我调节"的特征。

6. 系统的演替

自然生态系统的演替可以认为是生物群落在各种自然力的作用下，通过群落内生物种群内部和种群之间对各种资源利用过程中的相互竞争与相互作用，以实现对自然资源的最充分利用（即对自然生态环境承载容量的最充分利用）的一种自然生态过程。在各种自然资源的条件保持不变的条件下（即环境承载的量值不变），系统演替的结果必定是在某一特定群落组成和结构上达到动态稳定。

城市生态系统的演替则是人类为了自身的生存和发展，通过各种生产和生活活动对系统能动地创建、改造、拓展的结果，也是城市人类集聚发生、发展、兴盛、衰亡的过程。在这一过程中，存在着环境承载力的提高和降低的两种情况。由于人类生存和发展目标是随着人类对自然的认识程度和改造能力的不断提高（即环境承载力的提高）而不断提高的，所以城市生态系统的演替不会达到特定的稳定状态。城市生态演替不同于自然生态演替的一个最大特点是人能改造环境，扩大城市容量，把系统从成熟期重新拉回到发展期。

第九节　工业生态系统

一、工业生态系统概念

自 20 世纪 90 年代以来，循环经济在发达国家已经成为一股潮流和趋势。循环经济倡导的是一种建立在物质不断循环利用基础上的经济发展模式，它要求把经济活动按照自然生态系统的模式，组织成一个"资源—产品—消费—再生资源"的物质反复循环流动的过程，使整个经济系统以及生产和消费的过程基本上不产生或只产生很少的废弃物。"只有放错了地方的资源，而没有真正的废弃物"，其特征是自然资源的低投入、高利用和废弃物的低排放。循环经济为传统的工业经济转向可持续发展的经济提供了战略性的理论范式。

传统的工业经济是一种由"资源—产品—消费—污染排放"所构成的物质单向流动的线性经济。在这种经济中，人们以越来越高的强度将地球上的物质和能源开采出来，在生产加工过程中又将大量多余的副产品以废物的形式排放到环境中去，无法实现环境与经济的协调发展。针对这种开放的经济活动及其对自然环境的影响，工业生态学家模仿自然生态系统，通过比拟自然生态系统中生物新陈代谢过程和生态系统的结构与功能（特别是物质流与能量流运动规律），提出了工业生态系统。

所谓工业生态系统是指在一定的区域或范围内，由制造业企业和服务业企业组成，通过企业间物质循环和能量流动的功能流（物质流、能量流、信息流和价值流）相互作用、相互联系而形成的生态工业体系。即把工业经济活动视为一种类似于自然生态系统的循环体系，其中一个企业产生的废物（或副产品）作为下一个企业的"营养物"（原料），形成企业"群落"（工业链）。因此可以说，工业生态系统是一个循环体系，是一类特定的生态系统，其物质流与能量流可多层次循环利用，而使工业生态系统的熵值不断减少，遵循耗散结构原理，达到系统良性循环。

二、工业生态系统组成

自然生态系统中存在三类有行为的基本组成，即生产者、消费者和分解者。对于工业生态系统，我们可以按自然生态学基本原则对其成员进行划分，如表14-2所示。

表 14-2　　　　　　　　工业生态系统与自然生态系统的组成成分对比

组成	自然生态系统	工业生态系统
生产者	利用太阳能或化学能将无机物转化成有机物，或把太阳能转化为化学能，供自身生长发育需要的同时，为其他生物物种（包括人类）提供食物和能源。如绿色植物、单细胞藻类、化能自养微生物等	初级：利用基本环境要素（空气、水、土壤、岩石、矿物质等自然资源）生产初级产品。如采矿厂、冶炼厂、热电厂等。高级：初级产品的深度加工和高级产品生产。如化工、肥料制造、服装和食品加工、机械、电子产业等
消费者	利用生产者提供的有机物和能源，供自身生长发育，同时也进行有机物的次级生产，并产生代谢物，供分解者使用。如动物（草食、肉食等）、人类等	不直接生产"物质化"产品，但利用生产者提供的产品，供自身运行发展，同时产生生产力和服务功能等。如行政、商业、金融业、娱乐及服务业等
分解者	把动物、植物排泄物、残体分解成简单化合物，再生以供生产者利用。如分解性微生物、细菌、真菌及微型动物等	把工业企业产生的副产品和"废物"进行处置、转化、再利用等，如废物回收公司、资源再生公司等

按生态学或进化论观点，生态系统内部组成之间是优胜劣汰、适者生存的竞争关系，但同时又有协作和共生关系。对于工业生态系统而言，工业生态学家们则普遍强调了协作和共生关系，尤其是原料和能量流动的网络共享和废物利用方面。这样就打破了传统上企业轻视废物资源化的思想和将废物管理、处置和环境问题交由次要部门处理的低级陈旧运作方式。按工业生态学的观点，各工业企业应给予废物资源化增值和产品生产与市场营销以同样重要的地位。那些原来附属于企业内部的"次要的"部门可以被其他同样重要而且独立的组成部分替代。从实现高效物质和能量循环流动的角度看，这些组成部分显得格外重要。因此，在工业生态系统的组成部分中常常有资源回收再生公司或环境技术公司。

三、工业生态系统特性

生态工业是一种根据工业生态学基本原理建立的、符合生态系统环境承载力、物质和能量高效组合利用，以及工业生态功能稳定协调的新型工业组合。工业生态系统具有以下特性：

1. 工业生态群落

在生态系统中，生态群落是由不同的生物种群依据一定特性的组成关系和结构组成的，其主要特征包括物种多样性、垂直结构、优势种、群落生境和稳定性。工业生态学的倡导者认为，工业企业联合体或共生体就相当于工业生态群落。工业生态群落至少包括相互关联的一些工业企业，为了各自的经济利益（减少固定投资和降低生产成本）而在某些方面（如能源共享、原材料或副产品的再利用等）实现合作。

在工业生态群落中，存在不同的种群，即各个行业部门，它们在群落中的地位和作用是不同的。自然生态系统中不同种群之间的联系是通过食物链网络起来的。工业系统中当然没有以实体形式进行相互"捕食"的关系。然而对于在工业系统中流动的物质和能量来说，不同行业部门对这些物质和能量是存在"捕食"关系的。简单的例子就是一个企业的副产品或废料被另一企业作为原料生产新的产品。

2. 物质循环和能量流动

自然生态系统各组成部分之间建立的营养关系是网状关系，由此构成了生态系统的营养结构。在自然生态系统内，物质得以充分的利用，并形成封闭循环。工业系统有其特定的能量流动和信息交换，与自然生态系统不同，工业系统各企业和部门之间物质供应的是一线性开放系统，它们的"食物"关系呈线性状态，各企业或工业部门之间的相互联系很小。如何借鉴自然生态系统物质与能量流动的规律与方式，了解工业系统中物质与能量流动的规律，从而在工业系统内实现物质的封闭循环，这正是工业生态学的一个重要研究领域和基本课题。

工业生态系统把经济活动组织成"资源—产品—再生资源"物质反复循环流动过程，实现物质闭路循环和能量多级利用。一个企业产生的废物经过处理总可以找到合适的去处，即工业生态系统通过建立"生产者—消费者—分解者"的"工业链"，形成互利共生网络，使物质循环和能量流动畅通，物质和能量充分利用。整个工业生态系统基本上不产生废物或只产生很少的废物，实现工业废物"低排放"甚至"零排放"。但工业生态系统要维持稳定和有序，需要外部生态系统输入物质和能量。

3. 企业动态演化

工业生态系统"工业群落"中的企业都有一个"生存期"，每个企业都遵循或服从"适者生存"和"优胜劣汰"的进化法则。企业在工业生态系统中生存时间的长短取决于社会的各种限制因素、企业的生存能力以及同社会环境的适应性等方面因素的叠加作用。在市场经济体制下，企业可通过购买或出让排污权而自由进入或退出工业"生态系统"：当企业的经济实力、生产技术水平、治污工艺水平等处于落后状态时，在总量控制目标下，即将按"逆行演替"退出该工业生态系统；反之，当一个企业的经济实力、生产技术水平、治污工艺水平等处于先进状态时，它可通过购买排污权，按"顺行演替"进入该工业生态系统。

4. 工业生态系统的脆弱性

在工业生态系统中，任何一个企业生产经营状况都会干扰与其相互联系的企业。如果一家企业的原料来源主要是另一家企业产生的废料，那么当提供废料的企业因无法预料的偶发因素而影响到生产并因此无法提供足够的或质量无法保证的废料时，这家企业就会陷于瘫痪。这种企业间联系渠道的单一性，导致工业生态系统的脆弱性。所以，工业生态系统要维持稳定，企业在市场中就要有多种进出物质的渠道，犹如生态系统中的"狡兔三窟"。企业要随时寻找自己的废料被利用的可能性，以及利用其他厂家废料作为原料的可能性，并保证这种可能性变成现实且能持续运行。

5. 工业生态系统的双重性

工业生态系统的双重性是指工业生态系统不仅受到生态学规律的约束，同时还要受到市场经济规律的制约。一个生态学上合理而经济学上不合理的工业生态系统是无法生存的，市场调节对工业生态系统中的企业的荣衰与成败以及整个系统的稳定性起着决定性的作用。所以，一个稳定运行的工业生态系统必然具有经济学原理和生态学原理相结合的完美性。为此，人的主动性在提高工业生态系统运行效率方面应发挥积极作用。运用当代环境伦理道德观使企业在保证整个工业生态系统的生态效率的前提下追求经济效益，决不能仅仅只为追求本企业的经济效益而损害系统的整体利益。

6. 生态效率

工业生态系统研究的核心问题之一，是如何应用系统核心理论和方法提高工业生态系统生态效率。生态效率是指在提供有价格竞争优势的、满足人类需求和保证生活质量的产品和服务的同时，逐步降低产品和服务生命周期的生态影响和资源强度。生态效率是一个技术与管理概念，关注最大限度提高能源和物料投入，以降低单位产品的资源消耗和污染物排放，实现物质和能源利用效率的最大化和废物产量的最小化，并提高效率、降低费用和增强竞争力。其主要研究内容是物质集成和能量集成。

（1）物质集成。工业生态系统的物质集成既要研究单个企业从原料到产品的一个或多个生产过程的物质集成，实现环境与经济综合优化目标；又要研究多个企业间的物质集成，即研究一个企业产生的废物如何作为另一个企业的原料，在各企业间实现物质最大程度利用，达到工业生态系统对外的"零排放"。为此，需要对各企业内部的各个生产过程进行物质转化集成研究，采用环境友好的反应路径、集成方法和反应器网络综合方法，实现废物在各生产环节最大程度的循环利用。

（2）能量集成。工业生态系统的能量集成是研究工业生态系统内能量的有效利用，不仅包括企业内部各个生产过程的能量有效利用以及各个生产过程的能量传递，还包括各企业间能量的高效交换，即一个企业多余的能量如何作为另一个企业的热源加以利用。

7. 支撑技术体系

工业生态系统的健康有序发展，除了要培育好成熟、完善的市场机制外，还需要一系列的绿色技术体系来支撑。绿色技术主要包括预防污染的减废或无废工艺技术和绿色产品技术，同时包括必要的治理污染的末端技术，主要有：

（1）清洁生产和生命周期分析技术。这是绿色技术体系的核心，清洁生产技术包括清洁生产和清洁的产品，不仅要实现生产过程的无污染或少污染，而且生产出来的产品在使用和最终报废处理过程中不会对环境造成损害。对工业生态系统内各企业的产品及其生产过程进行生命周期分析，包括从原料、工艺、产品到消费回收等工业生态全过程的环境影响分析。研究如何应用有限的、不确定的数据，方便地做出客观的生命周期评价，以及工业生态过程的物质和能量平衡、工业生态指标体系的建立等。

（2）废物资源化技术。研究和开发废物资源化工艺，进行环境友好的工艺替代，如原料、催化剂的无害化技术、产品可降解技术、材料生产中的"非物质化"技术等。

（3）污染治理技术。即传统意义上的环境工程技术，其特点是不改变生产系统或工艺程序，只在生产过程的末端通过净化废物实现污染控制。

(4) 再循环和重复利用技术。这是工业生态系统重要的技术载体，包括资源重复利用技术、能源综合利用技术、废物回收综合利用技术、产品替代技术等。如进行水的重复利用技术研究，尽量减少对水的需求和最大限度减少进入水处理系统和生态系统的废水量。同时研究能源替代和物质回收技术，围绕企业废物和副产品开发重复利用的新工艺使工业生态系统提高交换废物与材料的能力，主要是研究如何把废物变成可用于其他企业或用途的转化和分离技术。

(5) 信息管理和决策支持技术。工业生态系统的建立和完善需要大量的信息支持，如企业的生产、经营状况、市场信息、新的可利用的清洁生产工艺等。为此，应利用互联网技术，将这些信息有序地组织和建立一个信息管理系统，并在此基础上进一步建立工业生态系统仿真和决策支持，对系统内不同成员间的物流和能流组合进行研究，对整个系统的生态技术做出估计，并进行环境经济多目标规划。

(6) 制度创新技术。研究可促进生态工业系统的创新制度，即如何在市场规则、财务制度、法律法规方面做出相应的调整，可以使生态工业思想贯穿于整个生产（和生活）过程。

8. 工业生态系统的平衡

工业生态系统的长期稳定发展有赖于整个系统的平衡。这种平衡的内在机制是市场价值规律，而平衡的实现要靠系统内部具有自动调节的机制和能力。当系统的某一组成部分出现机能异常时，就可能被不同组成部分的调节所抵消。而当某一组成失效（如破产、搬迁等），造成系统生态链中断或部分脱节时，必须有其他组成成员填补空位或使用新途径的生态链。系统的组成部分越复杂，能量流动和物质循环的途径越复杂，其调节能力就越强。但这种内在调节能力也有一定限度。因此，有必要辅以人为调控手段，这种调控手段来源于工业生态系统的协调管理机构。

第十五章　自然地域系统

　　根据地表自然界的相似性与差异性将地表划分为区域，按其从属关系得出一定的等级系统，这就是反映历史上形成的对象和现象空间联系的自然地域系统。从地域角度出发，研究地表自然综合体，揭示地域分异规律，探讨不同尺度的综合自然区划是地理学探讨和协调人地关系的重要途径，具有重要的理论和应用价值。

第一节　自然地域分异

　　地球表层系统是一个开放、复杂的巨系统，它是由各自然地理要素组成的，具有内在联系的、相互制约、有规律结合的统一整体，但同时存在着明显的特征差异。无论是纬向、经向、垂向三维都存在差异。所谓地域分异就是指地球表层大小不等的、内部具有一定相似性的地段之间的相互分化，以及由此产生的差异。其中，带有普遍性的地域分异现象和地域有序性就是地域分异规律。

一、自然地带性的实质

　　地球表层系统地域分异的基本规律，是由地球表层系统进化发展的主要能源决定的。前已述及，太阳辐射和地球内能是地球表层系统进化发展的最主要、最基本的能源，被称为地域分异因素。在这两个地域分异因素的作用下，形成地带性与非地带性规律。这是地球表层系统地域分异规律本质的概括，其他分异规律是此基本规律的具体体现或由此派生。

　　（一）地带性

　　所谓地带性，就是由于地球形状和地球的运动特征引起地球上太阳辐射分布不均而产生有规律的分异。

　　自然地理地带的形成是以能量差异为基础的，太阳辐射能的空间分布规律是制约自然地理地带规律的基本因素。正因为地球呈球形和阳光在地球表面具有不同的入射角，因此必然要影响它的辐射通量密度，影响地球表面不同地方接收太阳辐射量的差异。再加上地轴与黄道面约成 $66°33'$ 的交角，导致了季节变化，增强了地带对比，使地表地带分布复杂化。此外，地球自转造成地表流体，包括气团、洋流等发生偏转，同样也增加了地带性图式的复杂性。

　　人们通常根据热量状况把地球表面分成热带、亚热带、温带、亚寒带和寒带等几个热量带（见表 15-1）。

表 15-1　　　　　　　　　　　　　　　　　热量分带

热量带[1]	寒带	亚寒带	温带	亚热带	热带
热量 [（亿J/（m² · a）]	<8.4	8.4~14.7	14.7~21.0	21.0~31.5	>31.5

[1]热量分带决定了其他要素的地带性分布。

（二）非地带性

所谓非地带性，是指由于地球产生海陆分布、地势起伏和构造运动而形成有规律分异。非地带性原指非纬度地带性，若按照广义理解，凡是导致自然景观呈非带状分布的，都叫做非地带性。非地带性有大、中、小尺度的地域分异规律。大尺度地域分异包括海陆分布的、大陆与海洋的起伏以及干湿度地带性等；中尺度地域分异包括由地貌类型差异而引起的分异现象；小尺度分异涉及岩性、沉积物和处境的差异。

地球表面存在着海洋和大陆两大体系。由于海陆地表组成物质的差异引起了能量收支状况的改变，从而导致地带性规律发生很大的变形或扭曲。所以地球表面某些地理地带并不具有连续分布的形式，而往往是断续的。某些类型集中在大陆边缘，另一些又多见于内陆。即所谓"经度地带性"。这种改变和修正产生在太阳能量到达地面之后。因此，就其影响规模而言应该是理想纬度地带分布的次一级形式，是能量重新分配的结果。

地球存在着明显的地势起伏。当山地达到一定的高度后，自然环境及其各组成要素会出现垂直分带的规律更迭现象，即通常所说的垂直地带性分异。形成的垂直分异的基础是构造隆起的山体，而直接原因是温度随高度升高而迅速降低。由于地球表面并非所有的地方都有构造隆起的山地，所以垂直地带的分布是不连续的、间断的。它是在地带性和非地带性分异规律制约下形成的，是在太阳辐射能量达到地表以后，因高度位置变化而产生的能量和水分再分配的结果，是基本分异背景上派生的规律性地域分异。

二、纬向地带性和经向地带性

纬向地带性和经向地带性是地域分异基本规律的具体表现，即地带性与非地带性规律相互联系、相互制约，共同作用于地表的具体表现。

（一）纬向地带性

纬向地带性是地带性规律在地球表面的具体表现，它表现为自然地理要素或自然综合体大致沿纬线延伸，按纬度发生有规律的排列，而产生南北向的分化。

在热量分带的基础上，各自然要素表现出明显的纬向地带性。对应于一定的热量带，气候、水文、风化壳和土壤、生物群落，乃至外力所形成的地貌都具有相应于该热量带热力特征的性质。于是产生了各自然要素或自然综合体沿纬度的地域分化。

纬向地带性首先反映在大气过程中。热量带影响气压带和风带的分布，不同气压带和风带的降水量及降水季节不同。可见，气温与降水都与纬度相关（其中起主导作用的是气温），因而地球表面就存在自赤道到两极的东西向延伸、南北向更替的气候带。气候的纬向地带性分异往往成为导致其他自然要素纬向地带性分异的主导因素。

大气降水是地表水来源的主要形式。由于不同气候带内降水量和降水季节不同，因而地表水资源分布及水文过程具有地带性特征。诸如径流的补给形式，流量的大小，流量的年变化；潜水的埋深和矿化作用，湖泊的热力状况、沉积类型、化学成分；沼泽的沼泽化程度，泥炭堆积程度，沼泽类型等等，都具有明显的纬向地带分异。

地貌纬向地带性往往被人们所忽视。但是由于地貌的外营力因素具有纬向地带性，因此决定于外力作用的地貌特征都具有一定的纬向地带性。地貌的纬向地带性分异尤其与气候带相适应。在不同气候带内不同的水热组合，促使外力作用的性质和强度发生变化。例如，寒冷气候以融冻风化为主，冰川作用突出；干旱气候以物理风化为主，风力作用、间歇性流水作用强烈；高纬地区的冰川和冰缘地貌、冻土地貌发育等，表现出一定的纬向地带性分异。土壤和生物（首先是植物）的纬向地带性更是地带分异的集中反映和具体体现。不同地域的特定水热组合长期与地表物质作用而形成该地域中有代表性的植被和土壤类型。

土壤的纬向地带性表现在土壤的水热和盐分状况、淋溶程度、腐殖质含量、种类和组成等方面。与此相联系，风化过程和风化壳类型厚度也具有明显的地带性差别。

植物的纬向地带性最为鲜明，不同地带具有显著不同的植被外貌和典型植被型。植被的种类、组成、群落构造、生物质储量、生产率等也都受到地带性规律的制约。不同的植物带内有相应的动物生活着，因而动物亦具有鲜明的纬向地带性差异。此外，自然综合体的地球化学过程都具有地带性。

各自然要素的地带性决定了地球表层系统的地带性，因为后者是前者相互作用的结果。因而在地表上就产生一系列的纬向自然带。

不仅陆地表面存在着纬向自然带，而且在海洋表面，水温、盐度以及海洋生物、洋流等也具有纬向地带性差异，因此在海洋上也可以分为一系列纬向自然带。

（二）经向地带性

经向地带性是非地带性规律在地表的具体表现。它表现为自然地理要素或自然综合体大致沿经线方向延伸，按经度由海向陆发生有规律的东西向分化。

产生经向地带性的具体因素主要是由于海洋和大陆两大体系对太阳辐射的不同反映，从而导致大陆东西两岸与内陆水热条件及其组合的不同。在本质上，这种差异可以归结到干湿程度的差异，通过干湿差异而影响其他因素分异。一般来说，大陆降水由沿海向内陆递减，气候也就由湿润到干旱递变。与海岸平行的高亢地形，由于其对水汽输送的屏障作用，因此往往加深了这种分异。而大陆东西两岸所处大气环流位置不同，更会引起气候的极大差异，形成不同的气候类型。

从全球范围看，世界海陆基本上是东西相间排列的。在同一热量带内大陆东西两岸及内陆水分条件不同，自然地理环境便发生明显的经向地带性分化。在赤道带和寒带这方面的分化是不大的；在热带则形成了西岸信风气候和东岸季风气候的差别；在温带形成了西岸西风湿润气候、大陆荒漠草原气候和东岸干湿季分明的季风气候的差别。相应于气候的东西分异，自然要素以及自然综合体也发生了东西向的分异，表现出诸如森林—森林草原—草原—半荒漠—荒漠等不同景观的规律性更替。

必须指出，经向地带性的名称没有从本质上反映上述规律的实质，因为经向地带性实际上与经线（度）没有本质的联系。我们不要被这表面的字眼所束缚而忽视了它的本质内容。

此外，并非凡举经向地带性因素都必然导致东西向的地域分异。在局部地段它可能加剧了纬向地带性的作用。例如，在华南（指南岭以南的地域）的地域分异中，纬向地带性分异是鲜明的。其原因除了纬向地带性因素起着巨大的作用外，同时诸如地势的北高南低、山脉多为东北—西南或西北—东南走向、东部及南部濒海等非地带性因素不仅没有减弱或抹煞地带性因素，反而起着促进作用，加强了该地域的南北分异。

（三）水平地带分布图式

水平地带性是由纬向地带性与经向地带性结合产生的。

（1）水平地带延伸方向，取决于纬向地带性与经向地带性影响程度的对比关系。如果纬向地带性因素影响占优势，水平地带沿着纬线延伸。例如亚欧大陆中部的大平原，从南到北依次出现温带荒漠带、温带草原带、森林草原带、泰加林带。若经向地带性占优势，则基本沿经线延伸，如北美西部，从海洋到内陆，水平地带由森林—湿草原—干草原—荒漠。若纬向地带性与经向地带性势力相当，则水平地带呈斜交分布。如我国东北和华北、青藏东南部等。

（2）带段性分异。它是非地带性区域内的地带性差异。较明显的例子是我国东部季风区属非地带性区域，其中出现南北向更替的自然地带差异。

（3）省性分异。它是地带性区域内的非地带性差异。例如，我国中亚热带自然地带内，由沿海到内陆存在明显的省性差异：东部（浙、闽）沿岸是台风侵袭范围，暴雨影响很大；中部（湘、赣）每年梅雨之后常受伏旱影响，冬受寒潮影响较大；西部（川、贵）降水比较均匀，降水强度不大，多云雾。

总之，水平地带性是地带性因素和非地带性因素共同作用的产物，它有两种表现形式，即带段性和省性。由它支配地表水平方向的地域分异，产生水平地带。

（4）水平地带图式。在介绍水平地带图式之前，需要明确两个概念：一是地带性谱，即水平地带（自然地带）的更替方式。二是海洋地带性谱与大陆地带性谱。海洋地带性谱是分布于暖流流过的地方，从低纬至极地自然地带的更替方式是：各种森林—草甸—苔原；大陆地带性谱，除分布于大陆内部外，还延伸到寒流流过的海岸（如西非信风带），从低纬到高纬，其更替方式是：荒漠—草原—泰加林—苔原。

（5）水热对比关系与水平地带。自然地理学对水平地带的研究，特别注重有关水平地带性分异的控制因素的研究。这个控制因素就是水热对比关系。常用的指标是热量、水分状况及其对比关系，或温度、水分状况的组合，如降水与蒸发率之比，年降水与年饱和差之比等。

根据 M. H. 布德科和 A. A. 格里高里耶夫的研究，认为水热对比关系可用辐射干燥指数来表示。而辐射干燥指数与水平自然地带界线之间的关系非常密切，地带界线和辐射干燥指数等值线比较吻合，因此，可用来表示不同自然地带的空间排序和相互关系。

$$辐射干燥指数 = R/Lr$$

式中：R 为地表年辐射平衡值；L 为蒸发潜热；r 为年降水总量。

这一指数是某地地表辐射平衡和以热量单位（蒸发该地年降水量所需的焦耳）表示的年降水量之比。

对不同自然地带的结构、动态和发展与辐射干燥指数及其组成要素之间相互关系的研究表明，自然地带的分异与这些要素有紧密的联系。辐射平衡是地表自然地理过程的基本能量来源，决定自然过程的强度、年降水量及其与年辐射平衡的比例关系，对自然综合体的发展则有决定性作用。

布德（1986）采用辐射干燥指数来表达自然过程的一般地带条件，即用不同的数值来划分苔原≤0.3、森林（0.3～1.0）、草原（1.0～2.0）、半荒漠（2.0～3.0）和荒漠（>3.0），如图 15-1 所示，辐射平衡值则反映自然过程的强度，如在森林景观中可区分出热带雨林、亚热带常绿阔叶林、温带落叶林和针叶林等。

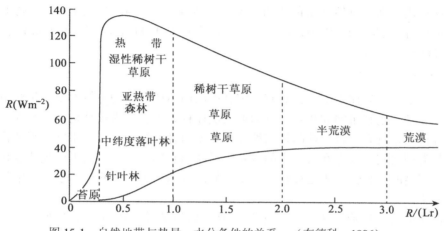

图 15-1　自然地带与热量、水分条件的关系　（布德科，1986）

对地理地带性气候因子季节变化的研究表明，在热量不足条件下，自然地带取决于自然植被生产力最大时期的气候状况；而在水分不足条件下，相对湿润的时期对自然地带类型有决定性的作用。可见，自然地带在空间的水平更迭与热量、水分状况关系密切。在有些地方，热量的差异使自然地带自北而南更迭，具有较明显的纬向地带性，如我国东部季风区的南北地带性变化；而在另一些地方，水分状况的变化起主导作用，形成具有经向地带性的趋势，如我国温带自东而西由森林、草原至荒漠的更迭变化。

惠特克（Whittaker）（1975）在研究全球生物群落的空间分布时，探讨了主要生物群落和年平均温度及年降水量的关系，认为在气候要素中，温度和降水对生物群落的生产力有强烈的影响，最大的生产力通常出现在高温高湿的热带雨林，而陆地生态系统的最小生产力所在则是苔原和热带荒漠，温度或降水是生产力的主要限制因子。

三、垂直地带性

垂直地带性是叠加了地带性影响的一种非地带性现象。因此，也可以认为是隐域性表现。

（一）垂直地带性的概念

垂直地带性是指自然地理要素和自然综合体大致沿等高线方向延伸，随地势高度，按垂直方向发生有规律的分异。只要某一山地有足够的高度，那么，自下而上就可形成一系列的垂直自然带。山体高度越大，垂直带就越多。垂直带的底部称为基带。

产生垂直地带的必要条件，是有足够高度的山地，充分依据是山地水热条件随高度的变化。即温度随高度的增加而降低，以及在一定高度范围内降水随高度的增加而增多，超过这一限度则相反，随高度的增加而减少。两者综合起来，形成了制约植被、土壤生长发育的气候条件也随高度发生有规律的变化，从而产生山地自然地带的垂直更替。平原地区的自然地理要素和自然综合体不存在垂直分异，因为不具备足够的高差这个必要条件。平坦而完整的高原面垂直分异也不明显，原因是它虽有足够的高度，但缺少形成水热条件随高度变化的充分依据。我国青藏高原情况比较特殊，它是由众多大山系构成的山原。所以，不仅在边缘部分自然地带的垂直分异十分明显，而且在高原面上仍可见垂直分异现象，这也是合乎逻辑的。因为是山原，高原面上存在1 000m以上的相对高度，具备产生垂直分异的充要条件。

（二）垂直地带谱

在垂直地带性规律支配下，具有一定高度的山体所产生的由下而上的带状更迭，称之为垂直自然带。垂直带间和相互配置的形式次序称为垂直带带谱结构。发育在不同地域山体的垂直自然带具有各自特殊的带谱性质、类型组合和结构特征。不同水平地带的垂直自然带的各类型之间，亦存在着一定的联系，反映出它们在三度空间上的规律变化。

垂直带谱的完整性标志是存在几条重要界限（或带），即基带、树线、雪线和顶带。

1. 基带

垂直地带谱的起始带（山地下部第一带）称为基带。在整个垂直地带谱中，基带与所处的水平地带一致。基带往上各垂直地带的组合类型和排列次序与所在水平地带往高纬方向更替相似。基带的类型决定了整个带谱的性质，也决定了一个完整带谱可能出现的结构。图15-2给出了两种不同性质的垂直地带谱。

2. 树线

森林上限是垂直地带谱中一条重要的生态界线，常称为树线。这条界线发育着以乔木为主的郁闭的森林带，而界线以上则是无林带，发育着灌丛或草甸，常形成垫状植物带，在海洋性条件下有的可发育成高山苔原带。树线对环境临界条件变化反应十分敏锐，其分布高度主要取决于温度和降水，强风的影响也很显著。树线通常与最热月平均气温10℃的等值线相吻合。在干旱区，树线受水分条件影响较大，林带高度与最大降水带高度相当。一些低纬山地的顶部，其海拔高度和水热条件远未达到寒温性针叶林的极限，仍然出现森林上限，这是由于山顶部经常受到强风作用的结果。如粤北南岭山地海拔高度不超过2 000m，树线出现在1 800m处，其下是已明显矮化的常绿阔叶林，其上为灌丛草甸植被。

3. 雪线

垂直地带谱中另一条重要界线是雪线。雪线是永久冰雪带的下界。其海拔高度受气温与降水的共同影响，一般气温高的山地雪线也高，而降水多的山地雪线也低。因此，雪线高度是山地水热组合的综合反映。例如，喜马拉雅山南坡虽然日照高于北坡，但有丰富的降水，所以雪线低于北坡。

4. 顶带

顶带是某一山地垂直地带谱中最高的垂直地带。它是垂直地带谱完整程度的标志。一个完整的带谱，顶带应是永久冰雪带。如果山地没有足够高度，顶带则为与其高度及生态环境相应的其他垂直地带。

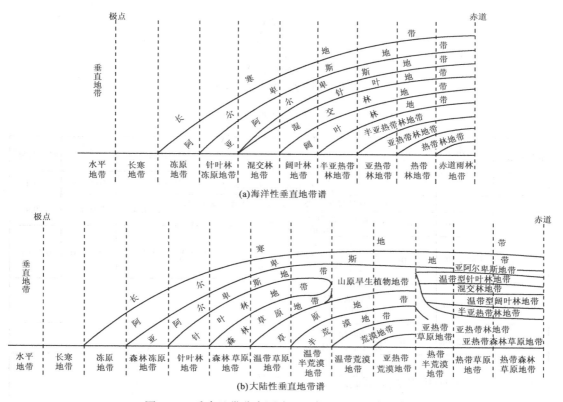

图 15-2 垂直地带分布图式 （据 J. I. C 马克耶夫）

垂直地带的类型差异是通过带谱比较进行研究的。在比较研究时，应着重上述重要的垂直地带、界线以及不同带谱中同类型垂直地带的比较，并研究形成这种差异的原因。比较不同区域垂直地带的差异可以把水平分异与垂直分异联系起来，取得地球表层系统地域分异更全面的认识。

垂直地带谱受纬度位置的影响显著。由图 15-2 可以看出，不同的水平地带具有不同的垂直地带谱类型。不过这是模式化了的分布图式。而具体的水平地带上，垂直地带谱仍有相当大的变化。例如，处于热带区域的喜马拉雅山南坡，基带是低山热带季雨林，由此往上依次出现山地亚热带常绿林带、山地暖温带针阔叶混交林带、山地寒温带暗针叶林带、高山寒带灌丛草甸带、高山寒冻风化带和高山冰雪带等，北坡却明显不同，反映了坡向也是影响垂直地带谱的重要因素（见图 15-3）。

（三）垂直地带的特征

外貌上垂直地带与水平地带有不少相似之处。例如，在热带或亚热带地区的高山常可见在水平距离不足 100km 范围内，从基带向上的几千米高度上，重现从低纬到极地的几千千米的水平距离上相似的自然景象的变化。然而，绝不能因此而把垂直地带与水平地带二者的性质混为一谈，认为前者是后者在垂直方向上的重现。与水平地带比较，垂直地带具有如下显著的特征。

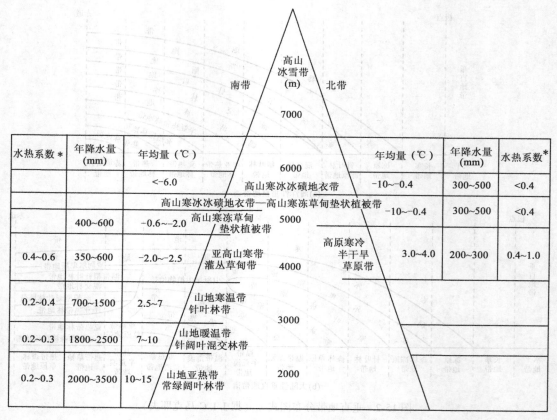

图 15-3 珠穆朗玛峰地区的垂直分带

1. 带幅窄，递变急剧

垂直地带的带幅宽度比水平地带的带幅宽度狭窄得多。水平地带的带幅宽度可达 500km 以上，只在其尖灭处才较窄，且最窄也在 100km 左右；而垂直地带的带幅宽度最窄的只有几十米（以基带或顶带常见），一般在 300~1 000m 之间，最宽也不超过2 000m。在这样窄带幅的情况下，仅数千米的高差范围内出现了多个垂直自然地带更替的现象，可见垂直地带递变之急剧。造成上述特征的主要原因，显然是因为气温沿山坡的垂直递减率远大于其在平地上的水平递减率的缘故。

2. 带间联系密切

水平地带之间虽然可以通过多种物质循环形式相互联系、相互作用，但由于带幅较大，与垂直自然带相比，其带间联系则逊色多了。垂直地带由于带幅狭窄，同时重力效应显著，所以带间联系密切。在大规模、大范围的物质循环和能量转换的基础上，通过特殊的山地气流（如山谷风、焚风等）、山地地表水和地下水的径流、植物花粉飘落、动物季节性的上下迁移等过程，都进一步加强了垂直地带之间的联系。加之在山地经常发生突发性的过程，诸如洪水、泥石流、滑坡、山崩、雪崩和冰崩等，使垂直地带的联系更为密切。这些重力参与的过程在水平地带之间的联系中则是微不足道的。

3. 水热对比特殊

山地的降水量，在多雨带以下呈现由下向上递增的规律；背风坡由于焚风作用，一些地区的降水量递增甚微，而且同一高度上，背风坡降水量往往少于迎风坡。这些特殊的山地降水分布状况与山地热量分布状况相结合，便形成了种种特殊的水热对比关系。

此外，山谷风、焚风、逆温层、云雾层等因素也加深了其特殊性。因此，垂直地带与那些外貌类似的水平地带存在着本质的差别。而且，垂直地带谱并不完全重现水平地带的序列，许多水平地带在山地并没有相应的垂直地带，而一些高山垂直地带在平地上也不成带状。例如，大陆性草原荒漠垂直地带谱中不出现高山苔原带，而高山草甸带也没有相应的水平地带。

4. 节律变化同步

水平地带由于带幅广，跨越地域宽阔，各地带之间的昼夜节律和季节节律便有很大的差别。而在同一山体的各垂直地带的节律变化则是基本一致的。由此可知，垂直地带的时间结构与那些外貌类似的水平地带的时间结构是完全不同的。

5. 微域差异显著

复杂多变的山地地貌使得山地小气候复杂化，因而使垂直地带微域差异十分明显。常可观察到同一垂直地带中在很短的距离内，由于地貌的局部变化，气候、土壤、植被便相应发生变化。如果加上山区第四纪堆积物类型众多、泉水和风化壳类型复杂等因素的影响，则垂直地带的微域差异比平原地区的微域差异更为明显。

（四）水平地带与垂直自然带间的关系

任何一地的垂直自然带都是纬向、经向和高度变化因素对自然环境共同影响的结果。同一自然带类型分布的海拔高度，因温度、水分条件组合的不同而有显著差异，就反映了这一点。

就组成山地垂直自然带谱的各分带而言，根据与平地自然地带的相似程度，可分为三组：同源的，与平地自然带成因相似，形态只有量的变异，如暗针叶林带；相似的，形成条件差异大，而性质有某些相似，如寒冻风化带、冰雪带；独特的，平地上没有的，如高山草甸带。

但就整个带谱类型而言，却是极其复杂多样的，它不完全重现纬度地带序列。垂直自然带既有与水平地带同源的成分，也有大量相似的成分和独特的成分。因此，许多自然地带在山地并没有相似物；而一些山地垂直带在平地也不出现。每一水平地带都有自己的垂直带谱系列，即垂直带的结构类型是在水平地带的基础上发育和发展起来的。

横断山区南北延伸 1 000km 多，可以作为水平地带和垂直带关系的例子。垂直自然带的基带就是地带性的水平地带，它随纬度和基带海拔高度的变化而有规律地更迭。在云南南端，垂直自然带的基带为常绿雨林或半常绿雨林带，山地常绿阔叶林带只是其上部的一个分带，垂直带谱复杂，分带数目多；往北，基带分别为山地常绿阔叶林带、山地针阔叶混交林带和山地暗针叶林带。

垂直自然带除随纬度方向有变化外，还随距水汽源地的远近及坡向不同有明显的变化。横断山区水汽主要源自印度洋孟加拉湾的西南暖湿气流。西部的高黎贡山比其东部的碧罗雪山、云岭要湿润得多。因此，垂直自然带谱亦由西向东趋于简单。作为优势垂直分带的暗针叶林带的带幅，愈往东部愈窄。往东到四川南部，由于其水汽主要源于太平洋气流，每当雨季亦承受大量降水，因此，垂直自然谱又趋于复杂。

四、地方性、隐域性及微域分异

（一）地方性分异

地方性分异是中尺度的地域分异。它是在地方地形、地方气候、较大范围地面组成物质差异影响下，自然环境各组成成分和自然综合体沿地势剖面发生变化的规律。它的主要表现为有序性和重复性。有序性指在地方地形影响下，自然环境各组成成分和自然综合体沿一定梯度有规律地依次更迭，可称为生态系列，或称为地球化学联系。重复性即复区性，由于近期发育历史相同，几个小流域内各自然单元重复出现，组成多次重复的组合。如在黄土高原，以川道、沟道等处在负地形上的类型呈树枝状镶嵌在塬地、梁地、峁地、土石山地等处在正地形上的类型之间，并以小流域为单位多次重复出现。造成地方性分异的因素主要有：地方地形的垂直分化，指不同高度的地形面在一个垂直带内引起的自然环境的变化；基岩及地面组成物质，土壤矿物质的部分组成依母质成分而定，因而引起生物生境的差异。除基岩风化物外，第四纪疏松沉积物的分布也是地方性的分异因素。

（二）隐域性分异

隐域性是叠加了地带性影响的非地带性表现，是复杂化了的地域分异规律。俄罗斯学者 E. H. 伊万诺娃在编制原苏联土壤分类方案时，就分出相应于一定显域土类的隐域土类。隐域性一般也表现为中尺度。例如沼泽是非地带性的，是由长期或周期性积水生境下发育的湿生多年生草本植物所构成的自然环境。不少沼生植物，如芦苇、苔草等具有很强的适应性，分布相当广泛。但是，不同的水平地带的沼泽却具有不同的特征。温带平原和山地积水条件下的沼泽属湿性沼泽，由芦苇和拂子茅根茎禾草层、密丛的苔草、镳草层片组成，而与属于热湿-暖湿型的热带、亚热带沼泽的建群种显著不同。

（三）微域分异

微域分异是最小范围的地域分异，一般可以根据微域分异划分不同的类型。地貌部位差别是最重要的微域分异。不同的小地貌部位有不同的小气候条件、地表水排水条件、潜水的埋藏深度和流动性，甚至潜水的化学性质等都直接或间接与地貌部位有关，再配合岩性土质差异，则有不同的生物群落和土壤。

地貌部位结合小气候条件，决定了不同地貌部位的干湿状况。如在一个切割丘陵区，按其干湿程度可以分为窄 V 形谷、峡谷、阴坡、阳坡、丘陵峰脊等几部分。它们的干湿状况可大体相应分为最阴湿、阴湿、较阴湿、较干燥和干燥。岩性和土质的分异也是微域分异中的重要方面。由于基岩风化壳直接影响土壤的发育，在同一地貌部位，岩性的差别可以形成不同的生境，生长不同的植物种类。例如，华北的石灰岩山坡，土壤呈碱性，多生长柏树；花岗岩风化的山坡，土壤呈酸性，多生长油松。

微域分异往往具有不同的空间组合特征和形式。例如，陕北黄土高原就具有树枝状沟谷镶嵌和相间排列组合形式、塬梁组合形式、斑状镶嵌组合形式和阴阳坡组合形式等 4 种因微域分异而产生的空间组合形式。

第二节　综合自然区划

自然区划是以地域分异规律为理论基础，划分地球表面自然区域的方法，它是根据地域内部差异性，把不同的地段加以区分，把相似的部分加以合并，组成一个单元，确定单元界线，然后根据区域的从属关系建立一个区域的等级系统。自然地域的划分和合并是对地表自然界空间层次和有序性的"刻画"过程。无论是划分还是合并，都以地表自然地域体系的空间规律和有序性为依据，并且分别由相应的分异或集聚形式来体现。自然区划分为两类：一类是综合自然区划，其对象是自然综合体；另一类是部门自然区划，区划对象是某个自然地理要素，如气候区划、水文区划、土壤区划、地貌区划等。

一、自然区划的基本原则

自然地域系统的划分和合并需要在一定的理论和方法论准则指导下进行，就是通常所称的原则。它是选取区划方法，确定依据和指标，建立等级单位体系的基础。

根据不同的目的来制定的划分和合并的原则很多，但大多数划分和合并工作所共同遵循的基本原则有以下几条。

（一）地带性与非地带性相结合的原则

地带性与非地带性是地表自然界最基本的地域分异规律，在自然地域分异过程中，地带性与非地带性的对立统一贯穿着过程的始终，决定着过程的本质。从地球表层自然系统的空间格局来看，不同尺度的空间分异都反映出地带性与非地带性的结合关系。因此，自然地域系统的划分和合并，应该将决定分异本质和过程的地带性与非地带性的有机结合关系放在重要位置并作为总的指导思想，才能较为客观地反映这种分异规律。

（二）综合分析与主导因素相结合的原则

区域划分或合并的对象是多维要素组成的综合地域单元。各种自然地理要素在"共生"体系中处在一个相互作用的"链网"中，其中一种要素发生变化，必然导致与其联系的其他要素的相应变化，以致影响到整个"共生"体系的性质和演变。因此，在划分或合并过程中需要综合分析上述相互作用的关系，找出主导或关键要素，即决定体系基本特性或其变化中可以引起整个系统发生较大程度量变甚至质变的那些要素，选取主导要素作为依据或赋予主导要素以较大的权重。

（三）发生学原则

自然地域系统呈现的区域分异是历史发展的结果，作为一个整体的自然区，其区域的形成与发展历史具有共同性。因此，需要从发生学角度给予透视，即用历史的态度对待地域系统的划分与合并问题。发生学原则所说的发生是指一个区划单位所有异于同级其他单位基本特点的发生，论证发生的统一性与差异性。发生学原则要求考察阐明每一区域单位的形成原因及其以后的发展，注意与现代自然特征有较密切的渊源关系或承袭关系的方面。

（四）相对一致性原则

在划分和合并自然地域单元时必须注意每个自然区的自然地理特征具有相对一致性。

对于不同的区划单位来说，对其相对一致性标准和内涵的理解是不同的，如温度带的一致性体现在温度条件及其对自然界的作用大致相同上；自然地区的一致性则体现在大致相同的温度条件下，地带性水分状况，即湿润、半湿润、半干旱、干旱等也大体相同。又如自然地带的相对一致体现在温度、水分条件的组合及其相应的代表自然界水平分异特征的土类和植被群系纲上。同一地带内，还应该有相似的垂直自然带结构，相似的隐域性土壤和植被，并且在自然地理过程和自然现象方面，如地貌外营力、化学元素迁移、动物生态地理类群等都有相对一致性的地方。

（五）地域共轭性原则

这一原则主要强调要考虑自然地域系统之间的共轭关系和联系特性。它要求所划分的区域作为个体保持空间连续性，不可分离，也不可重复。共轭主要反映在毗邻地域系统之间的相互作用，特别是一定的结构网络联结条件下的物质迁移、能量传输。如一组地形系列上化学元素的迁移，地表水、地下水之间的联系，风化物和侵蚀产沙的搬运、堆积过程等。当然，地域联系过程、方式、强度都需要具体化为具有一定的自然界地理内涵的概念和指标。依据地域共轭性原则，两个自然特征相对一致，但在空间上彼此分离的自然区，不能划为一个区，即至少在陆地上，不容许自然区出现"飞地"。

二、自然区划的方法

在具体进行区划时，对每一个自然地理区域都可以采用自上而下顺序划分或自下而上逐级合并这两种方法。自上而下的划分是通过对地域分异各因素的分析，在大的地域单位内从上而下从大至小揭示其内在的差异，逐级进行划分，通常采用地理相关法和主导标志相结合的方法来进行。而自下而上的结合是通过连续的组合、聚类，把较简单的自然地理区域合并成为比较复杂的较高级的地域单位，它通常是在土地类型制图的基础上，把地域结构上和发生空间联系的相毗连的地域合并起来，成为具有完整地域结构的各个区域，故简称为类型组合法。

在采用上述两种方法时，首先要注意到地域结构的层次性，即存在不同等级的自然地理区域，确定各区域间的层次关系，并建立区划的等级系统。其次须重视各层次、各区域单位中的地域结构研究，即注意区域内部各组成部分之间物质和能量运动在空间上的联系性，以及其发生发展上的共同性。最后，根据上述的区域层次关系和结构上的联系性质与特点，确定区划的具体指标和标志，划出各区域的界线。

中国科学院自然区划委员会在进行中国综合自然区划时，便是使用地理相关分析基础上的主导标志法来进行的。这一方法在中国综合自然区划中称为生物气候原则。以划分热量带为例，用这一方法的大致步骤是：把已有的土壤、植被、景观等资料与各种气候指标等值线加以对比，确定哪一指标与热量带分布具有最大的相关关系。中国科学院自然区划委员会采用了≥10℃的积温等值线，然后又根据某些已有的土壤、植被、景观分布资料初步确定划分各带界限的积温数值。例如，划分我国亚热带北界，初步确定为相当于≥10℃的4500℃积温值（主导标志），再充分考虑与其他环境要素的相互关系，最后确定出各带界限。这些指标的选取必须保证划分出来的区域具有相对一致性，并反映区域分异的主导因素。

地域结构和各地区的具体情况是复杂多样的，所以区划的等级系统就可能有不同方案。中国科学院自然区划委员会的划分方案如下：

热量带和大自然区
地区、亚地区
地带、亚地带
自然省等

区划的等级系统只涉及各个具体区域单位之间的从属关系，如每个一级区中包括若干数量的二级区。每个区别单位原则上都必须是个空间上连续、完整的区域。因此，区划时除考虑整个区域形态特征的相对一致性外，更着重考虑区域结构的整体性以及区域历史发展的共同性。如果采用自上而下的分区和自下而上的分区两种方法进行相互校正，那么区划的结果将更为准确和完备。

总之，自然地理区划是重点研究区域结构系统的一种方法。通过对地域分异因素的分析和分异规律的认识，可把地球表层系统逐级划分或合并为各个具体的区域单位，并将其构成一个区域单位的等级系统。

三、自然地域界线的性质和类型

按照地表自然界的真实情况、历史形成的对象和现象的地域差异确定界线，阐明自然地域界线的性质和类型，探讨其划分依据和指标，论证其在科学上和实践上的意义，是自然地域系统研究的重要任务之一。自然地域界线是区域划分的具体表现，必须在区划图上将其标绘出来。自然地域界线的确定和自然地域体系的划分原则和方法联系紧密，又与等级单位系统分不开。客观地认识和划定自然地域界线是揭示地球表层系统时空有序性的重要途径，在应用上也有很大的前景和价值。

（一）自然地域界线的性质

自然地域界线是表明两个相邻的、彼此不同的地域自然综合体在质上转变的线或带，一般处在自然综合体特征变化最显著的带段。自然地域界线是某一地域单元的显著特征隐退而出现毗邻地域单元显著特征的过渡地段，它把同一等级的内部相对一致的地域单元彼此分隔开来，同时又表示出其外部的差异性，反映了划分区域各组成要素的空间结构。

自然地域界线既是地域分异的表现，也是区域形成的因素，体现出自然地域之间的相互作用。一条界线不只是分割相互毗邻的地域单元，而且是区域间联系接触的纽带。自然地域界线的分离功能把区域形成作用限制在一个特定的范围内，通过在该区域范围内的集聚过程来加强这种限制。自然地域界线的屏障功能起着阻抑区域毗连过程相互渗透的作用。自然地域界线的接触功能体现区域之间的相互联系，构成了界线两侧间各种形式的物质流和能量流跨界交换的基础。因此，从动态角度看，自然地域界线既具有鉴别、辨识的意义，又具有毗邻区域间相互联系的纽带作用。这两方面辩证联系的过程在时空中以特定的序列出现，如先以屏障功能为主，后向接触功能演化转变。

严格地说，自然地域界线不是一条相邻地域单元截然分开而"非此即彼"的线。因为地表自然界的地域差异不是绝对的，自然综合体及其各个组成要素常在发展变动之中，各种自然现象的地域变化大多是逐渐过渡的，不同地域单元间的界线并非都是泾渭分明的，一线之隔判若天壤的情景很少见。界线通常代表有一定宽度的带，并且可能随时间而迁移变化。

自然地域界线具有过渡和模糊的特点，很少出现突然跃迁的现象。通常在不同地域单元之间的转换和过渡地带，地域分异的梯度最大，这些宽窄不一的转换或过渡地带即是相邻地域单元间的分界。自然地域界线的过渡性是相对的、有差别的。由于地域单元的等级不同，其界线的明显程度也不一样。通常等级愈高的地域单元，其内部结构愈复杂，其间的界线就比较模糊；等级较低的地域单元之间，其界线表现得明显一些。因此，高级单元间的界线比低级单元间的界线宽。

主要取决于地带性因素的地带性单位，或体现温度条件对自然界作用的大体差异，或反映水分状况及其对自然界作用的不同，其间的界线一般比较模糊，表现为逐渐过渡。一般认为，与地质构造或地貌等因素相联系的非地带单位的界线在空间上表现比较明显，变化也较为急剧。然而，即使是地形界线也并不都很清晰，山地与丘陵、山地与平原之间常如犬牙交错，在大比例尺图上也不易一线画清。

地表自然界是不断发展变化的，自然地域界线是各种自然因素共同作用长期发展形成的，其空间位置随时间发展而变化，具有发生学的意义。自然地域界线的这种变动性既包括实际的波动变化和多年的动态演变，也指人类活动引起的地域界线的历史变迁以及全球变化所产生的区域响应和自然地带的推移。

（二）自然地域界线的基本类型

由一个地域单元过渡到另一个地域单元的界线大体上可以区分出以下 3 种基本类型：

1. 较明显的界线

在空间上表现为自然地域单元之间的过渡带缩小到最狭窄的程度。通常在自然综合体的地域分异主要取决于非地带性因素时才会出现。

2. 较模糊的界线

自然地域单元之间的界线在空间上表现为宽度较大的过渡带。在过渡带内出现相邻两侧地域单元所各具的特征，它们朝一定方向增长或减少。这类界线多由地带性因素所制约，如我国东部主要取决于温度条件及其对自然界作用的温度带的界线。

3. 镶嵌状的界线

自然地域单元间界线过渡地段上出现锯齿状的镶嵌或呈岛屿状分布，两个地域单元的代表类型同时存在或相互交错。如温带的森林草原是落叶阔叶林地带与禾草草原地带之间的交错区，它不是均匀的景观类型，而是落叶林和草原的大型镶嵌体。

有些自然地域界线往往延伸达几百千米，甚至更长的距离。地域分异和界线形成的因素并不都是一样的，其各段间的界线可能分属于不同类型。如我国亚热带北界秦岭—淮河线，其东段比较模糊，而西段则相对明显些。

决定自然地域性质的重要原因，是各个组成要素的特性不一，其反应快慢和变化速度有别。一般来说，固体基础如地质地貌的变化较慢，植被和土壤的演变较快，而气候变化又与毗邻地区及全球变化密切相关，反过来又影响着其他组成要素的发展和变化。因此，在空间分布上的具体表现也各异，很少有界线完全重叠的情况，多形成过渡带，反映出各组成要素变化的相互关系和时间序列。

总之，自然地域界线大多数是不明确的，逐渐过渡，时常变动的。界线的划定一般根据若干相互紧密关联的因素，在资料不足时所拟订的界线，多少带有推测和假定的成分。因此，利用区划图于实践时，需要有足够的估计和注意。

四、中国综合自然区划

在中国自然区划中，首先根据我国地域分异的基本特征，以水热条件分异为主的地带性因素和以大型地貌条件分异为主的非纬度地带性因素为依据的我国自然情况的最主要差异，把全国划分为三大自然区，即东部季风区、西北干旱区和青藏高寒区。三大区各自的形成历史背景和造成其间分异的主导因素都各不相同，区域自然条件所产生的综合效应亦各有明显差异。它们的主要特征见表15-2。

表15-2　　　　　　　　　　中国三个大区的主要特征[①]

大区	东部季风区	西北干旱区	青藏高寒区
占全国总面积%	47.6	29.8	22.6
占全国总人口	95	4.5	0.5
气候	季风，雨热同季；局部有旱涝	干旱，水分不足限制了温度发挥作用	高寒，温度过低限制了水分发挥作用
地貌	大部分地面在500m以下，有广阔的堆积平原	高大山系分割的盆地、高原，局部窄谷和盆地	海拔4 000m以上的高原及高大山系
地带性	纬向为主	经向或作同心圆状	（垂直为主）
水文	河系发育，以雨水补给为主，南方水量充沛，北方稀少	绝大部分为内流河，雨水补给为主，湖泊水含盐	西部以内流河，东部为河流发源地，雪水补给为主
土壤	南方酸性，粘重，北方多碱性；平原有盐碱，东北有机质丰富	大部分含有盐碱和石灰，有机质含量低。质地轻粗，多风沙土	有机质分解慢，作草毡状盘结，机械风化强
植被	热带雨林、常绿阔叶林、针叶林、落叶阔叶林至落叶针叶林，草甸草原	干草原、荒漠草原、荒漠，局部山地有森林	高山草甸、高山草原、高山荒漠、谷沟中有森林
农业特征	粮食生产为主，干鲜果类，林、牧、渔业	以牧为主，绿洲	农业沟谷及低海拔高原面有农业高原牧业

①本表采用席承藩、丘宝剑等的方案

然后，根据热量的地域差异及其对其他成分的影响，将全国划分为六个热量带（其中有的进一步划出亚带）和一个青藏高寒区。各带的划分以年活动积温为主要参考指标，同时考虑土壤、植被、地势和农业分布的大体关系。

在东部季风区和西北干旱区，采取的大体划分标准是年积温1 700℃、3 200℃、4 500℃、8 000℃和9 000℃。

寒温带年积温大致在1 700℃以下，主要地区在东北北部，这里冬季寒冷且时间长，最冷月平均气温为-24~32℃，夏季气温不高，许多普通作物在此地不能成熟。天然植被以落叶松为主的针叶林，土壤属暗棕色森林土。

温带（中温带）包括东北三省的大部分、内蒙古和宁夏的全部、甘肃中西部以及北疆地区和天山山地。除山地外，本带年积温为 1 700～3 200℃，年平均气温 0～8℃，气温在一年内变化剧烈，有一个不能从事田间活动的冬季。天然植被在水分充足地域为针叶林和针阔混交林，较干旱地方为草原、半荒漠和荒漠。土壤有暗棕色森林土、黑钙土、栗钙土、棕钙土和荒漠土等。

暖温带包括辽东半岛、山东半岛、华北平原、黄土高原以及新疆东部和塔里木盆地，中间有一段被青藏高原所隔。东部以秦岭淮河一线为其南界。年积温为 3 200～4 500℃。夏季温度偏高，冬季温度偏低，属中度或轻度的季节性冻区。东部水分较多的地方天然植被以落叶阔叶林为主，黄土高原西北部为森林草原，南疆为荒漠。土壤自东向西发育有棕壤、褐土、黑垆土和荒漠土等。

亚热带包括秦岭淮河以南和青藏高原东南高山峡谷区，年积温为 4 500～8 000℃。天然植被以常绿阔叶林为主，混生有落叶林，其中有热带树种，也有温带树种和针叶林。自然土壤以黄壤和红壤为主。本带根据生物气候与农业生产上的差异，分为北、中、南三个亚带。北亚热带包括秦岭大巴山地和长江中下游两岸平原，实际上是亚热带与暖温带的过渡带。年积温在 4 500～8 000℃，这里四季分明。本亚带是我国一年两熟的主要农业区，土壤在黄棕壤基础上已多改造成耕作土壤，自然植被也多被人工栽培的经济林木所代替。中亚热带包括江南丘陵、闽浙丘陵山地、两广丘陵北部、四川盆地和云贵高原。年积温在 5 000～6 500℃。这里是我国主要水稻产区，也是我国植物资源最丰富地区之一。自然土壤为红壤与黄壤。南亚热带包括闽南沿海、广东大部、桂滇南部和台湾省大部。年积温 6 500～8 000℃，大部分地区全年无霜。本亚带盛产喜高温的果类，是我国盛产热带水果的地区，土壤以砖红壤化红壤为主。

热带包括广东南部沿海、台湾省南部、广西和云南南部低谷盆地以及海南岛和南海中的西沙、中沙和东沙等群岛。年积温在 8 000～9 000℃，全年无霜。天然植被在低地处以热带季雨林中热带科属为主。低地土壤以砖红壤为代表。本带除盛产热带水果外，还有橡胶、椰子、咖啡等热带经济作物。

我国的南沙群岛属赤道带，处于冬季极锋南限以南，终年高温，年积温大于9 500℃。

青藏高原区由于地势高耸，海拔在 4 000m 以上，年积温在 2 000℃以下，且内部差异大，形成世界上独一无二的独特区域。该区温度低，融冻作用和冰川作用强，垂直地带性和高原地带性明显。它对区域自然地理环境乃至世界环境分异与变化产生了重要影响。

主要参考文献

包浩生，彭补拙. 自然资源学导论 [M]. 南京：江苏教育出版社，1993.

毕思文，许强编著. 地球系统科学 [M]. 北京：科学出版社，2002.

蔡晓明. 生态系统生态学 [M]. 北京：科学出版社，2000.

蔡运龙编著. 自然资源学原理 [M]. 北京：科学出版社，2000.

柴东浩，陈廷愚编著. 新地球观——从大陆漂移到板块构造 [M]. 太原：山西科学技术出版社，2000.

陈传康，伍光和，李昌文编著. 综合自然地理学 [M]. 北京：高等教育出版社，1993.

陈阜主编. 农业生态学教程 [M]. 北京：气象出版社，1998.

陈俊合，江涛，陈建耀编著. 环境水文学 [M]. 北京：科学出版社，2007.

陈述彭主编. 城市化与城市地理信息系统 [M]. 北京：科学出版社，1999.

陈述彭主编. 数字地球百问 [M]. 北京：科学出版社，1999.

陈效逑编著. 自然地理学 [M]. 北京：北京大学出版社，2001.

承继成，林晖，周成虎等. 数字地球导论 [M]. 北京：科学出版社，2000.

邓南圣，吴锋. 生态工业——理论与应用 [M]. 北京：化学工业出版社，2002.

丁登山，汪安祥，黎勇奇等编著. 自然地理学基础 [M]. 北京：高等教育出版社，1987.

方贤铨，李橘云. 自然地理学 [M]. 北京：测绘出版社，1991.

龚子同编著. 中国土壤系统分类：理论、方法、实践 [M]. 北京：科学出版社，1999.

郝东恒，白屯著. 地球科学系统观和方法论 [M]. 武汉：中国地质大学出版社，1998.

贺善安，王意成，盛宁. 绿色的宝库——植物 [M]. 南京：江苏科技出版社，1996.

黄秉维，郑度，赵名茶等著. 现代自然地理 [M]. 北京：科学出版社，1999.

黄春长. 环境变迁. 北京：科学出版社，1998.

黄润本等编著. 气象学与气候学（第 2 版）[M]. 北京：高等教育出版社，1986.

焦北辰，刘明光主编. 中国自然地理图集 [M]. 北京：中国地图出版社，1984.

金岚主编. 环境生态学 [M]. 北京：高等教育出版社，1992.

李博主编. 生态学 [M]. 北京：高等教育出版社，2000.

李克煌编著. 气候资源学 [M]. 开封：河南大学出版社，1990.

李明三. 中国气象局发布 IPCC 气候评估报告——全球变暖挑战中国发展 [J]. 21 世纪经济报道，2007（7）.

李天杰，宁大同，薛纪渝等编著. 环境地学原理［M］. 北京：化学工业出版社，2004.

李天杰，赵烨，张科利等编著. 土壤地理学［M］. 北京：高等教育出版社，2003.

李维能，方贤铨编著. 地貌学［M］. 北京：测绘出版社，1983.

李维能主编. 中国地貌图集［M］. 北京：测绘出版社，1985.

梁必骐主编. 天气学教程［M］. 北京：气象出版社，1995.

梁瑞驹主编. 环境水文学［M］. 北京：中国水利水电出版社，1998.

林爱文，胡将军，章玲等编著. 资源环境与可持续发展［M］. 武汉：武汉大学出版社，2005.

刘本培，蔡运龙主编. 地球科学导论［M］. 北京：高等教育出版社，2000.

刘昌明，何希吾. 中国21世纪水问题方略［M］. 北京：科学出版社，1998.

刘德生主编. 世界自然地理［M］. 北京：高等教育出版社，1997.

刘东生等. 黄土与环境［M］. 北京：科学出版社，1985.

刘南威，郭有立. 综合自然地理学［M］. 北京：科学出版社，2000.

刘南威主编. 自然地理学［M］. 北京：科学出版社，2000.

刘泽纯，周春林，王鉴. 人类的家园——地球［M］. 南京：江苏科技出版社，1996.

陆景冈. 土壤地质学［M］. 北京：地质出版社，1997.

陆渝蓉编著. 地球水环境学［M］. 南京：南京大学出版社，1999.

蒙吉军编著. 综合自然地理学［M］. 北京：北京大学出版社，2005.

潘树荣，伍光和，陈传康等编. 自然地理学［M］. 北京：高等教育出版社，1987.

任美锷等主编. 中国自然地理纲要［M］. 北京：商务印书馆. 1999.

沈晋等编著. 环境水文学［M］. 合肥：安徽科学技术出版社，1992.

沈清基编著. 城市生态与城市环境［M］. 上海：同济大学出版社，1998.

宋春青，张振春. 地质学基础（第三版）［M］. 北京：高等教育出版社，1996.

王建主编. 现代自然地理学［M］. 北京：高等教育出版社，2001.

伍光和，田连恕，胡双熙等. 自然地理学（第3版）［M］. 北京：高等教育出版社，2000.

席成藩，丘宝剑等. 中国自然区划概要. 北京：科学出版社，1980.

夏训峰，海热提·涂尔逊，乔琦. 工业生态系统与自然生态系统比较研究. 环境科学与技术，2006，29（4）：61~63.

徐启刚，黄润华编著. 土壤地理学教程. 北京：高等教育出版社，1990.

严钦尚，曾昭璇主编. 地貌学. 北京：高等教育出版社，1985.

杨达源主编. 自然地理学. 北京：科学出版社，2006.

杨景春，李有利编著. 地貌学原理. 北京：北京大学出版社，2001.

杨士弘等编著. 城市生态环境学. 北京：科学出版社，1996.

叶笃正编. 当代气候研究. 北京：气象出版社，1991.

叶叔华主编. 运动的地球——现代地壳运动和地球动力学研究及应用. 长沙：湖南科技出版社，1997.

张根寿，林爱文，王新生等编著. 庐山地理调查. 武汉：武汉大学出版社，2004.

张根寿主编. 现代地貌学. 北京：科学出版社，2005.

张家诚著. 气候与人类. 郑州：河南科学技术出版社，1988.

张兰生，方修琦，任国玉编著. 全球变化. 北京：高等教育出版社，2000.

张仁铎编著. 环境水文学. 广州：中山大学出版社，2006.

赵希涛，杨达源. 全球海面变化. 北京：科学出版社，1992.

赵羿，李月辉著. 实用景观生态学. 北京：科学出版社，2001.

中国 21 世纪议程. 中国人口、环境与发展白皮书 [M]. 北京：中国环境科学出版社，1994.

周淑贞，东炯编著. 城市气候学 [M]. 北京：气象出版社，1994.

周淑贞主编. 气象学与气候学（第三版）[M]. 北京：高等教育出版社，1997.

朱鹤健，何宜庚. 土壤地理学 [M]. 北京：高等教育出版社，1992.

朱颜明，何岩等编著，环境地理学导论 [M]，北京：科学出版社，2002.

Brady N C, Weil R R. Elements of the nature and properties of soils. New Jersey：Prentice-Hall Inc, 2001..

J. T. Houghton, G. J. Jenkins and J. J. Ephraums（eds.）. The IPCC Scientific Assessment. Climate Change，IPCC，1990.

K. J. 格雷戈里著. 蔡运龙等译. 变化中的责任地理学性质 [M]. 北京：商务印书馆，2006.

Keller, E. A. Environmental Geology（5th edition），Merrill Publishing Company，Columbus，1987.

Mackenzie, F T. Our Changing Planet—An Introduction to Earth System Science and Global Environmental Change（2th edition）. Prentice Hall，Upper Saddle River，NJ07458，1998.

Miller R W, Gardiner D T. Soils in our environment.（9th edition）. New Jersey：Pretice Hall，2001.

Pierzynski, G M, Thomas J S, George F V. Soils and environmental quality. Boca Raton：Lewis Publishers，2000.

Skinner B W and S. C., Poter. The Dynamic Earth-An Introduction to Physical Geology. John Wiley & Sons，New York，1989.

Strahler A H and A. N. Strahler. Physical Geography，Science and Systems of the Human Environment. John Wiley & Sons，Inc.，New York，1997.

张根寿主编. 现代地貌学. 北京: 科学出版社, 2005.

张宝政等. 于涉与入侵. 郑州: 河南科学技术出版社, 1988.

张立生, 马振铎, 江国坤等等. 全球变化. 北京: 高等教育出版社, 2000.

戴广翔编著. 环境水文学. 广州: 中山大学出版社, 2006.

赵希涛, 杨志高. 全球海面变化. 北京: 科学出版社, 1992.

赵烨. 实用环境生态学. 北京: 科学出版社, 2001.

中国21世纪议程, 中国人口、环境与发展白皮书 [M], 北京: 中国环境科学出版社, 1994.

周昆叔, 水鸿翔编著. 第四纪地质学 [M], 北京: 石油出版社, 1994.

邵俊昌主编. 气象学与气候学 (第一、二版) [M], 北京: 高等教育出版社, 1997.

朱锡铜. 地球物理学 [M], 北京: 苏学教育出版社, 1992.

朱鹤健等著. 土壤地理学等论 [M], 北京: 科学出版社, 2002.

Brady N C., Weil R R. Elements of the nature and properties of soils. New Jersey: Prentice-Hall Inc., 2001.

J. T. Houghton, G. J. Jenkins and J. J. Ephraums (eds.). The IPCC Scientific Assessment, Climate Change, IPCC, 1990.

K. J. 格雷戈里主编, 蔡运龙等译. 变化中的自然地理学性质 [M], 北京: 商务印书馆, 2006.

Keller, E. A. Environmental Geology (5th edition), Merrill Publishing Company, Columbus, 1987.

Mackenzie, F T. Our Changing Planet—An Introduction to Earth System Science and Global Environmental Change (2th edition), Prentice Hall, Upper Saddle River, NJ07458, 1998.

Miller R.W., Gardner D.T. Soils in our environment, (9th edition), New Jersey, Prentice Hall, 2001.

Pierzynski, G.M., Thomas J.S., George F.V. Soils and environmental quality, Boca Raton; Lewis Publishers, 2000.

Skinner B.W. and S. C.; Peter. The Dynamic Earth-An Introduction to Physical Geology, John Wiley & Sons, New York, 1989.

Strahler A H and A. N., Strahler, Physical Geography, Science and Systems of the Human Environment, John Wiley & Sons, Inc., New York, 1997.